이주은 · 한세라 · 이정복 지음

중앙books

Prologue
저자의 말

런던은 계속 변하고 있습니다. 런던만의 고풍스러움을 유지하면서도 최첨단 도시로 발돋움하기 위해 활발히 움직이고 있습니다. 그래서 눈을 두는 장소마다 아주 오래전부터 현재까지의 긴 시간이 파노라마처럼 보이는 매우 흥미로운 도시입니다.
런던이라는 도시를 알고 간다면 더 많은 것들이 보일 것입니다. 무엇보다 런던은 깊은 역사 속에 서 있는 단단한 도시입니다. 우리가 교과서에서 보았던 헨리 8세와 백년전쟁, 장미전쟁, 산업혁명 등 굴곡진 역사가 실재했던 현장입니다. 그들이 겪어낸 수많은 일들의 결과가 지금의 런던입니다. 근엄한 왕실 마차가 행진을 하는 보수적인 곳이기도 하지만, 세계의 트렌드를 이끄는 현대 미술, 건축, 그리고 패션에 이르기까지 놀랄 만큼 앞서가는 도시이기도 합니다.
런던에는 다양한 재밋거리도 있습니다. 낮에는 구석구석 다리가 붓도록 걸어 다닐 만큼 볼거리가 가득하고, 저녁에는 수준 높은 뮤지컬과 왁자지껄한 펍에서 사람들과 섞여 맥주 한잔을 즐길 수 있는 곳입니다. 오래된 골목마다 이야기가 남아 있어 그냥 걷기만 해도 여행이 되는 즐거운 곳입니다. 이렇게 저희가 런던을 좋아하듯, 런던을 방문하시는 모든 분이 런던을 좋아하게 되시길 바랍니다.

2024년, 이주은·한세라·이정복

How to Use

일러두기

이 책은 런던을 효율적으로 여행하기 위해 꼭 봐야 할 것을 정리했으며, 개성 있는 여행을 위해 다양한 테마로 구성했습니다. 그리고 추천하는 상점과 식당, 런던 구석구석 자리한 명소들을 소개했습니다.

이 책에 실린 정보는 2024년 5월까지 수집한 정보를 바탕으로 하고 있습니다. 현지 사정에 따라 주요 명소가 공사 중이거나 운영시간, 요금, 교통 노선 등이 수시로 바뀔 수 있으며, 식당이나 상점은 갑자기 문을 닫는 경우도 있습니다. 특히 해가 짧은 겨울 비수기에는 운영시간이 단축되기도 합니다. 따라서 여행 직전에 홈페이지를 통해 재차 확인해 보실 것을 당부 드립니다.

책의 구성

책은 크게 다섯 부분으로 구성되어 있다.

① 맨 앞은 런던에 대한 간략한 소개와 함께 19가지 여행 테마, 런던의 쇼핑, 음식을 소개한다.

② 두 번째는 런던에 가는 방법과 런던 시내 교통 정보, 테마별 추천 일정을 다룬다.

③ 본문에 해당하는 세 번째 파트는 런던을 크게 5개 구역으로 나누어 가볼 만한 명소, 상점, 맛집을 소개한다.

④ 네 번째는 런던에서 당일치기로 다녀올 수 있는 근교 여행지를 소개한다.

⑤ 마지막 부분은 런던 여행이 처음인 사람을 위한 준비 과정을 담았다.

지도에 사용한 기호

관광	식당	쇼핑	엔터테인먼트	인포메이션	버스정류장
지하철역	도클랜드 경전철	엘리자베스 라인	런던 오버그라운드	기차역	철도

Contents
런던

런던 즐기기
Enjoying London

런던의 음식
Eating in London

런던의 쇼핑
Shopping in London

런던 들어가기
Getting to London

지역별 가이드
Area by Area

런던 북부

이스트 엔드

도클랜드 & 그리니치

근교 여행 Day Trips

여행 준비 Getting Ready

한눈에 보는 런던

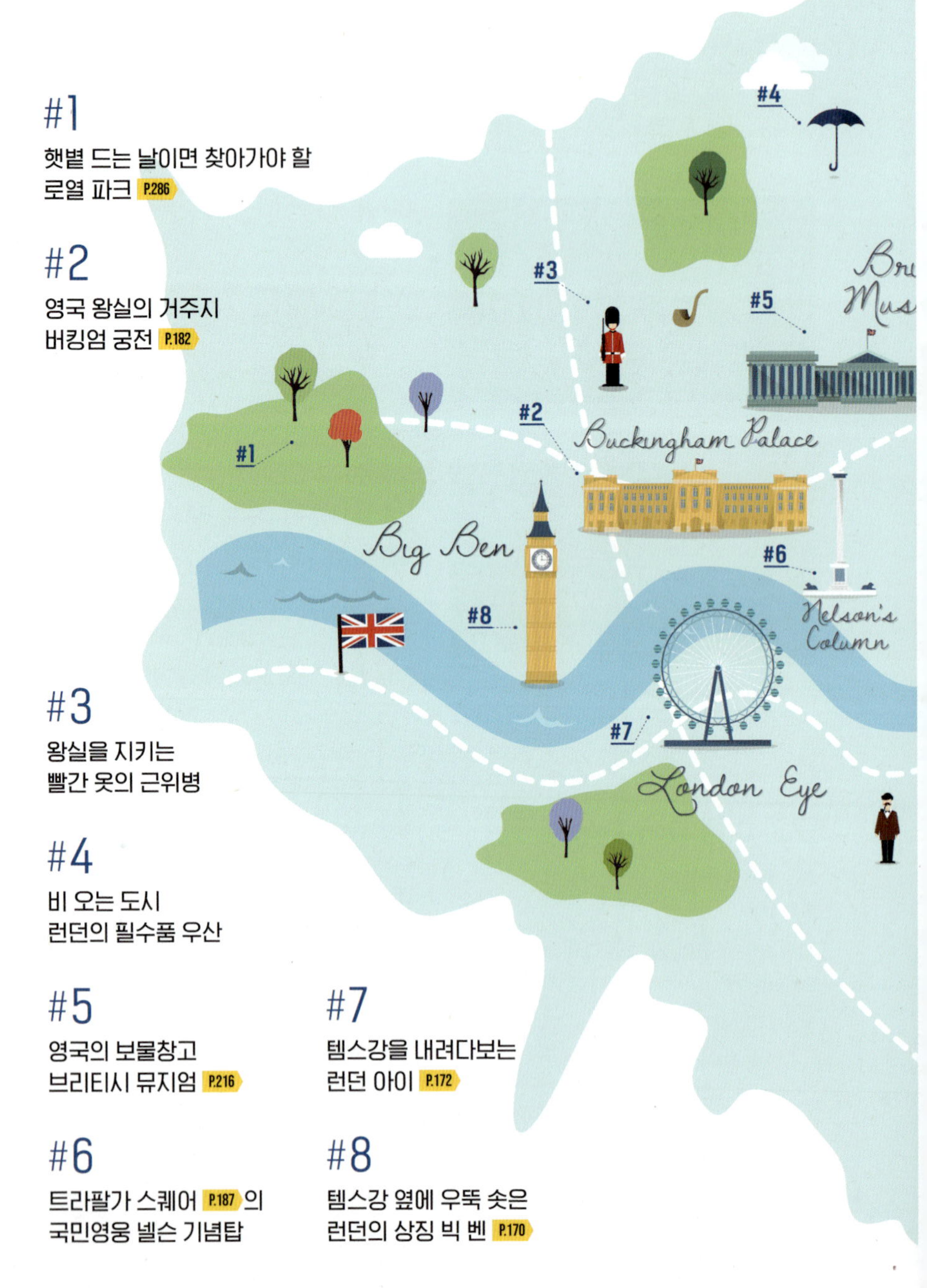

#1

햇볕 드는 날이면 찾아가야 할
로열 파크 P.286

#2

영국 왕실의 거주지
버킹엄 궁전 P.182

#3

왕실을 지키는
빨간 옷의 근위병

#4

비 오는 도시
런던의 필수품 우산

#5

영국의 보물창고
브리티시 뮤지엄 P.216

#6

트라팔가 스퀘어 P.187 의
국민영웅 넬슨 기념탑

#7

템스강을 내려다보는
런던 아이 P.172

#8

템스강 옆에 우뚝 솟은
런던의 상징 빅 벤 P.170

#9
런던을 누비는
빨간색 이층버스

#10
런던 타워 옆 화려한 다리
타워 브리지 P.260

#11
런던을 관통하는
템스강

#12
포토존으로 변해가는
빨간색 공중전화부스

#13
런던에서 즐기는
오후의 티 타임

#14
영국에서 가장 높은 전망대
더 샤드 P.265

#15
시티 지역을 지키는
세인트 폴 대성당 P.244

런던 기초 정보

국가명

영국

UK

The United Kingdom of Great Britain and Northern Ireland

언어

영어 **English**

통화

파운드 **£** **Great British Pound (GBP)**

환율

£1 = 약 1,720원

(2024년 5월 매매기준율)

인구

약 880만 명

면적

1,572km²

시차

한국보다 9시간 느림

*서머타임(3월 마지막 일요일부터 10월 마지막 일요일)에는 8시간 느림

전압

240V

50Hz

TYPE G

국제전화

코드 +44

발신번호 00

런던 지역코드 020

비상번호

112/999

Emergency call

112/999

도량형

영국은 아직도 도량형이 통일되지 않아서 옛날의 도량형과 미터법을 혼용해서 쓰고 있다.

1인치 inch = 2.54cm

1푸트(피트) foot = 30cm

1마일 mile = 1.6km

1온스 ounce = 28g

1파운드 pound = 454g

1파인트 pint = 0.6ℓ

1갤론 gallon = 4.6ℓ

공휴일

신정 1월 1일

부활절 3월 29일(2024년)

노동절 5월 1일

뱅크 홀리데이 5월 5일, 27일(2024년)

크리스마스 12월 25~26일

런던 여행정보 사이트

관광 안내 www.visitlondon.com

교통 정보 https://tfl.gov.uk

날씨와 옷차림

봄·가을

여행 다니기에 선선해서 좋지만 날이 종종 흐리고 비가 자주 오는 편이다. 봄에는 햇볕이 좋은 날이면 사람들이 공원으로 모여들어 일광욕을 즐긴다. 가을에는 초반에 잠시 쾌청한 하늘을 볼 수 있지만 대체로 흐리고 비가 온다. 여행자들은 방수가 되는 기능성 점퍼가 편리하다. 날씨가 변덕스러우니 작은 우산도 챙겨서 가자.

여름

덥지만 건조해서 다니기에는 나쁘지 않다. 최근에는 기후 변화로 아주 뜨거운 날이 이어지기도 한다. 그래도 해가 길어서 늦게까지 돌아다니기 좋다. 해가 긴 만큼 선글라스와 선블록 크림은 꼭 가져가는 것이 좋고 일교차가 커 여름이라도 긴팔 옷 하나쯤은 챙겨 가는 것이 좋다.

겨울

춥고 바람이 불고 비가 자주 와서 다니기에는 좀 불편하다. 날이 흐린 데다가 해가 늦게 뜨고 일찍 지기 때문에 전체적으로 좀 우울한 분위기다. 강추위는 아니지만 습해서 으슬으슬한 느낌이 든다. 옷은 방수가 되는 따뜻한 점퍼나 파카가 좋고 안에도 든든히 입는 것이 좋다. 모자, 장갑, 우산 등도 가져가는 것이 좋다.

여행 시즌

성수기

6월 말~8월 말, 12월 말~1월 초

비수기

1월 말~2월 말

여행하기 좋은 시기

5월 중순~6월 중순,
8월 말~9월 말

물가

런던의 물가는 비싸기로 악명 높다. 외식비가 많이 들고 관광지 물가는 특히 더 비싸다. 하지만 슈퍼마켓 물가는 우리나라 서울과 비슷하거나 품목에 따라 약간 저렴한 것도 있다.

지하철
1구간 기준 카드 이용 시
£2.80

커피
플랫화이트 기준
£3.50~6.50

맥도날드 콤보밀
£8.00~10.00

생수
£1.50~2.00

통신

런던에서도 편리하게 인터넷과 전화를 사용하고 싶다면 로밍이나 심 SIM을 이용한다.

1. 통신사 로밍

예전에는 통신사 로밍이 매우 비쌌지만, 요즘은 통신사마다 여행 기간별로 합리적인 가격의 로밍 요금제를 선택할 수 있다.

2. 유심 USIM (심카드)

휴대폰의 유심(USIM)을 바꿔 끼워 현지의 통신 서비스를 이용하는 방법이다. 로밍보다 저렴하게 데이터를 쓸 수 있어 장기 여행자에게 유리하지만, 기존의 전화번호를 사용할 수 없다는 단점이 있다. 유심은 공항이나 시내 통신사 매장, 슈퍼마켓 등에서 구입할 수 있다. 많이 사용하는 통신사는 스리 Three, 오투 O2, 이이 EE, 레바라 Lebara, 보다폰 Vodafone 등이다.

3. 이심 eSIM

칩을 바꿔 끼우는 대신 이심을 다운받아 사용하는 것이다. 가격이 저렴하고 전화번호도 자신의 번호와 부여된 번호 모두 사용할 수 있어 편리하다. 단, 아직 지원되지 않는 기기가 있으니 미리 확인하자.

런던 랜드마크

Landmark

1

런던 아이 London Eye

움직이는 전망대로 인기 있는 런던의 아이콘 대관람차. P.172

2

3

빅 벤 & 국회의사당

Big Ben & House of Parliament

런던의 오래된 상징 빅 벤과 영국 민주주의의 상징 국회의 사당. P.170, 171

웨스트민스터 사원 Westminster Abbey

영국 왕들의 대관식과 장례식을 치르는 역사적인 장소. P.174

4

버킹엄 궁전 Buckingham Palace

영국 왕실의 실제 거주지로,
하이라이트는 근위병 교대식. P.182

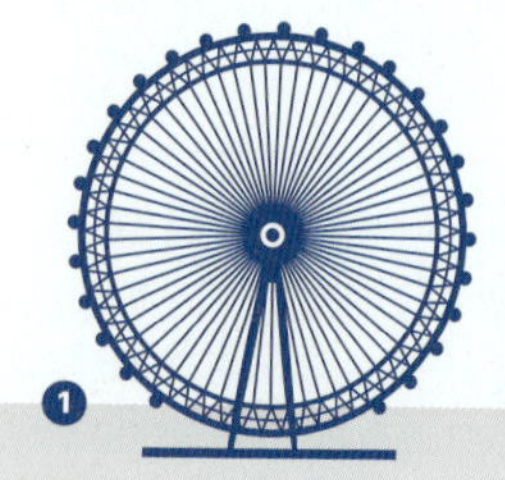

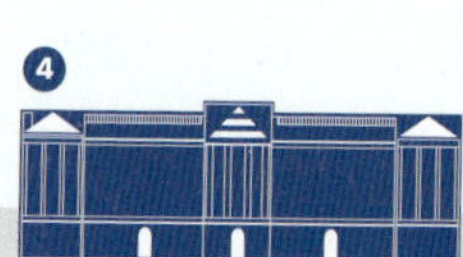

5

트라팔가 스퀘어 Trafalgar Square

런던 시민들의 광장으로, 중앙의
넬슨 제독 기념탑과 거대한 사자상도 볼거리.
P.187

6

내셔널 갤러리 National Gallery

아름다운 작품들로 가득한 너무나 유명한
미술관. P.188

7

피카딜리 서커스 Piccadilly Circus

런던에서 가장 화려한 교차로이며
만남의 장소. P.201

8

브리티시 뮤지엄 British Museum

루브르, 바티칸과 함께 세계 3대 박물관으로
불리는 세계문화유산의 보고. P.216

9

세인트 폴 대성당
St. Paul's Cathedral

영국인들의 정신적 지주
역할을 해온 오래된 성당.
P.244

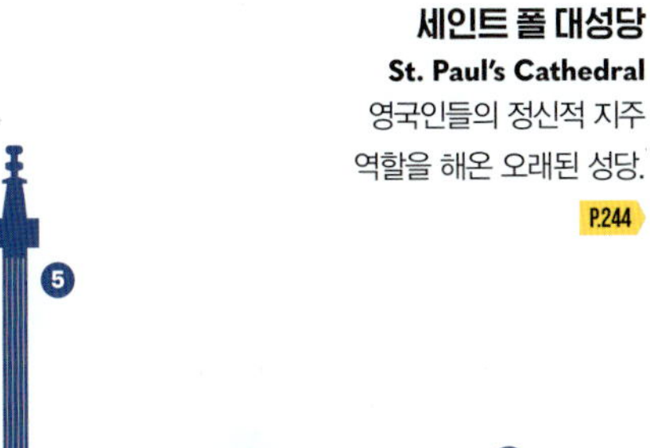

밀레니엄 브리지
The Millennium Bridge
밀레니엄 시대를 열며 런던의 과거와 현재를 이어주는 보행자 전용 다리. P.266

11

테이트 모던 Tate Modern
런던 밀레니엄 프로젝트의 성공 사례로 평가받는 런던 현대미술의 자랑. P.268

셰익스피어 글로브
Shakespeare's Globe
16세기 런던의 원형극장을 본떠서 그대로 재건된 영국 문화의 자존심. P.267

타워 브리지 Tower Bridge
런던의 오래된 아이콘이자 템스강을 화려하게 장식하는 도개교. P.260

런던 타워 Tower of London

중세 런던의 피비린내 나는 역사를 고스란히 간직한 오래된 성채. P.256

로열 앨버트 홀 Royal Albert Hall

앨버트 공이 기획, 건설한 극장으로 훌륭한 공연장이자 아름다운 건물. P.291

런던 시청사
London City Hall

템스강 변을 더욱 멋지게 만들어 주는 런던의 시청사로 전망은 보너스.

P.261

30 세인트 메리 엑스
30 St. Mary Axe(거킨 빌딩)

런던의 스카이라인에 개성을 담아준 매력 만점의 유리 건물.

P.252

더 샤드 The Shard

영국의 최고층 빌딩으로 새롭게 떠오른 전망대. P.265

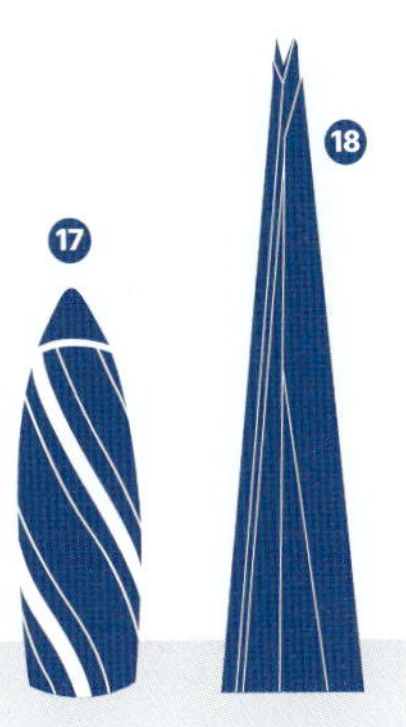

지금 당장 런던으로 떠나야 하는 이유

한때 세계를 제패했던 대영제국의 수도 런던은 과거의 찬란했던 영광을 품고 있는 놀라운 도시다. 20세기 이후 급변하는 세계정세에서 많은 것들이 변했지만 21세기의 런던은 또 다른 매력으로 우리에게 다가오고 있다.

---

1 변하는 런던, 그러나 과거와 조화를 이루는 런던

런던의 스카이라인은 조용히 변하고 있다. 100년이 넘은 타워 브리지가 유리로 된 시청사 건물과 나란히 서 있으며 최첨단 빌딩들이 들어선 뱅크 지역을 걷다 보면 어느새 골목 하나를 사이에 두고 중세의 풍경이 펼쳐지기도 한다. 이런 신구의 조화야말로 런던의 힘이자 다른 도시들이 쉽게 가질 수 없는 런던의 매력이다.

2 세계를 주름잡던 영국, 세계의 문화가 녹아 있다

한때 해가 지지 않는 나라로 세계를 주름잡았던 영국은 식민지를 통해 다양한 문화를 품게 되었다. 차를 사랑하고 카레를 즐기며, 아프리카의 리듬을 즐기고 할랄 음식에 익숙하다. 일상에서 마주하는 시장에는 온갖 세계 음식과 세계 문화가 펼쳐져 있으며 사람들은 이를 즐길 준비가 되어 있다. 런던은 이처럼 다채로운 문화가 공존하는 실로 매력적인 도시다.

3 민주주의와 왕실의 공존

명예혁명과 권리장전으로 시작된 의회 민주주의는 영국 정치의 자랑이었다. 이러한 정치 선진국에 왕실의 존재는 참으로 독특하다. 진보에 주저함이 없으면서도 전통을 지킨다. 정치의 중심지 웨스트민스터 지역에는 왕실 거주지인 버킹엄 궁전과 의회 민주주의의 상징인 국회의사당이 각자의 자리를 굳건히 지키고 있다.

4 상대적으로 친숙한 영어

유럽에서 드물게 영어를 사용하는 나라. 우리들에겐 그나마 익숙한 언어다. 듣고 말하기는 어려워도 최소한 읽을 수 있다. 이탈리아어로 하는 오페라를 보는 것보다 영어로 하는 뮤지컬이 좀 더 친숙한 이유다.

5 수집의 나라, 이야기의 나라 영국

그들은 다 모은다. 세월을 거듭하며 내려오는 모든 자료와 유물을 죄다 가지고 있다. 식민지 시절 약탈과 구입으로 모은 것을 전시하기 위한 박물관도 많다. 로마에는 더 이상 남아 있지 않은 로마 시대 유물, 빅토리아 시대 화장실 간판까지 무엇 하나 소홀히 하지 않는다. 그리고 이를 바탕으로 이야기를 만들어 낸다. 셰익스피어부터 조앤 롤링까지 전 세계가 사랑하는 작가들의 이야기는 연극과 영화, 뮤지컬로 끊임없이 재생산된다.

6 패션과 대중문화의 도시 런던

브릿팝과 뮤지컬, 드라마에 이르기까지 런던은 여전히 문화의 저력을 가지고 있다. 고전 명화들을 가득 담은 미술관부터 동시대를 이끌어가는 현대미술에 이르기까지 다양한 시도가 펼쳐지고 있으며 패션에 있어서도 두드러진 행보를 보이고 있는 핫한 도시다.

7 혼자 걷고 혼밥하기 좋은 도시

여행은 혼자일 때 가장 많은 것을 보고 생각하고 느낄 수 있다. 런던은 유독 혼자 다니기 좋은 곳이다. 혼자 걷기 좋고, 혼자 주문해서 먹는 식당도 많다. 펍에서 혼자 맥주를 시키고 옆 사람에게 말을 걸어도 이상하지 않은, 혼자 있어도 포용되는 도시다.

8 아기자기 오밀조밀, 갈 곳도 많다

평범한 일상의 런더너들은 어디에서 무엇을 할까? 자유로운 분위기의 마켓은 무언가를 사고 먹을 뿐 아니라 다양한 퍼포먼스가 이루어지는 흥겨운 공간이다. 세월의 흔적이 느껴지는 아기자기한 골목이 있는가 하면, 한없이 평화로운 풍경이 펼쳐지는 공원도 있다. 저녁에도 갈 곳은 많다. 뮤지컬이나 연극, 오페라를 볼 수 있는 공연장과 맥주로 하루를 마무리할 수 있는 펍들이 즐비하다.

한눈에 보는 영국 역사

영국은 잉글랜드, 웨일스, 스코틀랜드, 북아일랜드 등 4개 나라가 연합한 국가다. 아직 왕이 있으며 정치는 의회 민주주의로 총리가 정치 수장이다. 영국은 지금의 국가가 되기까지 수많은 일들을 겪었는데, 그중에서도 여행에 도움이 될 만한 중요한 역사적 사건들을 알아보자.

10세기 이전

로마와 바이킹의 침략

켈트족이 살았던 고대 브리튼섬은 BC 55년 이후 로마의 지배를 받는다. 410년 로마가 물러가면서 앵글로 색슨족이 7 왕국을 이루고 살았는데, 웨섹스 왕국이 이를 통일하고 바이킹의 침략을 물리치며 알프레드 대왕에 의해 잉글랜드 왕국이 시작된다.

1066년

노르만 왕조 탄생

잉글랜드 왕과 프랑스 노르망디의 공작 윌리엄이 왕위 계승을 두고 싸워 윌리엄이 이기면서 노르만 왕조가 시작됐다. 윌리엄은 강력한 중앙 집권적 봉건국가를 이뤘다. 그러나 혈통 계승과 영토 문제로 프랑스와 영국의 갈등이 커졌고 훗날 백년전쟁으로 이어지는 씨앗이 됐다.

1215년

마그나 카르타

사자왕 리처드의 동생 존 왕은 전쟁에서 영토를 많이 잃고 계속 세금을 올렸다. 1215년 결국 귀족들은 존 왕의 권력 남용을 막기 위해 63개 조항의 대헌장을 만들어 서명하게 했다. 이는 마그나 카르타로 봉건 귀족의 힘이 커지는 결과를 낳았다.

1337~1453년

백년전쟁

프랑스계 혈통이었던 에드워드 3세가 영토와 왕위 계승 문제로 프랑스와 벌인 전쟁으로 휴전 기간을 빼고 약 100년에 걸쳐 일어났다. 전쟁에서 패한 영국은 프랑스의 영토를 잃게 됐고 봉건 귀족의 세력이 약해졌다.

1348년

흑사병 창궐

백년전쟁이 한창일 때 흑사병이 돌아 런던에서는 하루에 수백 명이 죽었다. 인구가 줄자 농민 봉기가 일어나기도 했다. 이후 농민들은 상인으로 변해 길드를 결성했고 산업화와 근대화를 촉진하는 데 영향을 끼쳤다.

10세기 이전	1066년	1215년	1337~1453년	1348년

	노르만 왕조	앙주 왕조/플랜태저넷 왕조	랭커스터 왕조

잉글랜드 국교 수립

헨리 7세로 시작한 튜더 왕조는 정치와 종교, 경제적으로 영국 역사에 큰 변화를 가져온 중요한 왕조다. 헨리 8세는 영국 교회에 대한 권한이 왕에게 있다는 수장령을 공표해 로마 교황청과 단절하고 국교인 성공회를 설립했다.

스페인 무적함대 격파

헨리 8세와 앤 불린의 딸인 엘리자베스 1세는 해적들에게 약탈을 허가하고 일부 나누면서 재정을 조달했다. 해적들은 스페인 배를 약탈했는데 이에 분노한 스페인이 전투를 시작했다. 1588년 영국군은 스페인의 무적함대를 격파하여 이후 영국이 해상권을 장악해 나가는 중요한 계기를 만들었다.

1455~1485년 | 1534년 | 1536~1539년 | 1588년

튜더 왕조 | 스튜어트 왕조

장미전쟁

요크가의 에드워드 4세가 랭커스터가 헨리 6세의 아들이 왕이 되는 것을 막기 위해 일으킨 왕위 쟁탈전이다. 각 가문의 문장이 붉은 장미와 흰 장미여서 장미전쟁으로 불리며, 30년간 이어졌다. 랭커스터가 헨리 7세는 리처드 3세를 죽이고 요크가 에드워드 4세의 딸과 결혼, 장미전쟁을 종식시켰다.

수도원 해산

헨리 8세는 가톨릭을 뿌리 뽑겠다는 명분으로 영국 전역의 수도원 해산을 선언, 그 재산을 왕실로 반납시켰다. 저항하는 사람들에게 징벌을 가했고 재산을 몰수했다. 이로 인해 1,000년 역사의 가톨릭 문화가 사라지는 엄청난 손실이 발생했다.

런던 대화재

4일 밤낮을 태워 목조 건물이 가득했던 도시의 4/5가 재로 사라진 초유의 화재 사건이다. 1666년에 발생한 이 화재로 런던은 17세기 이전의 건물이 많이 사라졌고 재난에 대비하는 건축과 도시 설계에 힘쓰게 됐으며 보험업이 발달하게 됐다.

산업혁명

18세기 중반에서 19세기 초반 무수한 기계의 발명과 기술의 혁신으로 일어난 사회 전반의 변화를 말한다. 증기기관을 이용한 기계로 면직물을 대량 생산하며 촉발된 산업혁명은 경제 구조와 규모의 확대, 부르주아의 출현으로 인한 계급의 변화 등 많은 변화를 몰고 왔다. 하지만 아동 노동, 도시로 몰린 노동자들의 열악했던 삶 등 문제도 많이 발생했다.

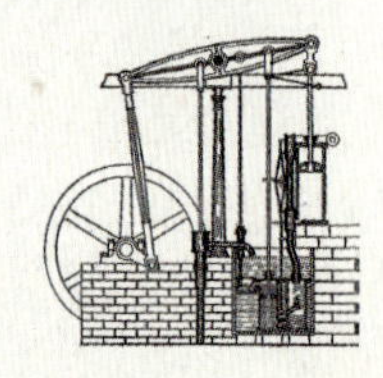

- 1642~1651년
- 1666년
- 1688년
- 18세기 중반~19세기 초반

스튜어트 왕조 | 하노버 왕조

잉글랜드 내전 (청교도 혁명)

잉글랜드 내 의회파와 왕당파 간에 발생한 내전으로 청교도가 중심이 되어 청교도 혁명이라고도 부른다. 당시 의회는 신흥 계층인 젠트리가 다수였는데 이들은 왕당파와 의회파로 나뉘어 싸웠다. 의회파 청교도였던 올리버 크롬웰이 철기군을 이끌면서 최종 의회파의 승리로 끝났고 1649년 찰스 1세는 처형됐다. 크롬웰은 공화정을 선포했고 이후 11년간 영국은 역사상 유일한 공화국 시기가 된다.

명예혁명

의회는 친가톨릭파 제임스 2세를 몰아내기 위해 그의 딸 메리와 그녀의 남편 윌리엄을 공동 통치자로 임명, 정권을 교체했다. 1688년 네덜란드에서 병력을 이끌고 영국에 상륙한 윌리엄 3세와 메리 2세는 전투 없이 정권을 장악, 왕위에 올랐다. 피를 흘리지 않고 혁명에 성공해 명예혁명이란 이름이 붙었다. 의회는 1689년 권리장전을 공포하고 의회 민주주의 시대를 열었다. 권리장전은 1776년 미국의 독립선언, 1789년 프랑스 혁명 인권선언에도 영향을 미쳤다.

UK의 탄생

아일랜드에서 독립을 꾀하는 반란이 일자 영국은 1800년 아일랜드 의회와 영국 의회를 통합하는 통합법을 제정해 아일랜드를 합병했다. 이로써 그레이트 브리튼 아일랜드 연합 왕국(UK-United Kingdom of Great Britain and Ireland)이 탄생했다.

빅토리아 시대

빅토리아 여왕 통치 시기의 영국은 가속화된 산업 혁명으로 인구 증가와 경제 성장, 정치 변화 등을 겪는다. 수정궁에서 만국박람회를 개최해 신기술을 전 세계에 선보였으며, 선거법 개정으로 성인 남성 노동자의 선거권이 생겼고 노동조합이 법으로 보장됐다. 대외적으로는 전 세계에 식민지를 거느린 최강국이 됐다.

브렉시트

1973년 영국은 유럽연합 EU에 가입했지만 이후 회원국들의 경제 위기와 난민 문제 등으로 탈퇴해야 한다는 목소리가 커졌다. 2016년 보수당이 내건 국민투표를 통해 유럽연합을 탈퇴하는 브렉시트를 결정했으며 2020년 시행됐다. 향후 경제, 사회 전반에 많은 변화가 예상된다.

1801년 1805년 1837~1901년 1940년 2016년

작센 코부르크 고타 왕조(現 왕조)

트라팔가 해전

스페인 남서부 바다 트라팔가에서 영국의 호레이쇼 넬슨 장군이 나폴레옹의 연합 함대를 물리친 해전이다. 넬슨은 수적인 열세에도 불구하고 뛰어난 지략으로 승리하지만 전사한다. 이후 나폴레옹은 영국과 유럽 여러 나라의 교역을 금지했지만 영국은 비밀리에 교역을 계속했고 나폴레옹이 러시아 원정에 나서게 되는 결과를 가져왔다.

런던 대공습 '블리츠 Blitz'

제2차 세계대전을 일으킨 나치 독일이 1941년까지 런던을 대규모 공습한 사건이다. 막대한 피해를 입었으나 처칠의 지도력과 국민의 강력한 단결과 저항으로 승리한다. 제1, 2차 세계대전에서 모두 승리했지만 경제적 손실이 컸고 이후 점차 기울게 된다.

런던 즐기기

Enjoying London

파노라마 런던 | 교양 있게, 갤러리 | 유물 가득, 박물관 | 런던의 시장 풍경
한 번쯤, 뮤지컬 | 런더너의 퇴근 후 일상, 펍 | 런던 건축 여행
런던을 빛내는 도시 재생 프로젝트 | 교회의 변신은 무죄! | 색깔이 있는 골목
무료로 즐기는 런던 | 영국의 자랑, 프리미어 리그 | 덕후들의 성지 런던
해리 포터의 흔적을 찾아라! | 당일치기 근교 여행 | 영국의 역사를 움직인 인물 찾기
영국 왕실의 유산을 따라서 | 녹색 도시 런던 | 런던 이색 축제

THEME 01

파노라마 런던

런던을 즐기는 가장 신나는 방법은 바로 런던의 멋진 전경을 감상하는 것이다. 날마다 달라지고 있는 런던의 스카이라인을 한 발짝 떨어져 바라보며 런던의 현재를 직접 느껴보자. 짧은 여행 중 수많은 전망대들을 모두 보기는 어렵지만 한두 곳은 꼭 가볼 것을 권한다. 다음은 런던에서 가장 인기 있는 전망대 8곳이며, 사진은 전망대에서 보이는 모습의 일부다.

스카이 가든
Sky Garden

더 샤드
The Shard

스카이 가든 Sky Garden

워키토키 빌딩 꼭대기에 자리한 스카이 가든은 런더너들에게 인기 있는 전망대다. 높은 천장의 통유리로 가득 채워진 건물에서 바로 앞 더 샤드를 비롯한 런던의 시원한 전망을 즐길 수 있다. (무료지만 예약 필수) P.251, 278

더 샤드 The Shard

런던 아이와 함께 관광객들에게 가장 인기 있는 전망대. 영국 최고층의 높이에서 바라보는 런던 시내의 모습은 작지만 모든 것을 볼 수 있다. (유료) P.265

런던 아이 London Eye

아이들이 특히 좋아하는 관람차 전망대. 런던의 상징인 빅 벤과 국회의사당이 한눈에 들어오는 멋진 포인트로 다양한 높이에서 주변을 돌아볼 수 있다는 것이 가장 큰 장점이다. (유료)

P.172

시청사 앞 City Hall

눈높이에서 바라보는 런던 최고의 전망 포인트. 런던 타워와 타워 브리지, 그리고 뱅크 지역의 스카이라인이 한눈에 들어온다. (무료)

P.261

테이트 모던
Tate Modern

더 모뉴먼트
The Monument

타워 브리지
Tower Bridge

테이트 모던 Tate Modern

7층에 자리한 카페 앞 전망대에서는 고풍스럽고 웅장한 모습의 세인트 폴 대성당과 현대적인 보행자 전용 다리 밀레니엄 브리지가 한눈에 들어온다.(무료) P.268

타워 브리지 Tower Bridge

타워 브리지를 도보로 건너면 런던 타워와 시청사 주변을 차례로 감상할 수 있으며, 타워 브리지 전망대로 올라가면 멀리 런던 아이까지 볼 수 있다.(타워 브리지 무료, 전망대는 유료) P.260

더 모뉴먼트 The Monument

뱅크 지역의 건물들이 가장 가까이 보이고 세인트폴 대성당과 타워 브리지, 강 건너 샤드를 둘러볼 수 있는 360도 전망대.(유료) P.254

더 가든 앳 120 The Garden at 120

런던에서 가장 큰 공공 루프탑 공간으로 최근에 핫플로 인기를 끌면서 대기 줄이 매우 길어졌다. 주변의 랜드마크들을 가까이 볼 수 있다. (무료)

지도 P.241-C2

런던 전망대 비교

전망대	전망 포인트	장점	단점
스카이 가든	샤드, 서더크 지역, 런던 타워, 타워 브리지, 세인트 폴 대성당	전망대 자체가 쾌적하다. 탁 트인 전망	예약이 매우 어려워 레스토랑이나 바를 이용해야 한다.
더 샤드	런던 시 전체	전망대 자체가 명물. 360도 전망	비싸다. 작게 보인다.
런던 아이	웨스트엔드, 템스강	다채롭고 색다른 재미	비싸다.
시청사 앞	시티 지역, 런던 타워, 타워 브리지	무료. 명소들이 잘 보인다.	–
테이트 모던	세인트 폴 대성당, 밀레니엄 브리지	무료. 세인트 폴 대성당이 잘 보인다.	조망 지역이 다양하지 않다.
더 모뉴먼트	뱅크 지역, 서더크 지역, 샤드, 타워 브리지	360도 전망	계단을 많이 오른다. 철조망이 있다.
타워 브리지	시청사, 서더크 지역, 샤드	다채로운 전망. 1층은 무료	타워 브리지가 안 보인다.
더 가든 앳 120	스카이 가든 건물, 거킨 빌딩, 타워 브리지	무료, 시원한 전망, 넓고 오픈된 공간	대기 줄이 있고 예약을 받지 않는다.

THEME 02

교양 있게, 갤러리

미술 작품을 좋아하는 여행자라면 런던의 갤러리 방문은 필수다. 예술과 문화의 나라 영국답게 많은 작품이 여러 갤러리에 전시돼 있다. 우리에게 이미 유명한 고대, 중세의 작품들은 물론 현대 미술품, 영국을 대표하는 유명 화가들의 작품을 볼 수 있다. 게다가 물가가 많이 오른 요즘 같은 때에 무료로 방문할 수 있는 갤러리가 많다는 것은 런던 여행의 큰 이점이다.

내셔널 갤러리

National Gallery

#르네상스 #플랑드르 #고흐

영국만 아니라 세계를 대표하는 국립 미술관으로 초기 르네상스 시대부터 19세기에 이르는 회화가 돋보이는 곳이다. 고흐, 마네, 모네, 미켈란젤로 등 우리에게 익숙한 화가들의 작품이 많고 그들이 화폭에 담은 신화와 역사, 일상과 철학이 감동을 선사한다. P.188

홈페이지 www.nationalgallery.org.uk

대사들 The Ambassadors
한스 홀바인

해바라기 Sunflowers
반 고흐

아르놀피니 부부의 초상 The Arnolfini Portrait
얀 반 에이크

테이트 모던

Tate Modern

#현대미술 #팝아트 #설치미술

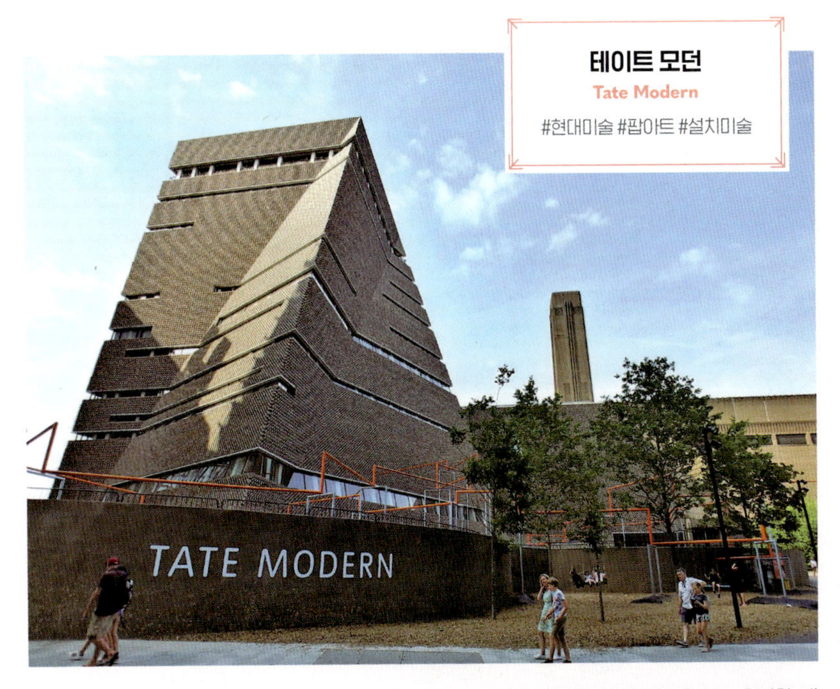

버려진 화력 발전소를 성공적으로 개조한 곳으로 유명한 갤러리다. 발전소 구조를 살린 독특한 전시관과 현대 작품들을 볼 수 있다. 밀레니엄 브리지를 사이에 두고 세인트 폴 대성당과 마주하며 과거와 현재의 풍경을 동시에 전해 주는 명소로 런던 여행의 필수 코스다. P.268

홈페이지 www.tate.org.uk

런던 풍경을 즐기는 뷰 맛집

갤러리 본관 6층과 별관 10층에는 카페가 있다. 이곳에서 시원한 음료를 앞에 두고 템스강과 밀레니엄 브리지, 강 건너 세인트 폴 대성당이 어우러진 풍경을 보는 것도 빼놓지 말자.

마릴린 두 폭 Marilyn Diptych
앤디 워홀

왬 Whaam!
로이 리히텐슈타인

울고 있는 여인 Weeping Woman
파블로 피카소

테이트 브리튼
Tate Britain

#터너 #라파엘전파 #호크니

영국인들이 사랑하는 화가 윌리엄 터너의 작품이 가장 많은 갤러리다. 이 외에도 라파엘 전파 화가, 데이비드 호크니, 프랜시스 베이컨 등의 작품들이 유명하다. 강변에 자리하고 있는 갤러리 건물도 아름답다. P.272

홈페이지 www.tate.org.uk

오필리아 Ophelia 존 에버렛 밀레이

십자가형을 기초로 한 형상의 세 가지 연구
Three Studies for Figures at the Base of a Crucifixion
프랜시스 베이컨

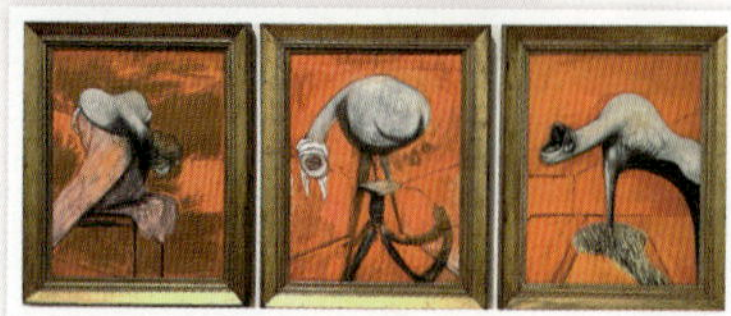

많은 갤러리 중 한 군데만 간다면?

짧은 여행 기간 중 한 군데만 골라야 한다면 자신의 취향을 고려해보자. 고전과 중세·근대 미술의 내셔널 갤러리, 근대·현대 미술의 테이트 모던은 런던을 대표하는 갤러리이므로 둘 중 한 곳을 골라보자.

초상화 갤러리 National Portrait Gallery

#초상화 #셰익스피어 #역사적인물

셰익스피어, 아이작 뉴턴, 빅토리아 여왕 등 영국 역사를 통해 이름만 들어도 알 만한 귀족, 왕족, 유명인들의 초상화뿐 아니라 매우 다양한 인물들의 사진, 드로잉, 조각 등이 가득한 갤러리다. 작품 속 인물들을 보며 수많은 이야기를 떠올려 볼 수 있는 흥미로운 곳이다. P.197

홈페이지 www.npg.org.uk

윌리엄 셰익스피어
William Shakespeare

크리스토퍼 렌
Christopher Wren

더 월리스 컬렉션 The Wallace Collection

#렘브란트 #루벤스 #저택 #미술관카페

조금은 한적한 곳에서 천천히 작품을 보고 싶다면 더 월리스 컬렉션이 제격이다. 런던 도심의 한적한 주택가에 자리한 우아한 저택이 인상적인 곳이다. 루벤스, 벨라스케스, 렘브란트 등의 회화 작품을 비롯해 다양한 조각품, 도자기, 가구 등을 감상할 수 있다. 중정에 자리한 예쁜 카페도 들러 보자. P.200

홈페이지 www.wallacecollection.org

THEME 03

유물 가득, 박물관

영국은 수집과 기록의 나라다. 자신의 선조들이 남긴 모든 것들을 기록하고 보존하는 것은 물론, 남의 나라 물건과 건물까지 뜯어와 약탈국이라는 비난을 피할 수 없다. 수백 년 전의 생활상을 알 수 있는 소소한 생활용품부터 역사를 뒤흔든 중요한 유물에 이르기까지 그 방대한 컬렉션에 놀라움을 금할 수 없다. 다행히도 이들을 전시하는 박물관을 무료로 개방하고 있으니 런던에 왔다면 꼭 방문해 보자.

브리티시 뮤지엄
The British Museum

영국이 전 세계에서 거두어온 전리품을 비롯해 방대한 유물을 소장하고 있다. 고대 문명의 실마리를 풀어낸 로제타스톤과 이집트의 미라, 그리고 그리스 신전까지 인류의 중요한 유물들을 놓치지 말자.

고전적이고 웅장한 외관과 달리 내부 홀은 햇살이 가득 쏟아지는 유리 천장을 사용해 현대적인 건축미를 살렸다. 위대한 건축가 노먼 포스터의 손길이 닿은 곳으로 과거와 현재가 공존하는 멋진 공간이다. P.216

홈페이지 www.britishmuseum.org

엘긴마블

람세스

로제타스톤

빅토리아 & 앨버트 박물관
Victoria & Albert Museum

전 세계에 식민지를 거느리던 빅토리아 여왕 시대의 영국은 급변하고 있었다. 만국박람회 전시물들을 계속 전시하기 위해 세운 이곳은 기록으로 남기길 좋아하는 영국인들의 특성을 다시 한번 확인할 수 있는 곳이다. 예술과 디자인, 제조업 등 다양한 분야에 영감을 주고자 건립했다는 박물관의 취지대로 영국인들의 전반적인 문화를 보며 새로운 아이디어를 얻을 수 있다. P.292

홈페이지 www.vam.ac.uk

존 손 경 박물관
Sir John Soane's Museum

영국의 건축가 존 손 경의 박물관으로 수집광적인 그의 면모를 볼 수 있는 곳이다. 자신이 살았던 집 옆의 건물을 사들여 취향대로 개조한 탓에 다소 기괴할 정도로 특이한 저택의 구조 또한 볼 만하다. P.215

홈페이지 www.soane.org

THEME 04

런던의 시장 풍경

로열 분위기와는 대조적으로 사람 냄새 나는 마켓들이 런던에만도 수십 개. 물가 비싼 영국 런던에서 인간적인 물가를 체험할 수 있는 곳인 마켓에 가면 런던인들의 삶 속으로 한 발 더 들어간 기분이 든다. 여전히 계급이 존재하는 영국에서 마켓은 서민들과 젊은이들의 솔직한 모습이 많이 보이는 곳이다. 사람들이 주로 가는 대표 마켓 몇 군데만 가도 재미난 런던의 일상을 느껴 볼 수 있다.

브릭 레인 마켓
Brick Lane Market

일요일이 되면 브릭 레인 마켓 주변 지역은 마켓을 향해 걸어가는 인파로 북적거리기 시작한다. 보수적인 영국과 대비되는 면을 볼 수 있는 그래피티와 빈티지 패션, 그리고 먹거리들이 즐비하다.

이곳은 과거 공장 지대로 버려지고 낙후됐던 곳으로 젊고 가난한 예술가들이 저렴한 주거 비용 때문에 모이기 시작하면서 생기를 찾게 됐다. 북적대는 거리에서 흥겨운 일요일을 보낼 수 있다. P.332

노팅힐 포토벨로 로드 마켓
Nottinghill Portobello Road Market

노팅힐이 유명한 이유를 세 가지 들자면 영화, 축제, 그리고 마켓이다. 그중 포토벨로 로드를 따라 길게 이어진 마켓은 전 세계 관광객이 몰릴 만큼 유명한 장소가 됐다. 영화에 나와 더 유명해진 이곳은 주인공들의 예쁜 사랑 이야기 때문에 더욱 로맨틱하고 낭만적으로 느껴진다. 앤티크, 빈티지, 각종 골동품, 기념품, 싱싱한 야채와 과일들, 길거리 먹거리들뿐 아니라 로드숍들도 길을 따라 들어서 있다. P.302

버로 마켓
Borough Market

까다로운 식자재 엄선으로 유명한 마켓이다. 각 가정과 주변 레스토랑, 카페 등지로 팔려 나가는 신선한 식재료를 팔고 있다. 현지 사람들이 어떤 재료를 가지고 어떤 음식을 만드는지, 그들의 식문화는 어떤지 엿볼 수 있는 곳이다. 꽃과 와인, 치즈, 디저트, 예쁜 주방 용품들만 봐도 그들의 부엌이 보이는 듯하다. P.262

캠든 마켓
Camden Market

런던에서 가장 규모가 큰 마켓이다. 리젠츠 운하를 끼고 있는 캠든 하이 스트리트를 따라 좌우로 형성돼 있으며 여러 개의 마켓들이 모여 마켓 단지를 형성한다. 캠든 타운 역에서 내리면 인버네스 스트리트 마켓을 시작으로 5개 정도의 마켓이 나오는데 이 중 가장 규모가 크고 인기가 많은 마켓은 캠든 록 Camden Lock 마켓과 스테이블스 Stables 마켓이다. 패션, 의류, 각종 잡화들을 팔고 있으며 세계 여러 나라의 음식들이 배고픈 여행자들의 발길을 잡는다. P.322

런던 시장 비교

시장	추천 방문 요일	휴무	콘셉트	위치
브릭 레인 마켓	일요일	월~금요일	패션, 앤티크, 액세서리, 예술 작품, 다양한 먹거리 등	Brick Lane London E1 5HA (이스트엔드)
노팅힐 포토벨로 로드 마켓	토요일	일요일 (목요일은 13:00에 문을 닫는다)	패션, 앤티크, 골동품, 기념품, 식재료, 먹거리 등	Portobello Road London W10 5TA (노팅힐)
버로 마켓	수~토요일	월요일	식재료, 런치 마켓 등	8 Southwark Street, London, SE1 1TL (서더크)
캠든 마켓	주중, 주말 상관없다.	12/25	패션, 앤티크, 기념품, 각종 먹거리 등	Camden High St. London NW1 8NH (캠든)

THEME 05

한 번쯤, 뮤지컬

런던의 웨스트엔드는 뉴욕의 브로드웨이와 뮤지컬계의 양대 산맥을 형성하고 있는 곳이다. 뮤지컬이라는 장르가 바로 이곳에서 탄생했다. 역사가 오래된 만큼 공연의 수준과 작품성, 무대 기술 등이 날로 발전해 많은 사람의 사랑을 받고 있다. 세계적으로 유명한 대표 뮤지컬들이 지금도 대거 상영되고 있는 런던 웨스트엔드에서 감동의 추억을 남겨 보자.

뮤지컬 용어들

뮤지컬에서 쓰는 용어들에 대한 상식이 좀 있으면 뮤지컬 자체를 이해하는 데 도움이 된다. 많이 사용되는 뮤지컬 용어들 몇 가지를 살펴보자. 그리고 외국은 공연장 자리에 대한 용어들이 우리나라와는 다르다. 여행 시 뮤지컬 티켓을 예매할 때 알아 두면 좋은 용어들도 참고하자. 더 편하게 티켓을 구입할 수 있다.

프레스 콜 Press Call
언론에 공연을 처음 소개하는 자리를 말한다. 모든 극을 공연하지는 않고 하이라이트를 보여 준다.

프리뷰 Preview
공연을 올리기 직전 최종 점검을 하고 관객들의 반응도 살펴보기 위한 공연으로 할인된 가격으로 볼 수 있다.

인터미션 Intermission
공연 중간에 쉬는 시간을 말한다. 2시간이 훌쩍 넘는 공연 사이에 휴식을 취할 수 있는 시간이다.

커튼콜 Curtain Call
공연이 끝난 뒤 관객들이 박수로 배우들을 부르는 것. 커튼 밖으로 나온 배우들은 인사나 노래로 보답한다.

뮤지컬 넘버 Musical Number
공연에서 나오는 노래들을 넘버라고 한다. 각 장면과 연결돼 있는 노래들이 대본에 숫자로 쓰여 있기 때문에 넘버라고 부른다.

앙상블 Ensemble
주·조연 배우들의 솔로와 함께 화음을 담당하는 배우들이다. 노래뿐 아니라 집단 군무나 동작을 이용해 극에 활기를 불어 넣는 역할을 한다.

마티니 Matinee
아침을 뜻하는 프랑스어 마탱 Matin에서 온 말로 낮 공연을 말한다. 예매 시 볼 수 있는 단어다.

티케츠 TKTS

뮤지컬 티켓 구매하기

여러 가지 방법이 있지만 가장 좋은 방법은 온라인으로 일찍 예매하는 것이다. 주말보다는 평일이 싸고 연휴에는 가격이 올라간다. 당연히 좌석에 따라 가격 차이가 난다.

① 인터넷 예매

뮤지컬 공식 홈페이지, 티케츠 TKTS 홈페이지, 각 극장 홈페이지, 예매 대행 사이트를 이용하면 된다. 부지런하게 여러 사이트를 들락거린다면 할인율 높은 티켓을 손에 쥘 수도 있다. 안전하고 편하게 예매하려면 뮤지컬 공식 홈페이지나 티켓마스터가 낫다.

www www.ticketmaster.co.uk
www https://officiallondontheatre.com/tkts
www www.westendtheatrebookings.com

② 티케츠 TKTS

런던 극장협회에서 운영하는 공식 할인 티켓 판매처다. 레스터 스퀘어에 티켓 부스가 있는데, 운이 좋으면 대폭 할인된 가격에 살 수 있다. 하지만 원하는 뮤지컬의 좌석이 없거나 줄을 오래 기다려야 할 수도 있다. 인터넷 예매도 가능하다(위 참조).

③ 극장에서 구매하기

극장 매표소에 직접 가서 사는 것으로 인기 공연은 티켓이 거의 남아 있지 않지만 가끔 당일 티켓을 저렴하게 팔기도 한다.

④ 기타 티켓 에이전시

공식 티켓 부스 말고도 웨스트엔드 주변에는 여러 매표소가 있는데 이곳에서는 간혹 매진된 표도 구할 수 있다. 그러나 좌석을 고르기 힘들고 수수료가 비싸다는 것이 단점이다.

티켓 에이전시

공연장 좌석의 이해

좌석은 용어를 잘 몰라도 온라인 예매 시 그림을 보면 이해가 빠르다. 하지만 직접 대화를 통해 티켓을 구매할 때는 좌석에 대한 용어를 알고 있으면 편리하다.

스톨스 Stalls
보통 1층 또는 무대 앞쪽. 극장마다 범위가 약간씩 다를 수 있다.

드레스 서클 Dress Circle **또는 로열 서클** Royal Circle
2층 또는 2층 정면의 특석.

그랜드 서클 Grand Circle **또는 어퍼 서클** Upper Circle
2층 뒤쪽 또는 3층 좌석.

발코니 Balcony
시야가 안 좋은 어퍼 서클 위쪽 좌석. 주로 맨 위층.

박스석 Box Seat
무대 쪽으로 튀어나와 있는 좌석.

인기 뮤지컬

❶ 레미제라블 Les Miserables

프랑스의 나폴레옹 제국 시대에서부터 샤를 10세까지 피 끓는 혁명과 민중의 저항정신을 담은 거대 서사시를 아름다운 노래로 풀어내는 감동의 공연이다. 레미제라블 Les Miserables은 불쌍한 사람들이라는 뜻으로, 우리에게는 빵을 훔친 기구한 운명의 장발장으로 더 많이 알려졌지만 프랑스 민중을 상징한다고 할 수 있다. 웨스트엔드 지역에서 최장기 공연 기록을 가지고 있는 뮤지컬로 지금도 계속 기록을 경신 중이다.

지도 P.168-B3 손드하임 극장 Sondheim Theatre **주소** 51 Shaftesbury Ave, London W1D 6BA **홈페이지** https://london.lesmis.com **대표 넘버** 'I Dreamed a Dream', 'One Day More', 'Do You Hear the People Sing?', 'On My Own'

❷ 오페라의 유령 The Phantom of the Opera

가스통 르루의 소설 〈오페라의 유령〉을 각색한 이 뮤지컬은 주인공 크리스틴을 집착적이고 맹목적으로 사랑하는 팬텀을 둘러싼 이야기다. 누구나 한 번쯤은 들어 봤을 만큼 음악도 유명해 음반 판매 또한 기록적이다. 특히 계속 바뀌는 무대 장치에서 압도적인 기획력과 기술력을 자랑한다. 웨스트엔드에서만 1만 회가 넘는 공연을 해오고 있으며 뮤지컬계의 가장 권위 있는 상인 올리비에 상과 토니상을 받았다.

지도 P.168-B4 히스 마제스티스 극장 His Majesty's Theatre **주소** Haymarket, St. James's, London SW1Y 4QL **홈페이지** https://uk.thephantomoftheopera.com **대표 넘버** 'The Phantom of the Opera', 'The Music of the Night', 'All I Ask of You', 'Think of Me'

❸ 라이온 킹 Lion King

사자 심바가 왕이 되기까지의 고난과 극복 여정을 담고 있는 이야기로 동물들과 자연 세계의 특징을 춤과 동작, 분장으로 잘 구현해 낸 걸작이다. 정교한 분장을 한 배우들이 무대가 아닌 관객석에서 등장하는 것도 볼거리다. 또한 영국을 대표하는 팝 음악가 엘튼 존이 작곡한 음악도 감동적이다. 온 세대가 즐길 수 있는 가족 뮤지컬로, 영어 때문에 뮤지컬 관람이 조금 꺼려지는 사람들에게 상대적으로 편안한 작품이라고 할 수 있다.

지도 P.169-D3 라이시움 극장 Lyceum Theatre **주소** 21 Wellington St, London WC2E 7RQ **홈페이지** www.thelionking.co.uk **대표 넘버** 'Can You Feel the Love Tonight', 'Circle of Life', 'Hakuna Matata'

4 해밀턴 Hamilton

미국 건국의 아버지로 불리는 알렉산더 해밀턴의 드라마 같은 일대기를 다룬 내용이다. 뉴욕의 브로드웨이에서 출발해 흥행 가도를 달리며 웨스트엔드로 진출했다. 힙합이라는 장르를 끌어온 것이 매우 독특한데 라임과 플로가 수준급이라는 평을 듣는다. 작곡가 린 마누엘 미란다가 작사·작곡·극본까지 겸했다. 그가 해밀턴의 일생을 제대로 알리고자 만든 랩을 백악관에서 선보이자 오바마 전 대통령이 기립 박수를 쳤다는 유명한 작품이다.

지도 P.166-B3 빅토리아 팰리스 극장 Victoria Palace Theatre **주소** 79 Victoria St, London SW1E 5EA **홈페이지** https://hamiltonmusical.com/london **대표 넘버** 'Yorktown(The World Turned Upside Down)', 'Alexander Hamilton', 'My Shot'

5 맘마미아 Mamma Mia

1970년대 인기를 끌었던 세계적인 팝 그룹 '아바 ABBA'의 인기곡들을 모아 만든 주크박스 뮤지컬이다. 1999년 런던에서 초연된 이래로 큰 인기 속에 롱런 중인 맘마미아는 명곡들만큼이나 재미난 스토리로 그 인기가 식을 줄 모르는 작품이다. 엄마 도나와 딸 소피의 따뜻한 사랑과 아빠를 찾는 밝고 코믹한 이야기가 아름다운 노래들과 어우러진다. 이미 공전의 히트를 한 음악을 바탕으로 했기 때문에 대표 넘버라는 것이 없을 만큼 모든 곡이 유명하다.

지도 P.169-D3 노벨로 극장 Novello Theatre **주소** Aldwych, London WC2B 4LD **홈페이지** https://mamma-mia.com/london.php **대표 넘버** 'Mamma Mia', 'Dancing Queen', 'Honey, Honey', 'Super Trouper', 'I Have a Dream', 'Slipping Through My Fingers All the Time'

6 위키드 Wicked

재미있는 상상력에서 출발한 뮤지컬 위키드는 우리가 알고 있던 오즈의 마법사에 나오는 마녀들의 캐릭터들을 뒤집고 탄생한 이야기다. 나쁜 것과 착한 것의 절대적인 개념이 있을까를 생각해 보게 한다. 내용도 참신하고 창의적이며 특히 분장과 무대 의상, 무대 연출이 눈길을 끄는 작품이다. 과거와 현재를 오가는 현란한 무대의 변화와 전율을 주는 노래, 초록색 향연이 지루할 틈 없이 흘러간다.

지도 P.166-B3 아폴로 빅토리아 극장 Apollo Victoria Theatre **주소** 17 Wilton Rd, Pimlico, London SW1V 1LG **홈페이지** www.wickedthemusical.co.uk **대표 넘버** 'Defying Gravity', 'No One Mourns the Wicked', 'The Wizard and I', 'Popular', 'One Short Day'

THEME 06

런던너의 퇴근 후 일상, 펍

런던의 대표적인 문화로 펍 문화를 빼놓을 수 없다. 늦은 오후부터 슬슬 사람들이 모여들어 특히 금요일 저녁이면 인산인해를 이루는 펍은 런더너들의 평범한 일상이다. 런던에만 3,000곳이 넘는 펍이 있다고 하니 어느 동네를 가더라도 쉽게 찾을 수 있는 사랑방 같은 곳이다.

어떤 맥주를 마실까?

영국은 에일의 본고장으로 에일의 특징을 그대로 살린 캐스크 맥주를 마셔볼 것을 권한다. 캐스크 Cask는 맥주를 담는 큰 통인데 원래는 보통 오크 같은 나무로 만들었다. 양조장에서 만든 맥주는 이 캐스크에 담겨진 상태로 펍 저장고에서 다시 한번 숙성시키기 때문에 펍마다 맛과 향이 달라진다. 적절한 관리를 통해 품질 좋은 에일 맥주를 파는 펍에는 입구에 캐스크 마크 Cask Marque가 붙어 있으니 이를 확인하고 들어가는 것이 좋다. 주문을 할 때에도 그 펍의 대표적인 캐스크 에일을 마셔보자. 가장 쉽게 찾을 수 있는 브랜드는 풀러스 Fuller's의 런던 프라이드 London Pride다. 바에 있는 핸드 펌프를 이용해 유리잔에 담아 주는 것을 구경하는 것도 재미다.

영국 펍의 특징

① 에일 Ale

부드럽고 고소하며 묵직함이 느껴지는 에일 맥주는 여름철에는 시원한 라거보다 선호도가 떨어지지만 겨울철에는 빛을 발한다. 식량이 부족했던 시절, 곡주로 배를 채웠던 만큼 술이라기보다 음식 같은 느낌이다. 가장 쉽게 볼 수 있는 브랜드는 런던 프라이드다. 이름에서 느껴지듯 영국에서 가장 많이 마시는 맥주로 오랜 전통의 풀러스 Fuller's사가 만든다.

② 펍 그럽 Pub Grub

펍은 술집이면서 식당이 되기도 한다. 특히 낮에는 식사를 위해 찾는 사람이 많다. 전통 펍에서 파는 주 메뉴는 피시 앱 칩스 Fish & Chips와 뱅어스 앤 매시 Bangers & Mash다. 둘 다 맥주 안주로도 제격이며 식사로도 무난하다. 현대 펍에는 햄버거나 피자, 타코도 있다. 그리고 일요일에 영국 펍을 방문한다면 단연 선데이 로스트가 인기다.

③ 펍 크롤 Pub Crawl

맥주 애호가이거나 흥겨운 펍 분위기를 좋아하는 사람이라면 늦은 오후부터 펍들을 옮겨 다니며 다양한 맥주를 마셔보고 사람들과 어울리는 펍 크롤을 즐긴다. 너무 복잡한 곳만 아니라면 바텐더에게 시음을 부탁할 수도 있으니 동네 유명한 펍들을 돌아다니며 각기 다른 맥주를 즐길 수 있는 기회다.

인기 펍

① 브루 도그 Brew Dog

런던에는 수백 년을 훌쩍 넘는 오래된 펍도 많지만 런던의 젊은이들에게 핫한 곳은 역시 현대 펍이다. 브루 도그는 21세기 현대 펍의 대표주자로 큰 인기를 누리는 곳이다. 다양한 종류의 크래프트 비어를 생산하며 영국에 수십 곳의 펍이 있고 미국 등 해외로도 진출해 우리나라에도 들어왔었다. 런던 시내에도 여러 지점이 있으며 공간이 넓은 편이지만 항상 붐빈다.

② 더 처칠 암스 The Churchill Arms

1750년에 오픈했지만 다소 외진 곳에 위치해 관광객들에게는 큰 주목을 받지 못했다가 최근에 인스타그램의 영향으로 화려한 외관이 주목받게 되었다. 제2차 세계대전 당시 전시 총리였던 윈스턴 처칠의 조부모가 단골이었다고 한다. 꽃으로 뒤덮인 아름다운 장식으로 첼시 플라워 쇼에서 상을 받기도 했다. P.309

역사를 담은 펍

서민들과 긴 시간 동안 함께 해 온 영국의 펍. 수백 년 동안 그 자리를 지켜온 펍들은 비록 낡았지만 그 자체로 역사가 된 펍이다. 공간 사이사이 그때 그 시절의 냄새와 눈물, 웃음이 배어들어 켜켜이 이야기가 쌓인 특별한 공간이 됐다.

예 올드 체셔 치즈
Ye Olde Cheshire Cheese

옛 언론인의 거리 플리트 스트리트에 위치한 이곳은 1538년부터 운영되었다. 1666년 런던 대화재 때 불에 타 소실된 것을 다음 해인 1667년 다시 지어 운영해 왔다. 벽에 걸린 시계, 액자, 벽난로들이 오랜 세월의 흔적을 말해 준다. 새뮤얼 존슨, 찰스 디킨스를 비롯해 많은 문학인과 언론인들의 아지트였다. 어두운 펍에 앉아 정치, 사회, 사랑에 대해 그들이 나눴을 수많은 대화들이 낡은 사진과 소품들 속에 녹아 있는 느낌이다.

홈페이지 https://ye-olde-cheshire-cheese.co.uk

블랙프라이어
The Blackfriar

골목 끝에 위치한 독특한 모양의 건물로 내부가 좁고 기다랗다. 이 자리는 원래 1279~1539년 수도원이 있던 곳이다. 수도사들이 수도원에서 맥주를 만들어 널리 보급했는데 이곳도 그 영향으로 맥주를 만들어 펍으로 발전했다. 입구 위의 수도승 조각상이 수도원 자리였음을 말해 주며 내부 벽 곳곳에도 수도승 브론즈들이 있다.

홈페이지 www.nicholsonspubs.co.uk

더 조지
The George

과거 여관과 식당을 겸하던 인 Inn에서 비롯된 500년 역사의 더 조지는 도시로 올라온 셰익스피어가 장기 투숙했던 곳이다. 단골이었던 그는 맥주 한 잔을 놓고 극본 쓰기를 즐겼다고 한다. 그로부터 250년 후 태어난 찰스 디킨스도 이곳에서 맥주와 함께 작품을 써내려 갔다. 셰익스피어를 존경한 그는 셰익스피어가 찾던 펍까지 사랑했다. 1542년 지어졌던 오리지널 건물은 화재로 소실돼 1677년 다시 지어졌다. P.280

홈페이지 www.george-southwark.co.uk

램 앤 플래그
Lamb & Flag

코벤트 가든과 레스터 스퀘어 사이에 자리한 펍. 내부의 낡은 문과 기둥이 오랜 역사를 말해주고 있다. 이곳을 거쳐간 사람들의 사진들이 실내 곳곳에 붙어 있는데, 특히 소설가 찰스 디킨스의 단골 펍으로 알려져 있다. 2층 벽에는 오랜 세월 쌓아온 그림과 이야기들이 남아 있다.

지도 P.169-C3 **홈페이지** www.lambandflag-coventgarden.co.uk

셜록 홈스
Sherlock Holmes

셜록 홈스가 1894년 런던에 있었을 법한 분위기를 지닌 곳이다. 1951년 브리튼 축제 Festival of Britain 때 재현한 셜록 홈스의 방이 축제 후에도 계속 남게 되었고, 영국 드라마 '셜록'의 성공에 힘입어 지속적인 인기를 누리고 있다. 2층에 자그마하게 셜록의 방이 있는데, 들어갈 수는 없고 유리창을 통해서 볼 수 있다.

홈페이지 www.greeneking-pubs.co.uk

THEME 07

런던 건축 여행

런던의 건축에는 고대와 중세의 흔적이 별로 남아있지 않다. 오랜 세월 수많은 전쟁과 파괴를 겪어왔으며, 특히 1666년 대화재로 도시의 대부분을 잃었고, 제2차 세계대전 당시 독일의 대공습으로 무수한 건물이 파괴되었기 때문이다. 고풍스러운 명소들은 대부분 17세기 이후에 지어진 것들이다.

1 노르만 양식

런던의 명소 중 가장 오래된 런던 타워는 11세기 노르만 정복이 완성된 정복왕 시대에 지어졌다. 런던 타워는 수차례 증개축되었고 여러 건물이 지어져 조지안 양식도 있지만 중앙의 화이트 타워는 노르만 양식이라 부르는 영국식 로마네스크의 표본이다.

▸ **런던 타워**

Tower of London, 1078~1285 P.256

2 고딕 양식

런던의 명소 중 매우 드물게 고딕 양식을 볼 수 있는 건물이 웨스트민스터 사원이다. 건물의 역사는 10세기로 거슬러 올라가 11세기 참회왕 에드워드가 교회에 봉헌할 당시의 노르만 양식도 남아 있지만, 13세기에 지금의 모습인 고딕 양식으로 재건되었다.

▸ **웨스트민스터 사원**

Westminster Abbey, 1269 P.174

3 튜더 양식

중세의 마지막이자 근세로 넘어가는 튜더 시대와 그 이후 유행했던 양식으로 런던에는 시티 지역에 일부 건물이 남아 있고 헨리 8세가 거주했던 런던 외곽의 햄튼코트 궁전에서 볼 수 있다.

① ▸ **런던 타워 안의 퀸스 하우스** Queen's House, 1540

② ▸ **세인트 제임시스 궁전** St. James's Palace, 1531~1536

③ ▸ **링컨스 인** Lincoln's Inn, 1518~1521 P.214

④ ▸ **글로브 극장** Globe Theatre(**셰익스피어 글로브** Shakespeare's Globe), 1599~1644(1997년 재건) P.267

튜더 리바이벌 양식

19세기 말부터 영국에서 잠시 유행했던 양식으로 튜더 양식을 흉내낸 것이다.

▸ **리버티 백화점** Liberty, 1924 P.226

4 신고전주의

1666년 런던의 대화재는 런던 건축의 새 역사가 시작된 크나큰 사건이다. 당시 목조 건물이 대부분이었던 탓에 잿더미가 되어버린 런던시는 모든 것을 새로 지어야만 했다. 그때 두드러진 활약을 보인 이가 크리스토퍼 렌 Cristopher Wren(P.245)이다. 과학자였던 그는 당시 유럽에서 유행하던 바로크 양식에 독창적인 방식을 가미해 세인트 폴 대성당을 건축했으며 그 외에도 런던에 50개가 넘는 교회를 재건했다.
또한 18세기 유행했던 그랜드 투어의 영향으로 고전주의에 눈을 뜬 신고전주의 양식이 나타났다. 특히 런던에서는 그리스 부흥 양식과 절충주의 등으로 이어지며 영국 특유의 건축으로 발전했으며, 일반 저택에 있어서는 조지안 양식이 유행했다.

① ▸ **세인트 폴 대성당** St. Paul's Cathedral, 1675~1720 영국식 바로크 P.244

② ▸ **버킹엄 궁전** Buckingham Palace, 1703 신고전주의 P.182

③ ▸ **구 왕립 해군학교** Old Royal Naval College, 1692~1726 바로크와 신고전주의 P.348

④ ▸ **브리티시 뮤지엄** The British Museum, 1820년대 그리스 부흥 양식(신고전주의 마지막 단계) P.216

⑤ ▸ **리젠트 스트리트** Regent Street, 1819~1825 존 내시의 비대칭성이 강조된 절충주의 P.202, 225

⑥ ▸ **왕립 증권거래소** The Royal Exchange, 1844 신고전주의 P.249

5 네오고딕 양식

런던 시내를 걷다 보면 17세기 대화재로 모든 것을 잃었다는 것이 믿기지 않을 만큼 고풍스러운 분위기가 남아 있다. 아마도 18~19세기에 크게 유행했던 네오고딕 양식의 건물들 때문일 것이다. 중세에 바탕을 둔 이러한 복고적 움직임은 건축뿐 아니라 문화 전반에 걸쳐 영향을 미쳤다. 다른 유럽의 국가들과 대조되는 중세를 겪은 영국은 산업의 발달로 과거에 대한 향수가 커지면서 이러한 네오고딕 양식이 유난히 크게 유행했다.

또한 빅토리아 시대 산업혁명으로 부유해지자 일반 건물에서도 빅토리아 양식의 우아한 저택들이 지어졌다. 조지안 양식과 비슷해 보이지만 보다 입체적이며 유리와 벽돌이 많이 사용되었다.

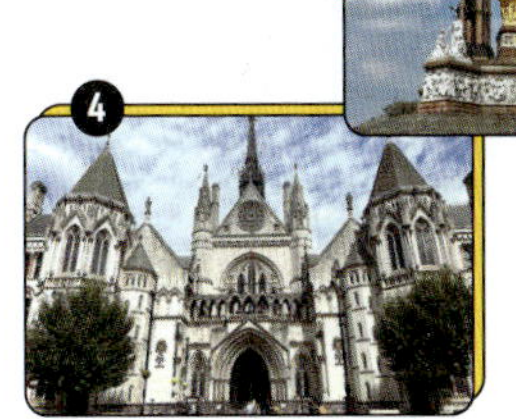

① ▸ **국회의사당** House of Parliament, 1840~1876 네오고딕 양식의 대표 건물 P.171

② ▸ **세인트 판크라스 역** St. Pancras Station, 1864~1868

③ ▸ **앨버트 기념비** Albert Memorial, 1872 P.290

④ ▸ **왕립 재판소** Royal Courts of Justice, 1882 P.213

⑤ ▸ **타워 브리지** Tower Bridge, 1894 P.260

⑥ ▸ **빅토리아 양식의 저택들**

6 현대 건축

제2차 세계대전 이후 서양의 현대 건축은 크나큰 변화를 겪었으며 런던도 예외는 아니었다. 특히 런던의 스카이라인이 눈에 띄게 변모하기 시작한 것은 1980년대부터다. 당시 최고층 빌딩으로 지어졌던 타워 42 Tower 42를 필두로 초고층 건물들이 하나둘 완성되었는데 리처드 로저스의 유명한 로이즈 빌딩도 이때 지어진 것이다.

① ▸ **로이즈 빌딩** Lloyd's Building, 1986 리처드 로저스 P.252

② ▸ **밀레니엄 돔** Millennium Dome, 1999 리처드 로저스

③ ▸ **브리티시 뮤지엄 그레이트 코트** British Museum Great Court, 2000 노먼 포스터 P.216

④ ▸ **런던 시청사** Greater London Authority Building, 2000 노먼 포스터 P.261

⑤ ▸ **밀레니엄 브리지** Millennium Bridge, 2000 노먼 포스터 P.266

그리고 21세기 밀레니엄 시대를 맞으며 런던은 건축의 역사를 새로 써왔다. 세계적인 하이테크 건축가로 꼽히는 리처드 로저스, 노먼 포스터, 렌초 피아노의 작품들을 모두 볼 수 있는 놀라운 도시다. 하이테크 건축은 공학 기술의 눈부신 발전을 토대로 유리와 강철, 알루미늄을 주로 사용하며, 건물의 구조와 기능을 유기적으로 결합시켜 에너지 효율에도 기여하고 있어 미래형 건축으로 평가받는다.

⑥ ▸ **30 세인트 메리 엑스(거킨 빌딩)** St. Mary Axe, 2004 노먼 포스터 P.252

⑦ ▸ **센트럴 세인트 자일즈** Central Saint Giles, 2010 렌초 피아노

⑧ ▸ **더 샤드** The Shard, 2012 렌초 피아노 P.265

⑨ ▸ **122 리든홀 빌딩** 122 Leadenhall Building, 2014 리처드 로저스 P.251

THEME 08

런던을 빛내는 도시 재생 프로젝트

런던의 특별함이 두드러지는 또 하나의 분야가 바로 도시 재생 프로젝트다. 20세기 후반부터 시작된 이러한 움직임은 과거 산업화 시절의 건물들을 부수지 않고 현대적으로 리노베이션하면서 친환경적인 미래 가치를 더하고 시민들의 문화 공간으로 활용했다는 데 의미가 있다.

테이트 모던
Tate Modern

오래된 화력 발전소가 현대 미술관으로 탈바꿈하면서 낙후되었던 주변 지역까지 활기를 띠게 되었다. 발전소의 터빈 홀을 거대한 설치 미술 공간으로 활용해 미술관으로서 큰 효과를 이룬 성공적인 케이스. P.268

사우스뱅크 센터
Southbank Centre

산업화 시절 공장과 창고, 항만 지역으로 쓰이다가 제2차 세계대전 이후 공연장과 갤러리들이 들어섰다. 한동안 활성화되지 못하고 있다가 1980년대 주민 공동체가 참여하면서 발전하기 시작했다. 또한 2000년에는 런던 아이가 들어서고 템스강 변이 개발되면서 지금의 활기찬 문화예술지구로 변모했다. P.212

버틀러스 워프 Butler's Wharf

타워 브리지 부근 템스강 변의 오래된 부둣가로 19세기 말에 창고 지역으로 조성된 곳이다. 오랫동안 버려진 곳으로 남아 있다가 개발되면서 핫플로 자리 잡고 있다. 오래된 높은 건물들 사이 비좁은 골목길이 어둡지만 독특한 분위기를 자아내며, 강변 쪽으로는 하역장의 흔적들이 일부 남아 있다. P.260

콜 드롭스 야드
Coal Drops Yard

19세기 산업화 시절 석탄 창고였던 곳을 복합 쇼핑몰로 만들고 석탄을 쌓아 놓던 야적지는 마켓이나 주말 이벤트가 열리는 광장으로 다시 태어났다. 또한 부근의 가스 저장고는 공동주택으로, 운하는 산책로로 조성되어 시민들의 쉼터가 되었다. P.321

배터시 발전소
Battersea Power Station

20세기 중반 화력 발전소로 쓰이다가 수십 년간 방치되었던 거대한 벽돌 건물. 부지가 워낙 커서 재정난 등으로 수차례 리모델링 작업이 중단되었다가 2022년 새로운 모습으로 태어났다. 기존 발전소 건물의 외관은 살리고 내부는 유리와 철강을 덧대어 현대적인 복합몰이 되었으며 주변에 공원과 고급 주택단지가 들어섰다.

THEME 09

교회의 변신은 무죄!

영국 국가통계청에 따르면 영국의 기독교인은 이제 절반도 되지 않는다고 한다. 실제로 교회의 수도 급격히 줄어들고 있어 최근 10년간 500여 곳의 교회가 문을 닫았다. 이러한 교회 소멸의 시대에 런던의 교회는 새로운 변화를 꾀하고 있다. 조용한 카페나 활기찬 푸드홀 등 다양한 모습으로의 변신은 런던에서 볼 수 있는 또 하나의 독특함이다.

메르카토 메이페어 Mercato Mayfair

가장 힙한 푸드 코트로 변신한 교회다. 아름다운 스테인드글라스 아래서 커피와 햄버거는 물론 맥주까지 마실 수 있고 지하 납골당은 와인바로 탈바꿈했다. P.231

호스트 카페 Host Café

시티 지역의 고딕 양식 교회가 평일에는 카페로 변모해 진한 스페셜티 커피를 마실 수 있게 되었다. 아직은 교회의 기능을 하고 있어 주말이면 테이블을 치우고 예배가 진행된다. P.277

카페 빌로 Café Below

호스트 카페 바로 근처에 위치한 곳으로 교회로 운영되면서 지하층에서 카페를 운영한다. P.277

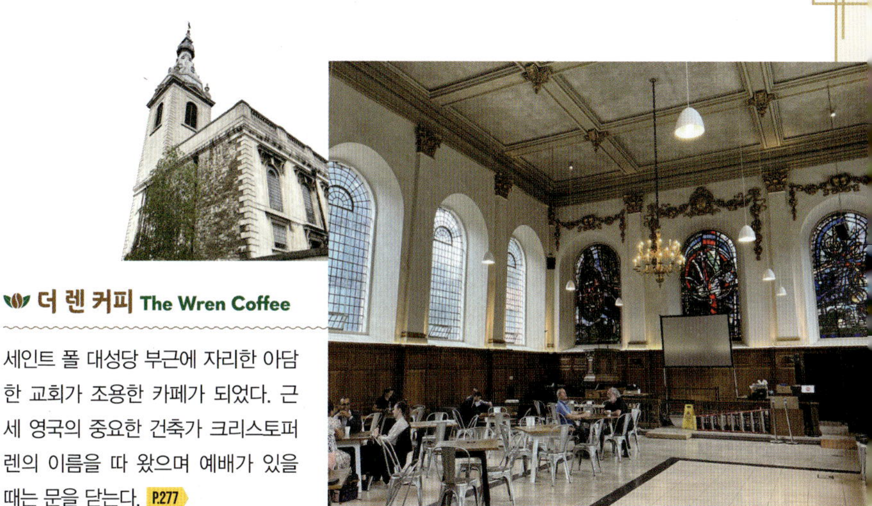

더 렌 커피 The Wren Coffee

세인트 폴 대성당 부근에 자리한 아담한 교회가 조용한 카페가 되었다. 근세 영국의 중요한 건축가 크리스토퍼 렌의 이름을 따 왔으며 예배가 있을 때는 문을 닫는다. P.277

바이워드 키친 앤 바 Byward Kitchen and Bar

런던 타워 근처의 오래된 성공회 교회에서 운영하는 레스토랑 겸 바다. 제법 자리를 잡아서 이제는 독립된 식당처럼 이용되고 있다. P.279

하우스 오브 해크니 House of Hackney

런던 이스트엔드의 힙한 동네 해크니의 힙한 감성을 그대로 느낄 수 있는 곳이다. 공원 안에 자리한 19세기 고딕 스타일의 생 미셸 교회에 자리한 패브릭 인테리어 용품 매장으로 화려한 장식품들이 고풍스러운 교회의 스테인드글라스와도 잘 어울린다.

THEME 10

색깔이 있는 골목

런던 곳곳에는 예쁘고 아기자기한 골목들이 숨어 있다. 오랜 시간 나름의 색깔을 만들어 온 곳들이다. 이미 관광지가 되어버린 곳도 있고 아직은 한적한 뒷골목도 있으니 구석구석 다니며 나만의 골목을 찾아보자.

닐스 야드
NEAL'S YARD

좁고 작지만 베네치아의 작은 골목을 연상시키는 예쁜 곳이다. 알록달록한 건물에 카페와 상점들이 있고, 골목 이름으로 브랜드를 만든 유기농 화장품 닐스야드 레머디스 Neal's Yard Remedies 매장이 있다. P.208

카나비 스트리트
CARNABY STREET

1960년대 카나비룩을 주도하던 곳으로 유명해진 이 거리는 지금도 유행을 선도하는 패션 거리다. 트렌디한 상점들, 카페, 레스토랑이 곳곳에 들어서 있으며 바로 옆에는 리버티 백화점과 킹글리 코트도 있다. P.205, 226

먼머스 스트리트
MONMOUTH STREET

7개의 개성 있는 골목들이 교차하는 세븐 다이얼스 Seven Dials 중에서도 런던 드립 커피의 성지로 꼽히는 먼머스 커피 Monmouth Coffee가 탄생한 곳이다. 여전히 1호점이 있으며, 바로 옆에 닐스 야드도 있다.

세실 코트
CECIL COURT

고서적, 옛날 우표, 화폐, 엽서, 골동품 등을 파는 앤티크 거리로 오랜 역사가 느껴지는 곳이다. 모차르트가 잠시 머물렀던 집도 있다. 트라팔가 스퀘어에서 가까워 찾아가기 편리하다. P.199

사우스 몰튼 스트리트
SOUTH MOLTON STREET

유명 숍들로 가득한 대로들 안쪽에 보행자 전용의 작은 쇼핑 거리가 있다. 본드 스트리트 역에서 브룩 스트리트로 이어지는 이곳에는 오래된 건물에 여러 숍과 카페가 있다. P.224

세인트 크리스토퍼스 플레이스

ST. CHRISTOPHER'S PLACE

보라색 외벽이 눈에 띄는 보행자 전용 거리다. 번화가인 옥스퍼드 스트리트 안쪽에 위치해 복잡한 대로와 대조적으로 작은 부티크들과 카페, 레스토랑이 있다.

P.205

칠턴 스트리트

CHILTERN STREET

주택가로 둘러싸인 메릴본 하이 스트리트 근처의 고풍스러운 골목이다. 오래된 소방서 건물에 들어선 예쁜 카페, 상점, 갤러리가 이어지며 모노클 카페도 있다.

브릭 레인

BRICK LANE

낙후된 지역이었던 이스트엔드가 발전하면서 한산한 평일 낮과 달리 주말에는 벼룩시장으로 붐비는 곳이다. 깔끔한 카페들이 늘어나고 있지만 빈티지 숍도 아직 남아 있다. P.332

바이워터 스트리트
BYWATER STREET

첼시의 킹스 로드 한쪽 구석에 자리한 작은 골목이다. 조용한 주택가인데 파스텔 톤의 컬러풀한 집들이 이어져 있어 근처에 왔다면 잠시 들러볼 만하다.

에클스턴 야즈
ECCLESTON YARDS

빅토리아 역 부근에 위치한 아담한 야드로 카페와 귀여운 케이크 숍, 아이스크림 숍 등이 모여 있다. 주변에 작은 향수 가게, 보석 가게 등이 하나씩 늘어나고 있다.

카이난스 뮤즈
KYNANCE MEWS

사우스 켄싱턴의 뒷골목에 자리한 조그만 골목이다. 평범해 보이지만 세 개의 아치가 있는 19세기 골목으로 영국 국가유산으로 지정됐으며 장미가 가득한 계절에 여러 문인들이 좋아했던 골목이다.

THEME 11

무료로 즐기는 런던

물가 비싸기로 유명한 런던이지만 무료로 즐길 수 있는 곳은 많다. 훌륭한 예술작품과 멋진 풍경이 무료라는 것 자체가 런던의 매력이기도 하다. 알차고 실속 있는 여행을 즐길 수 있는 장소들을 찾아보자.

✦ 무료 전망대 ✦

스카이 가든
Sky Garden

워키토키라 불리는 빌딩의 35, 36층에 위치해 런던 시내가 한눈에 들어올 뿐 아니라 강 건너 샤드 빌딩이 정면으로 보인다. P.251, 278

런던 시청사
London City Hall

시청사 광장 앞에서 템스강을 바라보면 주변의 타워 브리지, 런던 타워, 템스강 건너 거킨 빌딩까지 한눈에 들어온다. P.261

테이트 모던
Tate Modern

이곳 7층 테라스에서는 과거 런던을 상징하는 세인트 폴 대성당과 현대를 상징하는 밀레니엄 브리지를 한눈에 볼 수 있다. P.268

더 가든 앳 120
The Garden at 120

120 펜처치 스트리트 건물 15층 꼭대기에 자리한 이곳은 시원하게 탁 트인 전망과 함께 옥상 정원의 운치를 느낄 수 있다. 지도 P.241-C2

✦ 무료 콘서트 ✦

런던 시내에는 시즌마다 무료 콘서트를 여는 성당들이 곳곳에 있다. 세인트 마틴 인 더 필즈 St. Martin-in-the-Fields는 클래식 공연을 꾸준히 여는 성당으로 유명하고, 피카딜리의 세인트 제임시스 교회 St. James's Church에서도 기부금으로 운영되는 런치타임 리사이틀이 열린다.

✦ 무료 이벤트 ✦

무료로 즐길 수 있는 행사는 여러 가지가 있다. 버킹엄 궁전 앞에서 거의 매일 근위병 교대식이 열리며 호스 가드 퍼레이드에서도 기마병 교대식이 있다. 시청사 옆의 노천극장 The Scoop에서는 시민들이 참여할 수 있는 각종 공연과 이벤트가 열려 누구든 즐길 수 있다.

✦ 무료 박물관/갤러리 ✦

내셔널 갤러리
National Gallery

교과서에서 봐 왔던 세계적인 명작들이 한 가득 걸려 있는 곳이다. P.188

브리티시 뮤지엄
British Museum

전 세계의 유물로 가득한 곳으로 개관 당시부터 지금까지 무료입장을 고수하고 있다. P.216

빅토리아 & 앨버트 박물관
Victoria & Albert Museum

산업혁명 당시의 수많은 물품들을 실컷 볼 수 있는 곳이다. P.292

자연사 박물관
National Museum

해를 거듭하며 확장해 온 자연사 박물관은 자연 생명체의 표본들로 가득한 곳이다. P.296

과학 박물관
Science Museum

영국이 자랑하는 과학 발전사를 자세하게 관람하고 체험할 수 있는 박물관이다. P.298

테이트 모던
Tate Modern

입구에서부터 범상치 않은 이곳은 현대 미술을 흥미롭게 풀어낸 멋진 갤러리다. P.268

테이트 브리튼
Tate Britain

영국인이 사랑하는 윌리엄 터너와 라파엘 전파의 작품들이 가득한 미술관이다. P.272

더 월리스 컬렉션
The Wallace Collection

아름다운 저택에 자리한 미술관으로 18세기 프랑스 회화 작품과 장식품들이 볼 만하다. P.200

초상화 갤러리
Portrait Gallery

유명인들의 초상화가 시대순으로 전시되어 인물과 역사를 동시에 볼 수 있는 곳이다. P.197

THEME 12

영국의 자랑, 프리미어 리그

PREMIER LEAGUE

영국은 국가대표 축구팀이 없다. 영국은 지역별로 크게 잉글랜드, 웨일스, 스코틀랜드, 북아일랜드로 나뉘어 있어 각 지역마다 축구협회가 있고 지역별로 국가대표팀과 축구 리그가 있다. 그중 잉글랜드의 프리미어 리그 English Premier League (EPL)는 영국 최고의 축구 리그이며 세계 5대 프로축구 리그 중에서도 최고로 꼽힌다. 1992년 리그 시작과 함께 TV 중계권 판매 전략의 성공으로 상업적 성공을 이루었다. 전 세계 수많은 팬을 거느리고 있는 인기 리그로, 이 때문에 런던을 찾는 사람들이 있을 정도다.

경기 방식

매년 8월부터 이듬해 5월까지 열리고, 20개 축구 클럽이 홈 앤 어웨이 Home And Away (한 번은 홈구장에서, 한 번은 상대 팀 구장에서) 방식으로 경기를 치르며 승 3점, 무승부 1점, 패 0점의 승점을 주고, 총점으로 우승을 가른다. 매 시즌 하위 3개 팀은 2부 리그로 내려가고, 다음 시즌에서는 전년도 2부 리그에서 1, 2위를 차지했던 팀이 1부 리그로 승격한다. 남은 한 팀은 3~6위 팀이 플레이오프를 거쳐 1부 리그로 승격하게 된다.

TIP

세계 5대 프로 축구 리그

영국의 프리미어 리그
Premier League

스페인의 프리메라 리가
Primera Liga

독일의 분데스 리가
Bundes Liga

이탈리아의 세리에
A Serie A

프랑스의 리그 앙
Ligue 1

프리미어 리그의 탄생

1970~80년대 유러피언 컵을 휩쓴 잉글랜드 축구는 열악한 시설의 경기장과 과격한 훌리건들의 출몰로 인한 사고가 끊이지 않았는데 1985년 5월 리버풀과 유벤투스의 유럽축구연맹(UEFA) 챔피언스 리그 결승전 날 대형 참사가 벌어지고 만다. 이 날 사고로 40여 명이 사망하고 수백 명이 부상당해 5년간 잉글랜드 전체 클럽은 출전금지를 당했다. 그 이후 하향기를 맞던 잉글랜드 축구는 자성의 목소리가 높아지면서 경기장 개선과 새로운 수익 창출을 위해 1992년 프리미어 리그를 설립했다. 프리미어 리그는 세계적인 축구 스타를 영입, 재미와 흥행을 이끌며 잉글랜드 자국 리그를 순식간에 상업적이고 수준 높은 리그로 올려 놓았고 세계 축구인의 꿈의 무대가 됐다.

UEFA 챔피언스 리그 UEFA Champions League

유럽축구연맹 UEFA(Union of European Football Association) 이 매년 유럽 각국 리그에서 우승한 클럽과 상위 축구 클럽을 뽑아서 하는 유럽 프로축구 최고의 대회다. 유럽 최고의 클럽 선수들이 펼치는 무대인 만큼 대회 기간 동안 세계 축구 팬들의 시선이 집중된다.

프리미어 리그의 한국 선수들

2002년 월드컵 이후 한국 축구의 위상이 급격히 높아졌고 한국 선수들은 차례로 프리미어 리그에 진출하기 시작했다. 박지성(맨체스터 유나이티드 Manchester United FC, 2005년 7월~2012년 7월), 이영표(토트넘 홋스퍼 Tottenham Hotspur FC, 2005년 8월~2008년 8월), 기성용(뉴캐슬 유나이티드 Newcastle United FC, 2018년 6월~2020년 2월) 등이 프리미어 리그에서 활동했다.

특히 요즘 절정의 인기를 구가하며 맹활약을 하고 있는 손흥민(토트넘 홋스퍼 Tottenham Hotspur FC, 2015년 8월~)은 가히 아시아 최고의 선수로 평가받고 있다.

런던의 프리미어 리그 경기장

우리나라 선수들의 진출이 많아지면서 프리미어 리그를 실시간으로 시청하거나 직관하는 사람들도 늘고 있다. 축구의 성지에서 함성 소리를 들으며 관중이 되어 보는 것이야말로 가장 짜릿한 경험일 것이다. 하지만 경기를 직접 보기 힘들다면 스타 플레이어들이 활약하고 있는 경기장을 방문해 보는 것도 재미있는 경험이 될 것이다. 가이드 투어에 참가하면 경기장 내부에 들어가 볼 수 있다.

스탬퍼드 브리지

Stamford Bridge (첼시 Chelsea FC)

10여 년간 삼성 로고가 박힌 전통적인 파란색 유니폼으로 우리에게 익숙했던 팀 첼시는 100년이 넘은 영국 축구 팀이다. 2008/2009 시즌에 거스 히딩크가 임시 감독으로 머무르기도 했으며 현재 실력 있는 선수들을 더 많이 영입해 활약을 하고 있다. 첼시가 있는 스탬퍼드 브리지 구장은 한적한 도심의 주택가 가운데 서 있다. 골목을 지나 경기장에 다다르면 주변 벽면마다 현재 뛰고 있는 선수들의 사진들을 붙여 놓아 경기장에 들어가기 전부터 축구팬들의 심장을 뛰게 한다. 경기장 안으로 들어가면 선수들의 물건과 관련 상품이 있는 기념품 숍과 구단의 역사를 알 수 있는 작은 박물관도 있다. P.301

홈페이지 www.chelseafc.com/the-club/stadium-tours-and-museum.html

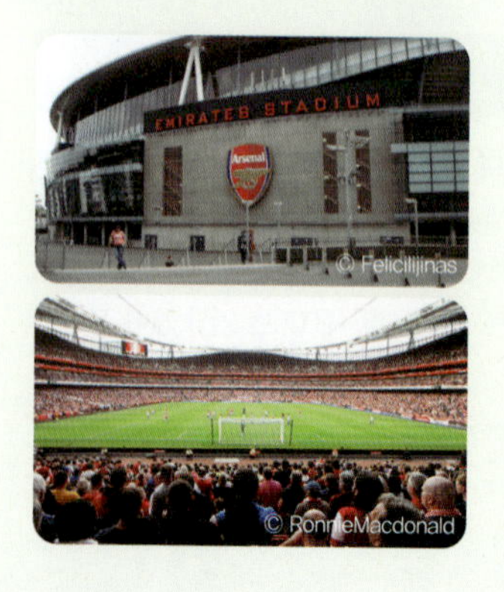

© Felicilijinas

© RonnieMacdonald

에미레이트 스타디움

Emirates Stadium (아스널 Arsenal FC)

1886년부터 시작된 아스널의 역사는 그 전통만큼이나 프리미어 리그에서 하위 리그로 내려간 적이 없는 명문 구단이다. 1913년부터 오랫동안 런던 북부 하이버리 스타디움을 사용하다가 2006년 새롭게 신축한 6만여 석 규모의 에미레이트 구장으로 이전했다. 2028년까지 구장 이름을 '에미레이트'로 하는 조건으로 아랍에미레이트 항공사와 스폰서 계약을 체결했다.

홈페이지 www.arsenal.com

토트넘 홋스퍼 스타디움
Tottenham Hotspur Stadium
(토트넘 홋스퍼 FC)

토트넘 홋스퍼 팀은 그동안 100년이 넘은 화이트 하트 레인 구장을 이용해왔는데, 노후 문제로 6만 2,000석 규모의 신구장을 새로이 건설했다. 그리고 2019년 4월 3일 역사적인 첫 경기가 열렸다. 그 첫 경기에서 골을 넣은 선수가 바로 대한민국의 손흥민이다. 때문에 이곳은 한국인들에게 더욱 의미 있는 경기장이 되었다. 손흥민의 7번 유니폼은 현지인들에게도 인기다.

홈페이지 www.tottenhamhotspur.com

프리미어 리그 즐기기

프리미어 리그를 즐기는 최고의 방법은 직관이다. 하지만 일반 여행자가 경기를 직관하기는 쉽지 않다. 티켓을 구입하는 과정도 복잡한 데다 보통 3개월 전에 예매를 해야 하고 가격도 비싸다. 이런 부담 없이 여행자로서 프리미어 리그를 즐기는 또 다른 방법은 런던의 스포츠 펍에 가서 한 손에 에일 한 잔을 들고 현지인과 함께 TV로 경기를 보는 것이다. 열기와 함성으로 가득한 펍에서 경기장의 분위기를 느껴보는 것도 좋은 추억이 될 것이다.

티켓 구입 방법

프리미어 리그 홈페이지와 각 구단 홈페이지를 통해서 구입할 수 있다. 하지만 시즌권 소지자, 유료 멤버십 회원, 일반 회원 순서로 구매가 이루어지기 때문에 일반 여행자들에겐 구매 자체가 어려운 일이다.

가격 또한 천차만별인데 빅4팀이나 인기 팀 경기, 챔피언스 리그의 가격은 수십 배가 뛰기도 한다.

최근에는 국내 다양한 사이트에서 티켓 구매대행 서비스를 하고 있다. 비용이 더 들기는 하지만 편리하며, 공신력 있는 사이트를 이용하는 것이 안전하다.

홈페이지 www.premierleague.com

THEME 13

덕후들의 성지 런던

어느 도시든 덕후들이 찾는 장소는 따로 있다. 특히 런던은 덕후들이 많이 찾는 도시로 그만큼 빠져들 만한 무언가가 있다. 전 세계 팬들을 거느린 문화의 힘으로 오늘도 덕후들은 런던을 방문한다.

노팅힐 Notting Hill(1999)

런던을 배경으로 한 대표적인 로맨틱 코미디 영화. 할리우드 스타와 런던의 평범한 남자의 사랑 이야기다. 남자가 운영하는 서점으로 나왔던 장소가 극중 배경이 된 포토벨로 마켓(P.302)에 있어서 인증샷 장소로 인기다.

킹스맨 Kingsman: The Secret Service(2015)

영국의 비밀 첩보조직 킹스맨이 펼치는 코믹 액션 영화로 극중에 비밀 아지트로 나오는 헌츠맨 양복점이 실제로 새빌 로(P.204)에 자리한 고급 수제 신사복 맞춤점이다. 조용히 영업 중이기 때문에 주변을 서성이는 관광객들이 있다.

포비든 플래닛 런던 메가스토어 Forbidden Planet London Megastore

덕질 최고의 장소로 꼽히는 굿즈 전문점이다. 해리 포터, 비틀스는 물론, 마블 시리즈와 각종 영화, 드라마, 애니메이션, 뮤지션 관련 굿즈들로 가득한 상점이다. 여러 소품들과 티셔츠, 피규어 등이 있어 덕후들로 항상 북적인다.

고시 Gosh

런던에서 유명한 만화와 그래픽 노블 전문점이다. 카툰 마니아들이 열광하는 이곳은 전 세계 인기 만화로 가득하며 각종 이벤트가 이어져 만화 팬들을 설레게 한다. 할리우드 영화로 리메이크되고 있는 마블 캐릭터들을 만날 수 있으며, 만화책뿐만 아니라 포스터, 피규어도 있다.

셜록 홈스 박물관
The Sherlock Holmes Museum

코넌 도일의 소설 속에서 셜록 홈스와 왓슨 박사가 살았던 장소에 지어진 박물관이다. 그들이 살았던 주택의 모습이 담겨 있으며 1층의 기념품점도 항상 붐빈다. P.316

셜록 홈스 동상
Sherlock Holmes Statue

셜록 홈스 박물관 부근의 베이커 스트리트 역 앞에 세워진 동상이다.

휴대폰으로 QR코드를 스캔하면 셜록이 말하는 것을 들어볼 수 있다.

©Matt Brown

스피디스 카페
Speedy's Sandwich Bar & Café

드라마 셜록에서 베이커 스트리트에 위치한 셜록의 집 1층 카페로 자주 나오는데, 실제로는 베이커 스트리트에서 꽤 떨어진 곳에 있다. 아주 작고 평범한 식당이지만 덕후들이 종종 방문해 셜록 브렉퍼스트를 시켜 먹는다.

셜록 홈스 펍
Sherlock Holmes

셜록의 방이 꾸며져 있는 펍으로 1950년대에 오픈해 지금도 북적이는 곳이다. 맥주도 맛있다.

비틀스 스토어
London Beatles Store

셜록 홈스 박물관 바로 옆에 자리한 비틀스 기념품 가게다. 비좁고 복잡한 공간이지만 덕후들에겐 의미 있는 굿즈들을 살 수 있는 곳이다. P.316

애비 로드 **Abbey Road**

1969년으로 막을 내린 비틀스의 마지막 앨범 재킷이 촬영된 곳으로 4명의 멤버가 횡단보도를 건너는 장면은 너무나 유명하다. P.317

THEME 14

해리 포터의 흔적을 찾아라!

킹스 크로스 역
King's Cross Station

해리가 호그와트행 기차를 타기 위해 벽 속으로 뛰어드는 9와 3/4 승강장이 있어 인증샷 장소로 인기이며 근처에 기념품점도 있다. P.320

세인트 판크라스 역
St. Pancras Station

9와 3/4 승강장이 닫혀 자동차로 날아가는 장면에서 등장하는 붉은색의 아름다운 기차역이다.

리든홀 마켓
Leadenhall Market

'해리 포터와 마법사의 돌'에 나온 마법사의 펍과 마법 물품 시장이 있는 다이애건 앨리 Diagon Alley로 유명해진 곳이다. P.249

밀레니엄 브리지
Millennium Bridge

죽음을 먹는 자들이 나타나면서 무너트린 바로 그 다리로 나온다. P.266

전 세계를 사로잡은 해리 포터 시리즈는 10년에 걸쳐 영화로 만들어지며 더욱 큰 팬덤을 형성하게 되었다. 해리 포터의 나라 영국 곳곳에 있는 영화 속 장소들은 아직도 방문지로 인기를 끌고 있다.

해리 포터 스튜디오
Harry Potter Studio

해리 포터 영화가 실제 촬영되었던 스튜디오를 관광지로 꾸며놓은 곳으로 요금이 비싸지만 찐팬들에겐 성지 순례지 중 하나다. P.368

옥스퍼드 보들리안 도서관
Bodleian Library

호그와트 마법학교의 양호실과 일부 계단 등의 배경이 된 도서관이다. 재학생이 아니라면 투어를 예약해야 내부 입장이 가능하다. P.374

옥스퍼드 크라이스트 처치
Christ Church

호그와트 마법학교에서 다이닝 룸으로 나왔던 곳이 그레이트 홀 Great Hall이다. 오픈 시간과 인원이 제한적이라 일찍 예약하는 것이 좋다. P.379

연극 해리 포터와 저주받은 아이들
Harry Potter and the Cursed Child

팰리스 극장에서 2016년부터 공연 중인 2부작 연극으로, 책의 마지막 편인 해리 포터와 죽음의 성물로부터 19년 후의 이야기를 담고 있다.

THEME 15

당일치기 근교 여행

런던 근교에는 멋진 장소가 많다. 오랜 역사를 간직한 대학 도시부터 왕실의 거주지, 그리고 신나는 스튜디오까지 주제도 다양하다. 그리고 수많은 열차 노선들이 런던을 중심으로 연결되어 근교 지역들을 당일치기로 다녀올 수 있는 것도 런던 여행의 크나큰 매력이다.

빅토리아코치

빅토리아기차

교통편

런던에는 10개가 넘는 기차역(종착역)이 있고 20개가 넘는 기차 노선이 있다. 따라서 자신의 출발지를 고려해 목적지까지 편리한 연결편을 잘 찾아야 한다. 버스는 대부분 빅토리아 코치 스테이션에서 출발한다.

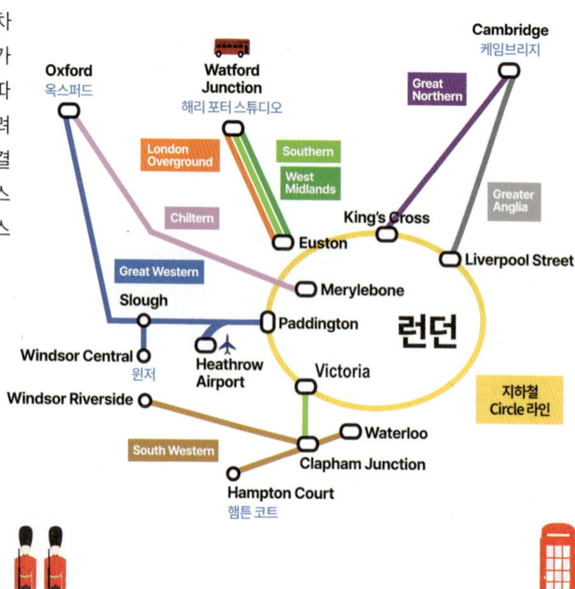

햄튼 코트 궁전
Hampton Court Palace

영국 왕실 500년의 역사가 담긴 아름다운 궁전이다. 헨리 8세가 거주했던 곳으로 수많은 역사 드라마나 영화에 등장하는 곳이기도 하다. 런던에서 아주 가까워 아침 일찍 서두른다면 반나절 만에 돌아볼 수 있다. P.352

가는 방법 빅토리아 역이나 워털루 역에서 기차로 35~50분.

윈저
Windsor

엘리자베스 2세가 잠들어 있고 왕실이 실제 거주하는 곳이다. 웅장한 성채에서는 날마다 근위병 교대식이 열리며 특별한 날이 아니면 내부 관람도 가능하다. 도시 자체도 아기자기한 재미가 있는 곳이다. P.362

가는 방법 패딩턴 역이나 빅토리아 역, 워털루 역에서 기차로 22~55분 또는 빅토리아 코치 스테이션에서 코치로 1시간 20분.

옥스퍼드
Oxford

1,000년의 역사를 자랑하는 옥스퍼드 대학은 영어권에서 가장 오래된 대학으로 케임브리지 대학과 함께 영국 인재의 산실로 꼽힌다. 대학 도시의 분위기가 물씬 풍기는 학구적이고 고풍스러운 곳으로 볼거리도 많다. P.370

가는 방법 패딩턴 역이나 메릴본 역에서 기차로 1시간 또는 빅토리아 코치 스테이션에서 코치로 2시간.

케임브리지
Cambridge

낭만적인 캠퍼스가 있는 아름다운 대학 도시로 케임브리지 대학은 옥스퍼드보다 창립은 늦었지만 지금은 그에 못지않은 평가를 받고 있는 훌륭한 대학이다. 도시 역시 우아하고 평화로운 분위기로 여행자의 마음을 사로잡는 곳이다. P.382

가는 방법 리버풀 스트리트 역이나 킹스 크로스 역에서 기차로 1시간 또는 빅토리아 코치 스테이션에서 코치로 2시간.

THEME 16

영국의 역사를 움직인 인물 찾기

오랜 세월 영국의 중심이었던 런던에는 영국 역사에서 빼놓을 수 없는 중요한 인물들의 흔적이 고스란히 남아 있다. 웅장한 건물로, 또는 작은 기념비로 남겨진 그들의 발자취를 따라가 보자.

TIP 국립 초상화 미술관에 가면 많은 역사적 인물들의 초상화를 볼 수 있다.

헨리 8세
Henry VIII
1491~1547

숱한 결혼과 이혼의 막장 스토리로 유명한 왕이다. 영국 국교를 설립하고 해군청을 세워 해양 강국의 기초를 닦았다.

✓ 세인트 마거릿 교회(P.176)에서 첫 결혼
✓ 햄튼 코트(P.354)와 화이트홀 궁전에 거주

가보자!

엘리자베스 1세
Elizabeth I
1533~1603

영국 교회의 개혁을 완성시키고 스페인과의 해전에서 승리해 대서양 시대를 열었다.

✓ 서머셋 하우스(P.209)에서 거처
✓ 런던 타워(P.256)에 잠시 감금
✓ 웨스트민스터 사원(P.174)에 묻힘

가보자!

윌리엄 셰익스피어

William Shakespeare 1564~1616

영국이 자랑하는 극작가이자 세계적인 문학가로 4대 비극이 유명하다. P.198

✔ 셰익스피어 글로브(P.267)

✔ 웨스트민스터 시인의 자리에 묻힘

가보자!

올리버 크롬웰

Oliver Cromwell 1599~1658

의회의 자유와 권리를 지키려 했던 청교도 혁명을 이끌어 찰스 1세를 처형하고 영국 최초의 공화국을 세웠다.

✔ 국회의사당(P.171) 앞 동상

✔ 웨스트민스터 사원(P.174)에 묻혔으나 찰스 2세의 왕정복고 이후 마블 아치에서 부관참시 당해 묘지가 비어 있다.

가보자!

넬슨 제독(호레이쇼 넬슨)

Horatio Nelson 1758~1805

우리의 이순신 장군에 비유되는 위대한 해군 지휘관으로 나폴레옹과의 전쟁에서 영국을 구해낸 구국 영웅이다. 1805년 트라팔가 해전을 승리로 이끌었으나 전사한다. P.187

✔ 국립 해양 박물관(P.347)에 넬슨 갤러리가 있다.

✔ 트라팔가 해전을 기념하는 광장과 기념탑

가보자!

웰링턴 공작 (웰즐리 경)

Arthur Wellesley, 1st Duke of Wellington

1769~1852

넬슨의 뒤를 잇는 영웅이자 육군 최고 지휘관으로 나폴레옹과의 워털루 전쟁을 승리로 이끈 명장이며 후에 총리를 지냈다.

- ✓ 웰링턴 아치(P.288)
- ✓ 앱슬리 하우스(P.288)
- ✓ 왕립 증권거래소(P.249) 앞 동상
- ✓ 세인트 폴 대성당(P.244)에 안치

가보자!

아이작 뉴턴

Isaac Newton

1642~1727

근대 물리학의 아버지로 만유인력, 미적분학, 운동의 3법칙을 발견해 큰 업적을 남겼으며 조폐국장도 역임했다.

- ✓ 더 브리티시 라이브러리(P.319)
- ✓ 레스터 스퀘어(P.198)
- ✓ 웨스트민스터 사원(P.174)에 묻힘

가보자!

찰스 다윈

Charles Robert Darwin 1809~1882

1859년 진화론을 설명하는 〈종의 기원〉으로 과학계의 큰 변혁을 이끌었다. 진화론은 생물학을 넘어 사회학, 경제학, 인류학 등 다양한 분야에 영향을 미쳤다. P.297

✔ 자연사 박물관(P.296) 홀 중앙의 동상

✔ 웨스트민스터 사원(P.174)에 묻힘

가보자!

빅토리아 여왕

Victoria 1819~1901

64년이라는 긴 재위 기간 동안 대영제국을 주도하고 산업혁명을 이끌어 영국을 최강대국으로 만들었다. 예술, 문학, 과학의 발전에도 힘썼다.

✔ 빅토리아 & 앨버트 빅물관(P.292) 설립

✔ 켄싱턴 궁전(P.289) 앞 기념상

✔ 버킹엄 궁전(P.182) 앞 기념상

가보자!

윈스턴 처칠

Winston Churchill 1874~1965

제2차 세계대전 당시 총리로서 독일 침공에 대응하고 전후 영국 재건에 기여했다. 20세기 영국 현대사에서 중요한 역할을 한 정치인으로 꼽힌다. P.180

✔ 제2차 세계대전 당시 사용했던 전쟁 내각실(처칠 워 룸스, P.180)

✔ 팔러먼트 스퀘어 동상

✔ 본드 스트리트(P.224) 동상

✔ 임페리얼 전쟁 박물관

가보자!

©Tim Buss

영국 왕실의 유산을 따라서

여전히 왕실이 존재하는 나라들이 있지만 영국 왕실은 세계의 주목을 끄는 상징적인 왕실이다. 지금의 국왕은 찰스 3세로 영국의 군주이자 영연방 국가들의 수장이다. 왕실 발자취를 따라가 보는 것도 런던 여행의 묘미다.

홈페이지
www.royal.uk

버킹엄 궁전
Buckingham Palace

근위병 교대식을 보기 위해 여행자들이 빼놓지 않고 방문하는 관광 명소. 1837년부터 영국 왕실의 공식 거주지이자 행정 본부로, 왕실 행사를 치르고 전 세계에서 찾아오는 중요 인사들을 맞이하는 장소로 사용하고 있다. 특별한 날이면 정문 앞 광장이 사람으로 가득 찬다. 여름에는 내부 투어가 가능하다. P.182

윈저 성
Windsor Castle

버킹엄 궁전과 더불어 영국 왕실의 대표적인 공식 거주지다. 정복왕 윌리엄이 세운 궁전으로 런던에서 약 35km 서쪽에 위치한다. 왕실 결혼식 등 중요한 행사를 치르며 중요한 손님들을 맞이해 만찬이나 파티를 열기도 한다. 엘리자베스 2세가 생전 자주 머물던 곳이며 사망한 지금 유해가 이곳 세인트 조지 예배당에 남편과 함께 잠들어 있다. P.364

웨스트민스터 사원
Westminster Abbey

영국 왕실 소유의 대표적인 성공회 성당. 엘리자베스 2세의 장례식 때 전 세계에 모습을 알렸다. 엘리자베스 1세 때 왕실에 귀속되면서 500년 가까이 잉글랜드 왕들의 대관식, 로열 패밀리들의 결혼식·장례식 등이 열렸다. P.174

켄싱턴 궁전
Kensington Palace

하이드 파크 서쪽 켄싱턴 가든에 위치한 궁전으로 다이애나 전 왕세자비가 살았던 곳으로 유명하다. 윌리엄 3세가 별장으로 사용하기 위해 사들인 곳이라 외관은 소박한 편이지만 17세기부터 영국 여러 왕족이 살고 있으며 현 윌리엄 왕세자 가족의 런던 거주지이기도 하다. 거주지를 제외한 곳은 박물관으로 꾸며져 관람이 가능하다. P.289

런던 타워
Tower of London

정복왕 윌리엄이 잉글랜드를 정복한 후 세운 궁전으로 10여 개의 탑과 성벽이 해자로 둘러싸여 있다. 건축 후 군주들이 기거했으나 튜더 왕조 이후에는 주로 감옥이나 처형장으로 사용돼 왔고 각종 으스스한 이야기가 남아 있다. 지금은 왕실의 왕관과 보석 등의 보물, 무기류나 각종 물품을 보관하는 곳으로 사용하며 일반인들에게도 개방돼 있다. P.256

홈페이지 www.hrp.org.uk/tower-of-london

왕립 식물원, 큐
Royal Botanic Gardens, Kew

특색 있는 정원들과 기술력이 탁월한 온실, 유서 깊은 건물, 조형물들이 아름답게 펼쳐져 있는 대규모의 왕립 식물원으로 유네스코 세계유산에 등록됐다. 18세기 말 이후 전 세계의 식물 표본을 수집해 재배, 보존하면서 국제적인 식물학 연구소로 자리 잡았다. 다양하고 희귀한 식물들이 자라고 있는 팜 하우스 Palm House 온실, 다이애나비의 온실로 알려진 프린세스 오브 웨일스 온실 Princess of Wales Conservatory 등이 있다.

홈페이지 www.kew.org

하이드 파크

THEME 18

녹색 도시 런던

런던은 도시의 40%가 녹지대로 채워져 있을 만큼 진정 공원의 도시다. 동네의 작은 녹지 공간까지 포함하면 3,000곳이 넘지만, 가장 큰 부분을 차지하는 것은 왕립 공원들이다. 19세기부터 녹지법을 통해 왕실 가족들이 사냥과 여가를 즐기던 공원들을 개방하고 관리하면서 거대한 녹지가 보존될 수 있었다.

세인트 제임시스 파크

하이드 파크
Hyde Park

런던을 대표하는 거대한 공원으로 과거 왕실 소유였으나 17세기부터 일반에 공개되어 지금까지도 시민들의 사랑을 받는 안식처 같은 곳이다. P.286

세인트 제임시스 파크

세인트 제임시스 파크
St. James's Park

왕실의 가장 오래된 공원으로 버킹엄 궁전 옆에 자리한다. 도심 속에 위치해 잠시 들러보기도 좋으며 호수 건너편으로 런던 아이와 화이트홀 건물들을 볼 수 있다. P.181

리젠츠 파크
The Regent's Park

런던의 북쪽에 위치한 거대한 공원으로 가장 큰 규모를 자랑한다. 함께 연결된 프림로즈 힐로 올라가면 멀리 런던 시내를 조망할 수 있다. P.314

프림로즈 힐

그리니치 파크
Greenwich Park

런던 외곽 그리니치 지역에 자리한 넓은 공원으로, 유명한 그리니치 천문대가 있다. 웅장한 외관의 구 왕립 해군학교와 템스강이 내려다보이고 멀리 런던 시내가 보여 풍광이 아름답다. P.345

켄싱턴 가든
Kensington Garden

하이드 파크 서쪽에 붙어 있는 공원으로 켄싱턴 궁전이 자리한 곳이다. 왕실에서 현재 사용하는 궁전이기 때문에 하이드 파크가 밤늦게까지 오픈하는 데 반해 이곳은 일몰까지만 오픈한다. P.289

THEME 19

런던 이색 축제

도시를 흥분시키고 지루한 일상을 잊게 하는 축제는 런던에서도 다양하게 열린다. 곳곳에서 코로나로 중지됐던 많은 행사를 재개하고 있다. 모두들 그날만큼은 한데 모여 즐거움을 만끽하고 하나가 된다. 세계적인 축제들부터 독특한 근원을 가진 축제들까지 모두 런던의 매력이 돋보이는 행사다. 여행자들은 여행 시기와 겹치는 축제가 있다면 참가해 보는 것도 좋다.

프라이드 인 런던
Pride in London

©Daniel Lintott

성소수자들의 차별 금지를 촉구하는 거리 행진이다. LGBT(Lesbian, Gay, Bisexual, Transgender)의 권리를 인정받기 위해 1970년부터 열리고 있다. 영국은 2014년에 동성 결혼이 합법화됐고 여러 기관에서 이 축제를 적극 후원하고 지지한다. 매년 6월 마지막 주나 7월 첫째 주 일요일에 열리며 LGBT들은 재미있는 코스튬을 입고 그들의 메시지를 전하는 현수막이나 피켓을 들고 행진한다. 트라팔가 스퀘어에 모이면 각종 공연과 이벤트를 열고 한층 더 분위기를 고조시킨다.

주소 베이커 스트리트~옥스퍼드 스트리트~리젠트 스트리트~트라팔가 스퀘어 **홈페이지** www.prideinlondon.org

©Yuichi

BBC 프롬스
The BBC PROMS

1941년부터 매년 7월 중순에서 9월 중순까지 열리는 클래식 음악 축제다. 영국 BBC 방송국에서 주최하며 로열 앨버트 홀에서 주요 공연이 이뤄진다. 로열 앨버트 홀은 좌석이 무대를 둘러싼 둥근 홀이 특징인데 축제 기간 동안 무대 앞쪽을 입석으로 만들어 공연 직전 표를 판다. 마지막 날은 야외 공원에서 편안하게 즐길 수 있는 프롬스 인 더 파크 Proms In the Park를 개최한다. 세계적 연주자와 지휘자들의 공연을 저렴하게 볼 수 있어 클래식 애호가들에게는 더없이 좋은 기회다.

주소 Kensington Gore, London SW7 2AP **홈페이지** www.bbc.co.uk/proms

ⒸDaniel Lintott

노팅 힐 카니발
Notting Hill Carnival

매년 8월 마지막 주말에 노팅 힐에서 열리는 대규모 거리 축제. 1964년 영국에 정착한 카리브족 흑인들에 의해 처음 시작됐다. 초기에는 자신들의 전통을 알리고 노예무역 폐지를 주장하기 위해 펼쳐지다가 점차 다양한 이민자들의 축제로 자리 잡았다. 가장 행렬, 콘서트, 스틸 밴드 공연 등이 펼쳐지는데 화려한 의상과 퍼포먼스, 음악이 흥을 돋운다.

주소 Portobello Road Market and Golborne Road Market **홈페이지** https://nhcarnival.org

본파이어 나이트
Bonfire Night

매년 11월 5일 밤 열리는 본파이어 나이트는 역사적인 배경을 가지고 있다. 1605년 가톨릭 신자였던 가이 포크스가 개신교 국회를 폭파하려는 계획을 가지고 있다가 발각돼 실패한 사건이 있었다. 가이 포크스는 극형에 처해졌고 이후 국회와 제임스 1세의 무사함을 축하하기 위한 날을 지정했는데 그날이 바로 본파이어 나이트다. 행사가 끝날 즈음에는 영국 전역에서 불꽃놀이를 하고 가이 포크스를 상징하는 인형을 만들어 불태운다. 정치인이나 연예인 인형을 만들어 태우기도 한다. 지금은 영국 이외의 지역에서도 저항의 아이콘이 된 가이 포크스를 기념하며 축제를 즐긴다.

ⒸRodolph

로드 메이어 쇼
Lord Mayor's Show

매년 11월 둘째 주 런던 '더 시티' 지역의 새로운 런던 시장을 환영하는 퍼레이드다. 시티 지역의 시장이 웨스트민스터의 왕에게 충성을 맹세하던 데서 유래하며 800년 이상 지속돼 왔다. 퍼레이드는 보통 11:00경 시작되며 17:00가 되면 템스강에서 불꽃놀이가 펼쳐진다(자세한 루트는 홈페이지 참조). 런던 시장은 화려한 대례 전용 마차를 타고 행진하는데, 이 마차도 250년이 넘은 역사를 자랑한다.

홈페이지 https://lordmayorsshow.london

I LOVE RULES
ART
Gods OWN JUNK YARD
Be Kind
It's Gangster
ooh la la
Delicious

런던의 쇼핑

Shopping in London

한눈에 보는 런던 쇼핑가 | 런던 쇼핑 1번지, 소호 | 패션 트렌드를 한눈에, 편집숍
런던 베스트 티숍 | 런던 베스트 북숍 | 가성비로 흐뭇한 마트 쇼핑
나를 위한 추억의 기념품 | 원스톱 쇼핑의 천국, 백화점 | 메이드인 UK, 영국 브랜드
영국의 향기 | 마지막 득템의 기회, 아웃렛

SHOPPING

한눈에 보는 런던 쇼핑가

❶ 소호 주변

런던 쇼핑의 중심지로 여러 구역에 걸쳐 중저가 브랜드부터 최고급 명품까지 다양하게 모여 있다. 플래그십 스토어와 백화점도 많아서 쇼핑이 편리하다.

❷ 메릴본 하이 스트리트

조용한 주택가에 위치한 고풍스러운 거리로 더 콘란 숍과 돈트 북스, 일부 의류 매장, 유기농 슈퍼마켓 등이 있다.

❸ 브롬턴 로드

해러즈 백화점을 중심으로 주변의 나이츠브리지 지역까지 고급 브랜드 매장들이 있다.

❹ 슬론 스트리트

고급 명품 매장들이 띄엄띄엄 자리한다. 동선이 길어서 다소 불편하다.

❺ 킹스 로드

슬론 스퀘어부터 이어지는 첼시의 쇼핑가로 유명 브랜드와 로컬 브랜드들이 섞여 있으며 주변에 고급 식료품점과 갤러리 등이 자리한다.

❻ 켄싱턴 하이 스트리트

켄싱턴 지역의 번화가로 의류점, 잡화점, 전자제품점과 유기농 슈퍼마켓 등 여러 매장이 이어져 있다.

❼ 리버풀 역 주변

올드 스피탈필즈 마켓부터 쇼디치까지 유명 브랜드, 빈티지숍 등 다양한 매장들이 흩어져 있다.

SHOPPING

런던 쇼핑 1번지, 소호

세계적인 패션의 도시 런던은 전통적인 명품 브랜드와 스트리트패션 브랜드가 공존하며 창의적이고 실험적인 디자인이 끊임없이 나오는 곳이다. 하이스트리트의 발상지이기도 한 런던 쇼핑의 중심지는 흔히 '센터'라 불리는 소호 주변이다.

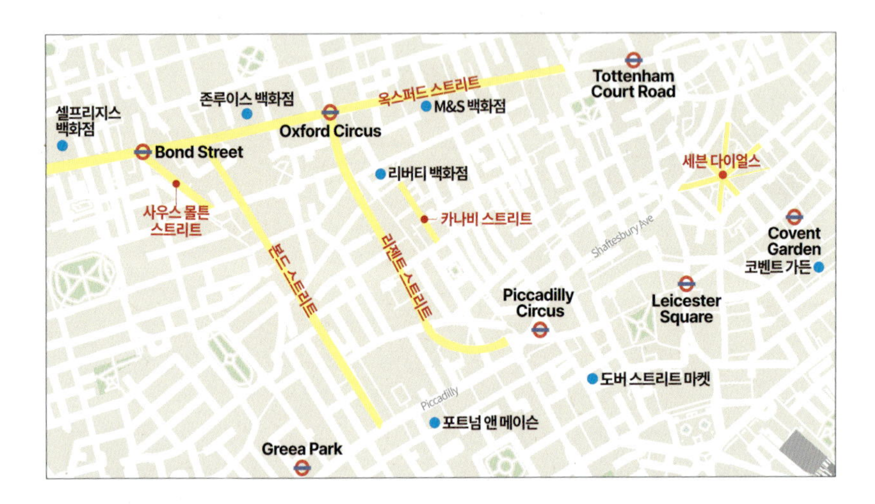

옥스퍼드 스트리트

Oxford Street

런던의 대표적인 쇼핑가로 2km에 걸쳐 수백 개의 상점이 늘어서 있다. 대형 백화점과 대형 플래그십 스토어가 많아서 원스톱 쇼핑을 즐기기에 좋다. 나이키 같은 대중적인 브랜드와 ZARA, H&M 같은 패스트패션(SPA) 브랜드가 많다. P.222

리젠트 스트리트

Regent Street

런던에서 가장 멋진 쇼핑가다. 1km 정도의 굽은 도로에 웅장한 19세기 건물들이 가득한 곳으로 관광지로서도 손색이 없다. 중고급 유명 브랜드들이 가득하며 장난감 백화점인 햄리스 Hamleys, 대형 애플 스토어 Apple Store가 있다. P.202, 225

사우스 몰튼 스트리트

South Molton Street

본드 스트리트 뒷골목의 보행자 전용 도로라 걷기도 좋은 곳이다. 작은 상점들이 나란히 줄지어 있는데 로컬 브랜드와 유명 브랜드가 섞여 있다. 붉은색의 18세기 건물들이 늘어선 모습도 인상적이다. P.224

본드 스트리트

Bond Street

런던 최고의 명품 거리다. 규모는 작지만 명품 백화점인 펜윅 백화점이 자리한다. 뉴 본드 스트리트 New Bond Street 남쪽부터 올드 본드 스트리트 Old Bond Street에 최고의 명품 브랜드들이 모여 있다. P.224

카나비 스트리트

Carnaby Street

소호에서 가장 인기 있는 쇼핑 골목이다. 리버티 백화점 뒷골목으로 보행자 전용 도로이며 아기자기한 상점과 식당들이 가득하다. 한때 런던의 패션을 주도했던 골목으로 현재는 스트리트패션 브랜드와 스포츠 브랜드, 신발 브랜드가 많다. P.205, 226

세븐 다이얼스

Seven Dials

7개의 골목길로 이루어진 작은 구역으로 아기자기한 상점과 식당들이 많다. 액세서리나 선글라스, 향수 등 잡화류나 코스메틱 같은 품목이 주를 이룬다. 유기농 코스메틱 브랜드 닐스 야드 레메디스 Neal's Yard Remedies가 탄생한 닐스 야드가 유명하다. P.209

코벤트 가든

Covent Garden

세븐 다이얼스와 이어지는 곳으로 오랜 세월 시장이었던 코벤트 가든 건물 안은 새로운 상점들로 채워졌다. 주변에 주빌리 마켓과 유명 브랜드 매장도 많아서 다양한 상점들을 구경하기 좋다. P.206, 228

SHOPPING

패션 트렌드를 한눈에, 편집숍

바쁜 현대인에게 편집숍은 진리다. 콘셉트에 맞는 곳만 잘 찾는다면 한 번에 여러 브랜드와 아이템을 모아 볼 수 있으니 이보다 편리한 곳이 또 있을까. 새로운 브랜드를 알게 되는 재미도 있다. 패션과 디자인으로 뜨는 도시 런던에서 멋진 편집숍을 찾는 것은 어렵지 않다.

도버 스트리트 마켓 *Dover Street Market*

소호 최고의 편집숍이다. 콤데가르송으로 잘 알려진 가와쿠보 레이가 2014년에 오픈한 곳으로 패션 피플들에게는 런던에서 꼭 방문해야 할 매장으로 꼽힌다. 개성 넘치는 인테리어에 명품도 스페셜 에디션이 많다. P.227

홈페이지 http://london.doverstreetmarket.com

아이다 *AIDA*

쇼디치 하이스트리트에 자리한 멀티숍으로 1층 입구 쪽에는 카페가 있고 3개 층에 걸쳐 다양한 품목이 있다. 남녀 의류는 물론 귀여운 소품들과 실용적인 가방, 양말까지 두루 갖추어 구경하면서 차를 마시기에도 좋다. P.334

홈페이지 www.aidashoreditch.co.uk

굿후드 *Goodhood*

주변에 아무것도 없을 듯한 한적한 골목이지만 이스트엔드에서 제법 인기 있는 편집숍이다. 스트리트 패션 브랜드의 신상이나 스페셜 에디션도 가지고 있어 가끔 대기 줄이 있는 날도 있다. 의류와 잡화뿐 아니라 지하층에는 간단한 주방 소품, 향초, 인테리어 용품, 욕실용품도 있다. P.334

홈페이지 https://goodhoodstore.com

울프 앤 배저 *Wolf & Badger*

패션의 도시 뉴욕, 로스앤젤레스, 그리고 런던에 자리한 유명 편집숍이다. 한국에서 보기 힘든 독립 브랜드 의류와 액세서리, 뷰티 제품, 그리고 학용품까지 다양한 아이템이 있다.

홈페이지 www.wolfandbadger.com

더 콘란 숍 *The Conran Shop*

국내에도 입점한 유명 인테리어 디자인숍이다. 영국 디자인계의 자랑인 테렌스 콘란의 모던함을 느낄 수 있는 곳으로, 자체 상품은 물론 다양한 브랜드의 소품들이 있어 구경하는 재미가 있다.

홈페이지 www.aidashoreditch.co.uk

SHOPPING

런던 베스트 티숍

홍차의 나라 영국에 차가 처음 들어온 것은 17세기 중반이다. 수백 년이 흐른 지금 커피와 같은 대체 음료가 엄청나게 많아졌음에도 불구하고 런던에는 아직도 수많은 티숍들이 있다. 런던의 티는 선물하기 좋은 예쁜 포장에 가벼운 무게로 훌륭한 쇼핑 아이템 중 하나다.

다양한 종류가 세트로 들어 있는 화려한 포장의 선물용품이 가장 인기이며 틴박스에 든 잎차보다 티백이 저렴하다. 왕실에 납품하는 시그니처 제품 로열 블렌드 Royal Blend도 인기.

포트넘 앤 메이슨 *Fortnum & Mason*

런던 쇼핑에서 필수로 꼽히는 이곳은 한마디로 티 백화점이다. 300년이 넘는 전통과 함께 왕실에 납품하는 영예를 누리고 있는 브랜드로, 대형 매장에 차는 물론 차에 관한 온갖 물품이 가득하다. 피카딜리점이 본점이며 세인트 판크라스 역과 더 로열 익스체인지에도 작은 지점이 있다. P.227

홈페이지 www.fortnumandmason.com

트와이닝스 *Twinings*

영국 최초의 티룸을 오픈했던 1706년부터 자리를 이어오는 대단한 티숍이다. 협소한 공간이지만 전통차를 직접 사가려는 사람들로 항상 붐비는 곳이다. 일반 슈퍼마켓에서 쉽게 구입할 수 있는 버전도 있고 런던의 랜드마크가 그려진 기념품 버전도 있으며 고급 잎차 버전도 있다. P.229

홈페이지 www.twinings.co.uk

시그니처 제품인 얼 그레이 Earl Grey

오렌지와 베르가못 향이 더 풍부해진 트와이닝스 특유의 제품 레이디 그레이 Lady Grey

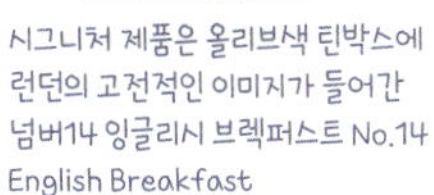

• 시그니처 제품은 올리브색 틴박스에 런던의 고전적인 이미지가 들어간 넘버14 잉글리시 브렉퍼스트 No.14 English Breakfast

해러즈 *Harrods*

영국의 대표적인 고급 백화점 해러즈도 그 첫 시작은 홍차와 식료품 가게였다. 19세기부터 차를 팔면서 쌓아온 노하우로 품질은 물론 블렌딩도 훌륭하다. 화려한 포장의 과일차도 많지만 해러즈 특유의 고상한 상자가 기념품이나 선물용으로 인기다. P.304

위타드 오브 첼시 *Whittard of Chelsea*

19세기에 시작된 티 브랜드이지만 매장 인테리어나 상품의 포장이 아주 귀엽고 현대적이다. 다즐링 같은 전통차도 유명하고 시원하게 마시는 상큼한 과일차도 상당히 인기다. 트렌드에 맞게 인스턴트 티도 잘 나온다. P.228

홈페이지 www.whittard.co.uk

티더블유지 티 *TWG Tea*

국내에서도 비싼 애프터눈티로 알려진 TWG는 싱가포르에서 탄생한 세계적인 티 브랜드다. 노란 상자와 티백으로 유명하며 초보자를 위한 테스터 컬렉션과 블랙티가 인기다. P.229

홈페이지 https://twgtea.com

+ Travel Plus

영국의 홍차 Black Tea

찻잎을 발효시켜 만든 홍차는 검은색을 띠어 블랙티 Black Tea라 부른다. 영국은 홍차의 나라지만 정작 차가 재배되는 곳은 식민지였던 인도, 스리랑카였다. 따라서 멀리서 잘게 잘라서 가져온 잎으로 다양하게 블렌딩한 차를 많이 마셨다. 일정한 맛과 향을 유지해 상품화시키기 용이했기 때문이다. 지금까지 이어지는 가장 영국적인 차는 잉글리시 브렉퍼스트와 얼 그레이다.

잉글리시 브렉퍼스트
English Breakfast

이름에서 알 수 있듯 영국의 대표적인 전통차로 영국인의 일상에서 빠질 수 없는 필수품이다. 아삼, 실론 등 여러 지역의 홍차 잎을 섞어 만든 혼합차 Blended Tea라서 다양하고 풍부한 맛을 낸다. 또한 우유와 설탕을 가미해 마시기 좋아 진하게 우려내 아침 식사와 함께 즐기며 강한 카페인으로 졸음을 깨운다. 깔끔하게 차만 우려 마시기 좋은 것부터 우유와 섞어 마시기 좋은 제품까지 제조사마다 다양한 맛을 선보이고 있다.

얼 그레이
Earl Grey

잉글리시 브렉퍼스트와 함께 영국인이 가장 좋아하는 차로 홍차 초보자에게도 무난하다. 영국의 총리였던 찰스 그레이 백작의 이름을 딴 것으로 전해지며 지금은 많은 사람이 즐기는 대중적인 홍차다. 실론 같은 홍차 잎에 과일 등의 향을 더한 가향차 Flavoured Tea로 베르가못 오렌지 껍질에서 추출한 오일을 첨가해 특별한 향이 난다. 과일 같으면서도 향료 같은 풍부한 향이 있어 각종 베이킹에도 사용된다.

제품 선택 팁

① 잎차 Loose Leaf Tea
잎이 많이 잘려 있지 않아 신선하고 풍부한 맛을 즐길 수 있다. 단, 거름망을 사용해야 한다. 선물용이라면 거름망을 함께 사주는 센스!

② 부직포 티백 Tea Bags
도구 없이 쉽게 우려낼 수 있고 잎이 잘게 잘려 있어 빨리 침출된다. 풍미가 다소 떨어지나 가격이 저렴한 편이다. 티백 받침대를 함께 선물하면 좋다.

③ 고급 티백 Silky Tea Bags / Cotton Tea Bags / Pyramid Tea Bags
티백이 사면체나 오면체여서 공간이 여유롭고, 잎이 덜 잘려져 풍미가 남아 있다. 소재는 나일론 같은 합성섬유도 있고 옥수수 전분 같은 친환경 성분도 있다. 이런 고급 티백은 잎차 못지않게 비싸다.

블렌딩에 이용되는 단일차 Straight Tea

한 원산지에서 재배된 찻잎만을 사용하는 것을 단일차 Straight Tea라고 한다. 지역별로 맛과 향이 달라서 차를 잘 아는 사람은 단일차를 선호하기도 한다. 하지만 재배 환경에 따라 시기별로 맛이 달라질 수 있으며 최고급 차는 가격도 매우 비싸다. 단일차는 스트레이트로 마시기도 하고 블렌딩에 사용하기도 한다.

다즐링
Darjeeling

인도 북동부 고산지대 다즐링의 특수한 기후에서 생산된다. 세계 3대 홍차 중 하나로 꽃과 과일 같은 풍부한 향을 지녔다. 최고급 버전이 많으며 가격이 비싼 편이라 블렌딩해서 사용되기도 한다.

아삼
Assam

인도 아삼 지방에서 생산되는 홍차로 몬순 기후의 환경에서 수확된다. 부드러운 향과 검은빛이 도는 붉은색을 띤다. 향이 풍부하고 맛이 강해서 잉글리시 브렉퍼스트 같은 블렌딩 티의 기본 재료로 많이 사용된다.

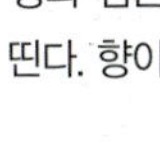

실론
Ceylon

스리랑카의 옛 이름인 실론 지역에서 생산되는 차로 얼 그레이나 잉글리시 브렉퍼스트에 많이 쓴다. 실론 중에서도 세계 3대 홍차로 꼽히는 고급 차는 우바 고산지대에서 재배되는 우바 Uva다.

무엇을 살까?

1. 선물용이라면 유명 브랜드의 시그니처 제품이 무난하다. P.88~89
2. 영국 방문 기념품이라면 틴케이스에 영국 아이콘이 그려진 것도 괜찮다.
3. 영국 홍차에 입문하고 싶다면 잉글리시 브렉퍼스트나 얼 그레이가 좋다.
4. 밀크티를 좋아한다면 잉글리시 브렉퍼스트나 요크셔티, 아삼이 진해서 우유와 잘 어울린다.
5. 내가 마실 거라면 시음이나 시향을 해보고 고르는 것도 좋다.

어디서 살까?

1. **티숍**
   고급스럽고 예쁜 포장의 품질 좋은 홍차를 살 수 있다. P.88~89
2. **슈퍼마켓**
   다양한 브랜드 홍차를 저렴하게 살 수 있다. P.94
3. **티하우스**
   애프터눈티를 마시는 곳에서 만든 블렌딩 티를 살 수 있다. P.137
4. **백화점**
   해러즈, 리버티, 셀프리지스 등 주요 백화점의 식품 매장에서 다양한 고급 브랜드를 살 수 있다.

SHOPPING

런던 베스트 북숍

여름이 지나고 겨울이 시작되면 사람들은 마음의 양식을 쌓기 위해 서점으로 발길을 옮긴다. 커피나 차가 잘 어울리는 스산한 계절에 차분하게 책장을 넘기며 또 한 해를 보낸다. 런던의 수많은 서점 중 여행자들도 가볼 만한 멋진 서점을 소개한다.

던트 북스 *Daunt Books*

영국에 여러 개의 지점을 둔 독립 서점으로 메릴본 하이 스트리트점은 런던에서 가장 아름다운 서점으로 꼽히는 곳이다. 1912년에 고서점으로 처음 오픈했을 당시의 고풍스러움을 그대로 간직하고 있으며, 1990년 주인이 바뀌면서 새로 오픈한 던트 북스는 여행과 문학 서적을 전문으로 하며 에코백도 인기다.

홈페이지 www.dauntbooks.co.uk

스탠퍼즈 *Stanfords*

여행 서적 전문점으로 수많은 여행자를 설레게 만드는 곳. 책뿐 아니라 지도와 지구본 같은 여행 관련 물품과 예쁜 문구류가 많아 구경하기도 좋다. 특히 지도는 맞춤 제작도 해준다. 코로나 이후 장소를 옮겨 그래피티 가득한 더욱 힙한 분위기로 변신했다. 1층에는 커피와 간단한 샌드위치를 파는 작은 카페가 있다. P.228

홈페이지 www.stanfords.co.uk

포일스 *Foyles*

책방 거리로 유명한 차링 크로스 로드에 자리한 대형 서점이다. 매우 현대적이고 쾌적한 건물이지만 브랜드는 100년이 훌쩍 넘는 역사를 지니고 있다. 규모가 큰 만큼 방대한 서적이 있으며 넓은 카페테리아도 있어서 시간을 보내기 좋다. 사우스뱅크 지점도 위치가 좋고 쾌적하다.

홈페이지 www.foyles.co.uk

해차즈 *Hatchards*

런던의 대형 서점 중 가장 오래된 곳으로 왕실의 후원을 받는다. 피카딜리 스트리트의 명소 포트넘 앤 메이슨 바로 옆에 자리해 찾아가기도 좋다. 입구에서부터 고풍스러움이 느껴지며 내부에도 커다란 왕실 문양이 자랑스럽게 걸려 있다.

홈페이지 www.hatchards.co.uk

워터스톤즈 *Waterstones*

영국 최대 서점 체인으로 영국 내 수백 개의 지점이 있으며 런던 시내에만 10개가 넘는다. 그중 피카딜리 매장은 규모가 매우 크고 섹션별로 잘 꾸며져 있어 많은 사람이 찾는다. 메자닌층에 카페가 있고 꼭대기층에 레스토랑이 있다. 포일스 차링 크로스점과 함께 유럽 최대를 자랑한다.

홈페이지 www.waterstones.com

메종 애슐린 *Maison Assouline*

파리에서 처음 오픈해 서울에도 진출한 명품 디자인 서점이다. 고급 도서관 분위기의 카페를 겸하는 아트북 전문점인데 서재에서 쓸 만한 소품이나 장식품도 있다. 워터스톤스와 해차즈 중간에 있어 잠시 들러보기 좋다.

홈페이지 www.maisonassouline.com

SHOPPING

가성비로 흐뭇한 마트 쇼핑

물가 비싸기로 악명 높은 런던이지만 마트 물가만큼은 우리와 비슷하거나 더 저렴한 편이다. 또한 다양한 인종과 계층이 모여 살고 있기에 물건의 종류도 매우 다양하다. 슈퍼마켓에서는 간단한 끼니도 가능하고 가벼운 선물도 살 수 있으며, 약국형 편의점에서는 가성비 좋은 뷰티템과 생활용품도 살 수 있다.

편의점으로 시작했다가 점차 발전하여 현재는 영국에 300개가 넘는 매장이 있으며 같은 회사인 존 루이스 백화점 지하에도 입점해 있다. 영국의 체인 마트들 중에서는 최초로 유기농 식품을 팔기 시작했다. 특히 왕세자 시절 찰스가 설립한 더치 오가닉을 인수해 친환경 제품을 꾸준히 판매하고 있다. 일반 슈퍼마켓보다 고급스러운 가공식품이 많아 선물로 사 가기에도 좋다. 런던 전 지역에 매장이 있지만 켄싱턴, 첼시, 블룸스버리 등 큰 매장에 물건이 많다.

홈페이지 www.waitrose.com

자사 유기농 브랜드인 웨이트로스 더치 오가닉스 Waitrose Duchy Organics의 제품들

• 품질 좋은 유기농 찻잎으로 만든 티백차

• 진한 벨기에 초콜릿에 고소한 헤이즐넛이 들어간 버터 쿠키

• 피스타치오와 말린 장미가 들어간 중동 스타일의 숏브레드

막스 앤 스펜서
Marks & Spencer
(M&S)

2

2001년 잡화점에서 식료품 유통으로 영역을 넓히며 론칭한 브랜드 막스 앤 스펜서 심플리 푸드 Marks & Spencer Simply Food가 점차 매장을 늘려 기존의 슈퍼마켓들을 위협하고 있다. 후발 주자인 만큼 물건의 질과 포장에도 상당히 신경을 쓰고 있으며 자사 브랜드로 내놓는 가공식품에도 고급화 전략을 내세워 가격대는 조금 나가지만 맛과 질이 좋은 것들이 많다. 예를 들어 막스 앤 스펜서 쿠키는 테스코나 세인즈버리 자체 브랜드보다 가격이 비싼 편이지만 쿠키 전문점이나 고급 베이커리보다는 저렴한데 포장도 깔끔하고 맛이 좋기로 유명하다. P.223

홈페이지 www.marksandspencer.com

M&S에서 만든 PB 상품 중 가성비가 좋은 제품들

• 한국에서 보기 힘든, 안토시아닌이 풍부한 새콤달콤 블랙커런트잼 Blackcurrant Conserve

• 벨기에 초콜릿으로 만든 진하고 부드러운 스위스 초콜릿 트러플스 Swiss Chocolate Truffles

• 쫄깃한 식감에 너무 달지 않은 6가지 색다른 맛의 거미 와인 검스 Wine Gums

• 민트와 버터 스카치가 만들어내는 독특한 맛의 캔디 벨기에 초콜릿으로 만든 스위스 초콜릿 트러플스 Swiss Chocolate Truffles

• 초콜릿을 듬뿍 넣은 진짜 초코칩 쿠키 더블 초콜릿 청크 쿠키스 Double Chocolate Chunk Cookies

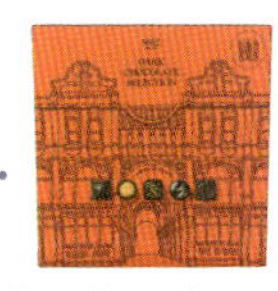

• 선물하기 좋은 예쁜 상자의 초콜릿 셀렉션 Dark Chocolate Selection

3 테스코 *Tesco*

영국 내에서 압도적으로 마켓 점유율 1위를 자랑하는 소매업체로 1919년에 노점상으로 시작해 1950년 대형 마켓을 오픈했다. 규모에 따라 테스코 엑스트라 Tesco Extra, 테스코 슈퍼스토어 Tesco Superstores, 테스코 익스프레스 Tesco Express로 나뉘는데, 익스프레스는 편의점과 비슷한 형태로 밤늦게까지 영업하고 낱개 제품을 파는 대신 조금 비싸다.
홈페이지 www.tesco.com

4 세인즈버리 *Sainsbury*

영국에서 테스코 다음으로 점유율이 높은 곳이다. 1869년에 작은 상점으로 시작해 오랜 역사를 자랑한다. 물건은 대체로 테스코와 비슷하다. 런던의 주택가에는 대형 슈퍼마켓이 많고 시내 중심에는 대형 슈퍼보다는 작은 규모의 세인즈버리 로컬 Sainsbury's Local 매장이 많으며 이는 편의점과도 비슷한 형태로 역 주변 등 유동인구가 많은 곳에 자리한다. **홈페이지** www.sainsburys.co.uk

대부분의 슈퍼마켓에서 파는 인기 제품들

국민 간식

출출할 때 먹기 좋은 영국식 초코파이 자파 케이크 Jaffa Cakes

견과류 영양 간식 에너지바 네이키드 Nakd

한국에서 보기 힘든, 오렌지 향 가득한 초콜릿 테리스 오렌지 초콜릿 Terry's Orange Chocolate

인기 홍차

마켓 판매 1위 제품인 국민차 요크셔 티 Yorkshire Tea

포장도 예쁘고 향도 좋아 선물로 좋은 클리퍼 티 Clipper Tea

리버풀에서 나와 최근 인기를 얻고 있는 심플한 포장의 브루 티 Brew Tea

부츠 *Boots*

5

런던 시내에서 쉽게 볼 수 있는 약국을 겸한 마트다. 1849년에 존 부트가 약국으로 시작해 오랜 역사만큼이나 동네 곳곳에 자리한다. 자체 브랜드 화장품이 가성비가 좋고 순한 편이며 가장 고가 라인으로 꼽히는 No.7은 조금 비싼 편이지만 기능성 화장품으로 유명하다. 그 밖에도 다양한 종류의 뷰티 제품과 건강용품, 의약품 등이 있다.

홈페이지 www.boots-uk.com

부츠의 PB 상품

고가 기능성 라인 넘버 세븐 No.7

저렴한 기본 라인 부츠 Boots

약국형 마트 파머시 Pharmacy

우리나라에서는 약국과 마트가 확연히 분리되어 있지만 영국에서는 처방 약을 파는 약국에서 스킨케어 제품이나 건강 관련 제품, 간단한 식품도 판다. 이를 미국에서는 드러그스토어 drugstore라고 하며, 영국에서는 파머시 pharmacy 또는 케미스트 chemist라고 부른다(보통 약사가 있는 경우 파머시).

슈퍼드러그 *Superdrug*

6

매장 수가 적지만 스킨케어와 메이크업 제품에 중점을 두어 젊은 여성들이 많이 찾는다. 로레알 L'Oreal, 레블론 Revlon, 맥스팩터 Max Factor 등 웬만한 슈퍼용 브랜드는 물론, 영국의 중저가 메이크업 브랜드도 다양하게 있어 구경하는 재미가 있다.

홈페이지 www.superdrug.com

약국형 마트에서 파는 인기 제품들

순한 성분으로 클렌저 등 기초 제품이 인기인 심플 Simple

목욕 제품이 유명한 솝 앤 글로리 Soap & Glory

자연주의 유기농 화장품 보타닉스 Botanics

SHOPPING

나를 위한 추억의 기념품

영국의 아이콘이 담긴 기념품은 어찌 보면 선물을 받는 지인보다 나 자신에게 더 의미가 있다. 별 생각 없이 샀던 싸구려 기념품이라도 먼 훗날 우연히 서랍 속에서 발견되면 여행의 추억이 떠오르곤 한다. 관광객의 진부한 물건이라 치부하지 말고 나만의 런던을 기억할 만한 작은 소품을 골라보자.

박물관·미술관 기프트숍 Gift Shop

런던의 국립 박물관과 국립 미술관은 거의 대부분 무료로 운영되고 있다. 즐겁게 관람을 했다면 기분 좋게 기부하는 마음으로 기념품을 골라보는 것도 좋다. 유물이나 명작을 패러디한 재미난 굿즈도 많고 교육적인 화보도 많다.

브리티시 뮤지엄의 소장품들

로제타석 모형의 스퀴즈나 지우개

이집트 미라관 모양의 필통과 초콜릿

신성한 행운의 부적 스카라베

내셔널 갤러리의 명화가 그려진 가방, 양산

초상화 갤러리의 데이비드 보위 달걀 그릇

테이트 모던의 로이 리히텐슈타인 굿즈

테이트 브리튼의 데이비드 호크니 굿즈

셜록 박물관의 셜록 굿즈

해양 박물관의 해적과 보물섬 굿즈

명소 기프트숍 Gift Shop

런던의 수많은 명소에는 그에 맞는 주제로 전문적인 기념품을 팔고 있어서 특정 장소를 추억할 만한 나를 위한 선물이 된다. 아기자기하고 아이디어 넘치는 상품들을 구경하는 것도 재미있고 일종의 여행 인증 제품 같은 역할도 한다.

국회의사당의 상징 빅벤

셰익스피어 글로브 기념 티셔츠

런던 타워 장식과 탑 안에 보관된 제국관 모형

타워 브리지 장식

샤드 전망대에서 파는 우산

* 버킹엄궁이나 켄싱턴궁 등에서 파는 왕실 기념품은 대부분 중국산이 아니고 영국에서 직접 만든 것이 많아 특히 비싸다.

찰스 3세의 대관식

왕관 모양의 귀걸이

왕관 모양의 연필깎이

왕세손의 로열 베이비 탄생

헨리 8세와 그의 여섯 부인 굿즈

왕관이 그려진 쿠션

왕실 문양이 그려진 도자기

백화점 기념품숍 Gift Shop

관광객들이 많이 찾는 번화가 백화점에는 기본적으로 관광 기념품이 있는데, 특히 쇼핑 명소로 잘 알려진 이 두 백화점에서는 자사 로고가 들어간 기념품과 함께 선물하기 좋은 런던 아이콘이 들어간 상품들을 모아놓은 특별 매장이 따로 있다.

리버티 *Liberty*

1층의 작은 매장에 런던의 아이콘이 담긴 귀여운 기념품들을 가득 모았다. 리버티 백화점이 그려진 제품도 많다. P.226

해러즈 *Harrods*

지하층에 커다란 규모의 기념품점이 있다. 런던 기념품도 있지만 해러즈 로고가 담긴 상품과 해러즈의 마스코트인 곰돌이 인형이 있다. P.304

캐릭터 기념품숍 Gift Shop

해리 포터의 나라 영국에서는 유난히 소설을 바탕으로 한 영화나 드라마에 심취하는 것 같다. 작품 속 인물이나 배경 등을 테마로 한 굿즈가 발달했다. 반지의 제왕, 왕좌의 게임 같은 여러 작품들을 떠올리며 관심 있다면 한 번쯤 들러보자.

위자즈 앤 원더스 *Wizards & Wonders*

해리 포터 굿즈들은 원래 공식 매장에만 있었는데, 최근에는 라이선스 계약을 한 업체들에서 볼 수 있게 되었다. 해리 포터 외에 반지의 제왕이나 왕좌의 게임 같은 다양한 굿즈를 살 수 있다.

홈페이지 www.wizardsandwonders.co.uk

하우스 오브 원더스 *House of Wonders*

위자즈 앤 원더스와 비슷한 상점인데 규모가 좀 더 작고 캐릭터 종류도 적은 편이다. 같은 아이템도 있으니 위치가 편리한 곳을 선택하면 된다.

홈페이지 https://thehouseofwonders.co.uk

일반 기념품 상점 Gift Shop / Souvenir Shop

관광객들이 모여드는 번화가에는 크고 작은 기념품 상점들이 있다. 규모가 큰 전문점부터 길거리 매대까지 다양한 아이템을 팔고 있어 시간이 없는 사람도 어렵지 않게 살 수 있다. 귀여운 기념품을 구경하다 보면 내가 정말 여행을 하고 있다는 실감이 나기도 한다.

쿨 브리타니아 *Cool Britannia*

런던 시내에 세 개의 지점이 있는 기념품 매장이다. 위치상 들르기 편리하고 물건도 많은 편이다. 런던의 아이콘이 담긴 열쇠고리나 머그잔, 학용품, 가방, 티셔츠 등 다양하다. 물건의 질과 가격대는 다른 기념품점과 비교해 무난한 편이다. **홈페이지** https://coolbritannia.com

주빌리 마켓 *Jubilee Market*

코벤트 가든 옆에 자리한 주빌리 마켓은 저렴한 실내 마켓이다. 한 평 남짓한 작은 가게들이 다닥다닥 붙어 있으며 가게마다 다양한 물건을 팔고 있는데 일부 가게에서 기념품을 판다. 저렴한 편이지만 좋은 품질을 기대하기는 어려우니 꼼꼼히 고르는 것이 좋다.

런던을 추억할 기념품 고르기

1. 런던 텀블러
2. 킵 캄 머그잔
3. 런던 랜드마크 머그잔
4. 런던 아이콘 에코백들
5. 근위병 에코백
6. 런던 경찰 립밤
7. 런던 아이콘 다이어리
8. 블랙캡 마그네틱
9. 이층버스 마그네틱
10. 런던 지도 찻잔
11. 유니언잭 머그잔

SHOPPING

원스톱 쇼핑의 천국, 백화점

전 세계 브랜드가 다 모여 있는 런던에서는 쇼핑가 몇 곳만 다녀도 하루가 부족하다. 일정이 여유롭다면 쇼핑가를 찬찬히 둘러보는 것도 좋지만 볼거리 많은 런던에서 쇼핑에만 시간을 쏟을 수는 없는 노릇. 시간을 쪼개야 할 여행자들이라면 모두 모여 있는 백화점이 최선의 선택이다. 특히 비가 자주 오는 런던에서 날씨에 관계없이 다닐 수 있어 편리하다.

리버티 *Liberty*

관광 명소로도 꼽힐 만큼 유명한 백화점으로, 건물 자체가 남다르다. 19세기에 지어진 런던에서 가장 오래된 백화점으로 팀버목이 드러난 고풍스러운 외관에 내부 역시 운치 있는 나무 벽과 기둥들로 가득하다. 오랜 역사를 지켜오면서도 트렌디함을 잃지 않아 항상 인기가 있다. P.226

홈페이지 www.liberty.co.uk

셀프리지스 *Selfridges*

옥스퍼드 스트리트 한복판에 웅장한 모습의 건물로 외관만큼이나 내부 규모도 압도적이다. 수많은 브랜드와 아이템으로 가득해 없는 것이 없다고 할 정도이며 특히 패션 쪽 셀렉션이 뛰어난 것으로 알려져 있다.

P.222 **홈페이지** www.selfridges.com

존 루이스 *John Lewis*

중급 브랜드가 주를 이루는 합리적인 가격대의 대중 백화점이다. 7개 층에 걸쳐 다양한 물품이 있으며 특히 주방용품이나 장식용품, 홈인테리어 용품이 많은 편이다. P.223

홈페이지 www.johnlewis.com

해러즈 *Harrods*

켄싱턴의 터줏대감으로 오랜 역사와 전통을 자랑하는 명품 백화점이다. 아름답고 웅장한 외관에 맞춰 내부도 고풍스러운 분위기로 장식되어 있다. 규모가 매우 커서 층마다 다양한 카테고리로 구성되어 있는데, 가장 인기 있는 곳은 지하의 식품매장이다. 글로벌 인기 제품은 물론 고급스러운 자체 브랜드로 볼거리가 가득하다. P.304

홈페이지 www.harrods.com

하비 니콜스 *Harvey Nichols*

해러즈 근처에 자리한 패션 전문 백화점으로 패션 피플들이 즐겨 찾는 곳이다. 층마다 한 바퀴 돌아보면 최신 유행을 알 수 있을 만큼 트렌드에 민감하게 디스플레이를 한다. P.304

홈페이지 www.harveynichols.com

SHOPPING

메이드인 UK, 영국 브랜드

세계적인 패션 도시 런던에는 없는 브랜드가 없다. 글로벌 브랜드들의 화려한 플래그십 스토어도 볼 만하지만, 기왕이면 세계적인 브랜드로 성장한 영국 브랜드들을 눈여겨보자. 홈그라운드의 이점을 살려 매장 수가 많고 규모가 큰 편이며 물건도 다양하다.

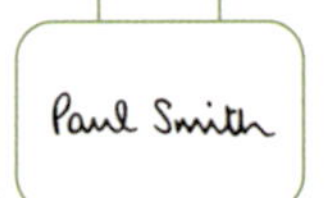

폴 스미스 *Paul Smith*

클래식하면서도 영국 특유의 위트를 느낄 수 있는 너무나도 영국적인 브랜드다. 컬러풀한 멀티 스트라이프 패턴으로 유명하다. 남성복에서 시작해 이제는 여성복과 아동복, 잡화, 안경까지 확장해 수많은 마니아층이 있다. 한국에도 매장이 있지만 영국 현지에서 만나는 폴 스미스는 매장마다 개성 있는 인테리어가 눈길을 끈다. **홈페이지** www.paulsmith.co.uk

테드 베이커 *Ted Baker*

영국의 유명한 중고급 브랜드다. 버버리, 폴 스미스와 더불어 영국의 3대 브랜드라 칭하기도 한다. 심플한 로고만큼 디자인 역시 심플함을 추구하며 폴 스미스와 비슷한 느낌도 있다. 런던에서 매장을 쉽게 찾을 수 있고 훨씬 다양한 디자인을 만나볼 수 있다. 전반적으로 가격대가 무난하며 특히 지갑이나 가방이 합리적인 가격대로 인기가 있다.

홈페이지 www.tedbaker.com

올 세인츠
All Saints

무수한 앤티크 재봉틀로 가득한 인테리어가 인상적인 이곳은 우리나라에도 상륙했지만, 런던에선 훨씬 많은 상점에서 다양한 디자인을 고를 수 있다. 유행을 따르면서도 개성 있는 콘셉트로 짧은 기간에 급성장한 브랜드로 팬층이 다양하다. 하이패션은 부담스럽고 빈티지는 다소 불편한 사람들에게 적당히 세련된 그런지룩으로 어필하고 있으며 특히 가죽 제품이 인기다. **홈페이지** www.allsaints.com

레이스 *Reiss*

깔끔하면서도 단정한 디자인으로 사랑받고 있는 레이스는 유행을 맞춰가면서도 클래식함을 잊지 않는 영국의 분위기와 닮았다. 원래도 고정 고객이 많았지만 영국 왕실의 여주인공 케이트 미들턴이 종종 입고 나오면서 폭발적인 인기를 누렸었다. 실제로 런던에 매장 수가 많이 늘었고 좀 더 고급스러운 인테리어로 다양한 손님들을 맞고 있다.

홈페이지 www.reiss.com

알렉산더 맥퀸
Alexander McQueen

영국이 낳은 천재 디자이너로 패션계를 주름잡던 알렉산더 맥퀸은 어느 날 갑작스러운 자살로 전 세계를 충격에 빠뜨렸다. 수많은 패션 디자이너들은 물론 레이디 가가 등 세계적인 패션 아이콘들에게 영감을 주었던 알렉산더 맥퀸의 과감하고 창조적인 디자인은 그의 브랜드에 조금이나마 흔적이 남아 있다.

홈페이지 www.alexandermcqueen.com

위슬스 *Whistles*

클래식하면서도 유행에 뒤처지지 않는 디자인으로 직장 여성들에게 인기 있는 브랜드다. 여성적인 분위기도 함께 지니고 있어 이와 잘 어울리는 케이트 미들턴이 공식 행사에서도 즐겨 입으며 더욱 인기를 누리고 있다. 소재에 따라 가격대도 다양해서 선택의 폭이 넓은 편이다.

홈페이지 www.whistles.com

바버 *Barbour*

1894년 존 바버가 작은 가게에서 시작한 이 브랜드는 비가 자주 오는 영국에 딱 맞는 방수 기능의 옷들로 유명하다. 투박한 분위기의 왁스 재킷과 클래식한 퀼트 재킷이 인기다. 왕실의 꾸준한 사랑을 받아왔고 엘리자베스 전 여왕도 즐겨 입었던 것으로 알려져 있다. **홈페이지** www.barbour.com

버버리 *Burberry*

영국의 대표 명품 브랜드. 개버딘 소재 트렌치코트의 대명사가 되어버린 버버리는 체크무늬 중심에서 벗어나 오랜 전통을 내세우면서도 유행에 뒤지지 않으려 끊임없이 노력하고 있다. 런던의 대형 매장들은 세일 기간이 되면 엄청난 관광객들로 북적인다.

홈페이지 www.burberry.com

해켓 *Hackett*

영국의 폴로라 불리는 해켓은 클래식 캐주얼로 유명한 남성복 브랜드다. 영국의 포뮬러1 레이싱 팀인 윌리엄스 마티니 레이싱의 공식 납품업체가 되면서 파격적인 광고로 더욱 인기를 누렸었다. 의류뿐 아니라 안경테 역시 지적이면서도 트렌디한 디자인으로 인기다.

홈페이지 www.hackett.com

헌터 *Hunter*

장마철에 시내를 돌아다니면 꼭 한 번은 볼 수 있는 헌터 장화. 1856년부터 오랜 세월을 장인정신으로 이어온 기업이지만 SNS에 자주 등장하면서 다시 인기를 누리고 있다. 화사하고 다양한 색상뿐만 아니라 미끄럽지 않고 편해서 비나 눈이 올 때도 좋고 겨울에는 전용 기모양말과 함께 따뜻하게 신기도 한다. **홈페이지** www.hunterboots.com

STELLA McCARTNEY

스텔라 매카트니
Stella McCartney

폴 매카트니의 딸로서 일찍부터 유명해진 스텔라 매카트니는 이제 패션 디자이너로 자리를 잡았다. 다소 진부한 느낌의 클로에를 새롭게 거듭나게 하고, 투박하게만 느껴졌던 아디다스와의 성공적인 콜라보레이션으로 패션 스포츠웨어에 새로운 바람을 일으키기도 했었다. 지금도 할리우드 셀럽들의 의상 디자인으로 활동하고 있다.

홈페이지 www.stellamccartney.com

슈퍼 드라이
Super Dry

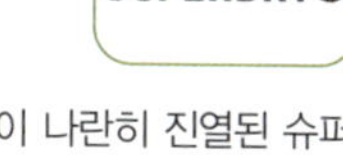

총천연색 티셔츠들이 나란히 진열된 슈퍼 드라이는 디스플레이만으로도 눈길을 끈다. 화사한 색감과 그라데이션으로 배열해 놓은 옷들, 그리고 이상한 일본어가 잔뜩 적혀 있는 옷들. 일본 브랜드인가 싶지만 일본을 동경하며 이국적인 느낌의 콘셉트로 성공한 영국 캐주얼 브랜드다.

홈페이지 www.superdry.com

더 화이트 컴퍼니
The White Company

THE WHITE COMPANY
LONDON

화이트 간판에 화이트 톤의 쇼윈도 디스플레이, 그리고 내부 인테리어도 화이트. 모든 것이 화이트인 이곳은 깨끗하고 정갈한 콘셉트를 그대로 전달해 주는 새하얀 이불과 베개, 타월, 욕실용품과 의류, 액자, 향초 같은 인테리어 소품까지 두루 갖춘 곳이다. 제품의 소재도 부드러운 면을 사용해 편안한 느낌을 준다.

홈페이지 www.thewhitecompany.com

샬럿 틸버리 *Charlotte Tilbury*

전설적인 메이크업 아티스트로 불리는 샬럿 틸버리가 그녀의 오랜 노하우와 니즈를 바탕으로 만든 메이크업 브랜드다. 기존의 메이크업 제품들과는 차별화된 뛰어난 기능의 제품이 많아 입소문을 타고 큰 인기를 누리고 있다. 매장 직원들이 적극적인 편이며 백화점 매장에서 메이크업을 해주기도 한다. 팔레트 섀도와 브러시, 매직 크림 등이 유명하다.

홈페이지 www.charlottetilbury.com

SHOPPING

영국의 향기

유럽은 향수가 매우 발달한 곳이며 영국도 예외는 아니다. 천재적인 조향사가 탄생시킨 향수부터 영국 귀족들이 좋아했다는 향수까지 여러 브랜드의 제품들이 있다. 영국을 넘어 세계에서 사랑 받는 영국의 향기와 특별한 만남을 가져 보자.

펜할리곤스

Penhaligon's

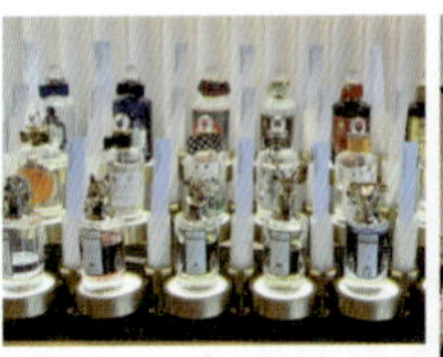

150년 이상 사랑을 받아 온 니치 향수 브랜드다. 향수마다 소설 속 인물, 유명인사, 영국의 자연 등 여러 주제를 이용한 스토리가 숨어 있다. 셀럽과 영국 귀족들이 많이 사용하는 제품으로 그들이 사용하는 제품을 철저히 비밀에 부친다는 독특한 전략이 있고 로열 워런티가 있다. 남성에게는 로드 조지 Lord George, 여성에게는 루나 LUNA가 인기다.

홈페이지 www.penhaligons.com

조 말론

Jo Malone

영국의 천재 조향사로 불리는 조 말론이 만든 니치 향수 브랜드로 현재는 에스티 로더 그룹에서 소유하고 있다. 자연스러우면서도 고급스러운 향이 특징이다. 시트러스 계열의 라임 바질 앤 만다린과 프루티 계열의 잉글리시 페어 앤 프리지아가 인기며, 향수 외에 향초와 보디 제품도 많이 찾는다.

홈페이지 www.jomalone.co.uk

조 러브스
Jo Loves

조 말론이 독립한 후 새롭게 론칭한 사랑스러운 향수 브랜드다. 매장이 런던에 한 개뿐이지만 한국에도 진출해 사랑을 받고 있다. 조 말론의 명성을 이어가는 그녀의 두 번째 향수로 이미 론칭할 때부터 유명했다. 향수 외에도 보디, 캔들, 핸드 제품 등 다양하다.

홈페이지 www.joloves.com

몰튼 브라운
Molton Brown

고급스럽고 은은한 향으로 향수는 물론 보디케어 제품으로 많은 사랑을 받는 제품이다. 유명 호텔의 어메니티로 많이 들어가 있어 더 많이 알려졌다. 오렌지 앤 베르가못, 헤븐리 앤 진저릴리 등이 유명하다. **홈페이지** www.moltonbrown.co.uk

러시
Lush

동물실험을 하지 않고 천연 재료를 사용한다는 마케팅으로 잘 알려진 제품이다. 입욕제는 물론 오일, 향수, 스킨케어 제품 등 다양하다. 피로와 불면증에 좋다는 배스밤, 버블바가 유명하다. 또한 고체 샴푸, 샤워 젤리 등 다양한 형태의 상품으로 독특함을 더한다. 배스밤 한 개로 여행의 피로를 날려 보자.

홈페이지 www.lush.com

SHOPPING

마지막 득템의 기회, 아웃렛

런던 시내에 수많은 상점이 있지만 그에 만족하지 않고 한 푼이라도 저렴한 가격에 유명 브랜드 제품을 구입하고 싶다면 아웃렛을 생각해보자. 시내에서 떨어져 있어 시간이 좀 걸리기는 하지만 쇼핑에 진심이라면 한 번쯤 가볼 만하다.

비스터 빌리지 *Bicester Village*

런던의 근교 도시 옥스퍼드에서 20km 정도 떨어진 곳에 위치한 아웃렛 타운이다. 예쁜 마을처럼 꾸며진 구역에 150여 개 매장이 모여 있으며, 시즌이 지난 유명 브랜드의 상품들을 최대 70%까지 할인된 가격에 판매하고 있어 쇼핑을 좋아하는 사람들에게 큰 인기다.

디오르 Dior, 보테가 베네타 Bottega Veneta, 구찌 Gucci, 프라다 Prada, 몽클레어 Moncler 같은 명품도 있고, 알렉산더 맥퀸 Alexander Mcqueen, 바버 Barbour, 해켓 Hachett, 몰튼 브라운 Molton Brown, 폴 스미스 Paul Smith, 레이스 Reiss, 스텔라 매카트니 Stella McCartney, 테드 베이커 Ted Baker 같은 영국 브랜드가 많다.

주소 50 Pingle Dr. Bicester OX26 6WD **홈페이지** www.bicestervillage.com **운영** 월~수요일 09:00~20:00, 목~토요일 09:00~21:00, 일요일 10:00~19:00, 공휴일이나 특정일엔 변경되기도 함. **가는 방법** ① 옥스퍼드 시내에서 버스로 40분 정도 걸린다. 스테이지코치사에서 운행하는 버스 Stagecoach Gold S5 노선을 타고 Bicester Village 정류장에서 내려 이정표를 따라 5분 정도 걷는다. ② 런던에서 바로 가려면 메릴본 역에서 출발하는 칠턴 레일웨이스 Chiltern Railways 기차를 타고(1시간 10분 소요) Bicester Village 역에서 내려 5분 정도 걷는다.

버버리 아웃렛
Burberry

런던 동쪽의 해크니 지역에 위치한 아웃렛 매장이다. 일반 매장 못지않게 깔끔하게 꾸며져 있으며 규모도 제법 큰 편이라 다양한 물건들을 고를 수 있다. 위치가 편리하지는 않지만 오버그라운드나 버스를 이용해 다녀올 만하다. 여름 성수기에는 사람이 많으니 아침에 서둘러 다녀오는 것이 좋다.

주소 29-31 Chatham Pl, London E9 6LP **홈페이지** https://uk.burberry.com **운영** 월~토요일 10:00~18:00, 일요일 11:00~17:00 **가는 방법** 오버그라운드 해크니 센트럴 Hackney Central 역에서 도보 8분.

영국의 사이즈

사이즈 표기는 우리나라와 유럽이 다르고 유럽에서도 영국은 다르다. 브랜드별로도 다소 차이가 있으니 정확한 치수를 위해서는 브랜드별 실측 사이즈를 참조하자

여성 의류 사이즈 비교표 *1inch(1인치)=약 2.54cm

구분	XS	S	M	L	XL
한국 사이즈1	44	55	66	77	88
한국 사이즈2	85	90	95	100	105
영국 사이즈	4~6	8~10	10~12	16~18	20~22
가슴둘레(inch)	32	33~34	35~37	38~40	42
허리둘레(inch)	24	25~26	27~29	30~33	34
엉덩이둘레(inch)	34	35~36	37~39	40~42	44

남성 의류 사이즈 비교표

구분	XS	S	M	L	XL	XXL
한국	85	90	95	100	105	110
영국	0	1	2	3	4	5

여성 신발 사이즈 비교표

한국(mm)	220	225	230	235	240	245	250	255	260
영국	2.5	3	3.5	4	4.5	5	5.5	6	6.5

남성 신발 사이즈 비교표

한국(mm)	240	245	250	255	260	265	270	275	280
영국	5.5	6	6.5	7	7.5	8	8.5	9	9.5

HEINZ
HP
SAUCE

런던의 음식

Eating in London

생각보다 맛있는 영국 음식 | 영국식 정찬을 위한 레스토랑 | 유명 셰프의 파인 다이닝
즐거운 하루의 시작, 브런치 맛집 | 런던에서 즐기는 세계 음식
런던 인스타 핫플 | 실패 없는 선택, 체인 레스토랑 | 런더너의 가벼운 한 끼
런던에서 즐기는 커피 타임 | 딱 한 번의 사치, 애프터눈티 | 런던이 보이는 뷰 맛집
레스토랑 이용하기

생각보다 맛있는 영국 음식

영국은 수 세기에 걸쳐 먹어온 전통 음식들이 있을 뿐 아니라 전 세계에 식민지를 거느렸던 나라답게 그 식민지에서 흘러 들어와 영국에 정착한 음식도 많다. 영국 음식은 전통도 없고 맛도 없다는 말을 종종 하지만 세계적인 요리사들의 등장으로 미식의 나라에 동참하고 있으며 영국 음식만의 전통을 이어가고 있다.

블랙 푸딩 Black Pudding은 영국식 순대라고 생각하면 된다. 돼지 피에 오트밀 등을 섞어 소시지처럼 만들어 굽는다. 검은 버섯으로 대체하기도 한다.

01

잉글리시 브렉퍼스트
English Breakfast

달걀, 소시지, 베이컨, 감자, 토마토, 토스트, 베이크드 빈에 블랙 푸딩까지 한 접시에 놓고 먹는 전통적인 영국식 아침 식사다. 많은 국가가 간단히 먹는 것과 대조적으로 푸짐하게 먹는다. 1,000칼로리가 넘어 요즘 영국인들은 기피하기도 하지만 풍요로웠던 영국을 상징하는 음식으로 사랑받고 있다.

어디서 먹을까?
아침을 전문으로 하는 레스토랑, 호텔 레스토랑, 브런치 식당에 가면 정식으로 갖춘 잉글리시 브렉퍼스트를 먹을 수 있으며 카페, 펍에도 있다.

02

피시 앤 칩스
Fish and Chips

생선 커틀릿을 감자튀김과 함께 먹는 단순한 음식으로, 노동자의 음식이자 영국을 대표하는 음식이다. 흰 살 생선살에 튀김옷을 입혀 튀기는데 반죽에 차가운 맥주를 섞는 등 기술에 따라 바삭함의 정도가 달라진다. 생선은 대구 Cod가 가장 대중적이다. 보통 타르타르소스에 찍어 시원한 맥주와 함께 먹기 좋다.

어디서 먹을까?
전문점도 많지만 거의 모든 펍에서 안주로 먹을 수 있다. 여러 마켓의 길거리 매대에서도 파는데 서서 먹어야 하는 불편함이 있지만 가격이 싸다.

칩스 Chips는 감자튀김을 말한다. 북미권에서는 프렌치 프라이스라 한다.

03

미트 파이

Meat Pie

고기를 넣어 파이 크러스트로 감싸 구운 영국의 대표적인 전통 음식이다. 고기는 소고기, 돼지고기, 닭고기 등 다양하게 사용하며 스테이크를 썰어 넣거나 갈아서 여러 가지로 양념해 맛을 달리 만들기도 한다. 바삭하게 구워진 파이에 그레이비소스를 뿌려 으깬 감자, 양배추 샐러드 등을 곁들여 먹으면 한 끼 식사로 손색이 없다.

어디서 먹을까?

영국의 대중적인 음식이기 때문에 영국식 레스토랑은 물론 여러 펍에서도 먹을 수 있다. 맥주 한 잔 놓고 식사 겸 안주로 먹어 보자. 감자는 매시드와 칩스 중 고를 수 있다.

스테이크 앤 에일 파이 Steak and Ale Pie는 작게 썬 소고기를 익혀 양파, 버섯 등 야채와 영국산 에일을 끓인 소스를 섞어 만드는 파이로 영국에서 인기 있는 미트 파이이자 펍 메뉴다.

04

선데이 로스트

Sunday Roast

오븐에 잘 구워진 통고기를 썰어 소스를 뿌려 요크셔 푸딩, 감자, 콩, 익힌 야채와 먹는 음식이다. 일요일 아침 큰 덩어리의 고기를 오븐에 넣어두고 교회를 다녀와 저녁까지 먹는 데서 유래했다. 고기는 돼지고기, 닭고기 등 다양하게 사용한다. 로스트비프에는 레드 와인을 넣은 그레이비소스를 가장 많이 뿌려 먹는다.

어디서 먹을까?

스테이크 전문점에서 먹을 수 있다. 가볍게 경험해 보길 원한다면 펍에서 맥주와 함께 먹어 보길 추천한다. 일요일 12:00가 지나면 선데이 로스트를 팔기 시작하는데 가격과 양이 적당하다.

요크셔 푸딩 Yorkshire pudding은 짭짤하고 바삭한 속이 빈 부푼 빵이다. 고기를 로스팅할 때 나온 기름 위에 반죽을 부어 굽는데 소스 뿌린 고기 요리와 잘 어울린다.

05

뱅어스 앤 매시
Bangers and Mash

으깬 감자에 잘 구워진 소시지를 올려 그레이비소스를 뿌려 먹는 음식이다. 뱅어스는 소시지를 말하며 소고기, 돼지고기, 양고기 등 다양하게 사용되는데 주로 컴벌랜드 돼지고기를 사용한다. 옛날부터 영국 노동자들에게 사랑을 받아온 전통 음식으로 영국인들의 소울 푸드로 여겨진다.

뱅어스 Bangers는 세계대전 당시 양을 늘리기 위해 소시지 반죽에 물을 많이 넣었는데 고온에 조리하다 보면 '빵 Bang' 터지기가 일쑤라 붙은 이름이라고 한다.

어디서 먹을까?
뱅어스 앤 매시 전문 식당이나 펍에 가면 먹을 수 있다. 으깬 감자, 소시지, 소스의 종류를 골라 조합해 주문하면 된다.

06

소시지 롤
Sausage Roll

페이스트리 안에 양념한 간 고기를 넣어 오븐에 구운 음식이다. 바삭하게 빵이 부서지면서 고기와 함께 씹히는 맛이 좋다. 간단히 먹기 좋아 영국인들은 바쁜 출근길에 많이 먹는다. 시장이나 마트, 베이커리에서 많이 볼 수 있다.

어디서 먹을까?
베이커리 카페에 가면 따뜻하게 구워진 소시지 롤이 있어 커피나 차와 함께 많이 먹는다. 펍에 가면 안주로 먹으며 마켓이나 마트에도 포장되어 판매되는 것이 많다.

07

스카치 에그
Scotch Egg

삶은 달걀을 다진 고기로 감싸 밀가루, 달걀 물, 빵가루를 입혀 튀긴 음식이다. 영국의 김밥이라 칭할 만큼 흔하고, 간단히 식사할 때나 술안주, 파티 음식에도 등장하는 메뉴다. 식료품 백화점인 포트넘 앤 메이슨이 처음 고안해냈다고 주장을 하지만 받아들여지지는 않았다.

어디서 먹을까?
영국식 레스토랑에도 있으며 펍이나 바의 안주로도 많이 먹는다. 마켓의 스트리트 매대에서도 사 먹을 수 있다.

©SylwesterL

08

비프 웰링턴
Beef Wellington

미트 파이와 로스트비프를 합친 듯한 음식으로 영국의 고급 요리에 해당한다. 페이스트리로 감싼 소고기를 구운 것인데 뒥셀이라 부르는 버섯 간 것과 햄 등을 함께 넣기도 한다. 일반 미트 파이나 스테이크보다 손이 많이 가기 때문에 비싼 편이다.

어디서 먹을까?
조리법이나 재료 면에서 고급 요리에 속하기 때문에 중고급 레스토랑에 가야 보기 쉽다. 영국 전통 요리를 다루는 레스토랑이 무난하다. 고든 램지의 시그니처 메뉴이기도 하다.

09

스티키 토피 푸딩
Sticky Toffee Pudding

대추야자를 주 재료로 만든 스펀지케이크로 위에 클로티드 크림이나 바닐라 아이스크림 등을 얹고 달콤한 토피 소스를 뿌려서 먹는 디저트다.

어디서 먹을까?
일반 식당의 간단하고 저렴한 버전도 있지만 고급 레스토랑에서는 더욱 고급스러운 맛으로 즐길 수 있다.

브런치 메뉴

영국 요리는 아니지만 브렉퍼스트나 브런치를 하는 카페나 레스토랑에서 쉽게 볼 수 있는 인기 메뉴도 알아두자.

BRUNCH MENU

에그 베네딕트
Eggs Benedict

19세기 뉴욕에서 만들어진 대표적인 브런치 메뉴로 잉글리시 머핀 위에 햄이나 베이컨과 수란을 얹고 홀랜다이즈 소스를 뿌린 것이다.

BRUNCH MENU

에그 로열
Eggs Royale

에그 베네딕트에서 변형된 것으로 햄이나 베이컨 대신 훈제 연어를 넣은 것이다. 이름도 나라와 식당마다 다른데 영국에서는 에그 로열이라 부른다.

BRUNCH MENU

에그 플로렌틴
Eggs Florentine

역시 에그 베네딕트에서 변형된 것으로 햄이나 베이컨 대신 시금치를 넣는다. 식당에 따라 홀랜다이즈 소스 대신 모네 소스나 베샤멜 소스를 뿌리기도 한다.

영국식 정찬을 위한 레스토랑

여행 중 꼭 한 번 제대로 된 영국 음식을 먹어보고 싶다면? 짧은 일정이라도 찾아가기 쉬운 런던 시내의 유명 레스토랑을 소개한다. 어느 정도 격식이 있지만 너무 비싸지 않은, 그래서 현지인들도 자주 찾는 검증된 맛집은 항상 많은 사람들로 붐빈다. 성수기라면 일찍 예약하는 것이 좋다.

룰스
Rules

1798년 세워진 영국식 고급 레스토랑으로 갤러리 같은 내부 인테리어가 특별한 볼거리다. 유니폼을 입은 직원들의 격조 높은 서비스를 받을 수 있어 영국다운 분위기를 느끼기에는 제격이다. P.232

홈페이지 www.rules.co.uk

낯선 메뉴가 부담스럽다면 스테이크를!

더 울슬리
The Wolseley

외관부터 웅장한 유럽식 레스토랑이다. 영국식 아침 식사는 물론 격식을 갖춘 다양한 정통 유럽 요리가 있으며 자체 생산한 티와 먹는 애프터눈티도 인기다. 아침 일찍부터 영업을 한다. P.236

홈페이지 www.thewolseley.com

특제 소스를 곁들인 피시 케이크

연어가 들어간 에그 로열

스완 Swan London

격자창 사이로 템스강이 보이는 모던하면서도 우아한 영국 레스토랑이다. 바와 레스토랑에서 와인, 칵테일, 제철 재료를 엄선해 만든 요리와 셰익스피어에서 영감을 얻은 애프터눈티를 먹을 수 있다. P.280

홈페이지 www.swanlondon.co.uk

호크스무어 Hawksmoor

질 좋은 영국산 소고기를 맛있게 구워내는 유명한 스테이크 하우스다. 간단한 햄버거부터 두툼한 포터하우스까지 다양한 스테이크 메뉴가 기본이며 특히 일요일에는 선데이 로스트가 인기다. P.338

홈페이지 http://thehawksmoor.com

디 아이비 The IVY

런던 사람들이 특별한 기념일에 한 번쯤은 꼭 간다는 유명 레스토랑으로, 전통적인 영국 요리들을 맛볼 수 있으며 서비스와 분위기도 좋다. 100년이 넘는 역사를 자랑하는 소호 본점은 우아한 아르데코풍 인테리어가 눈길을 끈다. P.233

홈페이지 https://the-ivy.co.uk

유명 셰프의 파인 다이닝

런던에는 70개가 넘는 미슐랭 스타 레스토랑이 있고 그만큼 유명한 셰프들이 많다. 오랜 명성을 이어온 유명 셰프의 고급스러운 음식을 맛보는 것 역시 여행의 즐거움이다.

디너 바이 헤스턴 블루멘틀

Dinner by Heston Blumenthal

분자요리로 유명한 헤스턴 블루멘틀의 미슐랭 2스타에 빛나는 고급 레스토랑이다. 하이드 파크의 녹음이 그대로 전해지는 공간에서 훌륭한 음식을 맛볼 수 있다. P.306

홈페이지 www.mandarinoriental.com

갈빈 앳 윈도스 Galvin at Windows

미슐랭 스타 형제로 잘 알려진 갈빈 브러더스의 크리스 갈빈이 이끄는 고급 레스토랑이다. 힐튼 호텔의 꼭대기층에 자리해 멋진 전망까지 즐길 수 있다. P.236 **홈페이지** www.galvinatwindows.com

브레드 스트리트 키친 앤 바 Bread Street Kitchen & Bar

영국의 스타 셰프 고든 램지의 파인 다이닝 레스토랑이 부담스럽다면 그의 캐주얼 식당을 고려해 보자. 예약, 가격, 드레스 코드 등이 여행자에게 덜 부담스럽다. P.276

홈페이지 www.gordonramsayrestaurants.com/bread-street-kitchen

즐거운 하루의 시작, 브런치 맛집

푸짐한 접시의 잉글리시 브렉퍼스트와 비견되는 브런치는 조금 늦어진 아침을 깨우는 하루의 기분 좋은 시작이다. 브런치로 특화된 맛집들을 골라본다.

그라인드 Grind

연분홍 포장에 진하고 고소한 커피로 잘 알려진 그라인드는 원래 커피 전문점으로 시작해 인기를 끌며 레스토랑과 바를 겸한 지점들이 늘고 있다. 최근에는 브런치 메뉴로 더욱 인기다. P.280

홈페이지 https://grind.co.uk

더 버터리 The Buttery

아늑한 정원이 딸린 예쁘고 사랑스러운 레스토랑이다. 아침 일찍 문을 열어 점심까지 영업을 하는데 바리스타가 만들어 주는 커피와 따뜻한 아침 메뉴로 브런치를 즐기기에 안성맞춤이다. P.309

홈페이지 www.thebutterybelgravia.co.uk

브렉퍼스트 클럽 Breakfast Club

소호에서 처음 문을 열어 급성장한 브런치 전문점이다. 푸짐하면서 맛도 좋아 지점이 많은데도 항상 붐빈다. 크림과 베리가 가득 올라간 팬케이크와 크리스피 베이컨이 들어간 에그 베네딕트가 인기다. P.336

홈페이지 https://thebreakfastclubcafes.com

런던에서 즐기는 세계 음식

세계인의 식탁이라 불릴 만큼 전 세계 음식이 가득 모인 글로벌 도시 런던에는 우리가 평소 쉽게 접근하기 어려운 메뉴가 많다. 런던에서만 맛볼 수 있는 새로운 메뉴들을 꼭 시도해 보자.

디슘 Dishoom

www.dishoom.com

최근 가장 핫한 인도 레스토랑이다. 타파스처럼 즐길 수 있는 메뉴가 많으며 캐주얼하면서도 맛과 분위기 모두 잡은 곳이다. 영국 특유의 모던 인디언 메뉴를 즐겨보자. P.338

로비 ROVI

https://ottolenghi.co.uk/restaurants#rovi

밝고 세련된 분위기의 지중해식 레스토랑으로 미국의 여행 먹방에 등장하면서 인기를 누리는 식당이다. 유명 셰프 오토렝기가 신선한 채소들을 지중해식으로 응용한 창의적인 음식들이 많다. P.231

페 메종 Fai Maison

www.fait-maison.co.uk

꽃 장식으로 가득한 이곳은 샥슈카나 후무스, 사프란 리소토 등 중동식 요리와 디저트를 갖춘 곳이다. 부드러운 커피에서 장미향이 느껴지는 로즈 라테가 인기다. P.307

런던 인스타 핫플

비주얼이 중요해진 SNS 시대에 '핫플'은 오감을 만족시켜야 한다. 가니시와 인테리어는 물론 바이브도 중요하다. 유행은 빠르게 변하지만 현재 런던에서 핫하다고 소문난 맛집에는 다 그만한 이유가 있다.

AVE MARIO

P.232

@bigmamma.uk

아베 마리오
Ave Mario

#코벤트가든
#분위기맛집
#핫해하태
#이탈리안레스토랑

페야 Feya

#브런치카페
#화려한비주얼
#인스타감성

FEYA

P.306

@feyalondon

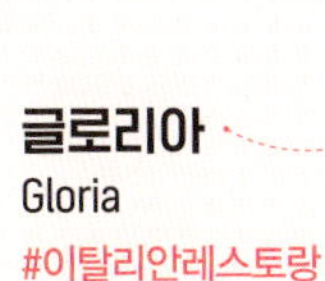

글로리아
Gloria

#이탈리안레스토랑
#트렌디한핫플
#빅마마그룹

GLORIA

P.338

@bigmamma.uk

실패 없는 선택, 체인 레스토랑

런던에는 2만 개가 넘는 레스토랑이 있다고 한다. 이 수많은 식당 중에서 맛집을 선택하기란 쉽지 않은 일이다. 그리고 너무 비싸거나 접근이 떨어져도 여행자에게는 불편하다. 현지인들의 검증을 거쳐 이미 여러 지점을 거느린 캐주얼한 식당이야말로 가장 무난한 선택일 수 있다.

올 바 원 ALL·BAR·ONE

깔끔하고 분위기 좋은 바인데 카페와 레스토랑 역할도 하고 있으며 매우 다양한 메뉴가 있다. 안주가 될 만한 가벼운 핑거푸드부터 피시 앤 칩스, 햄버거 같은 든든한 식사까지 선택의 폭이 넓고 브런치 세트도 가성비가 좋다.

홈페이지 www.allbarone.co.uk

빌스 Bill's

영국의 대표적인 체인 레스토랑 중 하나로 영국식 기본 메뉴와 다양한 모던 유러피언 메뉴로 사랑받는 곳이다. 분위기도 좋고 아침과 저녁, 브런치는 물론 가성비 좋은 애프터눈티도 괜찮다. 체인이 많아서 찾아가기도 좋다.

홈페이지 www.bills-website.co.uk

포피스 피시 앤 칩스
Poppies Fish & Chips

식당 이름에서 알 수 있듯 피시 앤 칩스 전문점이다. 런던에서 쉽게 접할 수 있는 메뉴이지만 제대로 먹어보고 싶다면 포피스가 무난하다. 오랫동안 피시 앤 칩스를 전문적으로 만들어 왔기에 생선 종류도 고를 수 있고 장어 젤리 같은 영국의 향토 음식도 있다. 런던에 세 곳의 지점이 있다. P.337

홈페이지 www.poppiesfishandchips.co.uk

버거 앤 랍스터
Burger & Lobster

햄버거와 랍스터의 만남이 잘 어울리는 곳으로 햄버거와 함께 랍스터를 이용한 다양한 메뉴를 캐주얼하게 즐길 수 있다. 신선한 랍스터와 해물이 주 메뉴지만 지점에 따라 평일 런치 스페셜 세트 메뉴의 가성비가 좋아 직장인들에게도 인기다.

홈페이지 www.burgerandlobster.com

마더매시
MotherMash

영국 전통 음식 뱅어스 앤 매시와 미트 앤 매시 전문점. 소스, 고기, 감자의 조합 방법에 따라 다양한 맛을 즐길 수 있으며 가격도 비싸지 않아 영국 음식을 경험해 보기 좋다. P.234

홈페이지 www.mothermash.co.uk

바오
BAO

밀크 번에 고기를 끼운 대만식 만두 바오를 파는 레스토랑이다. 가장 인기 있는 메뉴는 돼지고기에 땅콩 가루가 뿌려진 클래식 바오다. 저렴하지는 않지만 한 입 베어 물면 그 맛을 인정하게 된다. P.325

홈페이지 https://baolondon.com

플랫 아이언
Flat Iron

런던의 유명한 스테이크 전문점이다. 우리나라 스테이크 값이나 런던의 물가를 생각할 때 가성비가 좋아 현지인, 여행자 모두에게 인기다. 맥주와 함께 사이드로 크림 시금치, 감자 등을 곁들이며, 후식으로 주는 아이스크림도 맛있다. 이곳의 특징인 중식도로 썰어 먹는 재미도 있다.

홈페이지 http://flatironsteak.co.uk

피자 익스프레스
Pizza Express

런던을 돌아다니다 보면 한번 들어가 볼까 하는 생각이 들 만큼 여기저기 눈에 많이 띄는 피자 체인점이다. 매장도 깔끔하고 맛도 괜찮은 편. 피자 종류도 다양하고 칼조네, 라자냐, 샐러드 등 다른 메뉴도 많다. 도우가 대체로 얇고 크지 않아 혼자 한 판을 다 먹을 수 있다.

홈페이지 www.pizzaexpress.com

난도스
Nando's

포르투갈식 치킨 오븐구이를 선보이는 체인점이다. 가격도 합리적이고 주문 방식도 편리하다. 메뉴를 고른 후 테이블 위의 QR 코드를 찍어 테이블 번호와 카드 번호를 입력해 주문하면 된다. 다양한 맛의 소스들도 있어 취향껏 뿌려 먹을 수 있다.

홈페이지 www.nandos.co.uk

지라프
Giraffe

어린이를 동반한 가족들이 많이 찾는 패밀리 레스토랑이다. 피시 앤 칩스, 치킨, 수제 버거, 커리, 교자, 한국식 BBQ 치킨 등 세계 각국의 메뉴가 있다. 영업시간이 길고 메뉴가 많은 편이라 여럿이 무난하게 식사를 할 수 있다. 11:00 전까지 가면 아침 식사 메뉴도 먹을 수 있다.

홈페이지 www.giraffe.net

지지
Zizzi

화덕 피자로 유명한 이탈리안 레스토랑으로 영국 전역에 130개가 넘는 매장이 있다. 이탈리아 음식이 생각날 때 편하게 방문하기 좋다. 지지의 다양한 토핑이 올라간 러스티카 Rustica 피자와 클래식 피자, 파스타, 리소토 등 다양한 이탈리아 메뉴가 있다.

홈페이지 www.zizzi.co.uk

런더너의 가벼운 한 끼

런던 여행을 꿈꿀 때는 여러 맛집 리스트를 만들어보지만 실제로 런던에서 분주히 돌아다니다 보면 적당히 끼니를 때우기도 한다. 런더너 역시 마찬가지다. 맛집은 약속을 위해 남겨두고 평소에는 간단하고 가격도 적당한 곳을 찾기 마련이다. 혼밥도 무난한 편리하고 현실적인 장소들을 알아두자.

패스트푸드

FASTFOOD

프레타망제 Pret a Manger

런던 여행을 하다 보면 가장 눈에 많이 띄는 대표적인 카페테리아다. 흔하다고 하지만 샌드위치 종류도 많고 맛도 괜찮으며 커피는 유기농만 고집한다. 수프, 샐러드, 스낵류도 있다. 가격도 합리적이라 물가 비싼 런던에서 간단하게 식사할 수 있는 곳이다.

홈페이지 www.pret.co.uk

FASTFOOD

토르티야 Tortilla

영국에서 가장 인기 있는 멕시칸 패스트푸드점이다. 공항과 기차역을 비롯해 시내 곳곳에 지점이 있어 찾기도 쉽다. 패스트푸드이지만 신선한 재료를 직접 보며 고를 수 있고 맛도 좋아서 인기가 높다. 특히 물가 비싼 요즘 가성비도 좋고 건강한 메뉴도 있어 많은 사람이 찾는다.

홈페이지 www.tortilla.co.uk

FASTFOOD

그렉스 Greggs

많은 영국인이 출근길 따뜻한 아침을 먹기 위해 들르는 체인 베이커리다. 크루아상, 샌드위치, 베이크, 소시지 롤에 뜨거운 커피 한 잔 마시면서 에너지를 충전한다. 다른 베이커리에 비해 가격이 저렴한 편이고 빠르고 따뜻한 음식을 간단하게 먹기 좋아 여행자들도 많이 찾는다.

홈페이지 www.greggs.co.uk

FASTFOOD

이츠 Itsu

초밥, 롤, 샐러드, 교자, 덮밥, 누들 등을 파는 일식 체인이다. 진열된 음식을 골라 테이크아웃을 하거나 매장에서 먹어도 된다. 가격도 합리적이고 이미 조리된 음식을 사는 것이라 빨리 먹을 수 있어 편하다. 매장에 따라 키오스크 주문이 늘어나고 있다.

홈페이지 www.itsu.com

FASTFOOD

와사비 Wasabi Sushi & Bento

포장을 하거나 가볍게 한 끼 먹기 좋은 일식 체인으로 한국인이 창업한 곳으로 유명하다. 여행 중 아시아 음식이 생각날 때 가면 좋다. 연두색 로고와 함께 산뜻하게 인테리어가 된 매장에 도시락, 초밥, 롤, 덮밥, 수프 등이 깔끔하게 진열돼 있으며 따뜻한 음식도 바로 먹을 수 있다.

홈페이지 www.wasabi.uk.com

FASTFOOD

고메 버거 키친 Gourmet Burger Kitchen(GBK)

런던의 뉴질랜드 셰프가 오픈한 버거 전문점이다. 신선한 풀을 먹인 품질 좋은 영국산 소고기로 만든 패티와 채식주의자를 위한 다양한 선택이 있어 건강한 느낌을 준다. 영국에서 유행 중인 한국식 바비큐 치킨도 있다. 10가지가 넘는 특제 소스와 아이스크림 디저트도 많이 찾는다.

홈페이지 www.gbk.co.uk

FASTFOOD

레온 LEON

오픈한 지 1년도 안 돼 각종 상을 수상한 패스트푸드 체인점으로 중동 음식이라는 점도 독특하다. 최근에는 메뉴를 확장해 태국식이나 한국식 요소를 가미하기도 한다. 간편한 랩이나 도시락 형태라 편리하다. 컬러풀한 요리책도 나오고 존 루이스 백화점과 협업해 주방용품을 만들기도 한다.

홈페이지 https://leon.co

푸드 코트

FOOD COURT

세븐 다이얼스 마켓 Seven Dials Market

식사 시간이 되면 맛있는 냄새와 사람들의 수다 소리로 가득 차는 푸드 코트다. 지상과 지하에 버거, 스테이크, 피자, 타코, 각종 디저트 등을 파는 레스토랑, 바, 가판대가 빼곡해 골라 먹기 좋다. P.233

홈페이지 www.sevendialsmarket.com

FOOD COURT

마켓 홀스 옥스퍼드 스트리트 Market Halls Oxford Street

런던 중심의 번화가 옥스퍼드 스트리트에 들어선 대형 푸드 코트다. 코로나 이후 가뜩이나 높았던 물가가 더 치솟아 가성비 식당을 찾는 사람들이 많아지면서 활기를 띠고 있다. P.230

홈페이지 www.markethalls.co.uk

FOOD COURT

마켓 홀스 빅토리아 Market Halls Victoria

빅토리아 역 바로 앞에 자리한 푸드 코트다. 옥스퍼드 스트리트의 마켓 홀과는 다른 분위기로, 규모는 조금 작지만 루프탑 바까지 갖추어 인기가 높다. P.237

홈페이지 www.markethalls.co.uk

베이커리 카페

BAKERY CAFE

폴 PAUL

베이커리의 나라 프랑스에서 탄생한 분위기 좋은 베이커리 카페다. 런던에도 지점이 많은데 이른 아침부터 고소한 빵 냄새가 가득한 이곳은 캄파뉴 같은 기본 빵부터 다양한 페이스트리와 바게트 샌드위치, 마카롱, 타르트도 맛있고 커피도 진하고 맛있다. P.279

홈페이지 www.paul-uk.com

BAKERY CAFE

게일스 베이커리 GAIL's Bakery

다양한 식사용 빵과 샌드위치, 햄버거, 도넛 등을 파는 베이커리 카페다. 매장엔 수십 종류의 빵들이 먹음직스럽게 고소한 빵 냄새를 풍기며 진열돼 있어 먹고 싶은 유혹을 뿌리치기 힘들다. 출근하는 사람, 아이와 산책 나온 엄마, 여행자들 등 하루 종일 많은 사람들로 북적인다.

홈페이지 https://gailsbread.co.uk

BAKERY CAFE

올레 앤 스틴 Ole & Steen

장인정신을 담아 좋은 재료로 만든 빵을 위해 코펜하겐에서 탄생한 데니시 베이커리 카페다. 시내 곳곳에 위치하며 규모가 커서 눈에 잘 띄는 편이다. 창문으로 먹음직스러운 빵들이 가득 보이는 이곳은 신선한 호밀빵부터 케이크까지 종류도 많고 커피도 맛있다. 늦은 오후에 가면 빵이 별로 없으니 오전에 가는 것이 좋다.

홈페이지 https://oleandsteen.co.uk

런던에서 즐기는 커피 타임

여행지에서의 커피 한 잔은 잠시 숨을 고르고 행복에 젖을 수 있는 시간이다. 커피와 함께 담소를 나누거나 혼자만의 시간을 가지기에도 좋다. 런던은 떠오르는 스페셜티 커피의 도시로 특별한 커피를 마실 수 있는 곳이 점차 많아지고 있다. 맛있게 로스팅한 전문점의 진하고 고소한 플랫 화이트 한 잔은 런던 여행의 필수 코스다.

핸드 드립을 베이스로 만든 플랫 화이트에 흑설탕을 넣어 마시는 것이 인기

먼머스 커피
Monmouth Coffee Company

공정무역 원두를 들여와 판매하는 런던에서 유명한 스페셜티 커피 전문점. 런던의 많은 카페들이 이곳의 로스팅 원두를 사용할 만큼 맛을 인정받았다. 핸드 드립이 유명하다. P.234

홈페이지 www.monmouthcoffee.co.uk

플랫 화이트 Flat white는 겉으로 보기엔 라테와 비슷하지만 제조 방식이 달라 커피 맛이 더 진하다. 리스트레토(더 농축된 에스프레소) 2샷에 우유 거품을 커피와 섞어 부드럽고 얇은 거품 층을 만들어야 한다. 정석대로 잘 만드는 곳이 많지 않다.

카페인
Kaffeine

한 기사에 죽기 전에 가봐야 할 카페로 소개가 된 런던의 인기 카페다. 영국 스페셜티 커피의 권위자 제임스 호프만의 스퀘어 마일 커피를 사용해 진하면서 향긋한 원두의 맛을 느낄 수 있다. P.231

홈페이지 https://kaffeine.co.uk

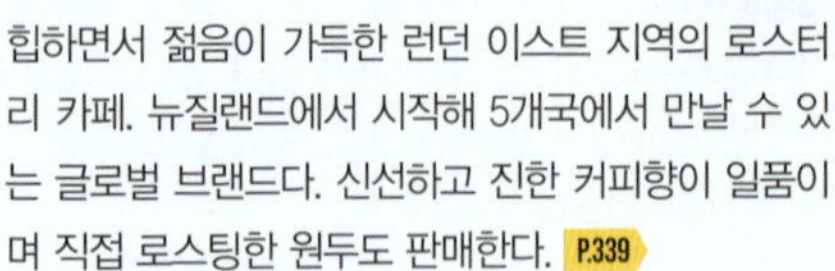

올프레스 에스프레소
Allpress Espresso

힙하면서 젊음이 가득한 런던 이스트 지역의 로스터리 카페. 뉴질랜드에서 시작해 5개국에서 만날 수 있는 글로벌 브랜드다. 신선하고 진한 커피향이 일품이며 직접 로스팅한 원두도 판매한다. P.339

홈페이지 https://uk.allpressespresso.com

더 모노클 카페
The Monocle Café

세계적인 잡지사 모노클에서 운영하는 카페다. 라이프스타일에 집중하는 만큼 카페도 모노클 감성이 가득하다. 공간이 협소하고 가격이 좀 비싸다는 게 흠이지만 커피가 맛있고 주변이 부유한 동네 메릴본이라 분위기가 좋다.

홈페이지 http://cafe.monocle.com

카르포
carpo

최고의 품질을 자부하는 커피, 견과류, 초콜릿 판매 전문점으로 매장 내 커피를 판매하는 바나 카페가 있다. 진한 핫초코와 신선한 커피 맛이 훌륭하며 견과류, 초콜릿을 곁들여 함께 즐기기에 좋다.

홈페이지 www.carpoworld.com

노츠 커피
Notes Coffee Roasters & Bar

많은 런더너의 아침을 함께 시작하는 스페셜티 커피 전문점이다. 고품질의 원두를 들여와 로스팅한다. 특히 고소함과 단맛이 적절히 조화된 노츠 커피만의 블렌딩 밀크가 들어간 플랫 화이트는 진하면서도 부드럽다.

홈페이지 https://notescoffee.com

블랙 십 커피
Black Sheep Coffee

런던의 시티 지역에서 탄생한 체인 커피숍으로 크라우드펀딩을 통해 빠르게 성장했다. 아라비카 커피가 최고라는 편견을 깨고 프리미엄 라인에 로부스타 원두를 사용하기도 하고 일부 매장에서는 저녁에 알코올이 들어간 에스프레소 마티니 칵테일을 파는 등 재미난 행보를 이어가고 있다.

홈페이지 https://leavetheherdbehind.com

카페 네로
Caffè Nero

영국 전역에 500개가 넘는 매장이 있을 만큼 대중적인 카페로 하늘색 간판이 인상적인 곳이다. 고품질의 원두를 소싱해 특별하게 로스팅한다는 자부심이 있으며 설립 이후 네로만의 블렌딩을 선보여 왔다.

홈페이지 https://caffenero.com/uk

코스타
Costa Coffee

영국을 대표하는 커피 브랜드로 영국판 스타벅스 같은 곳이다. 2019년 코카콜라에서 인수해 전 세계에 3,000곳이 넘는 매장이 있는 글로벌 브랜드로 런던 시내에서도 쉽게 찾을 수 있다. 커피는 물론 다양한 음료와 간단한 식사거리도 있다.

홈페이지 www.costa.co.uk

딱 한 번의 사치, 애프터눈티

오후의 간식이라는 애프터눈티는 영국을 상징하는 식문화이자 전통이다. 차의 종류, 티 푸드의 종류, 장소와 서비스에 따라 가격 차이도 많이 난다. 영국인들도 평소에는 홍차에 스콘을 곁들이는 크림티를 마시고 특별한 날에만 격식 있는 애프터눈티를 마신다.

애프터눈티 3단 트레이의 구성과 먹는 방법

애프터눈티는 음식이라기보다는 하나의 전통 의식으로 생각하기도 한다. 음식과 차, 장소, 먹는 사람의 기분, 옷차림 등이 조화를 이루어 하나의 아름다운 행사가 되는 것이다. 티포트에 뜨거운 물을 부어 차가 우러나면 찻잔에 따라 3단 트레이의 음식을 순서대로 먹으면서 함께 마신다.

① 첫 번째 코스 - 하단의 샌드위치

가장 하단에는 핑거푸드나 샌드위치가 놓인다. 주로 오이나 연어, 치즈, 에그 마요 등을 넣은 것으로 출출함을 달래는 게 첫 번째 순서다.

② 두 번째 코스 - 중단의 스콘

중단에는 스콘이 올라간다. 갓 구워진 스콘에 클로티드 크림과 딸기잼을 발라 먹는다. 클로티드 크림도 종류가 많지만 데번 지방과 콘월 지방에서 나온 것이 가장 유명하다.

③ 세 번째 코스 - 상단의 디저트류

가장 상단에는 눈으로도 먹는다는 예쁜 디저트류가 놓이는데 케이크와 쿠키 등 달콤한 것들이 많아 특히 차와 잘 어울린다.

차는 주로 무엇을 마시는지

애프터눈티로는 주로 홍차를 마신다. 아삼, 다즐링, 실론, 기문 등 재배지 이름을 딴 유명한 홍차들이 있는데, 이러한 여러 홍차를 블렌딩한 영국의 대표적인 홍차가 잉글리시 브렉퍼스트 English Breakfast와 얼 그레이 Earl Grey다. 브랜드별로 배합 재료나 비율에 따라 맛과 향이 조금씩 다르다. 애프터눈티 전문점에서 직접 블렌딩한 것도 좋고, 밀크티를 즐기고 싶다면 아삼 계열이 많이 배합된 것이 좀 더 진하게 우러나온다.(P.91 참조)

더 리츠
The Ritz

최고급 호텔 더 리츠의 화려한 팜 코트에서 격조 높은 서비스를 받을 수 있다. 더 리츠만의 레시피로 만든 샌드위치, 콘월 지방의 코니시 클로티드 크림과 딸기 프리저브를 곁들인 스콘, 달콤한 케이크와 티 페이스트리가 3단 트레이에 제공된다. 차는 더 리츠 공인 티 마스터가 블렌딩한 것으로도 유명하다. 드레스 코드가 있으니 옷차림에 유의해야 한다. 일찍 예약해야 한다.

홈페이지 www.theritzlondon.com

©The Ritz London/John Carey

©Fortnum&Mason

포트넘 앤 메이슨
Fortnum & Mason

고급 식료품점 포트넘 앤 메이슨 꼭대기층에 있는 다이아몬드 주빌리 티 살롱에서 특별한 애프터눈티를 맛볼 수 있다. 깔끔한 샌드위치, 서머셋 클로티드 크림과 과일 프리저브를 곁들인 스콘, 셰프의 창의력이 담긴 케이크와 페이스트리, 포트넘 티가 제공된다. 일찍 예약해야 한다.

P.227 **홈페이지** www.fortnumandmason.com

칸델라 티 룸
Candella Tea Room

고가의 애프터눈티가 부담스럽다면 가성비 있게 경험하기 좋은 티룸이다. 아기자기하고 예쁜 인테리어가 돋보이는 곳으로 핑거 샌드위치, 갓 구운 스콘, 페이스트리와 케이크의 퀄리티도 좋은 편이다. 특히 이 집이 블렌딩한 차를 구경하고 고르는 재미가 있다. 켄싱턴 공원 서쪽에 위치하며 예약을 해야 한다. P.309

홈페이지 www.candellatearoom.com

더 월리스
The Wallace

중간 가격대의 애프터눈티로 더 월리스 컬렉션의 중정에 자리한 카페에서 맛볼 수 있다. 음식이나 차가 특별한 것은 아니지만 미술관에 들렀다가 애프터눈티를 경험하기에는 무난하다. 사실 이곳은 현지인들이 차와 스콘을 즐기는 크림티가 유명하다. 애프터눈티가 부담스럽다면 가성비 좋은 크림티를 즐겨보는 것도 좋다. P.200

홈페이지 www.wallacecollection.org

런던이 보이는 뷰 맛집

생각보다 고층 건물이 적은 런던에는 전망대도 많지 않고 런던의 풍경을 볼 수 있는 식당도 그리 흔하지 않다. 조금이라도 높이 올라가 한 조각의 풍경이라도 볼 수 있다면 그건 행운이다. 런던을 바라볼 수 있는 멋진 장소를 소개한다.

갈빈 앳 윈도스
Galvin at Windows

드넓은 하이드파크가 한눈에 내려다보이는 고급 레스토랑이다. 하이드파크 동남쪽의 힐튼 호텔 28층에 자리한다. 식사를 하지 않는다면 바로 옆의 칵테일 바 10 Degrees Sky Bar도 좋다. 동쪽으로 창이 있어 멀리 런던 아이와 샤드까지 보인다. P.236

홈페이지 www.galvinatwindows.com

스카이 가든
Sky Garden

런던의 최고층 건물 샤드가 바로 눈앞에 펼쳐지는 스카이 가든에는 3개의 레스토랑과 1개의 바가 있다. 스카이 가든 자체가 360도 전망을 즐길 수 있지만 특히 스카이 가든 바는 창가에 가장 가까이 앉을 수 있다.

P.278 **홈페이지** https://skygarden.london

시티 소셜
City Social

뱅크 지역을 바라볼 수 있는 고급 레스토랑과 칵테일 바다. 미슐랭 스타를 받을 만큼 음식도 훌륭하지만 런던의 랜드마크인 샤드와 거킨 빌딩이 잘 보인다는 점도 매력적이다. P.278

홈페이지 http://citysociallondon.com

더 샤드
The Shard

런던에서 가장 높은 전망대가 있는 더 샤드 건물에는 31층부터 52층까지 7개나 되는 레스토랑과 바가 있다. 각기 다른 전망이 있으며 미리 예약해야 한다. P.265

홈페이지 www.the-shard.com

코파 클럽 타워 브리지
Coppa Club Tower Bridge

템스강 바로 북단 런던 타워 옆에 자리해 환상적인 위치를 자랑한다. 타워 브리지와 시청사, 샤드가 모두 보이는 곳이라 실내보다는 야외 테이블이 인기다. P.279

홈페이지 http://coppaclub.co.uk/towerbridge

옥소 타워 레스토랑
OXO Tower Restaurant

템스강 남단의 눈에 띄는 건물 옥소 타워 꼭대기층에 자리한 레스토랑이다. 건너편으로 멀리 세인트 폴 대성당이 보인다. 전망이 뛰어나지는 않지만 시원하게 뚫려 있어 분위기가 좋다.

홈페이지 www.oxotowerrestaurant.com

레스토랑 이용하기

영국의 레스토랑 문화는 우리와 조금 다른 점이 있다. 자리에 앉거나 주문, 결제 방법 등을 미리 알아두는 것이 좋다. 또한 격식을 중시하는 문화가 남아 있으니 고급 레스토랑 이용 시 복장에도 신경 써야 한다.

레스토랑 예약

인기 있는 레스토랑이라면 대부분 예약을 해야 하는데, 특히 성수기 주말이라면 몇 주 전에 예약을 해야 할 수도 있다. 예약은 전용 어플을 이용하거나 인터넷을 통해 하면 된다. 구글맵에도 식당 정보에 예약 메뉴가 있어서 예약 서비스와 연동된다.

① 예약 앱

오픈테이블, 레시, 톡, 관두 등 여러 서비스가 있는데 가장 많이 이용하는 것이 오픈테이블과 레시다. 식당에 따라서는 예약 앱을 지정하거나 식당 홈페이지에서만 예약이 가능한 경우도 있다.

레시
Resy

오픈테이블
Opentable

② 유의사항

예약을 할 때 식당마다 정해진 취소 규정을 반드시 확인해야 한다. 특히 카드 번호를 저장한 경우 예약시간에 나타나지 않으면(No Show) 일정 금액을 부과하기도 한다. 디파짓이 있는 경우라면 돌려주지 않는다. 너무 늦게 도착하는 경우에도 문제가 될 수 있다.

③ 드레스 코드

고급 레스토랑이라면 홈페이지에서 미리 드레스 코드를 확인해야 한다. 대부분은 스마트 캐주얼이나 비즈니스 캐주얼이지만 간혹 재킷과 타이를 갖춰야 하는 곳이 있다. 신발도 주의하자.

레스토랑 문화 이해하기

영국의 레스토랑 문화는 상식적인 수준이지만 우리와 다른 부분이 있으니 미리 알고 가자.

① 메뉴 미리 보기

레스토랑 홈페이지 또는 입구에 대부분 메뉴판이 붙어 있어 메뉴를 미리 볼 수 있다. 어떤 음식을 파는지, 가격대는 어느 정도인지 먼저 알 수 있으니 식당에 들어가기 전 메뉴판을 살펴보도록 하자. 주문할 것까지 몇 가지 생각을 해 두면 주문 시 망설이는 시간도 줄어들 것이다.

❷ 자리 안내받기

입구로 들어서면 안내 데스크에 서 있거나 다가오는 웨이터의 안내를 받고 자리에 앉도록 한다. 웨이터가 안 보인다고 해서 무조건 들어가지 말고 잠시 기다리고 있으면 곧 나타난다.

❸ 주문하기

음료 메뉴를 먼저 주거나 메뉴를 고르는 동안 음료 주문을 먼저 받는다. 물은 따로 시켜야 하는 경우가 대부분이라 이때 미리 주문해도 된다. 보통 애피타이저와 메인 메뉴(앙트레), 사이드 디시, 음료, 디저트 순으로 메뉴가 있는데, 순서대로 다 주문할 필요는 없다. 메인 메뉴와 음료만 주문해도 무방하다. 그렇다고 사이드 디시만 주문하는 일은 없도록 한다.

❹ 큰소리로 부르지 않기

주문 후에는 음료가 먼저 나오고 나머지는 순서대로 음식이 제공되니 느긋하게 음식을 기다리자. 너무 늦어진다 해도 큰소리로 부르지 말고 웨이터와 눈을 맞추어 손을 들어 부른다.

❺ 계산하기

식사가 끝나면 커피나 차, 또는 디저트를 주문하거나 식사를 모두 마쳤음을 알린다. 계산은 테이블에서 해야 하므로 웨이터가 계산서를 갖다 주면 그 자리에서 현금이나 카드로 결제한다.

❻ 팁

대부분의 중고급 레스토랑에서는 팁을 서비스 차지 Service Charge 명목으로 10~13.5% 계산서에 포함시킨다. 따라서 팁이 포함되어 있다면 따로 줄 필요가 없고, 팁이 포함되지 않은 경우 10~13% 정도 주면 된다. 가끔 단말기에서 팁 버튼을 누르는 경우도 있는데 10%, 15%, No Tip 등의 옵션이 있다.

레스토랑에서 쓰이는 단어

[고기]

beef 소고기, veal 송아지 고기, mutton 양고기, lamb 새끼양 고기, pork 돼지고기, chicken 닭고기, turkey 칠면조 고기, pigeon 비둘기 고기, venison 사슴 고기, pheasant 꿩고기, rabbit 토끼 고기

부위별 sirloin 등심, tenderloin, fillet 안심, ribs 갈비, ribeye 꽃등심

[해산물]

cod 대구, flounder 광어, sole 가자미, haddock 해덕(대구 종류), herring 청어, sardine 정어리, trout 송어, tuna 참치, anchovy 멸치, bass 농어, salmon 연어, eel 장어, plaice 가자미, halibut 넙치, shrimp (참)새우, prawn 새우, crab 게, lobster 가재, mussel 홍합, squid 오징어, octopus 문어, clam 조개, oyster 굴, scallop 가리비

[야채]

aubergine, eggplant 가지, bean 콩, bean sprout 숙주, carrot 당근, cucumber 오이, cabbage 양배추, Chinese cabbage 배추, courgette, zucchini 애호박, spinach 시금치, lettuce 상추, mooli 무, radish 홍당무, onion 양파, spring onion, scallion 파, turnip 순무, shitake mushroom 표고버섯, button mushroom 송이버섯, truffle 송로버섯

Bus stand
15
Aldwych
Fleet Street
St Paul's Cathedral
TOWER HILL
CHICAGO
CHICAGO
15
ALD 941B

런던 들어가기

Getting to London

런던 가는 방법

런던 시내 교통

런던 추천 일정

런던 가는 방법

우리나라에서 런던까지는 직항 노선으로 14시간 30분 정도 걸린다(2024년 현재 러시아 항로 때문에 연장됨). 2024년 5월 기준 대한항공과 아시아나항공만 직항을 운항하고 있다. 그리고 경유편을 이용한다면 유럽이나 중동, 아시아 등을 경유해 16~22시간 정도 잡아야 한다. 처음 도착하는 곳은 대부분 히스로 국제공항이며 경유편에 따라 개트윅 공항에 도착할 수도 있다.

히스로 공항 Heathrow Airport(LHR)

영국을 대표하는 가장 큰 국제공항으로 여행객들이 가장 많이 이용하는 곳이다. 런던에서 서쪽으로 25km 정도 떨어져 있으며 터미널은 모두 5개인데 제1 터미널은 현재 공사 중이다.

주소 The Compass Centre Nelson Road Hounslow Middlesex TW6 2GW **홈페이지** www.heathrowairport.com

터미널	항공사 및 항공동맹체
T2	아시아나항공, 루프트한자 등 스타얼라이언스
T3	원월드 일부
T4	대한항공, KLM 등 스카이팀
T5	영국항공

» 공항에서 시내로 »

가장 저렴한 방법이 지하철과 내셔널 익스프레스이고 가장 빠른 것이 히스로 익스프레스다. 자신의 목적지와 요금, 소요시간, 접근성, 편의성을 모두 따져보고 맞는 방법을 찾아보자.

① 지하철(튜브/언더그라운드) Tube/Underground

공항 터미널별로 지하철과 연결되어 있으며 피카딜리 라인을 이용해 시내로 이동하게 되는데 목적지에 따라 다르지만 보통 40분~1시간 정도 걸린다. 시내 중심이 1~2존인데 히스로 공항은 6존에 있기 때문에 추가 요금이 있다. 컨택리스 카드나 오이스터 카드로 탭하고 타면 되는데(시내교통편 참조) 요금은 피크 타임이나 오프 피크 타임 관계없이 동일하지만 현금으로 티켓을 산다면 금액이 올라간다.

요금 1회권 히스로 공항 → 1존 £5.60(1회권 현금 £6.70)
홈페이지 www.tfl.gov.uk

② 엘리자베스 라인 Elizabeth Line

2022년에 오픈한 새로운 노선으로 일반 지하철 노선인 피카딜리 라인보다는 비싸지만 패딩턴 역 등 목적지에 따라 빠르고 쾌적하게 이동할 수 있다. 히스로 공항 각 터미널에서 런던 북서부의 패딩턴 Paddinton 역을 지나 카나리 워프까지 연결된다.

요금 1회권 히스로–패딩턴 구간 £12.20(컨택리스 카드, 오이스터 카드 기준)
홈페이지 www.tfl.gov.uk

③ 히스로 익스프레스 Heathrow Express

런던 북서부의 패딩턴 Paddinton 역까지 15분 만에 연결하는 공항 특급열차다. 요금이 비싸지만 가장 빠르고 편리하게 런던 시내로 진입할 수 있다. 제2, 3, 5 터미널에서는 시내로 바로 연결되고(제5 터미널에서 출발해 제2, 3 터미널을 지난다) 제4 터미널에서는 제2, 3 터미널로 가서 타야 한다. 티켓은 자동발매기에서 바로 구입할 수 있고 온라인에서 일찍 예매하면 할인 혜택이 있다. 터미널에서 기차나 히스로 익스프레스 안내표시를 따라가면 쉽게 찾을 수 있다.

요금 익스프레스 클래스 편도 £25.00, 왕복 £37.00(티켓 소지 성인과 동반 시 15세 이하 무료)
홈페이지 www.heathrowexpress.com

④ 버스

제2, 3 터미널 근처의 센트럴 버스 스테이션 Central Bus Station에서 런던 서부의 빅토리아 코치 스테이션 Victoria Coach Station까지 운행하는 버스회사들이 있다. 빅토리아 코치 스테이션에서는 도보 3분 거리에 지하철역과 기차역인 빅토리아 역이 있다. 공항 터미널에서 센트럴 버스터미널 안내표시를 따라가면 매표소와 버스정류장이 나온다. 인터넷으로 일찍 예약하면 좀 더 저렴하게 살 수도 있다. 소요 시간은 1시간 정도다.

요금 편도 £6~12
[내셔널 익스프레스 National Express] **홈페이지** www.nationalexpress.com
[테라비전 Terravision] 제5 터미널에서도 탈 수 있고 좀 더 저렴하다. **홈페이지** www.terravision.eu

개트윅 공항 Gatwick Airport

런던에서 남쪽으로 45km 정도 떨어져 있으며 히스로 공항 다음으로 붐비는 곳으로 영국항공 British Airways, 에미레이트항공 Emirates, 이지젯 Easyjet 등이 취항한다. 두 개의 터미널로 이루어져 있으며 두 터미널은 모노레일로 연결된다.

주소 Horley Gatwick West Sussex RH6 0NP **홈페이지** www.gatwickairport.com

» 공항에서 시내로 »

히스로 공항과 달리 지하철이 바로 연결되지 않기 때문에 기차나 버스를 타고 시내로 이동해야 한다. 가장 빠른 것은 개트윅 익스프레스이고 일반 열차는 목적지에 따라 다르다. 버스는 매우 오래 걸린다.

① 개트윅 익스프레스 Gatwick Express

개트윅 공항에서 빅토리아 역까지 30분 만에 가는 논스톱 급행열차로 30분 간격으로 운행된다.

요금 편도 £19.50~22 **홈페이지** www.gatwickexpress.com

② 일반 열차

서던 Southern과 템스링크 Thameslink라는 두 개의 노선이 런던 시내 여러 역을 지나간다. 빅토리아 역, 런던 브리지 역, 시티 템스링크 City Thameslink, 파링돈 Farringdon, 세인트 판크라스 St. Pancras 등 목적지와 시간대별로 소요시간과 요금이 달라진다. 30~60분 정도 걸린다. 숙소와 가까운 역이 있다면 개트윅 익스프레스보다 유리할 수 있다.

요금 편도 £11.50~19.50 **서던** www.southernrailway.com **템스링크** www.thameslinkrailway.com

③ 버스 Bus

공항에서 런던 서부의 빅토리아 코치 스테이션까지 운행한다. 경유하는 곳이 많아서 2시간~2시간 30분 정도 소요된다.

요금 편도 £8~16

[내셔널 익스프레스 National Express]

홈페이지 www.nationalexpress.com

[테라비전 Terravision]

홈페이지 www.terravision.eu

스탠스테드 공항 Stansted Airport

런던 시내 북동쪽으로 50km 정도 떨어져 있다. 영국 국내선이나 유럽 내 저가 항공사들이 이용하기 때문에 한국에서 출발한 경우에는 해당되지 않는다. 시내로 들어갈 때에는 급행열차인 스탠스테드 익스프레스가 있고, 버스는 저렴하지만 시간이 오래 걸린다.

주소 Enterprise House Bassingbourn Road Stansted Essex CM24 1QW **홈페이지** www.stanstedairport.com

런던 시내 교통

런던은 교통수단이 일찍 발달된 도시답게 대중교통 체계도 잘 갖춰져 있는 편이다. 지하철, 버스, 경전철, 국철 등이 다양하게 연결된다. 교통수단별 이용 방법과 요금체계를 알아두면 편리하게 시내를 돌아다닐 수 있다.

런던 교통국 홈페이지 www.tfl.gov.uk

교통 요금 내는 방법

런던의 교통카드는 빠르게 디지털화되고 있다. 기존의 선불제 오이스터 카드를 능가하는 후불제 비접촉식 카드 사용으로 여행자들도 아주 편리해졌다. 이제 자신의 카드로 더 쉽게 대중교통을 이용할 수 있다.

① 컨택리스 카드 Contactless Cards 모바일 페이 Mobile Payments

한국에서 발급받은 해외 사용 가능한 신용카드나 체크카드 중에 컨택리스(Contactless : 비접촉식) 결제 기능이 있는 카드라면 우리의 교통카드처럼 탭해서 바로 사용할 수 있다. 자신의 카드가 컨택리스인지 확인하려면 카드 뒷면에 로고가 있는지 보면 된다(2020년 이후 발급된 카드는 대부분 해당된다). 해외 결제 수수료가 붙을 수 있지만 런던 현지의 교통카드인 오이스터 카드를 살 때 내야 하는 보증금이 없기 때문에 단기 여행자라면 자신의 카드가 더 유리하다. 단, 무제한 요금 상한선인 프라이스 캡(팁박스 참조)을 적용받으려면 한 카드만 사용해야 한다.

② 오이스터 카드 Oyster Card

런던의 충전식 교통카드로 점차 사용이 줄고 있다. 컨택리스 카드가 없는 경우라면 어쩔 수 없이 보증금을 내고 충전해 사용해야 한다. 카드는 지하철역이나 기차역 발매기에서 구입 가능하다. 남은 충전 금액은 돌려받을 수 있지만 보증금은 반환되지 않는다. 보증금이 제법 비싸기 때문에 1~2회만 사용한다면 현금으로 1회권을 사는 것이 낫다.

해외 결제 수수료가 없는 카드

여러 은행에서 해외 결제 수수료가 저렴하거나 무료인 카드들이 나와 경쟁하고 있다. 특히 앱에서 미리 환전해 쓰는 선불 체크카드는 환전 수수료와 결제 수수료, ATM 수수료까지 면제(또는 할인)되어 인기다. 대부분 컨택리스 기능이 있어 런던에서 교통카드로 쓰기 좋다. (P.400 참조)

트래블월렛
www.travel-wallet.com

트래블로그
https://m.global.hanacard.co.kr/travlog

대중교통 이용하기

여느 대도시 못지않게 교통이 복잡한 런던. 그만큼 대중교통 수단도 매우 발달했다. 다양한 교통수단이 있지만 가장 많이 이용하는 것은 지하철과 버스다.

① 지하철

Tube/Underground

오랜 역사를 자랑하는 런던의 지하철은 튜브 Tube나 언더그라운드 Underground로 불린다. 오버그라운드까지 포함해 15개 노선이 있으며 이름과 색깔로 구분된다. 여행자들이 돌아다니는 구역은 거의 대부분 1존에 있다.

타는 방법은 우리와 비슷하다. 개찰구에서 카드를 탭하면 되고, 자신의 목적지와 노선을 확인해 안내판을 따라가면 된다. 시내 중심을 달리는 오래된 튜브는 에어컨, 와이파이, 통신이 모두 안 되기 때문에 내릴 역을 확인하고 타는 것이 중요하다. 타는 도중에 검색해서 확인하기 어렵다.

[지하철 요금표: 성인 기준]

구역 Zone	현금 1회권	컨택리스/모바일/오이스터 카드		
		1회		1일 상한
		피크	오프피크	
1존	£6.70	£2.80	£2.70	£8.10
1~2존	£6.70	£3.40	£2.80	£8.10
1~3존	£6.70	£3.70	£3.00	£9.60
1~4존	£6.70	£4.40	£3.20	£11.70
1~5존	£6.70	£5.10	£3.50	£13.90
1~6존	£6.70	£5.60	£5.60	£14.90

교통 용어

① 구역 Zone

런던 시내를 나눈 교통구역이다. 가장 중심이 1구역이고 시내 중심에서 점점 멀어질수록 숫자가 커지고 요금이 올라간다. 대부분의 관광지는 1존에 있고, 히스로 공항은 6존이다.

② 피크/오프 피크 Peak/Off Peak

피크 타임, 즉 평일 출퇴근 시간(06:30~09:30, 16:00~19:00)에는 교통이 혼잡하므로 추가 요금이 붙는다. 오프 피크는 피크 타임 외 시간이다.

③ 요금 상한(프라이스 캡) Price Cab

최고 요금을 뜻한다. 하루에 3회 이상 타면 상한선에 도달해 그 이후로는 무제한 사용해도 그날 안에는 요금이 올라가지 않는다. 또한, 월요일부터 계산해 15회 이상 타면 상한선에 도달해 일요일까지 무제한 요금제가 된다. 자신의 컨택리스 카드에도 적용되는데, 한 카드만 연속으로 사용해야 무제한 요금을 적용받을 수 있다.

간격을 주의하라!
Mind the Gap!

런던의 지하철은 승강장과 열차의 간격이 매우 넓거나 높이가 다른 역도 있어 발을 헛디디지 않도록 주의해야 한다. 그래서 'Mind the Gap!'이라는 말을 승강장 바닥이나 안내 방송에서 자주 보고 들을 수 있다. 1969년부터 사용된 이 문구는 승강장 틈새에 발이 빠져 다치는 일들이 생기자 경고 문구로 만든 것이다. 처음엔 단순히 위험을 알리는 문구였으나 점차 여러 가지 뜻을 내포하는 표현으로 확장되며 각종 미디어에서 패러디의 단골 소재가 되었고 심지어 이 문구가 들어간 기념품도 있다.

② 버스 Bus

[버스 요금표: 성인 기준]

종류	1회권	1일 상한	7일권	1개월권
요금	£1.75	£5.25	£24.70	£94.90

런던의 빨간색 2층 버스는 관광버스 못지않게 즐거운 경험이 되기도 한다. 타는 방법은 우리와 비슷하다. 앞문으로 타면서 컨택리스 카드나 오이스터 카드를 탭하고 들어가면 되고 1시간 안에 버스끼리는 무료 환승이다. 버스만 이용하면 요금 상한선이 버스 요금에 적용되어 지하철과 함께 이용할 때보다 저렴하다. 늦은 시간에는 야간 버스도 운행하는데 버스 앞에 N이 붙어 있다. 그리고 런던의 버스 정류장은 같은 이름이라도 방향에 따라서 알파벳 대문자로 위치를 구분한다. 즉, 삼거리 같은 곳에서는 정류장이 방향마다 여러 개가 있을 수 있으니 반드시 확인하고 타야 한다.

③ 도클랜드 경전철 Docklands Light Railway (DLR)

런던의 동남부 쪽을 운행하는 경전철로 여행자들은 주로 도클랜드나 그리니치에 갈 때 이용한다. 요금은 지하철과 같으며 컨택리스 카드나 오이스터 카드를 이용할 수 있다.

④ 오버그라운드 Overground

런던 광역권을 순환하며 북부와 남부를 연결해주는 지상 철도다. 해리 포터 스튜디오나 쇼디치, 혹스턴 등으로 갈 때 이용하게 되며 역시 컨택리스 카드나 오이스터 카드를 사용할 수 있다.

길찾기 앱

대중교통 이용이 잦은 런던에서는 길찾기 앱도 자주 사용하게 된다. 구글 맵스 Google Maps는 출발지부터 목적지까지 골목골목 상세히 알려 주고 오프라인 저장이 가능해 편리하며, 교통만 본다면 시티매퍼 Citymapper가 기능이 많고 정확해서 유용하다. 두 앱 모두 버스 정류장 위치까지 정확히 알려주어 복잡한 곳에서 편리하게 찾을 수 있다.

Citymapper

Google Maps

⑤ 우버 보트 바이 템스 클리퍼스
Uber Boat by Thames Clippers

템스강을 오가는 수상 대중교통 수단으로 리버 버스 River Bus라고도 불린다. 컨택리스 카드나 오이스터 카드로 탑승이 가능하다. 런더너들이 통근용으로 이용하기 때문에 출퇴근 시간에는 복잡할 수 있다. 관광으로 즐기고 싶다면 창문이 큰 투어 보트를 이용하자.

요금 구간별 편도 1회권 £8.60~16.60 **홈페이지** www.thamesclippers.com

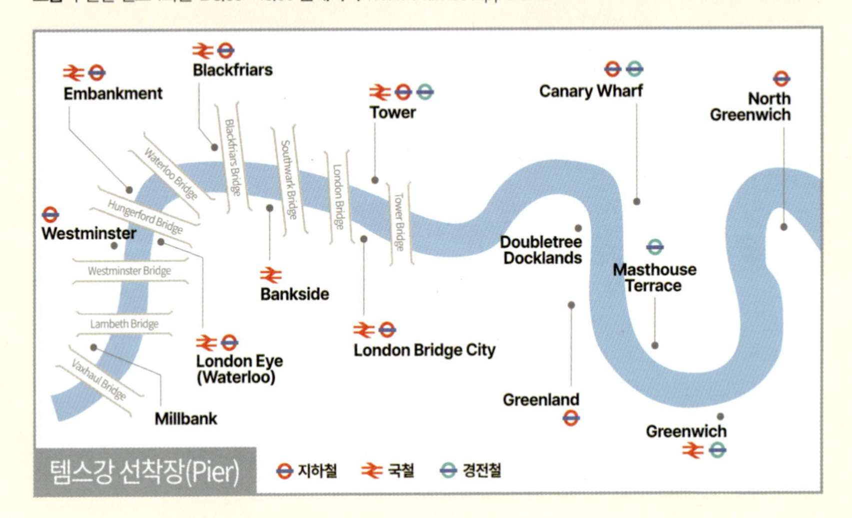

관광을 위한 교통

런던은 관광 도시답게 편리한 관광을 위한 교통수단들이 있으며 크게 관광버스와 유람선이 대표적이다. 여러 회사에서 이를 이용한 투어를 운영하는데 가격과 노선, 서비스가 약간씩 다르다.

① 관광버스 Sightseeing Bus

빅버스

런던을 누비는 투어 버스는 천장이 시원하게 뚫려 있는 2층 버스가 많아 경치를 즐기기에 좋다. 또한 홉온 홉오프 Hop-on Hop-off 시스템으로, 원하는 곳에서 탔다 내렸다 할 수 있어 취향에 맞게 관광지를 돌아다닐 수 있다.

· 빅 버스 Big Bus

홉온 홉오프 버스로 가장 많이 알려진 버스다. 데이 투어와 나이트 투어가 있으며 1~3일권이 있다.

요금 (온라인) 1일권 일반 £40.50, 5~15세 £31.50 **홈페이지** www.bigbustours.com

· 골든 투어스 Golden Tours

홉온 홉오프 투어와 특정 명소나 크루즈 포함 투어 등 다양한 투어가 있으며 애프터눈티 버스도 운행한다.

요금 (온라인) 1일권 일반 £29.99, 5~15세 £18.46, 애프터눈티 버스 £44.10 **홈페이지** www.goldentours.com

홉온 홉오프 버스

· 투어버스 소개 사이트

위에 소개한 유명한 두 회사 외에도 다양한 투어 회사들이 있는데 이를 모두 함께 소개하는 사이트다. 비교하기 좋지만 약간씩 비쌀 수 있다.

홈페이지 홉온홉오프버스 www.hop-on-hop-off-bus.com 홉온홉오프플러스 www.hoponhopoffplus.com

② 유람선 Cruise Ship

템스강 위를 다니는 관광 유람선으로 오디오 가이드 서비스가 있으며 런치, 디너, 애프터눈티 포함 투어 등 다양하다. 각 노선과 스케줄은 홈페이지에서 확인할 수 있다. 요금은 옵션별로 다르다.

· 시티 크루즈 City Cruises

홈페이지 www.cityexperiences.com

· 템스 리버 사이트시잉 Thames River Sightseeing

홈페이지 www.thamesriversightseeing.com

런던 할인패스

런던 패스 London Pass

런던 시내와 근교 100여 곳의 관광 명소를 입장할 수 있는 패스다. 여러 곳을 본다면 할인이 제법 되지만 패스 자체가 비싸기 때문에 입장료가 비싼 곳 위주로 다니지 않으면 오히려 손해를 볼 수도 있다. 런던은 무료로 입장하는 곳이 많기 때문에 런던 패스를 사용하는 날에는 비싼 입장료가 있는 곳으로 동선을 짜자.

요금 (온라인) 1일권 일반 £84 5~15세 £49, 3일권 일반 £127 5~15세 £74

홈페이지 www.londonpass.com

고 시티 패스 Go City Pass

1~10일권까지 날짜별로 선택하는 올 인클루시브 패스 All-Inclusive Pass와 명소 중 2~7가지를 선택해 갈 수 있는 익스플로러 패스 Explorer Pass가 있다. 익스플로러 패스는 비싼 곳부터 선택해야 할인을 많이 받는다.

요금 (온라인) 올 인클루시브 패스 1일권 성인 £79, 익스플로러 패스 2가지 £51

홈페이지 https://gocity.com

런던 추천 일정

짧지만 강렬하게! 핵심 3일 코스

1 런던 아이
아침 일찍 가거나 생략 가능. 대기줄에 따라 30분~2시간 소요(예약 권장) P.172

2 빅 벤 & 국회의사당
외관만 보거나 내부 투어 시 1시간 소요 (예약 필수) P.170, 171

3 웨스트민스터 사원
외관만 보거나 내부 관람 시 1시간 소요 P.174

도보 15분

4 버킹엄 궁전
궁전 내부는 여름철만 한시 개방. 그 외에는 근위병 교대식에 맞춰 갈 것을 추천 P.182

바로 앞

5 트라팔가 스퀘어
간단히 돌아보고 카페 네로에서 커피와 스콘 또는 부근에서 식사 시 1~2시간 소요 P.187

버스나 지하철+도보 15분

6 내셔널 갤러리
간단하게라도 내부 관람 추천(무료). 내부에 카페와 식당 있음. 2~3시간 소요 P.188

7 브리티시 뮤지엄
간단하게라도 내부 관람 추천(무료). 내부에 카페와 식당 있음. 2~3시간 소요 P.216

2일차

도보 2분

1 세인트 폴 대성당
외관만 보거나 내부 관람 시 1시간 소요 P.244

도보 2분

2 밀레니엄 브리지
다리 건너서 테이트 모던으로 이동 P.266

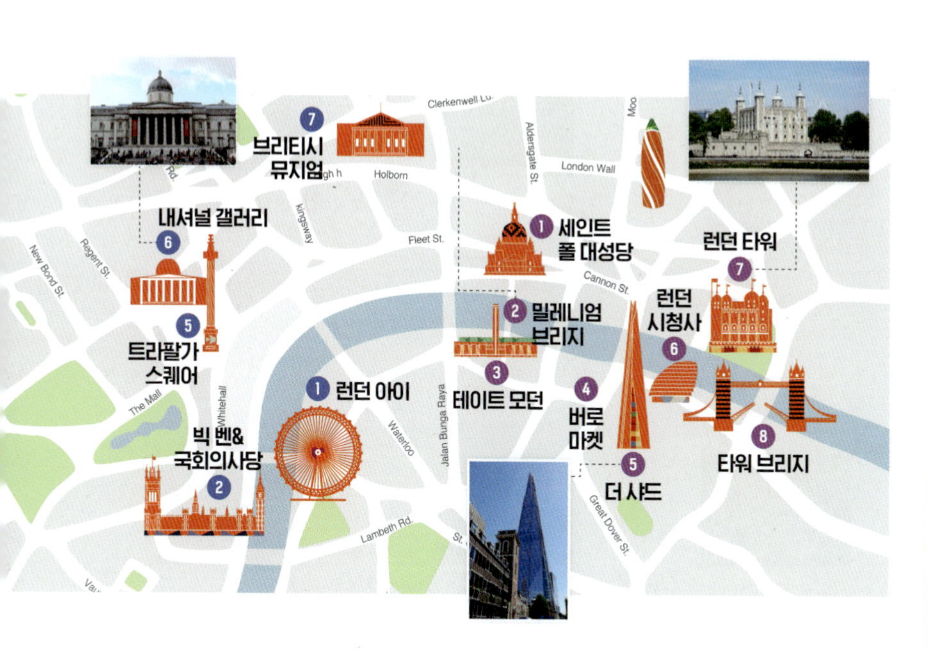

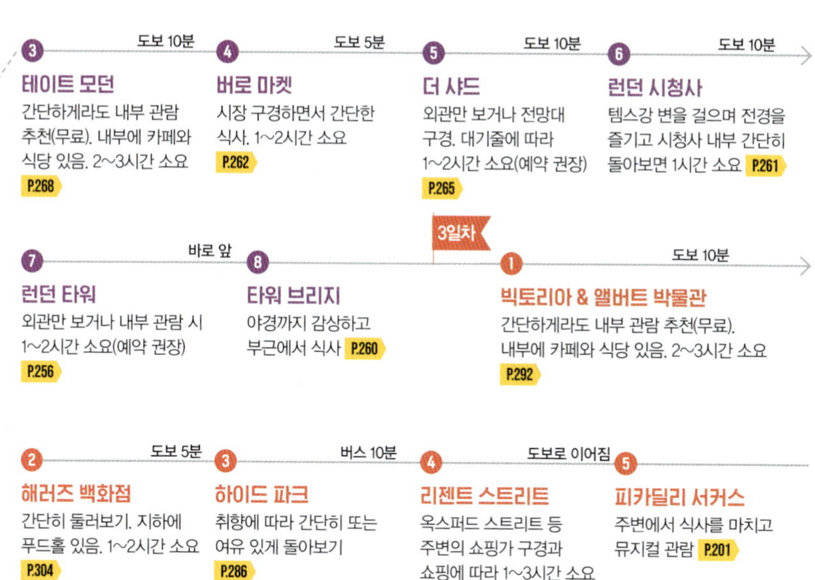

3 도보 10분
테이트 모던
간단하게라도 내부 관람 추천(무료). 내부에 카페와 식당 있음. 2~3시간 소요
P.268

4 도보 5분
버로 마켓
시장 구경하면서 간단한 식사. 1~2시간 소요
P.262

5 도보 10분
더 샤드
외관만 보거나 전망대 구경. 대기줄에 따라 1~2시간 소요(예약 권장)
P.265

6 도보 10분
런던 시청사
템스강 변을 걸으며 전경을 즐기고 시청사 내부 간단히 돌아보면 1시간 소요 P.261

7 바로 앞
런던 타워
외관만 보거나 내부 관람 시 1~2시간 소요(예약 권장)
P.256

8
타워 브리지
야경까지 감상하고 부근에서 식사 P.260

3일차

1 도보 10분
빅토리아 & 앨버트 박물관
간단하게라도 내부 관람 추천(무료). 내부에 카페와 식당 있음. 2~3시간 소요
P.292

2 도보 5분
해러즈 백화점
간단히 둘러보기. 지하에 푸드홀 있음. 1~2시간 소요
P.304

3 버스 10분
하이드 파크
취향에 따라 간단히 또는 여유 있게 돌아보기
P.286

4 도보로 이어짐
리젠트 스트리트
옥스퍼드 스트리트 등 주변의 쇼핑가 구경과 쇼핑에 따라 1~3시간 소요
P.202, 225

5
피카딜리 서커스
주변에서 식사를 마치고 뮤지컬 관람 P.201

런던의 매력을 제대로! 5일 코스

3일차

* 1, 2일차는 3일 코스와 동일
(P.152~153)

도보 10분

1 켄싱턴 궁전
공원과 함께 켄싱턴 궁전
내부 관람 시 2시간 소요
P.289

도보 5분

2 로열 앨버트 홀
앨버트 기념비와 함께
외관만 보거나 내부 투어 시
1시간 소요 P.291

도보 1분

3 자연사 박물관
간단하게라도 내부
관람 추천(무료). 내부에
카페와 식당 있음.
2~3시간 소요 P.296

도보 10분

**4 빅토리아&
앨버트 박물관**
간단하게라도 내부
관람 추천(무료). 내부에
카페와 식당 있음.
2~3시간 소요 P.292

도보 5분

5 해러즈 백화점
간단히 둘러보기.
지하에 푸드홀 있음.
1~2시간 소요 P.304

6 하이드 파크
취향에 따라 간단히 또는
여유 있게 돌아보기
P.286

4일차

바로 연결됨

1 옥스퍼드 스트리트
주변의 본드 스트리트,
사우스 몰튼 스트리트 등
윈도 쇼핑 P.222

2

소호

리젠트 스트리트,
피카딜리 서커스, 카나비
스트리트, 리버티 백화점
등 쇼핑과 식사 P.200

바로 연결됨

3

코벤트 가든

세븐 다이얼스 등
주변의 아기자기한
쇼핑가 돌아보기
P.206, 228

극장에 따라
도보 5~15분

4

뮤지컬

주변에서 식사를 마치고
뮤지컬 관람 P.36

5일차

1

스카이 가든

런던 시내 조망하며
커피 또는 식사. 1시간
이상 소요(예약 필수)
P.278

도보 1분

2

리든홀 마켓

해리 포터를 추억하며
간단히 구경.
30분~1시간 소요
P.249

도보 5분

3

뱅크 지구

잉글랜드 은행 등 런던
금융의 탄생지를 간단히
구경. 30분~1시간 소요
P.249

경전철 20분

4

그리니치

유명한 천문대를 비롯해
공원, 커티삭, 해양 박물관 등
볼거리가 많다. 2~3시간 소요
P.344

경전철 15분 또는
지하철 35분

5

카나리 워프 또는 쇼디치

평일이면 카나리 워프, 주말이면 쇼디치에
가서 일정을 마무리한다. P.343, 329

템스강 따라 걷기

런던 시내를 유유히 관통하는 템스강을 따라 걷다 보면 어느새 반나절이 훌쩍 지나간다. 길을 잃을 염려도 없이 시원한 강바람과 함께 런던의 여유를 느낄 수 있다. 동쪽의 타워 브리지에서 시작해도 좋고 서쪽의 런던 아이부터 시작해도 좋다. 타워 브리지에서 런던 아이까지는 약 2km. 천천히 걸으면 3시간도 걸리지만 걸음이 빠른 사람이라면 2시간 이내에 템스강 동서를 횡단할 수 있다. 전체 코스가 힘들면 일부 구간만 선택해 걸어도 좋다.

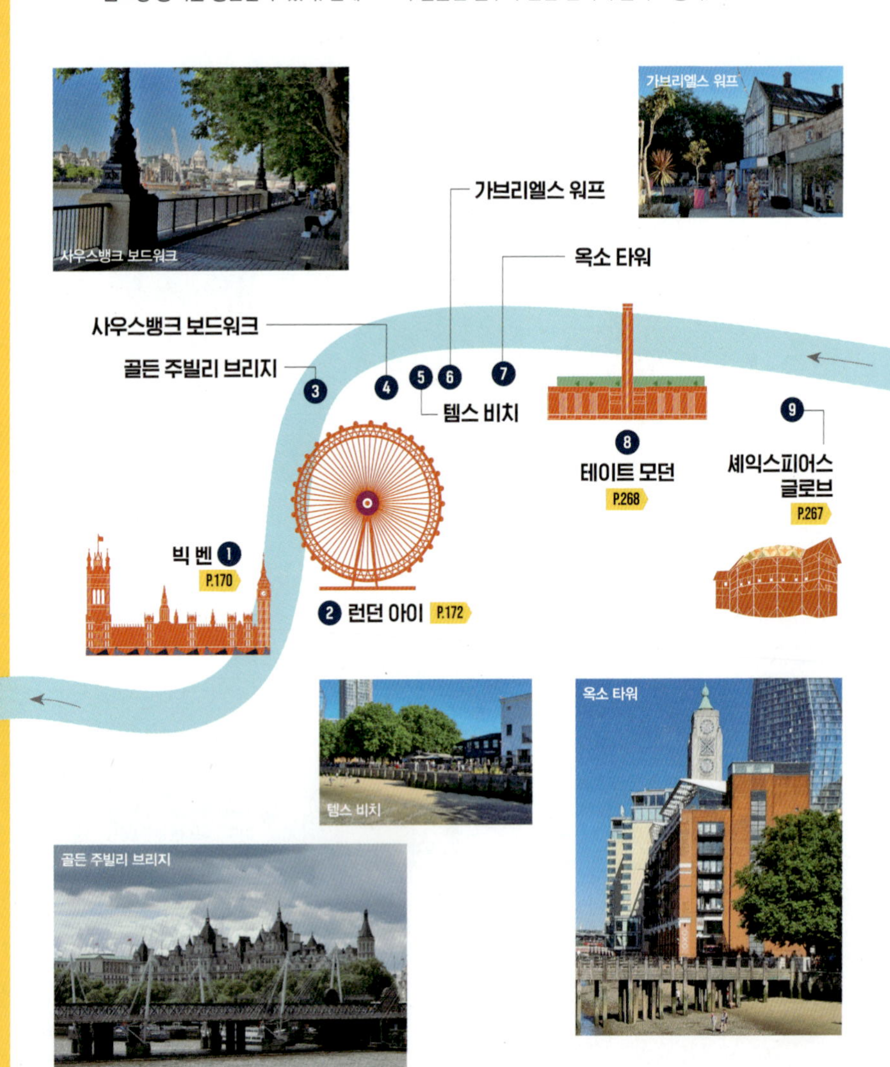

더 골든 하인드 호

타워 브리지

뱅크사이드 피어

런던 타워

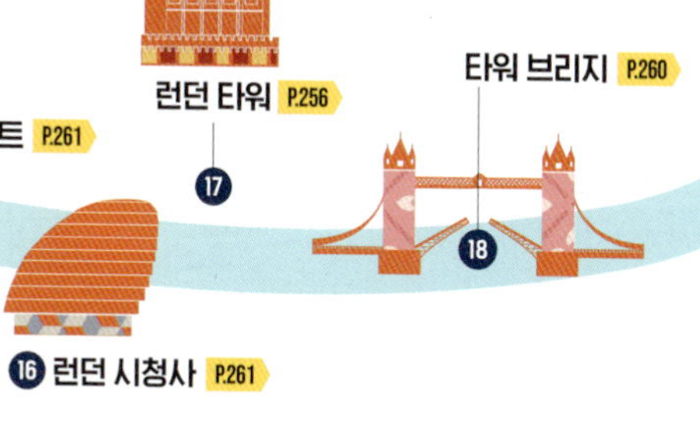

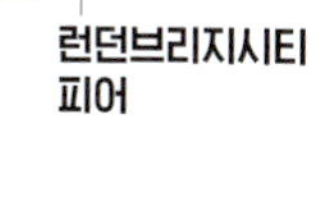

HMS 벨파스트

런던브리지시티 피어

헤이스갤러리아

런던 도보 건축 여행

과거와 현재를 넘나드는 런던의 건물들은 바라보는 것만으로도 눈이 즐겁다.
도시 곳곳에 숨어 있는 훌륭한 건축물을 하나씩 찾아 다니는 것도 여행의 재미다.
특히 지하철 뱅크 역을 중심으로 반경 500m 안에 멋진 건물들이 빼곡히 모여 있어
1~2시간의 도보 여행이 가능하다(내부를 공개하지 않는 건물도 있다). 런던에서
가장 오래된 동네 시티 오브 런던에서 과거와 현재가 만나는 건축 여행을 떠나보자.

⓫ 거킨 빌딩 P.252

⓾ 리든홀 빌딩 P.251

❺

❻ 왕립 증권거래소 건물 P.249

뱅크

❽ 리든홀 마켓 P.249

❸

❹

❾ 로이즈 빌딩 P.252

❼ 워키토키 빌딩 P.251

모뉴먼트

지역별 가이드

Area by Area

런던의 구역 | 웨스트 엔드 & 사우스뱅크

시티 & 서더크 | 켄싱턴 & 첼시

런던 북부 | 이스트 엔드 | 도클랜드 & 그리니치

런던의 구역

런던은 모두 33개의 행정구로 이루어진 거대한 도시다. 하지만 여행자들이 다니는 지역은 그 가운데 5~7개 정도에 불과하다. 이 책에서는 편의상 여행자의 동선을 중심으로 런던을 크게 6개 구역으로 나누었다.

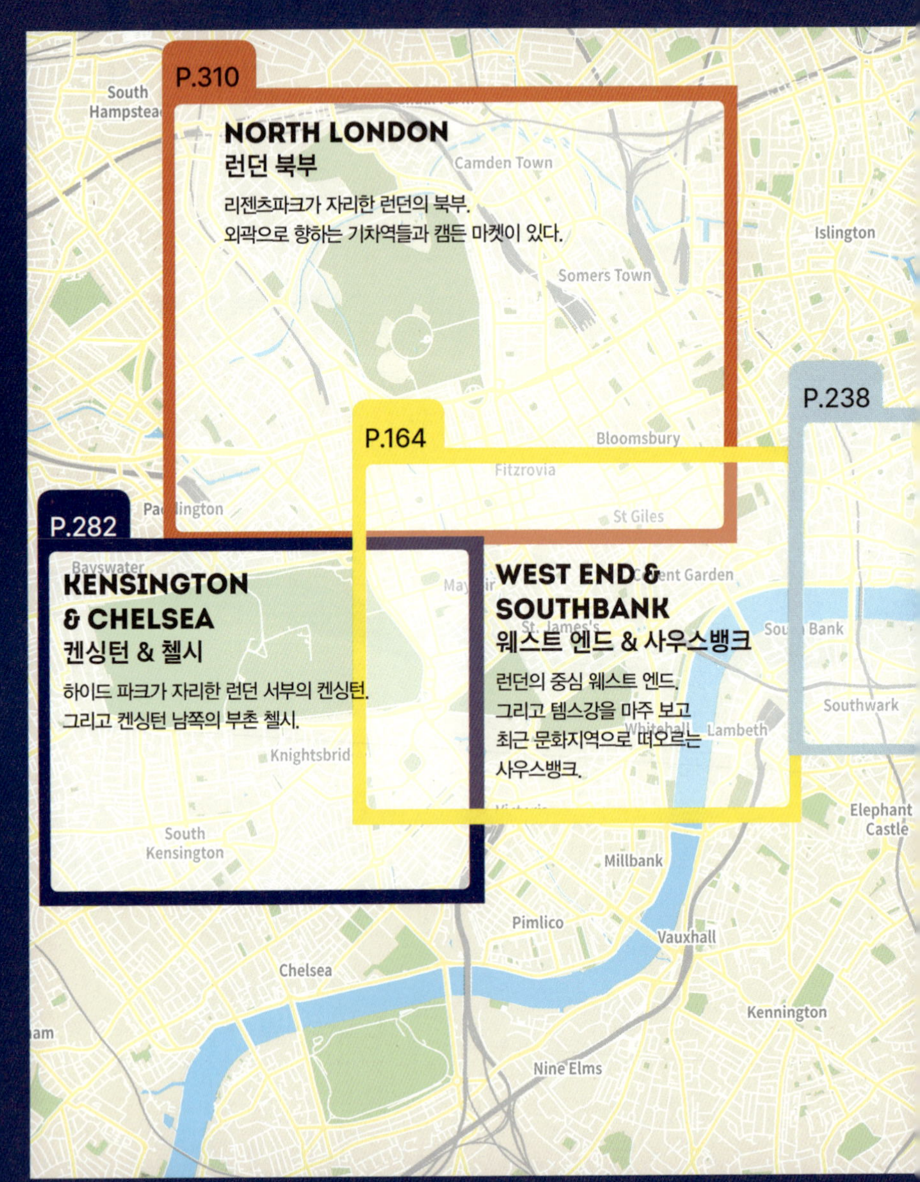

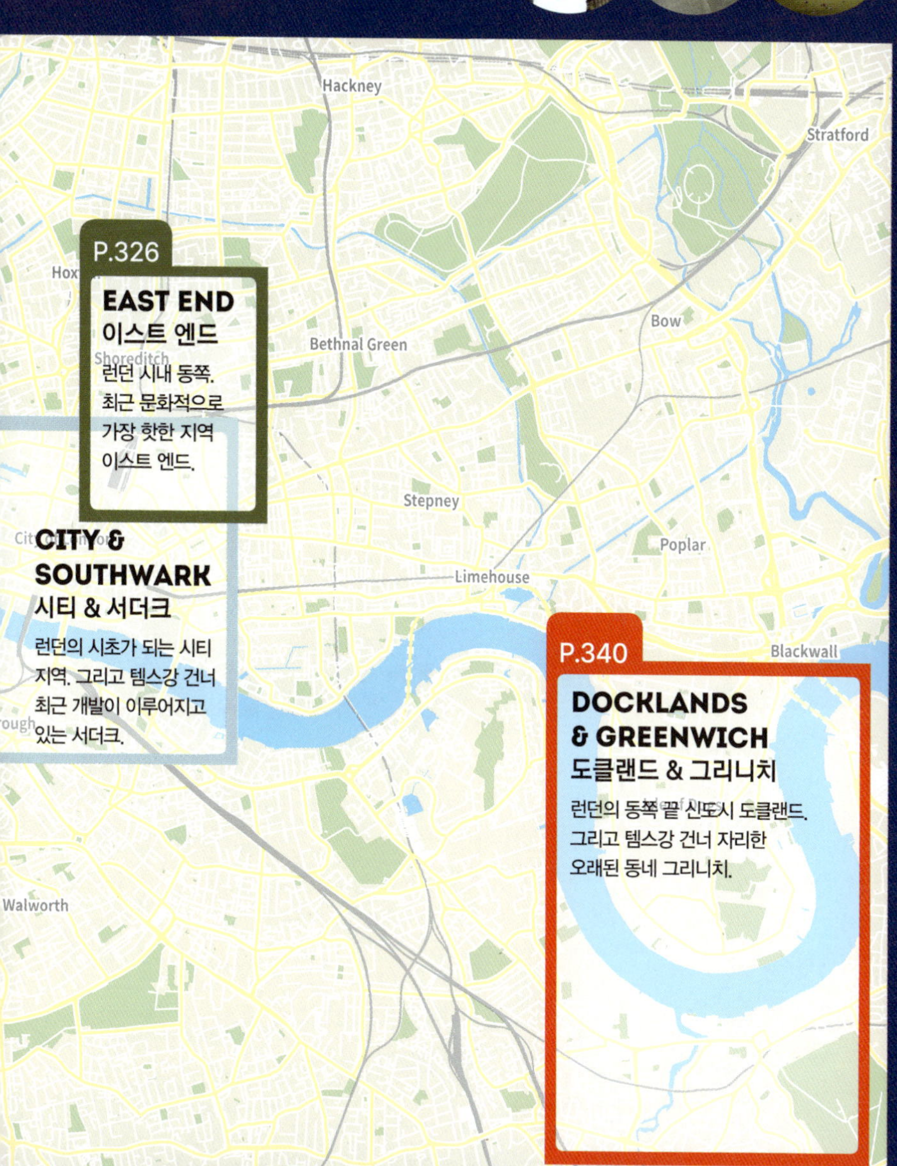
Hackney
Stratford
Hoxton
Bethnal Green
Bow
Stepney
Poplar
Limehouse
Blackwall
Walworth
P.326
EAST END
이스트 엔드
런던 시내 동쪽. 최근 문화적으로 가장 핫한 지역 이스트 엔드.
CITY & SOUTHWARK
시티 & 서더크
런던의 시초가 되는 시티 지역. 그리고 템스강 건너 최근 개발이 이루어지고 있는 서더크.
P.340
DOCKLANDS & GREENWICH
도클랜드 & 그리니치
런던의 동쪽 끝 신도시 도클랜드. 그리고 템스강 건너 자리한 오래된 동네 그리니치.

WEST END & SOUTHBANK

웨스트 엔드 & 사우스뱅크

과거 '더 시티 오브 런던 The City of London'의 서쪽 지역을 뜻하는 웨스트 엔드에는 문화의 중심지인 소호가 있고 남쪽으로는 정치의 중심지인 웨스트민스터가 이어진다. 웨스트민스터에는 빅 벤, 웨스트민스터 사원 등 런던을 상징하는 관광 명소들이 있고, 소호 지역에는 뮤지컬과 연극을 공연하는 극장들과 맛집, 카페, 쇼핑가가 몰려 있다. 이곳이 런던의 종교, 정치, 문화가 집약된 곳이라고 할 수 있다. 런던 아이가 자리한 사우스뱅크 Southbank 지역은 템스강 건너편 지역이지만 빅 벤, 국회의사당 또는 서머셋 하우스에서 다리만 건너면 바로 연결되는 가까운 곳이므로 동선상 함께 엮었다.

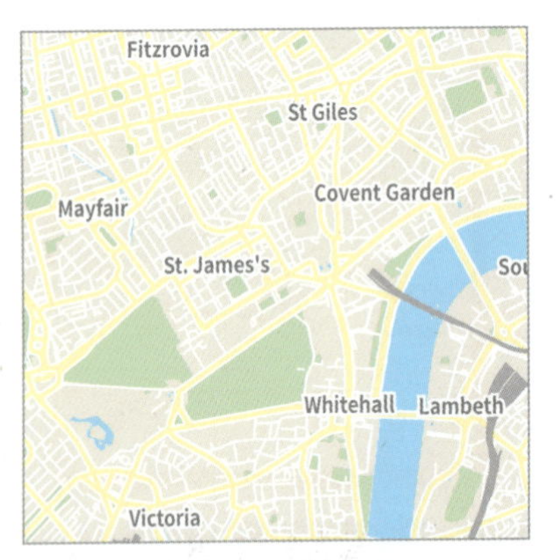

웨스트 엔드 & 사우스뱅크
A
B
1
2
3
더 모노클 카페
The Monocle Café
더 콘란 숍 The Conran Shop,
던트 북스 Daunt Books
더 월리스 컬렉션
The wallace collection
존 루이스 백화점
John Lewis & Partner
소호 지역 세부도 P.168
마켓 홀스 옥스퍼드 스트리트
Market Halls Oxford Street
Oxford Circus
셀프리지스 백화점
Selfridges
세인트 크리스토퍼스 플레이스
St. Christopher's Place
옥스퍼드 스트리트
Oxford Street
바 레모
Bar Remo
Bond Street
막스 앤 스펜서
Marks and Spencer(M&S)
Marble Arch
사우스 몰튼 스트리트
South Molton Street
리버티 백화점
Liberty
소호
Soho
메르카토 메이페어
Mercato Mayfair
헨델 헨드릭스 하우스
Handel Hendrix House
카나비 스트리트
Carnaby Street
리젠트 스트리트
Regent Street
뉴 본드 스트리트 New Bond Street
새빌 로
Savile Row
본드 스트리트
Bond Street
올드 본드 스트리트 Old Bond Street
왕립 미술원
Royal Academy(RA)
포트넘 앤 메이슨
Fortnum & Mason
Green Park
갈빈 앳 윈도스
Galvin at Windows
더 몰
The Mall
Hyde Park Corner
세인트 제임시스 파크
St. James's Park
버킹엄 궁전
Buckingham Palace
더 킹스 갤러리
The King's Gallery
더 로열 뮤즈
The Royal Mews
레일 하우스 빅토리아
Rail House Victoria
빅토리아 팰리스 극장
Victoria Palace Theatre London
마켓 홀스 빅토리아
Market Halls Victoria
Victoria
아폴로 빅토리아 극장
Apollo Victoria Theatre
웨스트민스터 성당
Westminster Cathedral
Foley Street
Great Portland Street
Riding House Street
Wells Street
Goodge Street
Berners Street
Berners Mews
Newman Street
Blandford Street
Baker Street
Gloucester Place
George Street
Queen Anne Street
Welbeck Street
Wigmore Street
Margaret Street
Eastcastle Street
Upper Berkeley Street
James Street
Orchard Street
Duke Street
Seymour Street
Bryanston Street
Oxford Street
North Row
Cumberland Gate
Park Street
North Audley Street
Binney Street
Gilbert Street
Davies Street
Brook Street
Great Marlborough Street
Poland Street
Berwick Street
Maddox Street
Conduit Street
Beak Street
Bridle Lane
Brewer Street
Upper Brook Street
Grosvenor Street
Culross Street
Upper Grosvenor Street
Mount Row
Bourdon Street
Bruton Street
Berkely Street
South Audley Street
Adam's Row
Mount Street
Rex Place
Albemarle Street
Dover Street
Air Street
Jermyn Street
Hill Street
South Street
Charles Street
Berkeley Street
Bolton Street
Clarges Street
Piccadilly
Bury Street
St. James's Street
Park Lane
Curzon Street
Hertford Street
Down Street
Old Park Lane
Pall Mall
South Carriage Drive
Knightsbridge
Constitution Hill
Wilton Place
Kinnerton Street
Wilton Crescent
Halkin Street
Grosvenor Place
Spur Road
Birdcage Walk
Belgrave Square
Chapel Street
Buckingham Gate
Petty France
Lowndes Street
Chester Street
Caxton
Place Street
Castle Lane
Sloane Street
Wilton Street
Belgrave Place
Hobart Place
Grosvenor Gardens
Victoria Street
Pont Street
Lower Belgrave Street
Buckingham Palace Road
Eaton Square
0
140m
280m

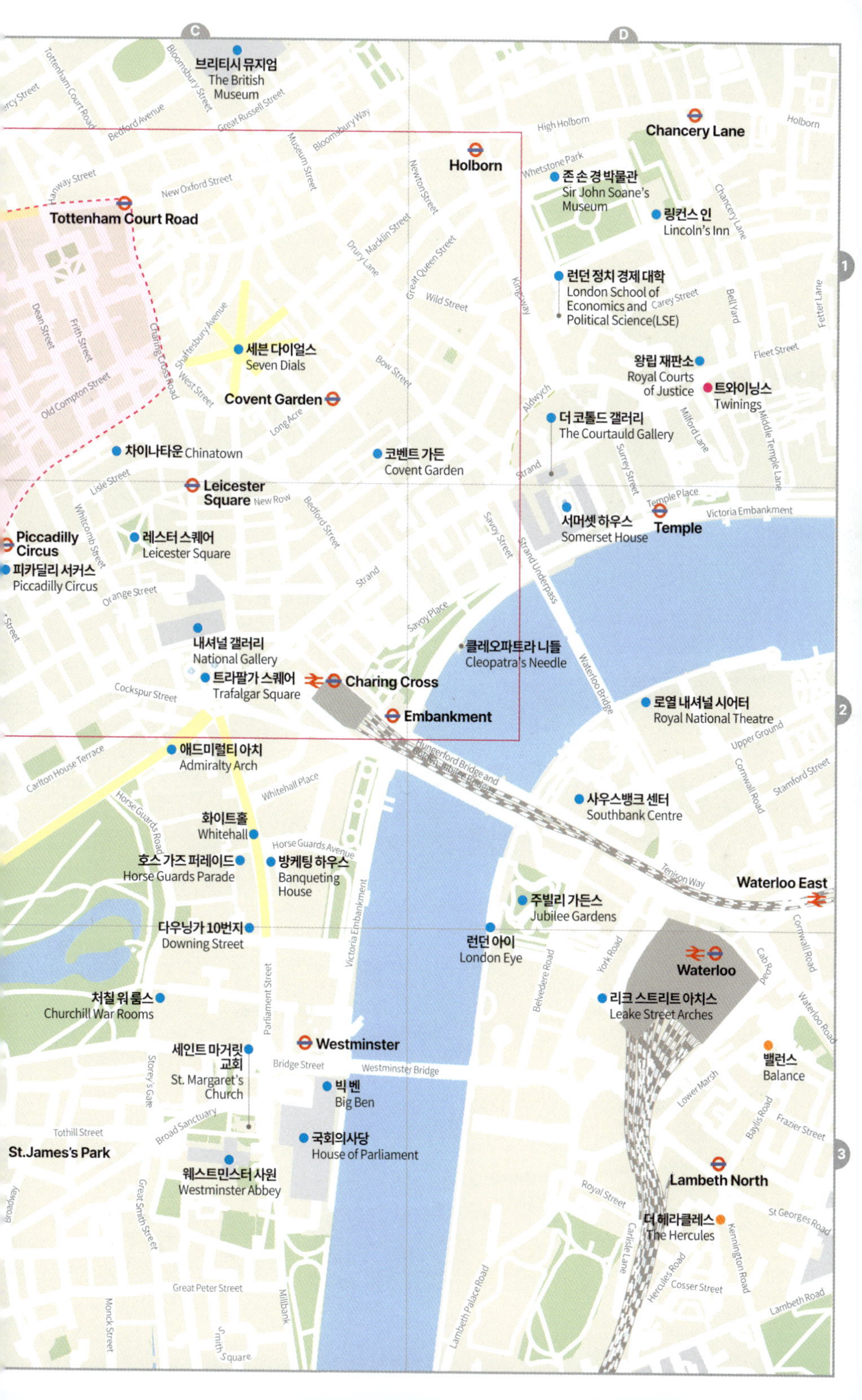

C
D
브리티시 뮤지엄
The British Museum
Holborn
Chancery Lane
Tottenham Court Road
존 손 경 박물관
Sir John Soane's Museum
링컨스 인
Lincoln's Inn
런던 정치 경제 대학
London School of Economics and Political Science(LSE)
세븐 다이얼스
Seven Dials
Covent Garden
왕립 재판소
Royal Courts of Justice
트와이닝스
Twinings
더 코톨드 갤러리
The Courtauld Gallery
차이나타운 Chinatown
코벤트 가든
Covent Garden
Leicester Square
서머셋 하우스
Somerset House
Temple
Piccadilly Circus
레스터 스퀘어
Leicester Square
피카딜리 서커스
Piccadilly Circus
내셔널 갤러리
National Gallery
클레오파트라 니들
Cleopatra's Needle
트라팔가 스퀘어
Trafalgar Square
Charing Cross
Embankment
로열 내셔널 시어터
Royal National Theatre
애드미럴티 아치
Admiralty Arch
사우스뱅크 센터
Southbank Centre
화이트홀
Whitehall
호스 가즈 퍼레이드
Horse Guards Parade
방케팅 하우스
Banqueting House
Waterloo East
주빌리 가든스
Jubilee Gardens
다우닝가 10번지
Downing Street
런던 아이
London Eye
Waterloo
처칠 워 룸스
Churchill War Rooms
리크 스트리트 아치스
Leake Street Arches
Westminster
세인트 마거릿 교회
St. Margaret's Church
밸런스
Balance
빅 벤
Big Ben
St.James's Park
국회의사당
House of Parliament
Lambeth North
웨스트민스터 사원
Westminster Abbey
더 헤라클레스
The Hercules
1
2
3

소호 지역 세부도
로비
ROVI
카페인
Kaffeine
프리마크
PRIMARK
Tottenham Court Road
옥스퍼드 스트리트
Oxford Street
막스 앤 스펜서
Marks & Spencer
부츠
Boots
Oxford Circus
위크데이
Weekday
몰튼 브라운
Molton Brown
리버티 Liberty
브렉퍼스트 클럽
Breakfast Club
카나비 스트리트
Carnaby Street
햄리스
Hamleys
킹리 코트
Kingly Court
포피스 피시 앤 칩스
Poppies Fish & Chips
손드하임 극장
Sondheim Theatre
빌스 Bill's
차이나타운
Chinatown
새빌 로
Savile Row
리젠트 스트리트
Regent Street
버버리 Burberry
피카딜리 서커스
Piccadilly Circus
티더블유지 티
TWG TEA
슈퍼 드라이
Super Dry
Piccadilly Circus
헌터
Hunter
위타드 Whittard
바버
Barbour
본드 스트리트
Bond Street
왕립 미술원
Royal Academy(RA)
벌링턴 아케이드
Burlington Arcade
워터스톤즈
Waterstones
테스코
Tesco
도버 스트리트 마켓
Dover Street Market (DSM)
포트넘 앤 메이슨
Fortnum & Mason
히스 마제스티스 극장
His Majesty's Theatre
더 리츠 런던
The Ritz London
더 울슬리
The Wolseley

Holborn
락 앤 솔 플레이스
Rock & Sole Plaice
프리메이슨 홀
Freemason's Hall
닐스 야드 레미디스
Neal's Yard Remedies
먼머스 커피
Monmouth Coffee
닐스 야드
Neal's Yard
사봉
SABON
포일스
Foyles
세븐 다이얼스
Seven Dials
세븐 다이얼스 마켓
Seven Dials Market
카페 네로
Caffe Nero
스탠퍼즈
Stanfords
디 아이비
The IVY
Covent Garden
로열 오페라 하우스
Royal Opera House
교통 박물관
London Transport Museum
노벨로 극장
Novello Theatre
테드 베이커
Ted Baker
램 앤 플래그
Lamb & Flag
위타드 오브 첼시
Whittard of Chelsea
코벤트 가든
Covent Garden
도쿄 다이너
Tokyo Diner
주빌리 마켓
Jubilee Market
라이시움 극장
Lyceum Theatre
마리아주 프레르
Mariage Freres
Leicester Square
아부엘로
Abuelo
마더매시
MotherMash
아베 마리오
Ave Mario
룰스
Rules
세실 코트
Cecil Court
레스터 스퀘어
Leicester Square
카페 노트
Cafe Notes
초상화 갤러리
National Portrait Gallery
내셔널 갤러리
The National Gallery
세인트 마틴 인 더 필즈
St. Martin-in-the-Fields
Charing Cross
트라팔가 스퀘어
Trafalgar Square
Charing Cross
프레타 망제
Pret A Manger
워터스톤즈
Waterstones
카페 네로
Caffè Nero
프레타 망제
Pret A Manger
Embankment

Attraction 보는 즐거움

Big Ben 빅 벤

지도 P.167-C3 주소 Westminster London SW1A 0AA 요금 (투어) 25세 이상 £30.00 11~17세 £15.00 (예약은 한 달에 한 번 온라인에서 가능) 교통 지하철 Jubilee, Circle, District 라인 Westminster 역 홈페이지 www.parliament.uk

국회의사당과 함께 템스강 변의 스카이라인을 장식하고 있는 거대한 시계탑이다. 런던의 상징적 이미지일 뿐 아니라 대표적인 랜드마크다. 제2차 세계대전 당시에는 무수한 폭격을 피하고 살아남기도 해 고난의 역사를 함께 해 온 영국인들에게는 특별한 의미의 건축물이다.
뾰족한 탑의 위쪽 4면에는 지름 7m, 시침 길이 2.7m, 분침 길이 4.3m의 대형 원형 시계가 달려 있다. 1859년부터 160년이 넘는 시간 동안 멈추지 않고 움직이며 정확한 시간을 알려주었다. 시계 밑에는 '주여, 빅토리아 여왕을 구원하소서'라는 구절이 라틴어로 새겨져 있다. 탑 안에는 15분마다 울리던 종이 있는데 무게가 13.5톤에 달한다. 소리도 큰 빅 벤의 종소리는 학교 종소리나 뉴스 시보로도 사용되며 런던 시민들의 일상을 함께 했다.
2022년 엘리자베스 여왕 장례식 당시에는 웨스트민스터 홀에서 나온 여왕의 관이 운구될 때 1분에 한 번씩 96번 타종을 해 전 세계를 향해 빅 벤의 종소리가 전파를 탔다. 지금은 리뉴얼 공사를 마치고 새로운 모습을 선보이고 있으며 내부는 투어를 통해 볼 수 있다. 334개의 계단을 올라야 하므로 체력이 담보돼야 하고 11세 이상만 가능하다.

Say Say Say **친근한 이름 빅 벤과 공식 명칭인 엘리자베스 타워**

빅 벤이라는 이름은 공사를 책임졌던 벤저민 홀 경을 기리기 위해 부르기 시작한 것으로 알려져있다. 처음엔 넉넉한 그의 풍채가 종의 모양과 닮았다 해서 불리던 것이 나중에는 시계탑 전체를 가리키는 이름이 된 것이다. 여러 차례 공식 명칭을 지으려는 시도가 있었지만 사람들은 빅 벤이라는 이름을 선호했다. 그러다가 2012년 엘리자베스 여왕의 즉위 60주년(다이아몬드 주빌리)을 맞이하여 빅 벤의 정식 명칭을 지어주자는 캠페인이 일어났다. 의회에서 안건이 통과되면서 '엘리자베스 타워 Elizabeth Tower'라는 정식 명칭이 생기게 됐다. 현재 모든 공식 문서에서는 이 명칭을 사용하지만, 아직도 사람들은 빅 벤이라 부르는 데 더 익숙해 보인다.

House of Parliament 국회의사당

지도 P.167-C3 주소 House of Parliament, London SW1A 0AA 운영 투어 있는 날 기준 09:00~16:10 요금 (가이드 투어) 25세 이상 £33.00 16~24세 £27.00 5~15세 £17.00, (셀프 가이드 오디오 투어) 25세 이상 £26.00 16~24세 £19.00 5~15세 £9.00 ※ 온라인 예약 기준이며 현장 구매 티켓 오피스는 Portcullis House on Victoria Embankment 앞에 위치 교통 지하철 Jubilee, Circle, District 라인 Westminster 역 홈페이지 www.parliament.uk

템스강 변에 빅 벤과 함께 웅장하게 서 있는 국회의사당은 영국 정치의 중심지이자 랜드마크로 유네스코 세계문화유산이다. 고풍스러운 신고딕 양식의 건물로, 외관뿐 아니라 각 기둥과 벽의 섬세한 조각들이 감탄을 자아낸다. 주로 왕과 왕족들의 거주지로 사용되던 곳으로 웨스트민스터궁 Palace of Westminster으로도 불린다. 1834년 대화재로 소실됐다가 재건축을 해 1860년 완공, 현재는 의사당 건물로 쓰이고 있다. 길이 265m, 내부의 방 개수만 1,000개가 넘는 거대한 규모다.

빅 벤이 있는 북쪽에 하원 의사당이, 빅토리아 타워가 있는 남쪽에 상원 의사당이 있고 의사당 앞에는 십자군 원정의 공로가 많은 사자왕 리처드와 청교도 혁명으로 공화국 시대를 연 올리버 크롬웰의 동상이 있다. 빅토리아 타워 끝에 게양된 국기는 의회가 열리고 있음을 뜻한다. 의사당 건물 안으로 들어서면 맨 처음 웨스트민스터 홀 Westminster Hall이 나온다. 과거 재판소와 파티장으로 쓰이기도 했던 이곳에서 놓치지 말아야 할 것은 못을 사용하지 않고 홈으로만 연결한 해머빔 hammer beam 나무 지붕이다. 홀 밑바닥에는 정치가와 왕들을 기념하는 동판이 박혀 있다.

Travel Plus

국회의사당 방문하기

건축물 내부 관람을 위해서는 가이드 투어나 오디오 투어(영어)를 신청하면 된다. 셀프 가이드 오디오 투어는 10여 개 언어로 제공되는데 한국어는 없다. 90분의 시간제한이 있으며 900년 이상의 역사, 현대 정치, 예술과 건축에 대한 설명을 들으며 관람할 수 있다. 국회 방문은 상황에 따라 날짜가 제한적이니 홈페이지에서 가능 날짜를 확인해야 하며 성수기에는 일찍 예약해야 한다.

London Eye 런던 아이

지도 P.167-D3 **주소** Riverside Building, County Hall, Westminster Bridge Road, London, SE1 7PB **운영** 매일 보통 10:00~11:00에 오픈하고 18:00~20:30에 문을 닫으나, 월별 및 일별로 운영 시간이 계속 달라지니 반드시 홈페이지를 확인할 것 **휴무** 12/25 **요금** Standard 성인 £30.00~42.00, Fast Track 성인 £45.00~57.00 (예약 날짜와 시간대에 따라 달라짐) **교통** 지하철 Jubilee, Circle, District 라인 Westminster 역, Circle, District 라인 Embankment 역 **홈페이지** www.londoneye.com

2000년 밀레니엄 시대를 맞아 영국이 한 기념 사업 중의 하나로 지은 대관람차. 지금은 명실상부한 런던의 랜드마크로 고풍스러웠던 런던을 새로운 이미지로 탈바꿈시키는 데 큰 역할을 하며 도시 이미지 쇄신에 공헌했다. 당시 새로운 시대에 걸맞은 획기적이고 상징적인 건축물로 고안됐는데 보는 조형물이 아닌 사람들이 직접 이용할 수 있는 데 초점을 두고 지어졌다. 건축 20년이 넘는 지금까지도 끊임없이 세계인의 발길을 이끌고 있다.

Say Say Say 런던 아이가 없어질 뻔했다고?!

16개월의 건축 기간을 거쳐 1999년 완공되고 2000년 밀레니엄 개막과 함께 운영을 시작했던 런던 아이는 원래 임시로 세웠다가 철거할 계획이었다. 여왕의 궁전이 내려다보인다, 고풍스러운 런던에 어울리지 않는다 등 파리의 에펠 탑이 설 때와 마찬가지로 세간의 입방아는 거셌다. 그럼에도 불구하고 예상을 넘어선 큰 사랑을 받게 된 런던 아이는 런던인들의 뜨거운 열망으로 영구 운영하기로 결정되었다.

• 런던 아이 캡슐을 뜯어 보자

하나당 약 25명의 인원을 수용하는 투명한 달걀 모양의 유리 탑승차. 캡슐이 모두 32개가 달려 있고 한 번에 800명 정도 탑승할 수 있다. 멀리서 보면 작고 귀여워 보이지만 캡슐 하나당 무게가 10톤이 넘는다. 사방에 막힌 곳이 없는 통유리이기 때문에 런던의 동서남북을 360도로 관람할 수 있다.

• 런던 아이는 어떻게 지어졌나

건축가 7명부터 유럽 각지에서 온 기술자까지, 엄청난 인원이 투입된 대규모 공사였다. 지지대는 관람 시야를 최대로 확보하기 위해 A형 구조로 만들어졌다. 높이 135m, 1,600톤의 런던 아이를 세우는 데만 일주일이 걸렸다. 수준 높은 공학적 기술이 이용되었으며 유럽 각지에서 수입한 강화 유리, 철강 자재들을 사용하는 등 당시 유럽 산업의 결정체였다고 할 수 있다.

• 런던 아이를 타려면?

관광객이 끊이지 않는 인기 장소이므로 미리 예매하는 것이 좋다. 티켓의 종류도 다양하며 관람 내용과 할인율이 약간씩 다르다. 현장 구매도 가능하지만 성수기에는 줄을 한참 서야 한다. 특히 야경 관람이 인기인데, 여름엔 해가 매우 늦게 진다는 것도 기억하자. 한 바퀴에 30분 정도 걸리며 이벤트가 있는 스페셜 티켓도 있으니 비싸지만 특별한 추억을 남기고 싶은 사람은 이용해 보는 것도 좋겠다.

워털루 다리와 웨스트민스터 다리 중간에 있는 보행자 전용 주빌리 브리지 Jubilee Bridge를 건너다 보면, 다리 중간쯤에서 런던 아이와 빅 벤, 국회의사당을 한눈에 볼 수 있다.

Jubilee Gardens 주빌리 가든스

지도 P.167-D2 주소 Belvedere Road London SE1 7PG 교통 지하철 Bakerloo, Jubilee, Northern, Waterloo & City 라인 Waterloo 역 홈페이지 www.jubileegardens.org.uk

전쟁 희생자들을 추모하기 위한 공원으로 1977년 엘리자베스 여왕 즉위 25주년을 기념해 조성됐다. 주빌리 Jubilee란 25주년 또는 50주년 등의 기념일을 뜻하는 말이다. 런던 아이가 옆에 있는 공원으로 유명하며 크지는 않지만 런던 시민들이 가족 단위로 찾아와 휴식을 취하거나 일광욕을 즐긴다.

Westminster Abbey 웨스트민스터 사원

지도 P.167-C3 주소 Westminster Abbey, 20 Dean's Yard, London, SW1P 3PA 운영 월~금 09:30~15:30 토 09:30~15:00 (월별 상이, 홈페이지 참조) 휴무 일, 부활절, 크리스마스(예배만 가능, 사원 일정에 따라 변할 수 있으니 홈페이지 참조 필수) 요금 성인 £29.00 학생 £26.00 6~17세 £13.00 교통 지하철 Circle, District 라인 St. James's Park 역, Jubilee, Circle, District 라인 Westminster 역 홈페이지 www.westminster-abbey.org

런던의 대표 성공회 성당으로 유네스코 세계문화유산이다. 원래 로마 가톨릭 성당이었던 이곳은 헨리 8세 때 캐서린 왕비와의 이혼 문제로 교황청과 대립하며 위기를 맞기도 했다. 당시 영국 내 많은 가톨릭 교회와 수도원들이 파괴되거나 재산이 몰수되었는데 웨스트민스터 사원은 왕실과의 깊은 인연으로 참사를 피했다. 1550년 헨리 8세는 이곳을 국교인 성공회 성당으로 선포했다. 13세기 고딕 양식의 건물이 남아 있을 수 있었던 데는 바로 그런 이유가 있었기 때문이다.

• 건립 배경

960년경 베네딕트 수도사들이 지금의 성당 자리에 수도원을 세우고 생활한 것이 최초이며 1065년 참회왕 에드워드가 교황의 명을 받아 성 베드로에게 헌신할 성당으로 재건, 대규모 성당으로 탄생하게 됐다. 정작 참회왕 에드워드는 성당이 완공된 후 며칠 만에 사망했으며 제대 앞에 매장됐다. 위치상 서쪽의 대성당이라는 뜻의 '웨스트민스터'라 불리게 되었다. 건립 이후 세인트 폴 대성당이 있는 동쪽 지역 이스트민스터와 대조를 이루며 지역별로 사람들의 생각이나 정치적 견해도 구분되기 시작했다.

• 사원 외관

웨스트민스터 사원의 재건 당시 모습은 로마네스크 양식이었으나 1245년 에드워드 왕의 정신을 기리고 싶었던 헨리 3세는 당시 유행하던 프랑스식 신고딕 양식으로 성당을 개조하길 원했다. 뾰족한 기둥이나 장미창 등에서 그 특징을 찾아 볼 수 있다. 신고딕 양식으로 개조하기는 했지

만 에드워드 시대의 성당 모습도 회랑이나 가든에 일부 남아 있다. 이후 헨리 7세는 부채꼴 지붕으로 유명한 레이디 채플 Lady Chapel을 지어 1516년에 봉헌했는데 이곳에 그의 무덤이 있다. 사원 옆 두 개의 타워는 18세기의 것이다. 웨스트민스터의 서쪽 입구에는 20세기 순교자들을 조각해 놓았는데, 중간쯤에 있는 미국의 흑인 인권 운동가 마틴 루터 킹 목사의 조각이 눈길을 끈다.

• 사원 내부

사원 내부는 볼거리도 많지만 눈여겨볼 것은 왕들이 대관식을 할 때 앉는 의자인 코로네이션 체어 Coronation Chair다. 또한 이곳은 참회왕 에드워드, 엘리자베스 1세 여왕, 아이작 뉴턴, 찰스 다윈 등 여러 왕과 위인들이 잠들어 있는 곳으로도 유명하다. 찰스 디킨스, 프리드리히 헨델, 새뮤얼 존슨 등 유명 문인들이 잠들어 있는 시인들의 코너 Poet's Corner도 있다. 무덤은 없지만 윌리엄 셰익스피어, 윌리엄 워즈워드, 바이런 등의 기념비도 볼 수 있다. 사원에서 나오면 안뜰을 볼 수 있는 낭하를 지나는데 밖으로 완전히 나오기 전 기념품 숍과 카페가 있다. 가이드 투어를

할 수 있고 사원 내부는 사진 촬영을 할 수 없으니 주의해야 한다.

• 국가 행사

웨스트민스터 사원에서는 1066년 최초로 정복왕 윌리엄과 이후 역대 영국 왕들이 대관식을 했다. 2023년 5월에는 찰스 3세의 대관식도 열렸다. 윌리엄 왕세자와 캐서린 미들턴 비의 결혼식과 엘튼 존이 '바람 앞의 촛불 Candle in The Wind'이라는 추모 노래를 불렀던 다이애나 비의 장례식, 전 세계에 생중계됐던 엘리자베스 2세 여왕의 장례식을 했던 곳도 이곳이다. 지금도 국가 행사뿐 아니라 왕족들의 장례식이나 결혼식이 거행되고 있다.

St. Margaret's Church 세인트 마거릿 교회

지도 P.167-C3 주소 Westminster Abbey, 20 Dean's Yard, London, SW1P 3JX 운영 (일반 오픈) 월 09:30~12:30 화~금 10:30~15:30 토 10:30~15:00 휴무 일 요금 무료 교통 지하철 Jubilee, Circle, District 라인 Westminster 역 홈페이지 www.westminser-abbey.org

웨스트민스터 사원 옆에 있는 전형적인 고딕 양식의 작은 교회다. 윈스턴 처칠 등 유명인사들의 결혼식 장소로 알려져 있다. 평소에는 지역 주민들과 영국 국회의원들이 미사를 드리며 리사이틀 장소로도 사용된다. 11세기 말경에 지어진 것으로 추측되는데, 처음 지어질 당시는 로마네스크 양식이었다고 한다. 교회는 점차 낡아 무너졌고 1482년에 재건축을 시작, 1523년에 완공됐다. 1614년 이후에는 영국 의회 하원의 교회로 사용된다. 18세기 이후 계속적인 복구 작업을 통해 과거 모습을 상당 부분 유지하고 있다. 바깥의 서쪽 탑에 있는 파란색 둥근 조형물은 의회 묘지에 묻힌 사람들을 위한 기념물이다. 재미있는 점은 교회의 동쪽 벽에 찰스 1세의 흉상이 있는데 길 건너 국회의사당에는 자신을 죽인 올리버 크롬웰 동상이 있어 서로 마주 보고 있다는 것이다. 1987년 유네스코 세계문화유산으로 지정됐다.

Say Say Say 웨스트민스터 사원을 두고 교회가 또 지어진 이유는?

웅장한 웨스트민스터 사원 옆에 이 작은 교회가 생기게 된 이유는 지역 주민들의 미사를 위한 것이었다. 11세기에 웨스트민스터 사원이 지어지고 그곳에서 베네딕트 수도사들은 정해진 규칙과 일정대로 수도 생활을 했다. 자신들의 엄격한 규칙대로 수도 일정을 소화해야 하는데 웨스트민스터 지역 주민들이 미사를 드리러 오자 그들의 의무를 제대로 이행할 수 없었다고 한다. 따라서 지역 주민들을 위한 작은 교회의 필요성이 제기돼, 세인트 마거릿 교회를 짓게 된 것이다.

Westminster Cathedral 웨스트민스터 성당

지도 P.166-B3 주소 42 Francis Street Westminster, London SW1P 1QW 요금 무료 교통 지하철 Circle, District, Victoria 라인 Victoria 역 홈페이지 www.westminstercathedral.org.uk

웨스트민스터 사원에서 1km 정도 떨어진 곳에는 같은 이름의 가톨릭 성당이 자리하고 있다. 1903년 건축가 존 프랜시스 벤틀리 John Francis Bentley에 의해 네오 비잔틴 양식으로 지어진 런던의 가톨릭 주교좌 성당이다. 영국 성공회 교회인 웨스트민스터 사원과는 구별되는 곳으로 성 조지에게 봉헌됐다. 높은 첨탑에 둥근 돔, 특히 빨간색 외관이 눈에 띄며 벽의 가로 선 장식도 독특하다. 타일로 모자이크한 내부의 천장이 아름답고 실내 분위기는 엄숙하다. 성공회가 국교인 영국에서 가톨릭 신자들이 와서 기도하는 모습이 특별하게 보인다.

Downing Street 다우닝가 10번지

지도 P.167-C2 주소 10 Downing St. London SW1A 2AA 교통 지하철 Bakerloo, Northern 라인 Charing Cross 역, Bakerloo, Northern, Circle, District 라인 Embankment 역, Jubilee, Circle, District 라인 Westminster 역 홈페이지 www.gov.uk

영국 총리의 관저가 있는 곳으로 영국 정부를 상징하는 고유명사와도 같은 장소다. 수장인 총리를 중심으로 정치가들의 다양한 만남, 연회가 이루어지는데 언론은 이곳에서 어떤 말이 나오는지 항상 예의주시하고 있다. 즉 언론에서 '다우닝가 10번지에서는 이렇게 말한다'라고 하면 '정치권에서는 이렇게 말한다'로 해석할 수 있다. 의회 민주주의인 영국 정치의 실질적인 중심지라고 말할 수 있다.

이곳은 1682년 찰스 2세 시절 외교관이던 조지 다우닝 Sir George Dowing에 의해 처음 생겨났다. 20세기 들어서면서 낡은 관저들이 무너지기 시작하자 이를 재건축, 지금의 모습으로 거듭났다. 건물은 18세기 조지안 스타일의 화려하지 않은 타운하우스이며 총리의 집무실, 주거 공간, 기타 여러 용도의 방으로 이루어져 있다. 철문 안쪽으로 10번지가 총리 관저이고 11번지는 재무장관 관저, 12번지는 하원 원내총무 관저다. 화이트홀을 따라 옆으로 외무부, 내무부 등이 들어서 있다. 일반인들의 출입은 제한하고 있지만 런던의 오픈 하우스 날 입장하는 기회를 얻을 수도 있다.

Say Say Say **취잡이 고양이 보좌관 Chief Mouser to the Cabinet Office**

300여 년이나 된 건물에 살고 있는 유해충과 쥐들을 해결하기 위해 고양이를 키우기 시작했다. 1924년부터는 아예 공식적으로 보좌관 직책을 주고 쥐잡이라는 업무를 맡겨 12대인 프레이아 Freya까지 이어지고 있다. 현재는 프레이아가 은퇴하면서 한때 경질되기도 했던 11대 래리 Larry가 다시 재임 중이다. 유머와 위트가 넘치는 영국인들의 특징을 엿볼 수 있는 대목으로, 운이 좋다면 관저 앞을 유유히 돌아다니는 모습을 볼 수도 있다.

Horse Guards Parade 호스 가즈 퍼레이드

지도 P.167-C2 주소 (기마대 박물관) Horse Guards, London SW1A 2AX 운영 4~10월 10:00~18:00 11~3월 10:00~17:00 휴무 Marathon Day, Easter Friday, 12/24~Boxing Day 요금 성인 £10.00 5~16세 £8.00 교통 지하철 Bakerloo, Northern 라인 Charing Cross 역 홈페이지 https://householdcavalry.co.uk

왕실 기마병들의 연병장과 기마대 박물관 The Household Calvary Museum이 있는 곳이다. 과거 세인트 제임시스 파크 St. James's Park와 버킹엄 궁전의 공식 입구 역할을 했던 곳이며 지금도 기마병 2명이 입구를 지키고 있다. 찰스 2세 때 창설된 기마대는 왕실을 지키고 런던의 평화, 더 나아가 국제 평화 유지의 임무가 주어진다. 군인 신분이지만 현재는 주로 국가 공식 행사에서 호위 역할을 한다.

기마대 박물관은 기마대가 사용하는 의복, 투구, 갑옷, 무기 같은 물건들과 기마대의 역사에 관한 자료들을 전시하고 있다. 마구간과 유니폼 갈아 입는 곳을 볼 수 있으며 실제로 그들의 옷을 입어 보고 사진도 찍을 수 있다.

이곳에서도 근위병 교대식을 볼 수 있다. 10:00~16:00 입구에서 말을 탄 기마병이 보초를 서며 11:00(일요일 10:00)에 근위병 세리머니가 연병장 마당에서 있다. 버킹엄 궁전 앞의 근위병 교대식보다는 간단하다. 보초를 서고 있는 기마병과 사진 찍는 것은 가능하나 말을 잘못 건드리면 말발굽으로 맞을 수도 있다고 하니 조심하자.

Whitehall 화이트홀

지도 P.167-C2 주소 Whitehall London SW1A 교통 지하철 Bakerloo, Northern 라인 Charing Cross 역, Jubilee, Circle, District 라인 Westminster 역

트라팔가 스퀘어에서 국회의사당까지 이르는 대로를 말한다. 대로 좌우로 영국 정부의 주요 기관이 줄줄이 들어서 있다. 영국 정치의 중심지라고 할 수 있는 이 거리는 버킹엄 궁전으로 이어지는 더 몰 The Mall 거리와 만난다. 트라팔가 스퀘어 쪽으로 걷다 보면 멀리 넬슨 제독의 동상도 보인다. 과거 이곳에는 현재 거의 사라지고 없는 화이트 홀 궁전이 있었다.

Banqueting House 방케팅 하우스

지도 P.167-C2 주소 Banqueting House Whitehall, London SW1A 2ER 운영 임시 휴관이며 한 달에 1회 정도 가이드 투어만 가능(홈페이지에서 일정 확인 후 예약) 요금 가이드 투어 성인 £12.50 교통 지하철 Bakerloo, Northern 라인 Charing Cross 역, Jubilee, Circle, District 라인 Westminster 역 홈페이지 www.hrp.org.uk

간단한 연회나 가면극, 연극을 즐기기 위한 공간이었지만 지금은 왕실 행사 등에 사용된다. 1619년 제임스 1세 때 화이트홀 궁전에 지어졌다가 화재로 소실됐고 1622년 건축가 이니고 존스 Inigo Jones에 의해 고전주의 양식으로 재건축된 것이 지금의 모습이다. 헨리 8세의 궁전이었던 화이트홀 궁전 Whitehall Palace 중 유일하게 남아 있어 역사적 가치가 높다.

안으로 들어가면 작은 매표소와 기념품 숍이 있고 역사와 관련한 간단한 영상을 볼 수 있다. 위층 홀로 들어서면 홀 끝으로 왕좌가 보이고 유명한 루벤스 Peter Paul Rubens의 천장화가 눈에 들어온다. 이 아름다운 천장화를 편안하게 감상할 수 있도록 거의 누울 수 있는 소파가 있고 서서 볼 수 있는 반사경도 있다. 지금은 특별 이벤트 외에 임시 휴관 중이다.

Say Say Say 찰스 1세의 마음을 사로잡은 루벤스

외교관이자 화가인 루벤스는 스페인 대사 시절 영국에 와 찰스 1세의 부탁으로 방케팅 하우스의 천장화를 그렸다. 걸작이 탄생하면서 연회장의 품격이 급상승하자 찰스 1세는 루벤스에게 거액의 상금을 주었다. 그가 기뻐한 이유 중 하나는 그림의 내용이다. 천장화 중앙 타원 안에 있는 그림은 제임스 1세가 미네르바와 빅토리 신에게 왕관을 받는 장면으로, 아버지 제임스 1세의 강력한 왕권과 이에 따른 평화와 풍요의 시대를 묘사하는 내용이었기 때문이다.

Say Say Say 자신이 놀던 곳에서 죽음을 맞이한 찰스 1세

이곳에서 역사적으로 중요하게 기억될 사건은 바로 찰스 1세의 처형이다. 절대 왕정을 꿈꾸며 올리버 크롬웰과 맞섰던 찰스 1세는 크롬웰과의 내전에서 져 영국 역사상 유일하게 처형을 당한 왕이다. 그는 법정에서 사형 언도를 받고 방케팅 하우스를 가로질러 하우스 바로 앞에 마련된 단두대에서 1649년 목이 잘렸다. 이곳에서 가면극을 보고 천장화를 감상하던 그가 같은 곳에서 생의 마지막을 보내게 된 것이다. 이후 1691년, 1698년 연이은 화재로 화이트 홀 궁전이 모두 소실됐음에도 방케팅 하우스는 살아남았고 후손들에게 역사를 상기시키고 있다.

Churchill War Rooms 처칠 워 룸스

지도 P.167-C3 주소 Churchill War Rooms Clive Steps King Charles Street London SW1A 2AQ 운영 09:30~18:00(7·8월 09:30~19:00) 휴무 12/24~26 요금 성인(16~64세) £32.00 학생 £28.80 5~15세 £16.00 (도네이션 미포함 가격) 교통 지하철 Jubilee, Circle, District 라인 Westminster 역, Circle, District 라인 St. James's Park 역 홈페이지 www.iwm.org.uk

윈스턴 처칠 Winston Churchill이 제2차 세계대전 당시 전시내각을 꾸리고 각료회의 및 상황을 진두지휘하던 지하 벙커다. 히틀러의 공습이 거세지자 런던 시내는 폭격으로 많은 시민들이 죽고 수세에 몰렸다. 그때 처칠은 런던을 떠나지 않고 이 지하 벙커에서 1939~1945년까지 전쟁 상황을 국민들에게 알리고 용기를 주기 위해 계속 연설을 하며 전쟁을 승리로 이끄는 데 크게 공헌했다. 전시관을 둘러보는 내내 당시 처칠이 연설하던 실제 육성 녹음을 틀어 주어 잔잔한 감동을 준다.

제2차 세계대전 1939~1945

제1차 세계대전이 끝나고 해결되지 못한 숙제들이 20년간 곪다가 터져 버린 전쟁이다. 제1차 세계대전 패배 후 독일 내 히틀러의 인기가 날로 상승하면서 1934년에는 자신이 총통으로 취임하며 독재 정치를 이어갔다. 군부를 완전히 장악한 그는 1939년 9월 불시에 폴란드를 침입, 제2차 세계대전의 서막을 알렸다. 독일, 일본, 이탈리아의 침략에 맞서 미국, 영국, 프랑스, 소련, 중국이 연합국으로서 이에 맞섰다. 미국이 일본에 원자폭탄을 떨어뜨려 결국 연합국의 승리로 끝났으나 전쟁 이후 소련의 확장 및 중국의 공산화 등 세계의 힘이 재편됐다. 인류 역사상 가장 큰 피해를 낸 제국주의 전쟁으로 유럽의 거의 모든 나라와 아시아·아프리카가 전쟁의 피해를 입었다. 독일의 유대인 대학살(홀로코스트) 등 씻을 수 없는 상처와 비극을 남긴 전쟁이다.

윈스턴 처칠 Winston Churchill 1874~1965

처칠은 유명한 영국의 총리로, 비타협적이었던 아버지의 정치적 실패를 교훈 삼아 정적들과 타협할 줄 아는 기지 넘치는 사람이었다. 육군 사관학교 출신으로 졸업 후 보어 전쟁에 참여했다가 포로로 잡혀 탈출한 적도 있다. 오랜 하원의원 생활을 했으며 제1차 세계대전 당시 해군 장관이었고 제2차 세계대전이 시작되자 총리로 임명됐다. 연합군을 승리로 이끄는 데 공을 세웠고 1951년 총리로 재임명됐다. 그가 남긴 대작 '제2차 세계대전'은 전쟁 기록의 중요도를 인정 받아 노벨 문학상을 받았다. 은퇴 후 1965년 사망, 세인트 폴 대성당에서 장례식이 치러졌다.

St. James's Park 세인트 제임시스 파크

지도 P.166-B3 **주소** St. James's Park, London SW1A 2BJ **운영** 05:00~24:00(계절별로 다름) **교통** 지하철 Jubilee, Circle, District 라인 Westminster 역, Circle, District 라인 St. James's Park 역, Piccadilly, Jubilee, Victoria 라인 Green Park 역 **홈페이지** www.royalparks.org.uk

녹지가 많기로 유명한 런던의 대표적인 공원 중 하나다. 버킹엄 궁전에서 이어지는 더 몰 The Mall 거리 옆에 있으며 세인트 제임시스 궁전, 버킹엄 궁전, 클라렌스 하우스 등 중요한 왕실 기관과 정부 기관에 둘러싸여 있다. 13세기 이 자리에 설립된 한센병 환자들의 병원 이름에서 공원 이름을 따왔고 왕의 사냥터로 사용되는 등 수차례 변화를 거듭하다가 찰스 2세 때 대대적인 리모델링을 거쳐 대중에게 공개됐다.

공원 내 호스 가즈 퍼레이드가 설립된 후 지금의 모습으로 디자인된 것은 1837년 운하와 호수를 새롭게 디자인한 존 내시 John Nash에 의해서다. 그 후 백조, 펠리칸 등의 서식지가 되었는데 호수를 산책하다 보면 다양한 새들을 쉽게 볼 수 있다. 펠리칸은 1664년 러시아 대사가 선물로 준 것이 인연이 돼 키우게 됐고 '덕 아일랜드 코티지 Duck Island Cottage' 근처에서 14:30~15:00 사이에 따로 먹이를 준다. 주변에 왕실 관련 건물들이 많은 공원답게 각종 국가 행사에 늘 모습을 드러내며, 평소에는 런던인들의 휴식처 역할을 한다.

공원의 뷰를 더 즐기고 싶다면

공원 내 호수를 가로지르는 '더 파크 브리지 The Park Bridge'에 서 보자. 버킹엄 궁전, 반대편으로는 런던 아이, 화이트홀의 건물들이 멀리 보인다. 호수 근처 '세인트 제임시스 카페 St. James's Café'에서는 간단한 브런치와 커피를 마시며 공원의 운치를 느껴 보기에 좋다.

카페 운영 매일 08:00~18:00(계절별로 다름)

Buckingham Palace 버킹엄 궁전

지도 P.166-B3 주소 Buckingham Palace, London, SW1A 1AA 운영 2024년 7/11~8/31 09:30~19:30(17:15까지 입장) 9/1~9/29 09:30~18:30(16:15까지 입장), 겨울에는 지정 날짜에 가이드 투어를 진행하니 홈페이지를 참조할 것 요금 스테이트 룸(미리 온라인 예매 시) 성인 £32.00 18~24세 £20.50, 모두 포함된 통합 티켓 Royal Day Out(버킹엄 궁전+퀸스 갤러리+로열 뮤즈) 성인 £61.20 18~24세 £39.10 5~17세 £30.60 교통 지하철 Victoria, Circle, District 라인 Victoria 역, Piccadilly, Victoria, Jubilee 라인 Green Park 역, Piccadilly 라인 Hyde Park Corner 역 홈페이지 www.rct.uk

세상을 떠난 엘리자베스 2세를 포함, 영국의 역대 왕들이 170여 년간 거주해 온 궁전이다. 영국 왕권의 상징이기도 한 이곳은 런던의 대표적인 랜드마크로 전 세계에서 온 관광객들로 늘 붐빈다. 1703년에 버킹엄 공작 존 셰필드 John Sheffild의 사저로 건축됐고 궁 이름도 버킹엄 공작의 이름에서 비롯됐다. 왕실의 건물이 된 것은 1761년 조지 3세 때다. 조지 4세 이후 보수 확장 공사를 했고 1837년 빅토리아 여왕이 즉위하면서 본격적인 왕실의 거주지로 자리 잡았다.

정면에서 보이는 궁전의 외관은 그리 화려하지 않지만 궁전 뒤쪽으로 4만 8,000평의 넓은 정원이 있고 방의 개수도 775개에 달하는 등 엄청난 규모다. 실내 장식도 외부와는 대조적으로 화려하다.

Travel Plus

궁전 관람 방법

버킹엄 궁전 외부는 근위병 교대식 시간에 맞춰 함께 관람하는데 내부는 보통 여름 한정된 기간에만 일부 개방하기 때문에 홈페이지에서 개방 날짜를 확인하고 티켓을 예매해야 한다. 여름 이외에도 드물게 가이드 투어를 신청 받기도 한다. 궁전 외에도 부속 건물인 퀸스 갤러리, 로열 뮤즈까지 볼 수 있는데 3곳을 모두 보려면 통합티켓(Royal Day Out)으로 예매하는 것이 좀 더 저렴하다. 내부로 들어갈 때 소지품 검사를 하며 내부 촬영은 금지돼 있다.

근위병 교대식 Changing the Guard

버킹엄 궁전 방문의 하이라이트. 1785년 창설된 근위병은 영국을 상징하는 오랜 전통으로 유명하다. 붉은 재킷과 곰털로 만든 모자를 쓰고 군악대 연주와 함께 절도 있게 교대 행진을 하는 근위병의 모습을 보기 위해 많은 사람들이 버킹엄 궁전을 찾는다. 교대 시간은 보통 11:00이지만 30분~1시간 전에 미리 가서 좋은 자리를 잡는 사람들이 많다. 4~7월까지는 매일, 나머지 달에는 이틀에 한 번꼴로 열린다. 국가 행사나 국빈이 있을 경우 날짜가 변경되니 홈페이지를 확인해 보는 것이 좋다. 교대식은 45분 정도 소요되며 세인트 제임시스 궁전에서 시작해 더 몰을 지나 빅토리아 기념비를 돌고 버킹엄 궁전 안으로 들어가는 것이 일반적이다.

궁전 외부

궁전 앞에는 대형 광장이 있는데 이곳 관광의 하이라이트라 할 수 있는 근위병 교대식과 각종 행사, 집회 등이 열린다. 광장 가운데는 64년간 재임하며 영국의 황금시대를 열었던 빅토리아 여왕의 동상 Victoria Memorial이 서 있다. 플라타너스 가로수길인 더 몰 The Mall 쪽을 빅토리아 여왕이 바라보며 앉아 있고 동상 위쪽에는 황금 천사상 조각이 있다.

궁전 내부와 스테이트 룸 State Rooms

궁전 내부에는 왕실 가족과 직원이 쓰는 방들과 공식적인 행사에 쓰이는 스테이트 룸 등이 있다. 매년 공식·비공식으로 약 5만 명 이상이 버킹엄 궁전을 방문하는데 주로 스테이트 룸에서 그들을 맞이한다. 엘리자베스 2세도 생전에 북쪽의 아파트먼트에 거주하며 스테이트 룸에서 시장의 보고를 받거나 대법원장, 대사, 주교 등 많은 사람들과의 만남을 가졌다.

스테이트 룸은 내부 투어의 하이라이트다. 각 방들의 쓰임새가 조금씩 다르며 왕실의 보물들로 화려하게 장식돼 있다. 가장 중요한 행사를 하는 공식 알현실 Throne Room, 무도회장 Ball-room, 손님들이 행사 전에 주로 머무는 푸른 응접실 Blue Drawing Room, 하얀 응접실 White Drawing Room과 루벤스, 티치아노, 반 다이크, 레오나르도 다빈치 같은 유명 화가들의 작품이 걸려 있는 회화 갤러리 Picture Gallery 등이 있다.

가든 Garden

350종 이상의 꽃들과 200종 이상의 나무들과 호수가 있는 곳이다. 개인 정원 규모로는 최고라고 할 만큼 매우 크다. 다년초 화단 Herbaceous Border, 장미 정원 Rose Garden, 워털루 베이스 Waterloo Vase, 조지 4세가 이용했던 테니스 코트 등 볼거리가 많다. 1년에 3번 정도 가든 파티가 열린다. 궁전 내부 관람이 가능할 때 들어가 볼 수 있다.

The King's Gallery, Buckingham Palace

더 킹스 갤러리, 버킹엄 궁전

지도 P.166-B3 주소 Buckingham Palace, London, SW1W, 1AA 운영 10:00~17:30(16:15까지 입장) 휴무 화·수 요금 성인 £19.00 18~24세 £12.00 5~17세 £9.50 홈페이지 www.rct.uk

왕실에서 500년 이상 모아온 예술품들이 전시돼 있는 곳이다. 킹스 갤러리는 런던, 에든버러 2곳에 있으며 수집품은 주로 미술품과 가구, 공예품인데 그 양이 수십만 점에 이른다. 1962년에 개관한 이래 1999년부터 3년간 확장공사를 했고 2002년 다시 오픈했다. 도리아 양식 기둥으로 신전 느낌을 주는 입구가 눈에 띄는 이곳에 전시돼 있는 작품들은 1년에 두 번 주제에 따라 그 내용이 바뀌며 가치를 매우 높게 평가 받는 것들로 선정한다. 관람 시간은 30~40분가량 소요된다.

1층의 기념품숍도 빼놓지 말고 들러 보자. 왕실과 직접 관련된 곳이어서 퀄리티가 매우 높고 종류도 다양하다. 메이드 인 차이나 Made in China보다 메이드 인 UK Made in UK 제품이 많고 디자인 또한 고급스러운 것들이 많다.

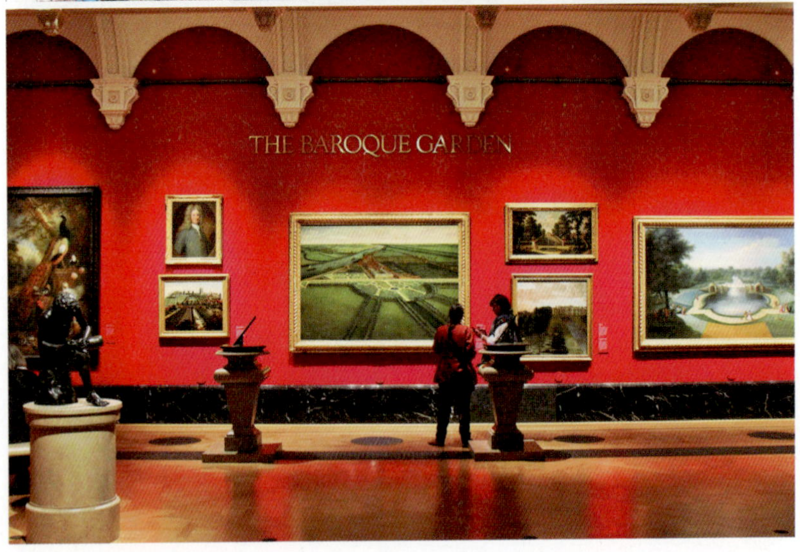

The Royal Mews, Buckingham Palace

더 로열 뮤즈, 버킹엄 궁전

지도 P.166-B3 주소 Buckingham Palace Rd, London SW1W 0QH 운영 2024년 3/1~11/3 10:00~17:00 휴무 화·수(홈페이지 참조) 요금 성인 £17.00 18~24세 £11.00 5~17세 £8.50 홈페이지 www.rct.uk

왕실 주차장이라 할 수 있는 곳이다. 여왕을 비롯한 왕실 가족들이 주요 행사 때 사용해 온 마차, 자동차 등이 전시되어 있다. 엘리자베스 2세 여왕의 다이아몬드 주빌리 기념행사 때 제작한 마차도 볼 수 있다. 이곳에는 마차를 끄는 말들과 말을 훈련시키고 말 안장 같은 각종 도구들을 관리하는 사람들도 같이 생활한다. 특히 놓치지 말아야 할 것은 조지 4세 때부터 대관식에 사용한 황금 마차 Gold State Coach다. 투어 시간은 45분 정도 소요된다.

Say Say Say

근위병 모자 베어스킨 Bearskin

영국 근위병의 독특한 제복의 특징 중 하나가 바로 모자 베어스킨 Bearskin이다. 근위병의 트레이드 마크이기도 한 이 모자는 순수 곰털을 사용해 만들며 모자 옆에 달린 깃털의 색이나 개수로 계급을 알 수 있다. 무게 또한 상당하고 여름철에는 매우 더워 실용성이 떨어지지만 영국의 상징이자 전통을 중요시하는 영국의 특성상 쉽게 포기하지 않을 것으로 보인다. 19세기 워털루 전쟁 때 적들에게 더 크고 위협적으로 보이게 하려고 착안한 데서 유래됐다. 실제 곰털을 사용하기 때문에 PETA(동물 애호가들의 모임)에게 늘 반발을 사고 있다.

The Mall 더 몰

지도 P.166-B2·B3, P.167-C2 주소 The Mall, London SW1A 2BJ 교통 지하철 Victoria, Jubilee 라인 Green Park 역, Bakerloo, Northern 라인 Charing Cross 역

버킹엄 궁전에서 트라팔가 스퀘어까지 이어지는 1km 정도의 직선대로다. 왕실의 중요한 행사나 퍼레이드가 있을 때 이 길을 주로 지나가며 근위병 교대식이 이루어지는 길로도 유명하다. 플라타너스 가로수와 함께 수많은 유니언잭이 펄럭이는 모습이 인상적이며 대로 양쪽으로 세인트 제임시스 궁전, 세인트 제임시스 파크 등이 이어져 있다. 버킹엄 궁전에서 출발해 길을 따라 끝까지 걸으면 오른쪽으로는 제임스 쿡 James Cook 선장의 동상이 보이고 바로 애드미럴티 아치 Admiralty Arch가 나온다. 이 문을 지나면 트라팔가 스퀘어까지 갈 수 있다.
더 몰은 평소에는 차량이 많이 지나다니는 보통 길이지만 국가 행사가 있을 때면 차량 통행이 금지되고 보행자 전용도로가 된다. 2022년 여왕 즉위 70년인 플래티넘 주빌리 Platinum Jubilee 행사와 2023년 찰스 3세의 대관식 때에도 수많은 인파가 이 길을 가득 메웠다. 늘 볼 수 있는 것은 아니지만 운이 좋으면 왕실의 마차가 지나가는 것도 볼 수 있다.

Admiralty Arch 애드미럴티 아치

지도 P.167-C2 주소 The Mall London SW1A 2WH 교통 지하철 Bakerloo, Northern 라인 Charing Cross 역

더 몰의 맨 끝에 자리해 대문 역할을 하고 있는 애드미럴티 아치는 3개 아치가 있는 커다란 입구 건물이다. 어머니 빅토리아 여왕을 기리기 위해 에드워드 7세가 건립했고 1912년 완공됐다. 3개 문 가운데 중앙의 아치문은 왕의 전용문이기 때문에 평소에는 철창살 문으로 닫혀 있고 일반인 출입이 금지된다.

Trafalgar Square 트라팔가 스퀘어

지도 P.167-C2 주소 Trafalgar Square, Westminster, London WC2N 5DN 교통 지하철 Bakerloo, Northern 라인 Charing Cross 역

1805년 스페인 트라팔가에서 있었던 전투에서 영국의 호레이쇼 넬슨 Horatio Nelson 제독이 나폴레옹 연합군을 무찌르고 승리한 것을 기념하기 위해 만든 광장이다. 광장 내에는 1843년 세워진 50m 높이의 기념탑이 있는데 탑 위의 동상이 바로 넬슨 제독이다. 너무 높아서 잘 안 보이지만 5.5m나 되는 거대한 동상이다. 탑 밑의 네 마리 사자는 1867년 전투에 쓰였던 대포탄을 녹여 만들어 추가된 것이다. 광장 정면에는 웅장하고 고풍스럽게 서 있는 내셔널 갤러리가 있고 반대편 작은 원형 광장에는 찰스 1세의 동상이 있으니 눈여겨보자.

광장 주변은 관광객뿐 아니라 분주히 움직이는 시민들로 항상 붐비는 만남의 장소이다. 또한 중요한 집회나 전시, 여러 문화행사도 열리는데 매년 12월에는 대형 크리스마스트리가 세워져 더욱 낭만적으로 변모한다. 트리는 노르웨이에서 제2차 세계대전 참전에 감사하는 뜻을 담아 매년 선물로 보내는 것이다.

트라팔가 해전 Battle of Trafalgar

영국 해군의 우수함을 입증한 전투다. 유럽 대륙이 나폴레옹 1세의 지배하에 놓였던 때 프랑스 제독 피에르 드 빌뇌브가 이끄는 프랑스·스페인 연합 33척의 배와 영국 호레이쇼 넬슨이 이끄는 27척의 배가 1805년 스페인 트라팔가 곶에서 벌인 전투를 말한다. 단 한 척의 함대도 잃지 않고 승리를 거둔 영국 해군은 이 전투로 영국을 침공하려던 나폴레옹의 계획을 꺾고 영국을 지켰을 뿐 아니라 100년 이상 해상 강국으로 자리매김했다. 넬슨은 전투 중 적의 총에 맞아 사망했는데 총을 맞은 후에도 4시간이나 지휘를 했다고 한다. 넬슨 제독은 우리나라 이순신 장군처럼 영국의 위대한 해전 영웅으로 기억되고 있다.

National Gallery
내셔널 갤러리

영국 최초의 국립 미술관으로 1824년 처음 전시를 시작했고 1838년 현재의 자리에 세워졌다. 최초의 전시물은 은행가인 존 앵거스타인 John Julius Angerstein의 수집품들이었다. 초창기에는 영국 화가들의 작품이 많았는데 점차 늘어나는 유럽 여러 나라의 작품들로 한곳에 전시하기가 힘들어졌다. 영국의 대표 화가 윌리엄 터너 William Turner가 남긴 1,000점 이상의 작품을 소장하게 되면서 1857년 초상화는 국립 초상화 미술관으로, 현대 미술은 테이트 갤러리로 옮겨졌다. 1876년에 갤러리가 커지면서 다시 많은 작품이 돌아오기도 했지만 영국 화가들의 작품을 계속 분리 전시하면서 영국의 많은 근·현대 작품들은 주로 테이트 브리튼에서 만날 수 있게 됐다.

현재 갤러리에서는 13세기 중세 작품부터 르네상스를 거쳐 20세기 초반까지의 회화 작품을 전시 하고 있는데, 고흐, 마네, 모네, 다빈치, 라파엘로, 미켈란젤로 등 우리에게 익숙한 작가들이 많아 더 흥미롭다. 소장 작품을 항상 모두 전시하는 것이 아니고 특별 행사로 인해 전시 위치가 가끔 바뀌기도 하니 홈페이지에 들어가 전시 내용이나 작품에 대한 정보를 미리 확인하면 도움이 된다.

지도 P.167-C2 **주소** The National Gallery Trafalgar Square London WC2N 5DN **운영** 매일 10:00~18:00(금 ~21:00) **휴무** 1/1,12/24~26 **요금** 무료 **교통** 지하철 Bakerloo, Northern 라인 Charing Cross 역 **홈페이지** www.nationalgallery.org.uk
※ 작품 보호 차원에서 전시를 쉬는 경우가 있으니 방문 전 홈페이지를 참조할 것

TIP

관람 요령

갤러리 지도를 참고해 자신이 보고 싶은 작품과 동선을 정하고 움직이는 것이 좋다. 시간이 한정된 관광객들은 하이라이트 작품을 중심으로 보면 된다. 언어별 안내도와 여러 형태의 가이드 투어도 있다.

※ 2024년 내셔널 갤러리 탄생 200주년을 맞아 Sainsbury Wing 관이 2026년까지 공사 예정이다. 작품의 위치 변동이 있고 일부 작품은 지방 전시에 나가 있으니 작품의 현재 위치를 참고해 동선을 짜자.

내셔널 갤러리

Level 2

(2024년 기준)

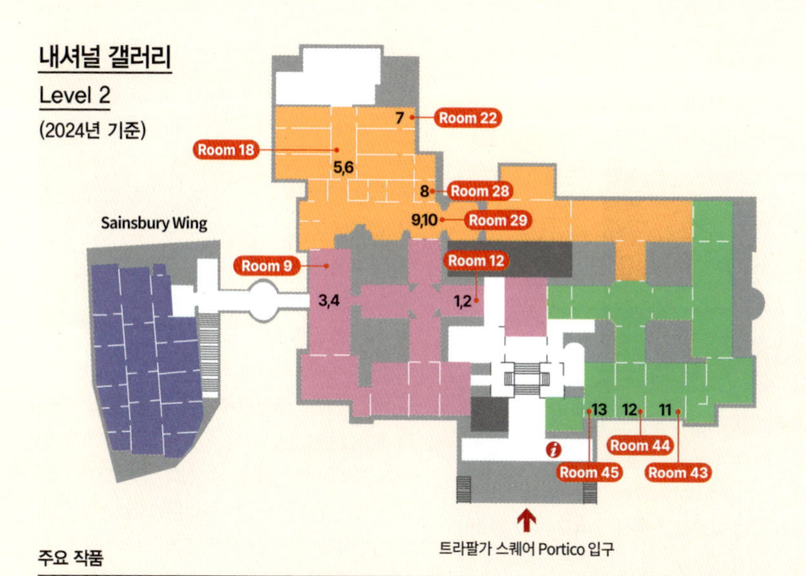

주요 작품

1 대사들
2 교황 율리우스 2세
3 암굴의 성모
4 그리스도의 매장
5 삼손과 데릴라
6 파리스의 심판
7 34세의 자화상
8 아르놀피니 부부의 초상화
9 도제 레오나르도 로레단의 초상화
10 바쿠스와 아리아드네
11 아스니에르에서의 물놀이
12 막시밀리안의 처형
13 제인 그레이의 처형
14 비너스와 마르스(지방 전시 중)
15 엠마오에서의 만찬(지방 전시 중)
16 전함 테메레르의 마지막 항해(지방 전시 중)
17 해바라기(전시 임시 중단)

Sainsbury Wing 관		1200~1500년 회화. 얀 반 에이크, 보티첼리, 마르스, 레오나르도 다빈치 등의 초기 르네상스 작품 다수 전시. *2026년까지 공사 예정, 임시 폐쇄.
본관	서	1500~1600년 회화. 한스 홀바인, 브론치노, 라파엘로 등
	북	1600~1700년 회화. 네덜란드의 풍경화, 정물화, 카라바조, 루벤스, 렘브란트, 벨라스케스, 베르메르 등
	동	1700~1930년 회화. 고흐, 모네, 세잔, 터너 등

Say Say Say

제2차 세계대전 당시 그림들도 피란을 갔다

제2차 세계대전 당시 히틀러의 폭격이 런던을 덮치자 갤러리 측은 그림의 피란을 결정했다. 이때 대부분의 그림이 웨일스의 산속으로 옮겨졌고 일부는 영국 서남부에 있는 글로스터셔로 갔다. 일촉즉발의 상황에서 당시 갤러리 디렉터는 처칠에게 중요한 그림들을 캐나다로 보내자고 제안했으나 처칠은 단 한 점의 그림도 절대로 영국 밖으로 내보내서는 안 된다며 동굴이나 지하 창고에 숨기라고 했다. 그렇게 웨일스 광산으로 옮겨진 그림들은 땅속에서 전쟁이 끝나길 기다렸다.

폭격이 잦아들자 영국인들은 한 달에 한 점씩 가지고 나와 감상하기 시작했다. 이를 'Picture of the Month'라고 하는데 전쟁이 끝난 후에도 전통으로 남게 됐다. 방문하기 전 홈페이지에서 이달의 그림을 확인하고 공부해 간다면 더욱 유익할 것이다.

주요 작품

① 대사들 The Ambassadors

(한스 홀바인 Hans Holbein, 1533) Room 12

그림의 크기가 가로, 세로 2m가 넘는 대작이다. 이 그림은 당시 상황을 암시하는 것으로 유명하다. 왼쪽은 헨리 8세 시절의 프랑스 대사 '장 드 댕트빌 Jean de Dinteville', 오른쪽은 주교 '조르주 드 셀브 Georges de Selves'. 댕트빌이 친구 조르주의 런던 방문을 기념하기 위해 한스 홀바인에게 의뢰한 것이다. 당시 영국은 가톨릭을 박해하던 서슬 퍼런 절대 왕정의 시기였다. 때문에 가톨릭 국가 프랑스에서 온 댕트빌은 불안한 나날을 보내고 있었고 표정이 그것을 말해준다. 두 사람이 입은 옷은 그들이 지도층임을 보여주며 그들 사이에는 있는 값비싼 책, 악기, 지구의, 해시계 등의 소품들은 모두 메시지를 가지고 있다. 악기의 줄은 끊어져 있고 수학책은 나눗셈 부분이다. 영국과 교황청의 분열을 의미한다. 지구의는 댕트빌이 돌아가고 싶은 프랑스를 가리키고 있으며 그러한 심경을 나타내는 해골 목걸이를 걸고 있다. 놓치지 말아야 할 부분은 죽음을 의미하는 바닥의 일그러진 해골. 그림의 오른편에 서서 왼쪽으로 바라보면 해골 모습이 잘 보인다. 이 해골과는 대조적으로 왼쪽 커튼 뒤에 살짝 보이는 십자가는 구원의 메시지를 뜻한다.

② 교황 율리우스 2세

Portrait of Pope Julius II

(라파엘로 산치오 Raphael (Raffaello Santi), 1511) Room 12

당시 권력자들을 미화시켜 그린 것에 비하면 이 그림 속 교황 율리우스는 참으로 현실적인 느낌을 준다. 늙어 주름이 보이고 고뇌하는 표정이 그대로 드러난다. 라파엘로가 29세 때 그린 이 그림은 교황의 수염 길이로 정확한 연도를 알 수 있었다고 한다. 교황이 1511년 볼로냐를 빼앗기고 그 울분으로 수염도 깎지 않고 지내다가 1512년 3월에 수염을 깎았다고 하니 그 시기에 그려진 것임을 알 수 있다. 독재자에다 불같은 성격의 소유자였던 율리우스 2세는 의외로 예술 분야에 후원을 아끼지 않아 예술가들과 친분이 많았다고 한다. 그림 속의 다문 입술, 아래를 보는 시선, 여러 종류의 반지 등을 통해 그의 성품을 엿볼 수 있다. 이 초상화는 훗날 여러 교황의 초상화에 영향을 주었다.

③ 암굴의 성모

The Virgin Of The Rocks

(레오나르도 다빈치 Leonardo da Vinci, 1491~1508) Room 9

레오나르도 다빈치가 그린 '암굴의 성모'는 파리의 루브르 박물관에도 있는데, 두 그림은 얼핏 보면 똑같아 보이지만 조금 다르기 때문에 비교하며 보면 더 흥미롭다. 루브르의 것은 두 아기 중 누가 요한이고 예수인지 명확하지 않으며 천사가 손가락으로 무언가를 가리키고 있다. 반면 이 그림은 두 아기 모두 머리에 빛의 원반이 있고 그중 왼편이 요한임이 드러난다. 낡은 거적을 입고 다녔던 요한을 상징하듯 가슴께에 거적을 두르고 갈대 십자가를 진 것이 보인다. 천사의 손가락도 사라졌다. 오른쪽 아기 예수는 무엇인가 전달하려는 듯 손가락을 펴 아기 요한에게 축복을 내리고 있다. 동굴은 어머니의 품으로 비유되곤 하는데 어두운 동굴을 배경으로 네 인물이 더욱 빛을 발한다. 특히 다빈치의 스푸마토 기법으로 부드럽고 신비로운 표현이 잘 드러난 작품이다.

④ 그리스도의 매장 The Entombment

(미켈란젤로 부오나로티 Michelangelo Buonarroti, 1500~1501) Room 9

그리스도의 매장이라는 주제는 많은 화가들이 다루었다. 십자가에 못박혀 죽은 그리스도의 시신을 십자가에서 내린 뒤 바위굴에 무덤을 파 안장한다는 내용이다. 그런데 미켈란젤로가 초기에 그린 이 작품은 미완성인 상태로 남아 있다. 이유는 울트라 마린이라는 안료를 구하지 못해서라 고 한다. 이 군청색 안료는 보석인 청금석에서 추출하기 때문에 값이 비쌌다. 비록 완성하진 못했지만 미켈란젤로는 자신의 조각 작품에 근육을 잘 표현하기로 유명한데 이 그림에도 그런 부분이 잘 드러나 있고 그리스도의 시신을 똑바로 세워 그렸다는 점이 다른 작품들과 다르다.

⑤ 삼손과 데릴라 Samson and Delilah

(피터 폴 루벤스 Peter Paul Rubens, 1609~1610) Room 18

성경에 묘사돼 있는 삼손의 일생 중 가장 유명한 이야기는 삼손과 데릴라의 일화다. 삼손은 블레

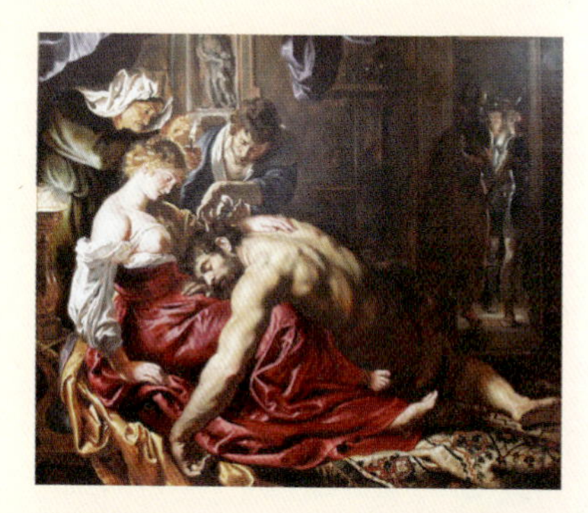

셋의 데릴라를 사랑하게 되고 그녀의 꼬임에 넘어가 자신의 힘의 원천이 머리카락임을 말하고 만다. 블레셋인들은 삼손의 머리카락을 자른 후 눈을 파 연자방아를 돌리게 하는데 삼손의 머리카락이 다시 자라기 시작하면서 힘을 되찾는다는 이야기다. 데릴라의 무릎에서 힘없이 잠든 근육질의 삼손 뒤로 머리카락을 자르려는 자와 문밖에서 눈을 파기 위해 송곳을 들고 기다리는 자들이 곧 벌어질 끔찍한 비극적 장면을 충분히 상상하게 한다. 루벤스는 이 그림에서 빛을 이용한 강한 명암 대비를 보여주고 있다. 군주들의 사랑을 많이 받은 화가였던 그는 궁정화가로 고용돼 활동했고 이런 인연으로 내셔널 갤러리는 그의 그림을 30점 이상 소유하고 있다.

⑥ 파리스의 심판 The Judgement of Paris

(피터 폴 루벤스 Peter Paul Rubens, 1597~1599) Room 18

그림은 트로이의 왕자 파리스가 헤라, 아프로디테, 아테나 세 여신이 미를 겨루게 하고 승자인 아프로디테(비너스)에게 황금사과를 건네는 장면이다. 루벤스는 총 3점의 파리스의 심판을 남겼는데, 이것은 그가 23세에 그린 첫 작품이며 두 번째 그림도 내셔널 갤러리에 있다. 방패가 있는 오른쪽 여인이 아테나(미네르바)이고 왼쪽이 헤라(주노)다. 하늘의 먹구름은 다가올 전쟁의 비극을 암시하고 있다. 이 심판이 전쟁으로 이어진 이유는 이 여인들이 내건 조건 때문이었다. 파리스는 제일 아름다운 여인을 준다고 한 비너스를 선택했고 비너스는 당시 가장 아름다운 여인이었던 스파르타 왕의 부인이었던 헬레나를 큐피드의 화살을 맞게 해 파리스에게 준다. 이에 격분한 스파르타 왕 메넬라오스는 그리스 군대를 이끌고 트로이로 쳐들어가 결국 파리스를 죽이고 헬레나를 데리고 간다.

⑦ 34세의 자화상

Self Portrait at the age of 34

(판 레인 렘브란트 Rembrandt Harmenszoon van Rijn, 1640) Room 22

렘브란트가 네덜란드에서 가장 성공한 화가가 되면서 최고의 명성과 부를 누리던 시절에 그린 자화상이다. 렘브란트는 특히 초상화를 잘 그렸고 자화상도 수십 점 넘게 남겼다. 34세의 자화상은 그의 많은 자화상 중에서도 대표적인 작품이다. 값비싼 옷을 입고 있지만 드문드문 난 콧수염, 덥수룩한 턱수염, 살이 오른 모습을 사실적으로 그려냈다. 렘브란트는 자화상을 통해 성공했다는 자만심보다는 나이를 먹어가며 내적으로 성숙해가는 자신을 잘 표현해냈다. 이 작품은 티치아노의 '한 남자의 초상'에 나오는 자세를 비슷하게 취한 채 그린 것으로 유명하다. 몸은 약간 옆으로 틀었고 오른팔은 난간에 올린 채 시선은 정면을 향해 있다.

⑧ 아르놀피니 부부의 초상화

The Arnolfini Portrait

(얀 반 에이크 Jan van Eyck, 1434) Room 28

유화 기법을 창시한 얀 반 에이크의 이 그림은 이탈리아 상인이자 거부인 아르놀피니 부부의 결혼식을 그린 전신 초상화로, 15세기 유럽인들의 결혼을 나타내는 상징들이 곳곳에 숨어 있는 흥미로운 그림이다. 신부는 이탈리아 유명 은행가의 손녀로 60대의 조반니 아르놀피니 Giovanni Arnolfini와 정략결혼 중이다. 비싼 옷을 입고 서약을 하고 있지만 그리 행복해 보이지는 않는다. 이 당시는 중요한 서약을 할 때 맨발로 하는 풍습이 있었는데 벗어 놓은 신발도 가지런하지 않다. 충성심을 상징하는 개, 천장의 혼례의 촛불, 비싼 과일이었던 오렌지, 스테인드글라스 창 밖으로는 체리 나무도 보인다. 뒤쪽 벽에는 순수와 순결을 상징하는 묵주가 걸려 있다. 바로 옆 예수의 고난 장면의 틀이 있는 볼록 거울을 보면 두 사람 말고도 사람들이 더 있다. 그들 중 하나가 얀 반 에이크다.

⑨ 도제 레오나르도 로레단의 초상화

Doge Leonardo Loredan

(지오반니 벨리니 Giovanni Bellini, 1501~1502) Room 29

레오나르도 로레단은 1501~1521년 베네치아를 통치했던 도제, 즉 총독이다. 파란색 바탕에 섬

세 한 총독의 얼굴과 의복이 눈에 띈다. 그는 총독의 관복을 입고 있고 코르노라는 베네치아 총독이 쓰는 모자를 쓰고 있다. 고급스러운 비단 망토 가운데 한 줄로 길게 달린 단추도 상징적인 것이다. 초상화 속 로레단의 표정은 총독의 위엄을 잘 보여 주고 있지만 어떤 생각을 하는지, 성격이 어떤지 드러나지 않는다. 당시 베네치아의 정치 기조는 통제와 자제였다고 하는데 총독의 무표정이 그런 기조를 잘 설명하고 있는 것 같다.

⑩ 바쿠스와 아리아드네
Bacchus and Ariadne

(티치아노 베첼리오 Tiziano Vecellio (Titian), 1523) Room 29

16세기 이탈리아 베네치아의 유명한 화가 티치아노(영어식 이름은 티티안)의 작품이다. 바쿠스는 제우스의 아들이자 와인의 신인 디오니소스를 말한다. 이 작품은 테세우스에게 버림 받고 낙소스 섬에 버려진 크레타 섬의 공주 아리아드네와 바쿠스의 만남을 그리고 있다. 바쿠스는 아리아드네에게 첫눈에 반해 두 마리의 치타가 끄는 마차에서 뛰어 내려 아리아드네에게 가 그녀

의 왕관을 하늘의 별자리로 만들어 불멸하게 만든다. 티치아노는 색채의 강한 대비를 통해 천상 세계와 지상 세계를 구분해 이 장면을 묘사했다. 파란 하늘과 흰색으로 표현된 좌측 천상 세계에 아리아드네가, 어둡고 거친 우측의 지상 세계에는 바쿠스가 있다. 대각선으로 나뉘는 삼각형 구도를 통해 둘의 운명적이고도 대비되는 극적인 만남을 표현한 인상적인 작품이다.

⑪ 아스니에르에서의 물놀이
Bathers at Asniéres

(조르주 쇠라 Georges Seurat, 1884) Room 43

점묘법의 대가인 쇠라의 그림들은 몽환적이고 부드러운 느낌을 준다. 이 그림 또한 여름철 한가롭게 물놀이하는 풍경을 부드럽게 잘 묘사하고 있다. 그러나 그림을 자세히 보면 사람들의 표정이 그리 밝지가 않다. 이 그림이 그려졌던 당시는 산업혁명이 한창이던 때로 많은 노동자들이 탄생했고 고된 일상을 살고 있었다. 강가에 앉아 있는 사람들 너머로 멀리 공장에서는 매연이 나오고 노동자들과 멀리 떨어진 지점에서 프랑스 국기를 단 작은 돛단배가 귀족처럼 보이는 남녀를 태우고 강을 건너고 있다. 휴식을 취하는 평화로운 모습이지만 노동자들의 인생의 고단함이 엿보이는 작품이다.

⑫ 막시밀리안의 처형
The Execution of Maximilian

(에두아르 마네 Edouard Manet, 1867~1868) Room 44

막시밀리안은 나폴레옹 3세가 멕시코에 허수아비 황제로 보낸 오스트리아 대공이었다. 보낼 때는 지원을 아끼지 않겠다고 했지만 그 약속은 지켜지지 않았고 막시밀리안은 공화정을 원하는 멕시코인들에게 1867년 총살되고 만다. 당시 나이 35세. 마네는 이 사건에 분노해 이 그림을 그렸다. 그림을 보면 군인들이 멕시코 군이 아니라 프랑스 군이다. 즉 막시밀리안을 죽인 것은 멕시코 군대가 아니라 프랑스라고 말하고 싶었던 마네의 생각을 엿볼 수 있다. 그런데 이 그림은 조각조각 나뉘어 있고 심지어 막시밀리안은 보이지도 않고 메자 장군의 손을 잡은 그의 왼손만 보인다. 마네가 막시밀리안 부분을 잘라냈다고 전해지며 마네가 죽은 뒤 조각으로 나뉘어 팔렸다고 한다. 이것을 친구였던 드가가 사 모았고 드가의 사후, 갤러리 측이 유품 구입으로 전시할 수 있게 된 것이다.

⑬ 제인 그레이의 처형 The Execution of Lady Jane Grey

(폴 들라로슈 Paul Delaroche, 1833) Room 45

에드워드 6세가 죽은 뒤 가톨릭 신자였던 메리 1세가 여왕이 되는 걸 꺼리던 성공회 쪽 사람들이 헨리 8세 여동생의 손녀라는 이유로 급하게 여왕으로 세운 17세 소녀 제인 그레이. 어머니의 원한을 가지고 있던 메리가 반역죄로 몰아 런던 타워에 가두고 참수할 때까지 고작 9일 동안 여왕 자리에 있었던 제인 그레이는 공식적으로도 여왕으로 인정받지 못한 슬픈 운명의 주인공이다. 처형을 앞둔 제인 그레이와 그의 시종들이 두려움에 떨고 있고 옆에서 도끼를 들고 기다리는 망나니가 두려움을 고조시킨다. 참담한 상황을 반영한 듯한 어두운 주변과 대조적으로 제인 그레이는 유독 하얗고 아름답게 보인다.

⑭ 비너스와 마르스 Venus and Mars

(산드로 보티첼리 Sandro Botticelli, 1485년경)

※지방 전시 중

비너스는 미의 여신이고 마르스는 전쟁의 신이다. 마르스가 경계심 없이 비너스 앞에 잠들어 있는 이 장면은 유부남과 유부녀인 그들의 불륜 장면이며 그리스 신화 속 이야기다. 보티첼리가 이 그림을 그리게 된 계기는 베스푸치 가문이 딸의 혼수로 보내는 장에 붙일 그림을 의뢰해서다. 따라서 그림의 모양이 옆으로 길고 그림 속 인물들이 유독 가까이 붙어 있다. 비너스는 무언가 섭섭한 표정으로 마르스를 쳐다보고 있고 마르스는 세상 모르고 잠이 들어 있다. 이 장면이 재미있는지 그들 사이에 사티로스 Saturos들이 마르스의 무기와 투구를 가지고 놀며 웃고 있다. 비너스와 마르스의 사랑에 초점을 둘 수도 있지만 어찌 됐건 혼수로 가져가는 그림이 불륜이라니 좀 아이러니하다.

⑮ 엠마오에서의 만찬

The Supper at Emmaus

(미켈란젤로 메리시 다 카라바조 Michelangelo Merisi da Caravaggio, 1601) ※지방 전시 중

죽음에서 부활한 예수와 그의 제자들이 엠마오에서 저녁 식사를 하는 성서의 장면을 그린 것이다. 가운데 앉아 손을 들고 있는 예수는 젊고 수염이 없으며 붉은 옷을 입은 보통 남자 같다. 예수 옆의 세 인물도 개성 있게 묘사됐다. 조개껍데기를 달고 있는 사람은 순례 중임을 의미하며 그가 예수임을 알아보고 깜짝 놀라는 모습들이 생동감 있게 나타나 있다. 옆에 서 있는 사람은 의아한 표정으로 예수를 쳐다보고 있다. 바로크 회화의 선두에 있던 카라바조는 자연주의적 성향이 강했으며 강한 명암 대비(키아로스쿠로 Chiaroscuro)로 섬세한 묘사를 한다. 작가 본인도 칼을 들고 다니며 논쟁하기를 좋아했던 불같은 성격의 소유자였고 살인, 불법 무기 소지, 폭행 등의 죄를 짓고 죄인으로 쫓기던 세월이 길었던 특이한 이력의 소유자다.

⑯ 전함 테메레르의 마지막 항해

The Fighting Temeraire Tugged to her Last Berth to be broken up

(조지프 말로드 윌리엄 터너 Joseph Mallord William Turner, 1839) ※지방 전시 중

윌리엄 터너는 영국인이 가장 사랑하는 화가로 영국다운 그림을 많이 그렸다. 터너가 남긴 무수한 작품들 중 이 작품은 '가장 위대한 영국 그림' 1위를 차지한 적도 있다. 전함 테메레르는 트

라팔가 전투에서 영국을 승리로 이끄는 데 지대한 공헌을 한 배로 영국인들에게는 그 의미가 특별하다. 증기선이 대세가 된 당시, 쓸모가 없어져 운수업자에게 팔린 테메레르가 임무를 마치고 예인선에 이끌려 부두로 들어오는 마지막 모습을 그린 것이다. 배경 또한 쓸쓸함이 묻어나는 일몰과 테메레르의 운명이 묘하게 교차하며 아픔을 더해준다. 터너는 이 장면을 직접 보지는 못했고 상상해서 그렸는데, 전함의 마지막이 잘 전달된 명작으로 평가 받는다.

⑰ 해바라기 Sunflowers

(빈센트 반 고흐 Vincent van Gogh, 1888)

※전시 임시 중단

강렬한 붓 터치가 특징인 고흐의 유명한 작품이다. 그는 프랑스 아를에 고갱과 함께 살 집을 한 채 얻었는데 집 옆으로 해바라기가 가득했다고 한다. 내셔널 갤러리에 걸려 있는 해바라기는 그가 아를에서 그린 4점의 해바라기 중 4번째 작품으로 꽃병에 꽂힌 14송이의 해바라기라고 불리기도 한다. 친구 고갱과 아를에서 함께 살 꿈에 부풀어 벽에 걸어두었던 그림으로 그가 그린 11개의 해바라기 중 가장 걸작으로 꼽힌다. 갤러리 측은 고흐의 동생 테오의 부인에게 여러 번 정중히 제안해 이 그림을 가져올 수 있었다고 한다. 1924년부터 전시해 온 갤러리 대표 작품 중 하나다.

St. Martin-in-the-Fields 세인트 마틴 인 더 필즈

지도 P.169-C4 주소 Trafalgar Square, London WC2N 4JJ 운영 매일 09:00~17:00(교회 투어 매주 수요일 14:30) 요금 무료 교통 지하철 Bakerloo, Northern 라인 Charing Cross 역 홈페이지 www.stmartin-in-the-fields.org

내셔널 갤러리 옆에 있는 교회다. 코린트 양식의 기둥이 있는 그리스 신전 같은 정면에 뾰족한 첨탑이 올라가 있어 외관이 매우 독특하다. 고전주의와 고딕 양식이 조화된 지금의 모습은 1726년 디자인된 것이고 최초의 교회는 1222년에 지어졌다.

정면 계단을 올라 본당에 들어가면 흰색과 금색의 조화가 아름다운 천장이 눈에 띈다. 원래 무덤이었던 지하에는 카페, 갤러리, 기념품 숍이 있고 영국의 화가 윌리엄 호가스 William Hogarth, 조슈아 레널즈 경 Sir Joshua Reynolds의 무덤이 있다. 이 지하는 빈민자들의 숙소나 전시에 대피소로 사용되기도 했다.

클래식 애호가들에게 좋은 기회인 무료 연주회가 열린다.

이 교회에서 특히 주목할 점은 무료 클래식 연주회가 열린다는 것이다. 촉망 받는 신인 연주자들에게 발표 기회를 주고 일반인들은 이를 무료로 감상할 수 있는데 연주회 일정은 홈페이지를 통해 확인할 수 있다. 무료 연주회는 60년간 진행해 오면서 교회의 전통이 됐다. 연주회는 무료지만 교회를 위한 기부금을 권장하고 있다. 저녁에는 유료 공연도 열린다. 특히 크리스마스 즈음 열리는 헨델의 메시아 공연이 매우 인기가 있다. 모든 사람들에게 공개하고 있으며 예배부터 연주회까지 자유롭게 참여할 수 있다. 단 연주회가 시작되면 입장이 불가능하니 연주회 시간을 확인하고 가자.

Travel Plus

쉬어 가자!! 세인트 마틴 인 더 필즈의 카페

Café in the Crypt

교회 지하에 있는 카페로 30년 이상 문을 열고 있다. 오래된 벽돌 천장이 그 역사를 말해주는 빈티지한 공간이다. 브런치, 점심, 저녁, 애프터눈 티 등 다양한 메뉴가 있다. 원래 매주 수요일 저녁에는 이 카페의 전통이 된 재즈 나이트 공연을 개최해 왔는데 지금은 임시 중단된 상태다. 날씨가 따뜻해지는 4월부터 10월까지는 교회 뒤쪽 야외 테라스에서도 카페를 연다(Café in the Court-yard). 커피, 차, 케이크, 샌드위치, 샐러드 등을 팔며 가격도 합리적인 편이다.

운영 월·금 10:00~19:30 화 10:00~18:00 수 10:00~17:00 목·토 10:00~19:00 일 11:00~17:00

National Portrait Gallery 초상화 갤러리

지도 P.169-C4 주소 Saint Martin's Place, London, WC2H 0HE 운영 매일 10:30~18:00(금·토 ~21:00) 요금 무료 교통 지하철 Northern, Piccadilly 라인 Leicester Square 역, Bakerloo, Northern 라인 Charing Cross 역 홈페이지 www.npg.org.uk

영국이 남긴 인물들의 초상화 작품을 총망라해 놓은 갤러리로 4개 층으로 이루어진 공간 자체가 엄청 크진 않지만 방문하는 사람마다 흥미로워하는 곳이다. 내셔널 갤러리에서 초상화 작품들을 독립시켜 이곳으로 옮겨 왔는데, 1856년 개장해 1896년 지금의 전시관으로 이전했다. 구입, 기증, 유품 등으로 소장 작품 수가 늘면서 점차 확장돼 지금의 규모가 됐다. 16세기부터 현재까지 유명한 영국인들의 초상화나 사진들을 전시하고 있고 셰익스피어의 초상화가 갤러리의 첫 번째 컬렉션이다. 현재 12만 점이 넘는 방대한 초상화 중 1,400여 점을 연대기별로 전시하고 있고 드로잉, 조각들도 있다. 셰익스피어, 아이작 뉴턴, 빅토리아 여왕, 엘리자베스 1세, 엘리자베스 2세, 다이애나 비, 찰스 왕세자, 케이트 미들턴, 마거릿 대처, 앤디 워홀 등 이름만 들어도 알 만한 유명인들의 초상화뿐 아니라 영국 역사상 가장 놀라운 스캔들의 주인공 헨리 8세와 그의 부인들, 올리버 크롬웰, 그에 의해 목이 달아난 찰스 1세 등 매우 다양한 인물들의 초상화로 가득하다. 그들의 초상화 앞에 서면 그들이 남긴 이야기들을 떠올리게 된다. 20세기 이후에는 인물들의 사진 작품이 두드러진다. 가끔 한 인물을 집중 탐구하거나 하나의 주제로 엮인 재미있는 특별전도 열리니 홈페이지를 참고하자. 2023년까지 리뉴얼 공사 후 재오픈했다.

윌리엄 셰익스피어 William Shakespeare 초상화 (존 테일러, 1610)

초상화 갤러리의 1호 소장품인 윌리엄 셰익스피어의 초상화는 존 테일러 John Tayler에 의해 셰익스피어가 살아 있을 때 그려진 것으로 알려져 있다. 1610년이면 셰익스피어가 46세 때로 그림 속의 셰익스피어도 40대 이미지다. 수염, 벗겨진 이마, 평범한 옷차림, 귀걸이 등이 눈에 띈다. 초상화 갤러리 측은 이 그림을 1856년에 사들였다. 영국에서 가장 칭송 받는 극작가이자 시인인 셰익스피어는 세계적으로 유명세를 떨쳤으나 의외로 개인적인 이야기는 거의 알려져 있지 않다. 현재 그의 초상화는 50여 점 정도 남아 있지만 얼굴들이 다르다. 실명과 얼굴도 명확하게 밝혀지지 않았기 때문에 초상화 또한 누가 진짜 얼굴을 그린 것인지 항상 진위 여부가 따라다닌다. 심지어 초상화 대부분이 그의 사후에 그려진 것으로 밝혀져 더욱 의구심을 낳았다. 하지만 초상화 갤러리에 전시된 이 초상화는 그의 생전에 그려진 것으로 밝혀져 더욱 가치가 있다.

Leicester Square 레스터 스퀘어

지도 P.167-C2 주소 Leicester Square, London WC2H 7DE 교통 지하철 Northern, Piccadilly 라인 Leicester Square 역

영화관, 뮤지컬 극장, 펍, 카페, 레스토랑, 공원이 밀집해 있는 광장이다. 17세기 이곳에 거주하던 레스터 백작의 이름을 따 레스터 스퀘어라 불리게 됐다. 지금과 달리 과거에는 아이작 뉴턴 같은 유명 인사들이 살면서 귀족들의 저택이 가득했던 곳이다. 그러나 세월이 흐르면서 지금은 공연 시설과 유흥 시설이 많은 상업 지역으로 변모했다.

레스터 스퀘어에는 작은 공원이 있는데 시원한 분수와 함께 공원 한가운데에 셰익스피어 동상이 있고 근처에서 살았던 아이작 뉴턴이나 찰리 채플린, 윌리엄 호가스 등의 조각상들도 있다. 이곳에는 바쁜 발걸음을 잠시 멈추고 벤치에 앉아 쉬는 사람들과 약속을 기다리는 사람들이 눈에 많이 띈다. 주변에 영화관이 많은 만큼 유명 영화 시사회는 거의 이곳에서 이루어지므로 가끔 배우들이 나타나기도 한다. 무엇보다 뮤지컬의 본고장이 된 웨스트 엔드 지역의 중심으로 많은 뮤지컬 극장들이 있고 티켓을 살 수 있는 티켓 부스 tkts가 있다.

Cecil Court 세실 코트

지도 P.169-C3 주소 Cecil Court London WC2N 4EZ 교통 지하철 Northern, Piccadilly 라인 Leicester Square 역 홈페이지 www.cecilcourt.co.uk

레스터 스퀘어에서 한 블록 떨어진 곳에 위치한 오래된 헌책방 거리다. 작은 골목 양 옆으로 오래된 책, 엽서, 우표, 기념품, 골동품 등을 팔고 있는 가게들이 오밀조밀 나란히 자리하고 있는 이곳은 헌 책들의 냄새가 솔솔 나는 앤티크한 거리다. 옛날 셰익스피어 작품을 비롯한 고서적들과 현재까지 출간돼 영국을 뜨겁게 했던 많은 책들, 골동품들이 사람들의 발길을 기다리고 있다. 비틀스 관련 물건들을 파는 곳도 볼 수 있다. 어떤 책이나 물건들은 엄청 비싼 가격이 붙어 있기도 하다.

Chinatown 차이나타운

지도 P.167-C1 주소 China Town London W1D 6BZ 교통 지하철 Northern, Piccadilly 라인 Leicester Square 역

레스터 스퀘어에서 북쪽으로 조금만 올라 가면 레스터 스퀘어 분위기와는 사뭇 다른 동네가 나온다. 제라드 거리 Gerrard Street를 중심으로 펼쳐져 있는 차이나 타운으로 입구에는 중국 분위기가 물씬 풍기는 붉은색의 문이 있다. 18세기 영국으로 이주해 온 중국인 항해사와 무역업자들이 모여 그들의 문화를 고수하며 마을을 이룬 곳으로 원래는 이스트 엔드 지역에 있었다. 그러나 제2차 세계대전 당시 폭격으로 마을은 큰 손상을 입었고 주민들은 지금의 차이나타운이 있는 웨스트 엔드 소호로 이주해 다시 정착했다. 1960년대 이후에는 홍콩으로부터 이주해 오는 중국인들이 많아지면서 타운은 점점 더 커졌다. 이들은 신년 퍼레이드 New Year Parade(음력 설날)나 연등 행사 같은 그들의 명절과 관련한 행사를 매년 개최하면서 결속력을 다지고 있다.

차이나타운은 중국 음식을 비롯해 다양한 동양 음식을 맛볼 수 있어 여행자들이 한 끼 식사를 해결하기 좋은 장소라고 할 수 있다. 레스토랑뿐 아니라 슈퍼마켓, 마사지 숍 등 다양한 상점과 중국인들의 커뮤니티 센터가 자리하고 있다.

Travel Plus

Soho 소호

웨스트 엔드의 중심 지역으로 리젠트 스트리트 Regent Street, 옥스퍼드 스트리트 Oxford Street, 차링 크로스 로드 Charring Cross Road, 섀프츠버리 애비뉴 Shaftsbury Avenue로 둘러싸인 런던의 번화가다. 과거에는 귀족들의 저택이 있었고 시간이 갈수록 가난한 예술가들과 이민자들이 정착하면서 지금의 모습으로 변모했다. 큰길은 화려하지만 골목으로 조금만 들어가면 이민자 거리, 게이 거리, 뮤지션 거리 등이 있는데 그러한 다양성이 사람들을 끌어모으는 요소가 되었다.

The Wallace Collection 더 월리스 컬렉션

지도 P.166-A1 주소 Hertford House, Manchester Square, Marylebone, London W1U 3BN 운영 매일 10:00~17:00 요금 무료 교통 지하철 Central, Jubilee 라인 Bond Street 역 홈페이지 www.wallacecollection.org

소호에서 북서쪽으로 조금 떨어져 있는 맨체스터 스퀘어에 조용히 자리한 미술관이다. 18세기에 지어진 타운하우스 건물로, 안뜰에 생긴 카페는 유리 지붕을 통한 가득한 채광 덕분에 더욱 인기를 끌고 있다. 30여 개의 갤러리에는 15~19세기에 이르는 다양한 회화 작품과 조각, 도자기, 가구, 무기, 갑옷 등을 전시하고 있으며, 특히 18세기 프랑스 회화 작품들이 유명하다. 또한 방마다 화려한 장식들이 가득해 미술품 외에도 볼거리가 많다.

Piccadilly Circus 피카딜리 서커스

지도 P.167-C2 주소 Piccadilly Circus, London W1J 9HW 교통 지하철 Bakerloo, Piccadilly 라인 Piccadilly Circus 역

서커스란 여러 길이 만나는 로터리 같은 곳을 말한다. 피카딜리 서커스는 소호 인근에서 유동 인구가 가장 많고 번화한 곳 중 하나다. 이곳에서 리젠트 스트리트, 피카딜리 로드 등 여러 대로가 뻗어 나가며 소호 지역의 많은 길들과 이어진다.

서커스의 중심부에는 1891년 세워진 작은 원형 광장이 있는데, 그 중심에 에로스 동상이 서 있는 원형 계단이 있다. 관광객을 포함해 시민들까지 늘 많은 사람들이 이 계단에 앉아서 휴식을 취하거나 만남의 장소로 활용하고 있다. 에로스 동상은 정치가이자 자선 사업가인 섀프츠버리 Shaftesbury를 기념하기 위해 세운 것으로, 원래 에로스의 형제인 안테로스가 모델이었다고 한다. '자선 천사의 상'이라는 공식 명칭이 있음에도 사람들은 흔히 에로스 동상이라고 부른다.

광장의 주변은 화려한 대형 광고판들과 많은 건물들로 둘러싸여 있다. 1873년 완공한 크리테리온 극장 The Criterion Theatre과 복합 엔터테인먼트 공간인 런던 트로카데로 London Trocadero 등을 비롯해 유명 브랜드 숍들과 뮤지컬 등 각종 공연 티켓을 파는 티켓 오피스들이 즐비해 있다. 이곳의 광고판들은 그 광고료가 막대한 것으로 유명한데, 종종 국내 기업인 현대나 삼성의 광고도 볼 수 있다.

Say Say Say 왜 피카딜리일까

'피카딜리'라는 이름은 원래 피카딜스 Piccadillis라는 말에서 왔다. 스트랜드 거리에 있는 양복점에서 한 재단사가 주름과 레이스가 달린 칼라를 만들었는데 그 칼라 이름이 피카딜스였다. 이 피카딜스는 귀족들에게 폭발적인 인기를 끌었고 사람들은 양복점이 있던 거리 자체를 피카딜스라 부르기 시작했는데 이것이 피카딜리라는 이름의 출발이다.

Regent Street 리젠트 스트리트

지도 P.166-B1·B2 주소 Regent St., London, W1B United Kingdom 교통 지하철 Bakerloo, Victoria 라인 Oxford Circus 역, Bakerloo, Piccadilly 라인 Piccadilly Circus 역 홈페이지 www.regentstreetonline.com

피카딜리 서커스에서 곡선으로 뻗어 나가 옥스퍼드 스트리트까지 이어지는 길이다. 세계적인 쇼핑 거리이며 유명 브랜드 상점들이 굽은 길을 따라 이어져 있다. 높이가 일정한 우아한 건물들에 고급스러운 매장들이 그 자체로 볼거리를 주는 곳이며 애플 스토어, 버버리 본점, 아쿠아스큐텀 제이 크루 등이 입점해 있다. 이런 숍들이 1km 이상 이어져 있으며 세계적 명성의 쇼핑 거리답게 매년 750만 명의 관광객이 다녀간다. 매장들뿐 아니라 크고 작은 사무실이 밀집해 있고 2만 명 이상이 상주해 근무하고 있다. 대로 사이사이 독특한 작은 길들도 많다. 먹거리가 많은 헤든 스트리트 Heddon Street, 스왈로 스트리트 Swallow Street, 영화 킹스맨으로 유명해진 새빌 로 Savile Row, 쇼핑 거리인 카나비 스트리트 Carnaby Street 등이 있다.

Say Say Say

리젠트 Regent라는 말의 의미는?

리젠트 Regent라는 말의 의미는 섭정이다. 정신병이 있던 조지 3세를 대신해 1811년에서 1820년까지 훗날 조지 4세가 되는 그의 아들 조지가 섭정을 맡았는데 섭정하는 왕자라 해 그를 프린스 리젠트라고 불렀다. 이 프린스 리젠트의 친구였던 존 내시는 그를 위해 많은 건축물을 만들었고 이 시기의 건축 양식을 리젠트 스타일이라 부른다. 이 양식이 유행하면서 그 시기에 지어진 건물이나 공원, 길들에 리젠트라는 이름이 많이 붙게 됐다.

옥스퍼드 스트리트 Oxford Street ··· p.222

사우스 몰튼 스트리트 South Molton Street ··· p.224

본드 스트리트 Bond Street ··· p.224

Burlington Arcade 벌링턴 아케이드

지도 P.168-A4 주소 51 Piccadilly, London W1J 0QJ 운영 월~금 08:00~19:00 토 09:00~19:00 일 11:00~18:00 교통 지하철 Bakerloo, Piccadilly 라인 Piccadilly Circus 역, Jubilee, Piccadilly, Victoria 라인 Green Park 역 홈페이지 www.burlingtonarcade.com

1819년 오픈해 200년 역사를 가진 영국 최초의 쇼핑몰이다. 올드 본드 스트리트 옆으로 나란히 위치하며 벌링턴 가든스와 피카딜리 로드를 이어준다. 공식적인 건축 배경은 사람들에게 즐거움을 주고 여성들에게 일자리를 제공하는 것이었지만 데번셔 공작인 캐번디시 경의 사유지였던 이곳에 사람들이 자꾸 쓰레기를 버리자 이를 막기 위해 지었다는 뒷얘기가 있다. 높은 유리 천장의 내부와 40여 개의 깔끔한 매장이 복도를 따라 단정하게 자리하고 있고 역사가 오래된 고급 브랜드가 많다. 아케이드 입구에는 19세기 스타일 차림의 안내원 비들 Beadle이 서 있는데 이는 아케이드의 오랜 전통이다.

Royal Academy of Arts(RA) 왕립 미술원

지도 P.166-B2 주소 Burlington House, Piccadilly, London W1J 0BD 운영 화~일 10:00~18:00(금 ~21:00) 휴무 월 교통 지하철 Bakerloo, Piccadilly 라인 Piccadilly Circus 역 홈페이지 www.royalacademy.org.uk

영국 순수 미술의 정착과 수준 높은 예술가들을 육성하기 위해 설립된 영국 최초의 미술학교이자 협회로 설립 이후 멤버십으로 운영해왔다. 당시 영국을 대표하던 화가 조슈아 레이놀즈 경(Sir Joshua Reynolds)이 설립을 이끌고 초대 수장을 지냈다. 영국 최고 자연주의 화가인 윌리엄 터너 William Turner도 이곳에서 미술 수업을 받았다.

이곳의 최고 행사는 매년 여름에 개최하는 250년 전통의 '여름 전시 The Summer Exhibition'다. 누구나 참여할 수 있는 기회를 주는 일종의 공모전 타입의 전시회로 선발 과정은 까다롭지만 미술가들에게 매우 인기가 있다. 왕립 미술원은 내셔널 갤러리가 세워지기 전에 만들어진 곳이라 당시 미술 작품을 관람하는 중요한 장소였다. 이러한 전통으로 크고 작은 여러 전시회를 늘 개최하고 있으며 조각, 소품, 회화 등 다양한 작품을 판매도 한다. 오랜 역사를 가진 곳이니 만큼 웅장하고 고풍스러운 건물 또한 볼거리다. 건물 위 매우 섬세하게 조각된 조각들도 챙겨 보자.

Savile Row 새빌 로

지도 P.166-B1·B2 주소 Mayfair, London W1S 교통 지하철 Bakerloo, Piccadilly 라인 Piccadilly Circus 역

새빌 로는 리젠트 스트리트에서 비고 스트리트 Vigo Street로 들어가 조금만 걸으면 오른쪽으로 나 있는 길이다. 이곳에는 비스포크 수트 Bespoke Suit라고 불리는 고급 수제 양복점들이 들어서 있다.

새빌 로가 테일러들의 거리로 유명해진 것은 18세기 후반 왕실과 국회와 인접해 있던 메이페어 Mayfair 지역의 레더 슈즈 Leather Shoes 장인들과 새빌 로 테일러 Savile Row Taylor들이 인근 젠틀맨들과 군대에 신발과 옷을 제공하면서부터다. 당시 영국은 계속되는 전쟁으로 많은 군복을 납품해야 했고 런던 중심가에서 금융과 정치에 종사하는 젠틀맨들의 품위 있는 신사복 수요 또한 증가했다. 이때 테일러링 기술이 많이 발전하면서 이곳은 200년 이상 비스포크 양복 거리로 자리 잡았다.

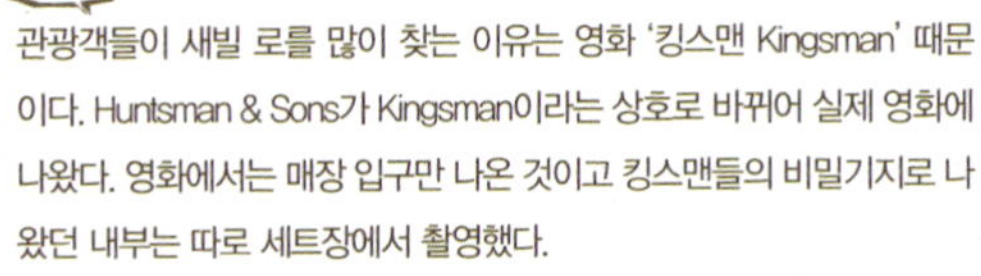

Say Say Say

킹스맨의 콜린 퍼스는 없지만 그 흔적을 찾아 고고!!

관광객들이 새빌 로를 많이 찾는 이유는 영화 '킹스맨 Kingsman' 때문이다. Huntsman & Sons가 Kingsman이라는 상호로 바뀌어 실제 영화에 나왔다. 영화에서는 매장 입구만 나온 것이고 킹스맨들의 비밀기지로 나왔던 내부는 따로 세트장에서 촬영했다.

Handel Hendrix House 헨델 헨드릭스 하우스

지도 P.166-B1 주소 25 Brook Street, Mayfair, London W1K 4HB 운영 수~일 10:00~17:00 휴무 월·화 요금 성인 £14.00 학생 £10.00 교통 지하철 Central, Jubilee 라인 Bond Street 역 홈페이지 www.handelhendrix.org

새빌 로 서쪽으로는 리젠트 스트리트와 평행을 이루는 본드 스트리트 Bond Street가 이어지는데, 이 번화한 쇼핑 거리 바로 안쪽에 위대한 두 음악가가 살았던 집이 있다. 본드 스트리트와 브룩 스트리트 Brook Street가 만나는 부분에 위치한 이 집은 1층에 상점이 있는 평범한 건물이지만 2층에는 블루 플라크 2개가 나란히 붙어 있어 눈길을 끈다.

왼쪽의 흰색 건물에서는 젊은 나이에 요절한 미국의 전설적인 기타리스트 지미 헨드릭스 Jimi Hendrix가 1년간 살았었고, 오른쪽의 벽돌 건물에서는 영국인으로 귀화해 런던에서 생을 마감한 바로크 음악의 거장 헨델 George Frideric Handel이 36년간 살았었다. 이 놀라운 인연을 묶어 하나의 박물관으로 만들었으며 건물 뒤에 작은 입구가 있다. 각각 당시의 모습을 느낄 수 있도록 방을 꾸며 놓았는데 이곳에서 종종 작은 음악회가 열린다.

Carnaby Street 카나비 스트리트

지도 P.166-B1 주소 Carnaby Street, London W1F 7QS 교통 지하철 Bakerloo, Victoria 라인 Oxford Circus 역, Bakerloo, Piccadilly 라인 Piccadilly Circus 역 홈페이지 www.carnaby.co.uk

번화한 소호 지역에서도 젊은이들이 특히 많이 몰리는 패션 거리로 유명하다. 1960년대 젊은 세대의 마인드와 유행을 반영한 패션과 문화의 중심 거리로 떠올랐고, 지금까지도 독특하고 다양한 디자인의 매장들이 들어서 있다. 200m 정도의 길지 않은 거리지만 1960년대 패션과 문화를 주도한 카나비 룩의 발생지로 명성을 이어가고 있다. 카나비 룩은 일종의 모즈 룩 Mods Look으로, 기존 관습에 반항하는 현대적인 스타일이다. 비틀스의 엄청난 인기로 모즈 룩이 대대적인 인기를 모으며 상당 기간 유행했었다. 트렌디하고 아기자기한 숍과 레스토랑, 카페들이 들어서 있다.

St. Christopher's Place 세인트 크리스토퍼스 플레이스

지도 P.166-A1 주소 Christopher's Place Marylebone, London W1U 1LN 교통 지하철 Jubilee 라인 Bond Street 역 홈페이지 www.stchristophersplace.com

작은 부티크와 카페가 모여 있는 거리로 규모가 크지는 않아도 개인 디자이너들의 작은 숍, 인테리어 가게, 예쁘고 아기자기한 레스토랑과 카페들이 거리를 메우고 있다. 옥스퍼드 스트리트에서 북쪽으로 나 있는 제임스 스트리트로 들어가서 조금만 걸으면 나오는데 한쪽 벽에 St. Christopher's Place라고 쓰인 보라색 건물이 눈에 띄어 찾기 쉽다. 큰 대로의 화려한 쇼핑 거리와 대조적인 보행자 전용도로의 작은 길을 거닐며 소소한 쇼핑을 즐기기에 좋은 장소다.

Covent Garden 코벤트 가든

지도 P.167-C1 **주소** Covent Garden, London WC2E 8RF **운영** 월~토 10:00~20:00 일 11:00~ 18:00(상점별 상이, 홈페이지 참조) **교통** 지하철 Piccadilly 라인 Covent Garden 역 **홈페이지** www.coventgarden.london

다양한 상품을 파는 마켓과 카페, 레스토랑이 즐비한 런던의 대표 쇼핑 명소로 관광객이 많이 찾는다. 관광객 외에도 여러 목적으로 오고 가는 유동 인구가 많아 생동감이 느껴지는 곳이다. 특히 퇴근 시간에는 주변 펍마다 맥주 한 잔을 하기 위해 가게 밖까지 나와 서 있는 시민들로 붐비기도 한다.
이곳은 13세기 수도원의 밭에서 자란 각종 야채들을 팔기 위해 섰던 시장이었다. 헨리 8세 시절 수도원 박해로 인해 문을 닫기도 했지만 대화재 이후 런던이 재개발되면서 다시 살아나기 시작했다. 도로가 정비되고 운하가 발달하면서 더 많은 사람들이 몰리자 규모가 점점 커져 런던 최대의 시장으로 발전했다. 이후 주변이 복잡해지고 교통체증이 심해지자 이전의 필요성이 제기됐고, 코벤트 가든의 출발이었던 청과물 도매 시장은 1974년 템스강 남쪽으로 이전하게 됐다.
코벤트 가든은 지붕과 대형 홀이 있는 건물과 각종 거리 공연을 볼 수 있는 광장으로 이루어져 있다. 주변은 로열 오페라 하우스, 교통 박물관 등으로 둘러싸여 있다. 옛날처럼 영국 최대 시장 느낌은 아니지만 건물 안에는 유명 레스토랑부터 간단하게 한 끼 해결하기 좋은 곳까지 다양한 레스토랑과 카페가 있다. 건물 안팎으로 각종 액세서리, 앤티크 상품들을 파는 마켓들이 있어 구경할 것도 많다. 애플 마켓 Apple Market이란 작은 마켓에서는 수제품과 그림, 액세서리 등 아기자기한 물건들을 팔고 주빌리 마켓 Jubilee Market에서는 의류, 수공예품, 앤티크, 기념품 등을 판다.

Travel Plus

코벤트 가든의 명물 중 하나는 끊임없이 펼쳐지는 거리 공연

이곳에서는 아무나 공연을 할 수 있는 것은 아니고 당국의 허가를 미리 받아야 가능하다. 서커스에 가까운 묘기를 보여 주는 사람부터 행위 예술, 연주가들까지 공연의 종류도 다양하고, 주변엔 늘 그것을 호응해 주는 사람들로 북적인다. 바닥에 편하게 둘러앉아 공연을 보고 자기가 감동한 만큼 페이하면 된다. 공연을 좋아하는 런더너들의 모습이 여기서도 나타나는데 이런 공연들에 적극 참여하고 환호해주면 더 재미있는 추억으로 남을 것이다.

Royal Opera House 로열 오페라 하우스

지도 P.169-D2 주소 Bow St., London WC2E 9DD 운영 매일 12:00~마지막 저녁 공연 교통 지하철 Piccadilly 라인 Covent Garden 역 홈페이지 www.roh.org.uk

코벤트 가든 북쪽 바로 맞은편에 위치한 고풍스러운 건물로 발레와 오페라 공연을 하는 공연장이다. 1732년 세워졌으며 로열 오페라단, 로열 발레단, 로열 오페라 오케스트라단이 상주하고 있고 바로 옆에는 발레학교도 있다. 윌리엄 콘그레이브의 '세계의 길'을 처음 공연하며 왕립 극장 Theatre Royal이라는 이름으로 개관해 오페라, 연극, 발레를 무대에 올렸다. 그 후 두 번의 대형 화재를 겪었고 1858년 세 번째로 극장이 재건축됐을 때 로열 오페라 하우스라는 이름을 얻게 됐다. 1980년대 이후에 발레 스튜디오, 연습실, 분장실 등이 새로 건축됐고 각종 첨단 시설을 확충해 지금의 모습으로 거듭났다. 내부의 폴 햄린 홀 Paul Hamlyn Hall도 볼거리다. 빅토리아 왕조풍으로 설계된 이곳은 반원형의 유리와 철제 빔으로 만들어져 아름답고 독특하다. 공연을 보지 않더라도 테라스 카페와 바, 레스토랑이 있어 가볼 만하다.

London Transport Museum 교통 박물관

지도 P.169-D3 주소 Covent Garden Piazza, London WC2E 7BB 운영 매일 10:00~18:00(마지막 입장 17:00) 요금 성인 £24.00 입장권 구입하면 1년 동안 무제한 입장, 17세 이하 무료 교통 지하철 Piccadilly 라인 Covent Garden 역 홈페이지 www.ltmuseum.co.uk

영국 교통 발전의 역사를 알 수 있는 박물관으로 외관도 기차역처럼 생겼다. 영국이 가진 최초의 타이틀 중에는 최초의 철도, 버스, 지하철 등 교통에 관련한 것이 많은데 이것과 관련된 전시는 물론 최초로 개발된 교통수단에 대한 자료, 옛 시티라인의 지하철, 마차, 2층 버스의 전신인 2층 마차 등 볼거리가 많다. 영국 최초의 지하철은 증기기관차다. 1890년 전기 철도가 나오기 전까지 엄청난 연기를 내뿜으며 지하를 달렸다고 생각하면 지금은 얼마나 발전한 것인지 알 수 있다. 3층부터 내려오면 시대순으로 그 발전 과정을 볼 수 있다. 초기 교통수단과 출구 쪽 미래형 교통수단을 비교하는 재미가 쏠쏠하다. 박물관 옆에는 기념품 숍이 있으며 교통을 주제로 한 다양한 상품이 2층까지 빼곡하다.

Neal's Yard 닐스 야드

지도 P.169-C2 주소 Neal's Yard, London WC2H 9DP 교통 지하철 Piccadilly 라인 Covent Garden 역

코벤트 가든 인근에 알록달록 예쁜 색깔로 장식된 좁은 골목이 있다. 넓지도 길지도 않은 길이지만 작은 상점, 카페가 자리한 명소다. 세븐 다이얼스에서 뻗어 나가는 쇼츠 가든 스트리트 Shorts Garden Street와 먼머스 스트리트 Monmouth Street 사이에 나 있는 좁은 길 안쪽에 자리하고 있다. 찾기가 쉽지는 않지만 그 주변을 돌아다니다 보면 갑자기 눈앞에 골목 안의 작은 마당이 나타난다. 예쁜 색깔 때문에 사진 찍는 장소로도 인기이며, 같은 이름의 유기농 화장품 브랜드 닐스 야드 레미디스 Neal's Yard Remedies의 컬러풀한 간판이 잘 어울리는 곳이다. 우리나라에도 입점해 마니아층이 있는 이 브랜드는 500년 전통의 블루 보틀 Blue Bottle 허브 치유법으로 잘 알려져 있다.

Freemason's Hall 프리메이슨 홀

지도 P.169-D1 주소 60 Great Queen St. London WC2B 5AZ 운영 월~토 09:30~17:00 휴무 일, 공휴일, 12/25~신년 연휴 기간 요금 무료(투어 성인 £12.50) 교통 지하철 Piccadilly 라인 Covent Garden 역, Central, Piccadilly 라인 Holbon 역 홈페이지 www.ugle.org.uk

전 세계 프리메이슨 Freemason 조직의 영국 총 본산이다. 프리메이슨 조직은 고급 사교 클럽으로, 1717년 중세 길드 중의 하나인 석공들의 모임이 그 시초다. 그 후 조직이 세분화되고 모임의 성격이 여러 차례 변화해 최근에는 음모론자들에 의해 매우 비밀스러운 조직으로 소개되기도 한다. 코벤트 가든 지하철역에서 나오면 바로 앞에 펼쳐진 번화가가 롱 에이커 Long Acre 길이다. 이 길에서 (지하철역을 등지고) 오른쪽으로 고개를 돌리면 멀리 웅장한 건물이 한눈에 들어온다. 런던의 프리메이슨들은 1775년부터 이 지역에 건물을 매입해 모임을 가져왔다. 현재의 건물은 1933년에 완공된 것으로 제1차 세계대전에서 희생된 3,200여 명의 프리메이슨들을 기리해 위해 지어졌다. 건물 안에는 일반인들에게도 무료로 개방되는 도서관과 박물관 The Library and Museum of Freemasonry이 있어 프리메이슨과 관련된 각종 자료나 전시물을 볼 수 있으며 유료 가이드 투어도 있다.

Seven Dials 세븐 다이얼스

지도 P.167-C1 주소 45 Seven Dials London WC2H 9HD 교통 지하철 Piccadilly 라인 Covent Garden 역

중앙의 모뉴먼트 Monument를 기준으로 7갈래의 길이 뻗어 나가는 독특한 구조를 가진 곳이다. 모뉴먼트에는 7개의 시계 장식이 달려 있다. 길마다 카페, 레스토랑, 펍, 갤러리, 공연장 등이 있고 브랜드 매장과 셀렉트숍, 개성 있는 가게들 때문에 아기자기한 구경거리가 많다. 런던에서 가장 핫한 커피 전문점 먼머스 커피 Monmouth Coffee도 있다. 코벤트 가든에서 그리 멀지 않은 곳에 있어 함께 방문하면 좋다.

Somerset House 서머셋 하우스

지도 P.167-D2 주소 Strand, London WC2R 1LA 운영 매일 스트랜드 입구 08:00~23:00 휴무 12/25 교통 지하철 Circle, District 라인 Temple 역 홈페이지 www.somersethouse.org.uk

영화 '러브 액츄얼리'에 나온 스케이트장이 있던 대저택으로, 워털루 브리지 건너편 템스강 가에 자리한 아트 센터다. 원래는 에드워드 6세 시절 서머셋 공작의 집이었으나 1776년 공공건물로 용도를 변경해 왕실 건축가였던 윌리엄 체임버스 경 William Chambers이 신고전주의 양식의 왕실 사무용 건물로 설계하였다. 19세기에 들어서는 빅토리아 양식으로 확장 공사를 했고 지금은 정부 기관과 예술학교, 로열 아카데미, 3개의 박물관(코톨드 갤러리 The Courtauld Gallery, 허미티지 룸스 Hermitage Rooms, 길버트 장식 예술 전시장 Gilbert Collection)이 있어 런던 시민들의 문화예술 체험의 장으로 활용되고 있다.

또한 다양한 콘서트, 전시회, 문화행사가 열린다. 7~8월에는 야외 스크린을 설치해 영화를 상영하는 '여름 밤의 필름 페스티벌'이 열린다. 겨울에는 스케이트장으로 바뀌고 평소에는 분수가 가동된다.

The Courtauld Gallery
더 코톨드 갤러리

서머셋 하우스 부속 건물에 있는 개인 미술관으로 인상주의 컬렉션으로 유명하다. 사업가였던 새뮤얼 코톨드 Samuel Courtauld가 자신의 컬렉션들을 기증하면서 1932년 문을 열었다. 당시 인상주의는 크게 주목을 받지 못하던 시절로, 미술 전문가도 아닌 사업가가 자신의 안목만으로 작품들을 골랐다는 것이 놀랍다. 마네, 모네, 르누아르, 세잔, 고갱, 고흐 등에 관심을 가졌으며, 마네의 '폴리 베르제르의 바', 고흐의 '귀를 자른 자화상' 등 천부적 소질이 보이는 컬렉션이 눈길을 끈다.

지도 P.167-D1 **주소** Somerset House, Strand, London WC2R 0RN **운영** 매일 10:00~18:00(17:15까지 마지막 입장) **휴무** 12/25~26 **요금** 평일 성인 £10.00(기부금 포함 £12.00), 주말 성인 £12.00(기부금 포함 £14.00), 18세 이하 무료 **교통** 지하철 Circle, District 라인 Temple 역 **홈페이지** www.courtauld.ac.uk

인상주의란 Impressionism

1860년경 프랑스에서 시작된 미술 사조다. 작가가 느끼는 사물의 순간을 포착해 시각적으로 표현한다. 튜브 물감이나 이젤 등 미술 도구의 발전으로 작가들은 화실 밖으로 나가 풍경이나 사람들의 순간적인 모습을 빛에 따라 달라지는 색으로 나타냈다. 대표 작가로는 모네, 르누아르, 피사로, 드가 등이 있으며 1874년 파리 무명 예술가 협회전 전시회로 알려졌다. 이들은 훗날 후기 인상파에도 영향을 줬는데 후기 인상파들은 인상주의 기법을 좀 더 과학적으로 발전시켜 접근하고자 했다. 고갱, 쇠라, 세잔, 고흐 등 우리에게 익숙한 화가들이 많다.

주요 작품

① 폴리 베르제르의 바
A Bar at the Folies-Bergére
(에두아르 마네, 1882)

마네의 마지막 작품으로 그가 사망하기 1년 전 파리 살롱에 전시한 걸작이다. 폴리 베르제르는 19세기 파리의 유명 고급 술집인데, 그림 속 왼쪽 위의 곡예사, 화려한 샹들리에, 고급 옷차림을 하고 있는 손님들을 보면 규모가 큰 사교장임을 알 수 있다. 이 작품이 주목 받은 이유는 그림의 가운데 서 있는 바텐더 때문이다. 화려한 술집의 풍경과는 대조적인 우울한 그녀의 표정이 인상적이다. 정면을 보고 있지만 거울에 비친 뒷모습은 오른쪽으로 굴절돼 많은 논쟁을 일으킨 작품으로, 마네의 예술적 장치라는 것이 일반적인 의견이다.

② 귀를 자른 자화상
Self-portrait with Bandaged Ear
(빈센트 반 고흐, 1889)

고흐는 프랑스 아를에서 고갱과 두 달간 같이 살았다. 하지만 꿈에 부풀었던 고흐의 기대와는 달리 둘은 계속 부딪혔고 결국 돌이킬 수 없는 상처를 남기고 결별한다. 그 절망감 때문인지 급기야 고흐는 자신의 귀를 잘라버리고 만다. 붕대로 감싼 그림 속의 고흐는 희망 없는 자신의 운명을 말하려는 듯한데 결국 1년 뒤 자살로 생을 마감했다.

③ 카드놀이 하는 사람들
The Card Players (폴 세잔, 1892~1896)

세잔은 카드놀이 하는 사람을 주제로 5점의 작품을 그렸다. 이곳에 전시된 작품은 런던미술협회 소장작으로 카드놀이 하는 두 사람만이 강조된 그림이다. 아무것도 없는 테이블에 희미하게 와인 병이 하나 놓여 있을 뿐이다. 문학가 에밀 졸라와 친구였던 세잔은 에밀 졸라의 작품에 자신이 재능 없는 화가로 묘사된 것에 상처를 받고 고향으로 내려가 작품활동에 몰두했는데, 그때 그린 작품들이 세잔을 역사에 길이 남는 화가로 만들어 주었다고 한다.

④ 무대 위의 두 발레리나
Two Dancers on a Stage
(에드가르 드가, 1874)

드가는 인상파 화가였으나 눈이 나빠 실내 작업을 많이 했다. 말년으로 갈수록 그의 눈은 더 나빠져 유화보다는 파스텔을 선호하게 됐다고 한다. 파스텔로 그림을 그린 뒤 물을 묻혀 퍼지게 하는 기법을 사용했는데, 이 그림에서도 뒤의 배경을 이 기법으로 그려 주인공들을 더욱 선명하게 돋보이게 만들었다. 발레리나들을 주제로 한 그림을 여러 점 남긴 드가는 다양한 구도를 시도해 발레리나들의 우아함과 아름다움을 보여준 것으로도 유명하다.

⑤ 두 번 다시는
Nevermore (폴 고갱, 1897)

고갱이 앨런 포의 시 '까마귀'에서 영감을 얻어 그린 작품이다. 전시회의 실패, 가족들의 냉대로 1895년 다시 타히티로 돌아온 고갱은 딸 알린의 죽음까지 겹쳐 절망적이었는데 그 심정을 그림에 고스란히 담았다. 침대에 누워 있는 여인은 고갱의 정부 파후라다. 이 여인은 무기력하게 누워 뒤에 있는 까마귀와 두 사람의 쑥덕거림을 신경 쓰는 것처럼 보인다. 까마귀는 죽음을 암시하며 왼쪽 옆에 Nevermore라고 쓰여 있다. 자살 기도까지 했던 고갱의 심리가 보이는 작품이다.

Southbank Centre 사우스뱅크 센터

지도 P.167-D2 주소 Southbank Centre Belvedere Road London SE1 8XX 운영 (푸드 마켓) 금 12:00~20:00 토 11:00~20:00 일 12:00~ 18:00 (각 공연장 및 갤러리는 홈페이지 참조) 요금 무료 교통 지하철 Bakerloo, Jubilee, Northern, Waterloo & City 라인 Waterloo 역 홈페이지 www.southbankcentre.co.uk

런던의 대표적인 종합 공연예술 센터로 원래 낡은 공장들이 있던 지역이 예술 공연장으로 탈바꿈한 대규모 문화지구다. 로열 페스티벌 홀 Royal Festival Hall, 퀸 엘리자베스 홀 Queen Elizabeth Hall, 헤이워드 갤러리 Hayward Gallery, 퍼셀 룸 Purcell Room, 내셔널 포이트리 라이브러리 National Poetry Library, 아츠 카운슬 컬렉션 Arts Council Collection으로 이루어져 있다.
인간 중심의 설계와 프로그램을 운영한다는 취지 아래 1년에 수천 건이 넘는 유료, 무료 공연을 연다. 클래식 거장들의 콘서트는 물론이고 다양한 장르의 음악 공연과 문화 행사를 개최하며 연중 언제 방문해도 공연과 이벤트, 전시를 즐길 수 있다. 관광객은 물론 학생, 가족 단위의 방문객이 많다. 특히 매주 금요일에서 일요일까지 열리는 푸드 마켓에서는 여러 나라의 음식을 사 먹을 수 있어 인기가 많다. 한 끼 식사부터 간단히 요기할 만한 음식, 디저트, 간식거리, 음료 등 종류가 다양하고 물가 높은 런던에서 가격도 합리적인 편이다. 산책로도 조성돼 있어 강 건너 국회의사당 일대의 스카이라인을 감상하며 걷기도 좋다.

Leake Street Arches 리크 스트리트 아치스

지도 P.167-D3 주소 Leake St, London SE1 7NN 교통 지하철 Bakerloo, Jubilee, Northern, Waterloo & City 라인 Waterloo 역 홈페이지 http://leakestreetarches.london/

런던에서 합법적으로 그래피티를 허가한 길이 200m 정도의 보행자 터널이다. 젊은이들의 자유로운 거리 예술 활동의 하나인 그래피티는 이스트 지역에서 많이 볼 수 있지만 웨스트 엔드에서 이곳처럼 한 번에 많이 볼 수 있는 곳은 없다. 수많은 예술가들이 작업한 작품들이 터널의 벽과 천장을 뒤덮고 있는데 주제도 매우 다양하며 끊임없이 바뀐다. 그래피티 예술가 뱅크시가 작품을 전시하기도 했었다. 또한 중간중간 힙한 바와 식당도 운영 중이다. 런던 아이와 멀지 않아 찾아 가기 어렵지 않고 터널은 로어 마시 길과 연결된다.

Royal National Theatre 로열 내셔널 시어터

지도 P.167-D2 주소 Royal National Theatre Upper Griond South Bank Lambeth, London SE1 9PX 운영 월~토 10:00~23:00(공휴일에는 늦게 문을 연다. 홈페이지 참조) 교통 지하철 Bakerloo, Jubilee, Northern, Waterloo & City 라인 Waterloo 역 홈페이지 www.nationaltheatre.org.uk

워털루 브리지 동남쪽 템스강 변에 자리한 국립극장으로 사우스뱅크와 인접해 있다. 1977년 완공됐는데 건물 외관 디자인에 대해 호불호가 갈린다. 밤에는 조명 덕분에 꽤 멋진 모습을 선사한다. 이곳은 모두 3개의 극장으로 구성돼 있다. 초대 예술감독의 이름을 딴 올리비에 극장은 이곳에서 제일 큰 극장으로 부채꼴 모양의 무대와 객석을 가지고 있다. 큰 규모임에도 무대와 객석의 거리가 가깝게 설계됐다. 연극, 뮤지컬 등 다양한 공연이 열리는데 현재 코로나로 인해 중단됐던 공연들이 재개되고 있어 다시 활기를 찾고 있다.

Royal Courts of Justice 왕립 재판소

지도 P.167-D1 주소 Royal Courts of Justice Strand, London WC2A 2LL 교통 지하철 Circle, District 라인 Temple 역, Central, Piccadilly 라인 Holborn 역 홈페이지 www.justice.gov.uk

19세기 말에 세워진 영국의 민사법원이다. 빅토리아풍의 고딕 양식으로 세워진 이 건물은 플리트 스트리트 Fleet Street를 따라 길게 이어져 있으며 이 건물이 시티 오브 런던 City of London의 경계가 된다. 즉, 왕립 재판소 동쪽 지역이 런던의 시초가 되었던 시티 오브 런던이다. 과거 플리트 스트리트에 언론사와 출판사들이 대거 있을 때는 이 일대가 런던의 두뇌와도 같은 곳이었다. 석회암으로 지어진 웅장한 외관과 더불어 내부로 들어가면 대리석 바닥에 높은 아치형 천장이 법정이라는 분위기와 어우러져 매우 고풍스럽고 엄숙함마저 준다. 지금도 법정으로 사용하기 때문에 형사 범죄 사건들을 제외한 재판이 계속 열리고 있으며 방청이 가능하다.

London School of Economics and Political Science(LSE) 런던 정치 경제 대학

지도 P.167-D1 주소 Houghton St., London WC2A 2AE 교통 지하철 Central, Piccadilly 라인 Holborn 역 홈페이지 www.lse.ac.uk

정치·경제 분야에서 너무나 유명한 런던 정경대는 수많은 세계적인 지도자들을 배출한 명문대학이다. 버나드 쇼, 간디, 타고르 등 다수의 유명인과 노벨상 수상자들을 배출했다. 영국의 대학 전체 랭킹에서 케임브리지, 옥스퍼드 대학과 1, 2, 3위를 다투며, 졸업 후 취업률과 연봉 순위 때문에 입학 경쟁률이 치열하다. 유학생이 많기로도 유명하다. 정치 경제 도서관 British Library of Political and Economic Science에는 정치, 경제, 사회와 관련된 방대한 양의 책과 각종 자료들이 보관되어 있다.

Lincoln's Inn 링컨스 인

지도 P.167-D1 주소 Treasury Office, London WC2A 3TL 운영 가이드 투어 지정 날짜 11:00 시작(셀프 가이드 투어는 10:00~12:00, 날짜는 홈페이지 참조) 요금 가이드 투어 성인 £15.00(셀프 가이드 투어 £7.50) 교통 지하철 Central, Piccadilly 라인 Holborn 역 홈페이지 www.lincolnsinn.org.uk

영국의 변호사 협회인 인스 오브 코트 Inn's of Court 4개 중 하나다. 1422년 오픈해 600년 이상의 오랜 역사를 가지고 있다. '인'은 보통 숙박업소를 말하지만 이 일대의 '인'은 다르다. 과거 법 관련자들이 일 때문에 모여 일정 기간 숙박을 하던 곳이 점점 교육기관으로 정착해 지금까지도 '인'이라는 이름을 쓰게 된 것이다. 설립 당시만 해도 관련한 인 Inn들이 20개는 넘었을 것으로 추정된다. '인' 주변은 자유롭게 방문할 수 있지만, 도서관, 그레이트 홀, 교회 등 건물 내부 관람은 가이드 투어나 셀프 가이드 투어를 통해 가능하다.

Sir John Soane's Museum 존 손 경 박물관

지도 P.167-D1 주소 Sir John Soane's Museum 13 Lincoln's Inn Fields, London WC2A 3BP 운영 수~일 10:00~17:00 (공휴일 10:00~17:00) 휴무 월·화, 12/24~26, 1/1 요금 무료 교통 지하철 Central, Piccadilly 라인 Holbon 역 홈페이지 www.soane.org

영국의 건축가 존 손 경이 수집한 물건들을 전시해놓은 박물관이다. 그는 링컨스 인 필즈 Lincoln's Inn Fields 12~14번지를 40여 년에 걸쳐 구입해 자신의 집과 박물관으로 꾸몄다. 뛰어난 수집가였던 그는 그림, 조각, 공예품 등 세계 각지의 유물들을 수집했고, 이를 전시하기 위해 자신의 집 옆에 박물관을 세운 것이다.

아기자기하고 예쁘게 꾸민 방들과 생전 공들여 모은 수집품들을 볼 수 있는 박물관은 런던의 명물로 유명해졌고 하우스 뮤지엄의 본보기가 됐다고 한다. 건물의 외관도 볼거리지만 존 손 경의 독특한 취향이 드러나는 물건들이 눈길을 끄는 재미난 박물관이다. 입장객이 너무 많으면 수를 제한하므로 줄을 서서 기다릴 수도 있다.

존 손 경 Sir John Soane (1753~1837)

영국을 대표하는 건축가이며 왕립 미술원에서 31년간 건축과 교수로 있었다. 벽돌공의 아들로 태어나 왕립 미술원의 건축과 학생이 됐는데 1776년 1등상을 수상하면서 이탈리아로 고대 건축 공부를 하러 떠난다. 런던으로 돌아온 그는 윌리엄 4세로부터 기사 작위까지 받으며 승승장구했고 영국 은행 Bank of England, 첼시 병원 The Royal Hospital at Chelsea, 홀리 트리니티 교회 Holy Trinity Church, 덜리치 갤러리 Dulwich Picture Gallery 등 주요 건물과 갤러리, 교회 다수를 디자인했다. 특히 The Soane Family Tomb은 1815년 죽은 그의 아내를 위해 디자인한 묘지로 존 손 자신도 거기에 묻혔는데, 이것은 나중에 영국의 아이콘인 자일스 길버트 스코트 Giles Gilbert Scott's가 만든 빨간 전화부스에 영감을 줬다고 한다. 그의 건축물들은 매우 독창적이라는 평가를 받는다.

The British Museum
브리티시 뮤지엄

영국의 첫 국립 박물관이자 유럽 3대 박물관 중 하나로 전 세계에서 온 방대한 유물을 소장하고 있다. 의사였던 한스 슬론 경 Sir Hans Sloane이 1753년 소장품들을 기증하면서 위원회가 만들어졌고 이 위원회가 브리티시 뮤지엄을 설립했다. 이후 몬태규 하우스를 사들여 왕실과 귀족의 기증품들과 함께 1759년 무료로 일반에 공개했다. 이는 공공의 목적으로 기증한 기증자들의 유지를 기리기 위한 것으로 그 방침은 지금도 이어지고 있다.

개관 후 세계적인 규모의 박물관으로 성장했는데, 유물들의 유입은 식민지 전리품뿐 아니라 고고학 발굴 과정에서 나온 것들도 많다. 전시관이 비좁아 수차례 증축과 개축을 거듭하다가 주제별로 분산 전시를 하기로 결정해 자연사, 미술품, 도서관 등이 모두 분리돼 나갔다. 박물관 정면은 파르테논 신전 모양으로 이오니아식 기둥이 건물을 받치고 있고 기둥 위에는 여러 여신이 조각돼 있다.

입구로 들어가면 커다란 홀에 햇빛이 내려오는 철제 골격의 유리 지붕이 눈에 들어온다. 이것은 밀레니엄 프로젝트의 일환인 '엘리자베스 여왕의 대정원 Queen Elizabeth II Great Court'으로 노먼 포스터의 작품이다. 가운데 원기둥 같은 건물은 박물관의 역사에 관한 자료들을 보관하는 열람실 Reading Room로 사용됐던 곳인데 지금은 특별 전시실, 카페와 레스토랑으로 사용되고 있다. 과거 열람실이었을 때 마르크스, 레닌, 버지니아 울프, 오스카 와일드 등 당대의 지식인들이 이곳을 찾아와 아지트 삼아 책을 읽고 지식을 키워 나갔다고 한다.

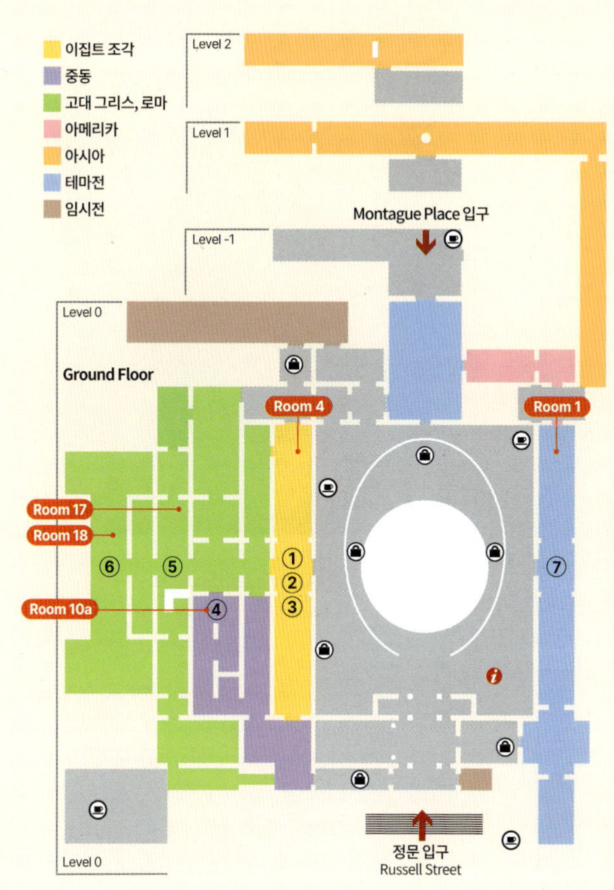

〈Ground Floor〉 주요 작품

1 로제타 스톤 The Rosetta Stone
2 람세스 흉상 Colossal Bust of Ramesses II
3 스카라베 Colossal Scarab
4 죽어가는 사자 Assyrian Lion Hunt Reliefs
5 네레이드 제전 Nereid
6 파르테논 부조물 Parthenon Sculptures
7 호주 나무 껍질 방패 Shield from New South Wales, Australia

※ 안내도는 Ground Floor만 표시했음

시간이 없는 사람을 위한 그라운드 플로어 1층의 핵심 전시물

시간이 부족하고 무엇을 봐야 할지 잘 모르겠다면 그라운드 플로어 1층을 돌며 핵심 전시물 위주로 보면 된다. 이집트 조각과 그리스 전시물이 많이 전시돼 있기 때문에 중요한 전시물은 보고 갈 수 있다.

관람 요령

지하 1층, 지상 2층에 60개가 넘는 전시관이 있는 방대한 곳으로 하루에 다 보는 것은 불가능하다. 꼭 볼 것들을 체크한 후 위치를 파악하고 동선을 짜 움직이는 것이 좋다. 박물관 안내도에 나온 하이라이트 전시물을 찾아 다녀도 좋고 관심 있는 주제의 방에 오래 머무르는 것도 방법이다. 개인의 취향에 따라 결정하면 된다. 정 바쁘면 1층(그라운드 플로어)의 주요 전시물이라도 보자.

오디오 가이드를 대여할 수 있고 설명을 들으며 관람할 수 있는 여러 종류의 가이드 투어도 있다. 각 투어에 대한 내용과 시간표는 홈페이지에서 확인할 수 있다. (유료) 관람을 마친 후에는 2층 카페나 3층 레스토랑에서 식사를 하거나 커피를 마시며 쉬어갈 수 있고 서점이나 기념품점에 들러 유물들의 디자인으로 만든 갖가지 상품들을 구경하는 것도 재미있다. 관람은 무료지만 입장객 수를 제한하므로 성수기에는 홈페이지에서 날짜와 시간을 예약하는 것이 좋다.

주요 전시물

<Ground Floor>

① 로제타 스톤 The Rosetta Stone

(Egyptian Sculpture) Room 4

이집트 상형문자를 해독하는 실마리가 된 중요한 유물로 1799년 나폴레옹 군대가 이집트 알렉산드리아 동쪽 로제타라는 마을에서 발견했다. 1801년 알렉산드리아 전투에서 프랑스가 영국에 패하자 영국의 손에 들어오게 된 것이다. 뒷면은 다듬어지지 않은 현무암 그대로이고 반대쪽 면을 다듬어 이집트 상형문자, 민중문자, 고대 그리스어 문자로 적어 놓았다. 1815년부터 해독하기 시작해 1822년에 완전히 해독하는 데 성공하면서 드러나지 않았던 고대 이집트 문명의 많은 부분을 밝혀내는 데 큰 공헌을 했다. 내용은 BC 196년 프톨레마이오스 5세의 공적을 기리는 것으로 현재 브리티시 뮤지엄의 최고 전시물 중 하나다.

② 람세스 흉상 Colossal bust of Ramesses Ⅱ

(Egyptian Sculpture) Room 4

BC 1270년경 제작된 람세스 2세의 흉상이다. 이집트에서 가장 위대했던 파라오로 통하는 제19왕조 3대 파라오로 태양신인 '라'에서 태어났다는 뜻을 가진 람세스는 통치 기간 중 영토를 리비아에서 팔레스타인 지역까지 확장했다. 그러나 유명한 카데시 전투에서 결국 시리아를 포기하고 불가침 조약에 합의했다. 66년이라는 긴 통치 기간 중 이집트 전역에 자신의 기념물을 세웠는데, 박물관에 있는 흉상도 그중 하나다. 두 가지 색이 보이는 화강암으로 만든 이 흉상은 테베라는 람세스 신전에서 1816년에 발굴되었다.

③ 스카라베 Colossal Scarab

(Egyptian Sculpture) Room 4

스카라베는 풍뎅잇과에 속하는 쇠똥구리를 말한다. 고대 이집트인들은 쇠똥구리가 똥을 굴려 둥글게 만드는 모습이 태양을 굴리는 모습이라 생각해 이를 태양의 신으로 신성시했고 부적으로도 사용했다고 한다. 실제로 이집트에 가면 무덤 주변이나 벽화에도 자주 등장한다. 여기에 전시된 조각상도 고대 이집트인들이 신성시한 풍뎅이의 석상으로 보통 조각에 잘 사용되지 않는 섬록암으로 만들어졌다. 특히 이곳에 전시된 조각상은 BC 4세기 프톨레마이오스 시대의 신전을 지키던 것으로 길이가 150cm나 된다.

④ 죽어가는 사자
Assyrian Lion Hunt reliefs
(Assyria) Room 10a

BC 645년경 메소포타미아에서 제작된 것으로 사자 얼굴의 힘줄과 얼굴 표정 등이 매우 사실적으로 조각돼 있어 높은 평가를 받는 유물이다. 고대 아시리아인들은 무서운 동물인 사자를 잡는 왕에게 열광하고 그들을 존경했는데, 사자 사냥은 권력자의 용맹함을 보여주는 중요한 행사였다고 한다. 이 유물 외에도 사자가 화살이나 창을 맞고 죽어가는 모습을 새긴 석조 부조가 많이 남아 있는데 이는 왕들의 중요 치적인 사자 사냥을 기록으로 남기는 방법이었다.

⑤ 네레이드 제전 Nereid
(Ancient Greece) Room 17

물의 신인 네레우스 Nereus와 님프 도리스 Doris 사이에서 태어난 딸들인 네레이드의 조각들이 있는 신전 형식의 무덤 유적. 1840년 영국의 찰스 펠로스라는 사람이 여행 중 발견해 영국으로 가져왔다. 네레이드는 에게 해의 요정들로 모두 50여 명에 이른다. 언뜻 보기에 신전처럼 생긴 이 무덤은 BC 390년경 그리스 산토스 Xanthos 지역의 통치자였던 아르비나 Erbinna의 것으로 이오니아 양식으로 지어졌다. 네레이드의 조각이 이오니아식 기둥 사이에 놓여 있고 무덤 뒤편에도 있다. 아래의 부조는 페르시아 전쟁을 나타낸다.

⑥ 파르테논 부조물
Parthenon Sculptures
(Ancient Greece) Room 18

파르테논은 그리스 아테네의 아크로폴리스 언덕에 세워진 신전이다. 약 BC 447년 세워진 것으로 이곳에 전시된 부조물들은 신전 내부에 있던 것들이다. 파르테논 신전은 오스만 튀르크가 그리스를 정복한 시절에는 화약 창고로 쓰였고 1687년에는 베네치아 군대에 의해 크게 손상됐다. 1806년 영국 대사였던 엘긴 백작은 손상된 신전의 남아 있던 일부 조각물을 영국으로 들여왔다. 영국 의회는 엘긴이 이 부조물들을 시

장에 내놓자 브리티시 뮤지엄에서 구매하는 법을 통과시켰고 이를 엘긴 마블 Elgin Marble이라 칭했다.
파르테논 신전은 건축 역사상 매우 중요한 건축물이며 조각들도 2,500년 전의 것이라고는 생각되지 않을 만큼 섬세하고 생동감이 넘친다. 아테나 여신의 탄생, 술의 신 디오니소스, 태양의 신 헬리우스, 달의 전차를 이끌던 말 머리 등 고대 신화를 바탕으로 한 다양한 조각을 볼 수 있다.
엘긴 마블은 그리스로부터 늘 반환 요구를 받고 있으나 박물관 측은 엘긴으로부터 합법적인 절차를 통해 구입했다는 등 여러 이유를 들며 절대 반환할 생각이 없음을 알렸다. 중요한 고대 유물의 이면에는 시끄러운 소유권 분쟁이 남아 있다.

⑦ 호주 나무 껍질 방패
Shield from New South Wales
(Australia 18~19세기) Room 1

1770년 제임스 쿡 선장이 호주에 상륙했을 때 그곳 원주민이 가지고 있던 나무 방패다. 쿡 선장 일행이 당도해 경고 사격을 하자 놀란 원주민들은 가지고 있던 방패를 버리고 도망갔는데 바로 이때 수집하게 된 것이다. 매우 강하고 물에도 쉽게 썩지 않는 붉은 맹그로브 나무로 만들어졌고 뒤쪽에 손잡이가 있다. 호주 원주민들이 쿡 선장 일행과 처음 만난 날의 역사적인 의미를 지니고 있다.

<Lower Floor>

⑧ 이페 왕의 두상
Brass Head of an Ooni (King) of Ife
(Africa) Room 25

1938년 나이지리아 이페에서 발견된 조각품으로 밀랍 주조법으로 만들어졌다. 아프리카 조각 중에서도 아름답기로 손꼽히는 작품으로 발견 당시 대단한 센세이션을 불러일으켰다. 심지어 아프리카인이 만든 것이 아니라는 말까지 있었다. 왕관과 목걸이, 왕관의 장식 형태, 땋아 올린 머리 등이 얼굴의 둥근 선과 조화를 이루며 보는 이의 감탄을 자아낸다. 주택 신축 공사 현장에서 우연히 발견된 이 조각은 11~15세기 번성했던 이페 조형예술의 최고 전성기를 보여주며 아프리카 예술과 문화의 높은 수준을 보여주는 작품이라 할 수 있다.

<Upper Floor>

⑨ 루이스 체스맨
The Lewis Chessmen
(Medieval Europe) Room 40

스코틀랜드의 루이스 섬 모래 둔덕에서 발견된 것으로 체스 말을 포함한 93개의 조각이 상자에 밀봉된 채 담겨 있었다. 1831년부터 스코틀랜드 에든버러에서 전시됐고, 현재는 브리티시 뮤지엄이 82개, 스코틀랜드 국립 박물관이 11개를 소장하고 있다. 11세기 말부터 유럽 귀족들 사이에 체스 게임이 유행했기 때문에 그 당시 제작됐을 것으로 추정된다. 바다코끼리와 고래의 이빨로 만들어졌는데, 적어도 800년 이상은 된 물건임에도 보존 상태가 상당히 양호한 편이다. 아직까

지 누구의 소유였는지, 어디서 제작됐는지 밝히지 못하고 있는데, 노르웨이에서 아일랜드로 온 상인의 것으로 추정할 뿐이다. 해리 포터에 나온 후 더욱 인기가 높아졌다.

⑩ 옥서스의 보물 Oxus Treasure

(Ancient Iran) Room 52

© Marie-Lan Nguyen

아프가니스탄과 타지키스탄의 옥서스 강가 제단에서 발견된 유물로 BC 4~5세기 아케메니드 Achaemenid 시대의 것이다. 금으로 만들어진 이 보물은 네 마리 말이 두 사람을 태운 마차를 끌고 있는 모양을 하고 있다. 전시관에서 직접 보면 크기가 작아 놀라운데 자세히 들여다보면 그 정교함에 더욱 놀라게 된다. 같은 장소에서 발견된 여러 점의 다른 보물도 함께 관람하자.

⑪ 우르 왕조의 게임 보드판 The Royal Game of Ur

(Mesopotamia BC 6000~1500) Room 56

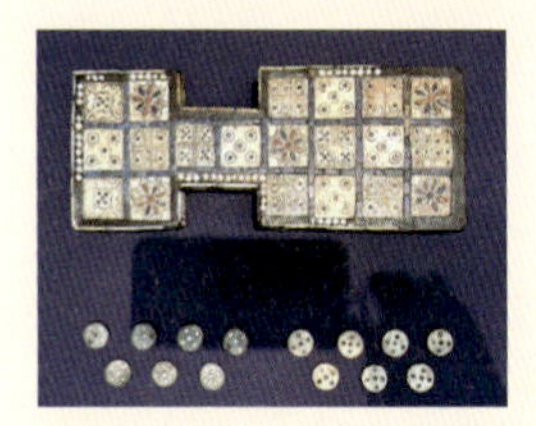

메소포타미아의 수메르인이 사용하던 보드게임 판. 보드게임은 당시 대중적으로 인기가 많았던 것으로 추정된다. 이 보드게임 판은 고대 바빌로니아의 우르에 있는 왕족의 무덤에서 1920년에 발굴됐다. 게임 룰을 모른 채 전해져 오다가 1980년대에 이르러서야 같이 발견된 쐐기문자로 된 서판을 해석되면서 알려졌다. 두 명이 말 7개로 하는 이 게임은 정사면체의 주사위를 3개씩 사용한다. 20개의 조개로 장식된 게임판 정사각형들을 지나 출구로 가기 위해 겨루는데 7개의 말을 먼저 내보내는 쪽이 이긴다.

⑫ 미라 전시실 Mummy

(Egyptian death and afterlife: Mummies)

Room 62~63

고대 이집트의 미라와 관들을 전시하는 곳이다. 죽음에 대한 고대 이집트인들의 생각을 엿볼 수 있을 뿐 아니라 신기한 미라 제작 기술도 알 수 있다. 화려하게 장식된 목관들과 장기를 담은 항아리, 파피루스 종이로 만든 사자의 서, 황금 마스크, 실제 미라까지 다양한 전시물로 가득하다. 동물을 숭배한 이집트답게 고양이 미라도 볼 수 있다. 박물관에서 관람을 추천하는 미라는 Mummy of Katebet (Room 63)이다. BC 1300~1280년경 신들의 왕이라 불린 아문 Amun 시절에 신전에서 의식을 할 때 노래를 했던 여자 가수의 미라로 가슴에 스카라베로 보이는 풍뎅이가 올려져 있다.

지도 P.167-C1 **주소** British Museum, Great Russell Street, London, WC1B 3DG **운영** 매일 10:00~17:00(금 20:30까지), 마지막 입장 16:00(금 19:30까지) **휴무** 12/24~26 **요금** 무료(특별 전시는 유료) **교통** 지하철 Northern 라인 Tottenham Court Rd. 역 **홈페이지** www.britishmuseum.org ※ 갤러리 정비를 위해 각 작품별로 전시를 쉬는 경우가 있으니, 방문 전 홈페이지를 참조하자.

Oxford Street 옥스퍼드 스트리트

지도 P.168-A1·B1 교통 지하철 Bakerloo, Central, Victoria 라인 Oxford Circus 역

런던 쇼핑의 중심지 소호의 북쪽 경계선이 되는 거리로, 런던 도심을 동서로 가로지르는 직선거리다. 4개의 지하철역이 지나고 버스도 많이 지나서 날마다 엄청난 인파가 모여든다.

관광객도 많으며 잘 알려진 글로벌 브랜드나 중저가의 유명 브랜드가 많다. 자라 Zara, H&M, 프리마크 Primark 같은 캐주얼 브랜드와 아디다스 Adidas, 나이키 Nike, 풋 라커 Foot Locker 등 스포츠 전문점뿐 아니라 영국의 대형 백화점 체인인 셀프리지 Selfridges, 존 루이스 John Lewis, 막스 앤 스펜서 Marks & Spencer가 모두 모여 있으니 웬만한 상품은 이 거리를 뒤지면 찾을 수 있을 정도다. 2km 정도의 거리 중 가장 중심이 되는 번화가는 옥스퍼드 서커스역과 본드 스트리트 역 주변이다.

① Selfridges 셀프리지스 백화점

지도 P.166-A1 주소 400 Oxford St, London, UK W1A 1AB 운영 월~금 10:00~22:00 토 10:00~21:00 일 11:30~18:00 홈페이지 www.selfridges.com

옥스퍼드 스트리트 한복판에 거대하게 자리한 백화점으로 웅장한 외관이 박물관이나 도서관처럼 보인다. 유명 브랜드 의류, 액세서리, 화장품, 생활용품, 식품 등 둘러보기 힘들 만큼 넓다. 유명한 물건은 없는 게 없고 셀프리지스로 가면 웬만한 물건은 다 있다는 말이 있을 정도다. 레스토랑도 있고 간단히 식사를 해결할 푸드홀도 있다.

② John Lewis 존 루이스 백화점

지도 P.166-B1 주소 300 Oxford St, London W1C 1DX 운영 월~토 10:00~20:00 일 12:00~18:00 홈페이지 www.johnlewis.com

각종 의류·잡화 등 다양한 브랜드가 입점해 있는 백화점이지만 특히 생활용품과 가정용품이 많다. 지하에는 규모가 큰 웨이트로스 슈퍼마켓이 있어 식료품을 사기에 좋고 꼭대기 층에는 카페테리아가 있어 간단히 식사를 할 수도 있다. 옥스퍼드 스트리트가 내려다보이는 작은 테라스도 있다.

③ Marks and Spencer(M&S) 막스 앤 스펜서

지도 P.168-A1 주소 173 Oxford St, London W1D 2JR
운영 월~토 09:00~21:00 일 12:00~18:00
홈페이지 www.marksandspencer.com

영국의 유명한 의류 및 잡화 체인점이다. 백화점보다 품목의 종류가 적지만 저렴한 의류 제품들이 많고 지하의 대형 슈퍼마켓이자 식품 매장이 특히 유명하다.

④ Primark 프리마크

지도 P.168-B1 주소 14-28 Oxford St, London W1D 1AU
운영 월~토 08:00~22:00 일 11:30~18:00
홈페이지 www.primark.com

프리마크 또는 프라이마크라고 부르는 중저가의 패스트 패션 브랜드로 아일랜드에서 창립해 글로벌 기업으로 성장했다. 대형 매장에 아이템이 다양하고 저렴한 편이라 인기가 많다.

Bond Street 본드 스트리트

지도 P.166-B1·B2 교통 지하철 Elizabeth, Central, Jubilee 라인 Bond Street 역

세계적인 명품 쇼핑 거리다. 옥스퍼드 스트리트와 피카딜리를 이어주는 직선 도로로, 북쪽은 뉴 본드 스트리트(간단히 뉴 본) New Bond Street, 남쪽은 올드 본드 스트리트(간단히 올드 본) Old Bond Street로 나뉜다. 뉴 본과 올드 본의 경계가 되는 곳은 보도블록이 깔린 보행자 전용 도로라 차들이 통행할 수 없으며, 중간에 윈스턴 처칠과 프랭클린 루스벨트가 함께 앉아 있는 모습의 '동맹 Allies' 이라는 동상이 있다.

이 거리에는 아르마니 Armani, 에르메스 Hermes, 불가리 Bulgari, 샤넬 Chanel, 디올 Dior 같은 명품 의류 브랜드들과 파텍 필립 Patek Philippe을 비롯해 쇼메 Chaumet, 카르티에 Cartier, 롤렉스 Rolex 등 시계점과 티파니 Tiffany & Co, 쇼파드 Chopard, 반 클리프 아펠 Van Cleef & Arpels 등 보석점들이 빼곡히 모여 있다.

South Molton Street 사우스 몰튼 스트리트

지도 P.166-A1·B1 교통 지하철 Elizabeth, Central, Jubilee 라인 Bond Street 역

옥스퍼드 스트리트 한복판의 지하철역인 본드 스트리트 역 Bond Street Station 바로 옆에는 진붉은 와인색의 눈에 띄는 건물이 있다. 이름 하여 사우스 몰튼 스트리트 빌딩 South Molton Street Building. 바로 여기서부터 사우스 몰튼 스트리트가 시작된다. 붉은 벽돌 느낌이지만 유리와 메탈로 된 이 독특한 건물에는 중국의 유명 브랜드 '보시뎅 Bosideng'의 플래그십 스토어가 자리하고 있다. 골목 안은 보도블록이 깔려 있는 보행자 전용도로이며 조지언 양식의 건물들이 남아 있어 운치를 더해 주는 아기자기한 분위기다. 짧은 골목이지만 자딕 앤 볼테르 Zadig & Voltaire, 산드로 Sandro, 마주 Maje 등 마니아층이 있는 중고급 브랜드들이 있다.

Regent Street 리젠트 스트리트

지도 P.168-A2·A3 교통 지하철 Bakerloo, Central, Victoria 라인 Oxford Circus 역, Bakerloo, Piccadilly 라인 Piccadilly Circus 역

19세기에 지어진 웅장한 건물들이 늘어선 굽어진 도로에 대형 매장들이 가득해 구경하기 좋은 곳이다. 그만큼 관광객들도 도로를 가득 채우고 있다. 상점의 종류가 다양해서 남녀노소 할 것 없이 폭넓은 고객층을 볼 수 있으며 골목골목으로 수많은 식당과 상점들이 연결된다. 버버리 Burberry, 슈퍼드라이 Superdry, 바버 Barbour와 같은 의류 브랜드가 골고루 있으며, 애플 스토어 Apple Store, 마이크로소프트 센터 Microsoft Experience Centre를 비롯해 장난감 백화점인 햄리스 Hamleys까지 다양한 매장들이 있다.

① Hamleys 햄리스

지도 P.168-A2 주소 188–196 Regent St, London W1B 5BT 운영 월~토 10:00~20:00 일 12:00~18:00 홈페이지 www.hamleys.com

리젠트 스트리트에서 눈에 띄는 영국 최대의 완구 백화점이다. 7층 건물에 수많은 장난감이 가득한 것도 놀랍지만 이 가게가 260년이 넘는 역사를 지니고 있다는 사실이 더욱 놀랍다.

② Weekday 위크데이

지도 P.168-A2 주소 226 Regent St, London W1B 3BR 운영 월~토 10:00~1900 일 12:00~18:00 홈페이지 www.weekday.com

스웨덴의 거대 글로벌 패션 기업인 H&M의 자회사로, 같은 그룹 브랜드인 아르켓 ARKET, H&M, 코스 COS가 바로 옆에 모여 있다. 합리적인 가격대에 심플한 디자인으로 인기가 있다.

③ Molton Brown 몰튼 브라운

지도 P.168-A2 주소 227 Regent St, London W1B 2EF 운영 월~토 10:00~19:00 일 11:00~18:00 홈페이지 www.moltonbrown.co.uk

깔끔한 용기에 너무 강하지 않은 향기로 마니아층이 많은 영국의 향수 및 보디용품 전문점이다. 인디언 크레스 Indian Cress, 플로라 루미나르 Flora Luminare, 재스민 선로즈 Jasmine & Sun Rose처럼 자연스러우면서 고상한 향들이 인기다.

Liberty 리버티 백화점

지도 P.168-A2 주소 Regent St, London W1B 5AH 운영 월~토 10:00~20:00 일 12:00~18:00 홈페이지 www.liberty.co.uk

단순한 쇼핑을 넘어 하나의 명소로 자리 잡은 개성 넘치는 백화점이다. 고풍스러운 분위기의 건물은 사실 20세기에 지어진 튜더 리바이벌 건물이지만, 이 상점이 처음 생겨난 것은 19세기였다. 직물 판매로 크게 성공해 지금도 위층에 패브릭 섹션이 있다. 오래된 역사뿐 아니라 셀렉션에 있어서도 인정받는 곳이다. 신진 디자이너들을 발굴해 다른 백화점과 제품을 차별화하는 데 주력한다. 1층은 좀 복잡하지만 2층부터는 매장도 넓고 공간이 여유 있어 천천히 둘러보기에 좋다. 오랜 세월의 흔적이 묻어나는 나무로 된 건물에 가운데가 뚫려 있는 독특한 구조가 인상적이다.

Carnaby Street 카나비 스트리트

지도 P.168-A2 교통 지하철 Bakerloo, Central, Victoria 라인 Oxford Circus 역

런던 쇼핑의 대표적인 번화가 옥스퍼드 스트리트와 리젠트 스트리트의 안쪽에 자리한 골목길이다. 리버티 백화점 바로 뒤쪽으로 이어진 길로 보행자 전용도로라 천천히 걸으며 구경하기 좋다. 길 양쪽에 크고 작은 상점들이 빼곡히 자리하는데 중고급의 트렌디한 유명 브랜드들이 많다. 곳곳에 카페와 식당도 있고 예쁜 골목들도 이어져 재미있는 곳이다.

Fortnum & Mason 포트넘 앤 메이슨

지도 P.168-A4 주소 181 Piccadilly St James, London W1A 1ER 운영 월~토 10:00~20:00 일 12:00~18:00 홈페이지 www.fortnumandmason.com

300년이 넘는 역사와 명성을 자랑하는 식료품과 티 판매점이다. 1707년 피카딜리 로드에 작은 가게로 시작했는데 왕실에 차를 납품하면서 가치를 인정받고 규모가 날로 커져 지금에 이르렀다. 본점인 피카딜리 매장을 비롯해 히스로 공항을 포함해 런던에 3개, 우리나라를 포함해 전 세계에 수십 개의 매장이 있다.

고풍스러우면서도 고급스러운 건물이 눈에 띄는데 매장 안은 화려한 디스플레이와 다양한 상품으로 구경하는 것만으로도 즐거움을 준다. 입구로 들어가면 각종 차와 초콜릿, 쿠키 등 예쁜 디저트류가 가득하다. 지하층에는 신선식품 코너가 있고 위층에는 햄퍼, 도기류, 식기류, 보석류 등이 있다. 애프터눈티를 즐길 수 있는 티 살롱과 레스토랑도 있어 영국의 문화를 경험하기 좋은 장소다.

Dover Street Market(DSM) 도버 스트리트 마켓

지도 P.168-B4 주소 18-22 Haymarket, London SW1Y 4DG 운영 월~토 11:00~19:00 일 12:00~18:00 홈페이지 http://london.doverstreetmarket.com

아방가르드 패션으로 잘 알려진 레이 가와쿠보가 오픈한 유명한 편집숍이다. 런던이 세계적인 패션 도시임을 보여주는 곳으로 마니아층이 많은 콤데가르송의 다양한 라인을 모두 만날 수 있다. 또한 슈프림이나 스투시 같은 스트리트 패션 브랜드와 구찌, 보테가, 프라다 같은 명품 브랜드도 있는데 평소 보기 힘든 희귀 템도 있어 눈길을 끈다. 꼭대기층에는 로즈 베이커리 카페가 있어서 잠시 커피를 마시며 쉴 수도 있다.

Covent Garden 코벤트 가든 주변

지도 P.169-D3 교통 지하철 Piccadilly 라인 Covent Garden 역

소호 동남쪽 과거 시장이었던 코벤트 가든 주변에는 골목마다 상점과 식당이 빼곡히 자리해 쇼핑하기 좋은 곳이다. 코벤트 가든 건물 안에도 여러 상점이 있지만 바로 앞의 제임스 스트리트 James Street와 킹 스트리트 King Street, 그리고 코벤트 가든역 주변으로 아기자기한 상점들과 중고급 브랜드 매장들이 많아 다양하게 구경하는 재미가 있다.

① Whittard of Chelsea 위타드 오브 첼시

지도 P.169-D3 주소 9, The Marketplace, London WC2E 8RB 운영 일~수 10:00~19:00 목~토 10:00~18:00 홈페이지 https://stores.whittard.co.uk

코벤트 가든과 잘 어울리는 티숍이다. 플래그십 스토어답게 여유 있는 공간에서 다양한 차를 직접 시음해 볼 수 있다. 다양한 맛이 가미된 핫초코와 상큼한 맛의 인스턴트 과일티를 맛보자.

② Stanfords 스탠퍼즈

지도 P.169-C2 주소 7 Mercer Walk, London WC2H 9FA 운영 월~토 10:00~19:00 일 12:00~18:00 홈페이지 www.stanfords.co.uk

컬러풀한 벽화들로 입구에서부터 눈길을 사로잡는 이곳은 여행과 지도를 전문으로 취급하는 서점이다. 여행 가이드북은 물론 여행을 테마로 한 다양한 서적과 문구, 여행용품들이 가득하다.

③ Neal's Yard Remedies 닐스 야드 레미디스

지도 P.169-C2 주소 15 Neal's Yard, London WC2H 9DP 운영 월~수·토 10:00~19:00 목·금 10:00~20:00 일 11:00~18:00 홈페이지 www.nealsyardremedies.com

유기농 허브로 만든 영국의 스킨케어 브랜드다. 자연주의를 지향하는 브랜드답게 로즈힙 오일이나 로즈메리, 프랑킨센스 같은 재료를 사용한다. 세븐 다이얼스의 귀여운 골목 닐스 야드에 본점이 있다.

The LEGO 레고 스토어

지도 P.168-B3 주소 3 Swiss Ct, London W1D 6AP 운영 월~토 10:00~22:00 일 12:00~18:00 홈페이지 www.lego.com

소호 바로 남쪽의 레스터 스퀘어에서 눈에 띄는 장난감 가게다. 입장 인원을 제한해 대기 줄이 있을 정도로 붐비는 곳으로 해리 포터의 호그와트같은 레고 블록들을 구경하는 재미가 있다.

TWG TEA 티더블유지 티

지도 P.168-B3 주소 48 Leicester Square, London WC2H 7LT 운영 매일 11:00~21:00 홈페이지 https://thewellnessstore.uk

역시 레스터 스퀘어의 레고 스토어 바로 옆에 자리한 대형 티숍이다. 투명한 유리로 된 상점이 밖에서도 잘 보이고 밤이면 더욱 화려하다. 직접 시향을 해볼 수 있고 2층에는 카페가 있다. 예쁜 선물용 차를 사려는 관광객들로 가득하다.

Twinings 트와이닝스

지도 P.167-D1 주소 216 Strand, Temple, London WC2R 1AP 운영 매일 11:00~18:00 홈페이지 www.twinings.co.uk

300년이 훌쩍 넘는 오랜 역사를 자랑하는 곳으로 본점인 작은 상점에서 아직도 차를 팔고 있다. 소호 동쪽의 시티 오브 런던 가까이에 있어 시티 지역으로 지나갈 때 들를 만하다.

소호 주변

Kingly Court 킹리 코트

지도 P.168-A2 주소 Kingly St, Soho, London W1B 5PW

킹리 스트리트 Kingly Street와 카나비 스트리트 Carnaby Street 사이의 골목 안쪽에 자리한 복합 공간으로 작은 안뜰의 3개 층에 걸쳐 식당과 카페, 상점이 들어서 있다. 피자 필그림스 Pizza Pilgims 같은 맛집에서 간단하게 혼식을 하기도 괜찮다.

Market Halls Oxford Street 마켓 홀스 옥스퍼드 스트리트

지도 P.166-B1 주소 9 Holles St, London W1G 0BD 운영 월·화 11:00~22:00 수~토 11:00~23:00 일 11:00~20:00 홈페이지 www.markethalls.co.uk

번화가인 옥스퍼드 스트리트 한복판에 자리한 푸드코트로 마땅한 식당을 찾기 어려울 때 가기 좋다. 다양한 국적의 음식들이 있어 선택의 폭이 넓은 편이고 아시아 메뉴가 많이 입점해 있다. 2층 안쪽으로 넓은 좌석이 있는데 창문으로 캐번디시 스퀘어 가든의 평화로운 녹지대가 내려다보인다.

Bar Remo 바 레모

지도 P.166-B1 주소 2 Princes St, London W1B 2LB 운영 월~토 12:00~22:30 일 12:00~21:00 홈페이지 www.barremo.london

규모는 작지만, 아늑한 공간에 활기가 넘치는 이탈리아 식당이다. 피자, 파스타는 물론 다양한 이탈리아 요리가 있으며 글루텐 프리도 가능하다. 특히 화덕에서 구운 피자와 파스타가 맛있다. 런던에서 이탈리아 음식이 생각난다면 찾아가서 먹기 좋으며 가격도 런던 물가를 생각하면 합리적이다.

Mercato Mayfair 메르카토 메이페어

지도 P.166-A1 주소 St. Mark's Church, N Audley St, London W1K 6ZA 운영 월~목 12:00~23:00 금·토 12:00~24:00 일 12:00~22:30 홈페이지 www.mercatometropolitano.com

메이페어에서 최근 가장 인기 있는 장소다. 교회의 모습을 그대로 간직한 푸드코트로 아름다운 스테인드글라스가 그대로 남아 있다. 입구 쪽에는 꽃가게 같은 간이 상점이 있고 1, 2층에는 커피, 아이스크림, 피자, 타코, 햄버거, 맥주 등을 파는 매대와 좌석이 있다. 과거 납골당이 있었던 지하실은 와인 저장고가 있는 와인 바로 쓰이며, 옥상 테라스에는 작은 루프탑이 있다. 시내 중심에서 가까워 언제나 붐비는 곳이다.

ROVI 로비

지도 P.168-A1 주소 59 Wells St, London W1A 3AE 운영 (런치) 월~목 12:00~15:00 금~일 12:00~15:30, (디너) 월~금 17:00~22:30 토 17:30~22:30 휴무 일 홈페이지 https://ottolenghi.co.uk/restaurants#rovi

인기 셰프 요탐 오토렝기의 생동감 넘치고 세련된 분위기의 지중해식 레스토랑이다. 다양한 구성의 채소 요리가 많으며 생선이나 고기 요리도 독창적이고 맛도 좋다. 익숙하지 않은 음식이 많고 가격도 싸지 않으니 메뉴 공부를 하고 가면 좋다. 매장 중심에 큰 바가 있어 칵테일이나 와인도 마실 수 있다.

Kaffeine 카페인

지도 P.168-A1 주소 15 Eastcastle St, London W1T 3AY 운영 월~금 07:30~17:00 토 08:30~17:00 일 09:00~17:00 홈페이지 https://kaffeine.co.uk

런던에 두 번째 오픈한 매장으로 약간 더 넓다. 런던 최고의 원두를 사용해 전문 바리스타가 만들어 주는 플랫 화이트나 라테가 맛있고 브런치 메뉴나 케이크 등으로 간단한 식사도 할 수 있다.

Ave Mario 아베 마리오

지도 P.169-D3 주소 15 Henrietta St, London WC2E 8QG 운영 월~금 12:00~22:30 토 11:30~22:45 일 11:30~22:15 홈페이지 www.bigmammagroup.com

이름부터가 재미있는 이곳은 코벤트 가든 부근을 지날 때 놓치기 쉬운 작은 입구지만 내부는 그 어느 곳보다도 화려하다. 하지만 인테리어만 요란한 것이 아니라 맛도 좋아서 인기가 높다. 최근 계속 히트를 하고 있는 프랑스 레스토랑 그룹 빅마마에서 운영하는 이탈리안 레스토랑이다.

Rules 룰스

지도 P.169-D3 주소 35 Maiden Ln, London WC2E 7LB 운영 화~목·일 12:00~22:00 금·토 12:00~23:30 휴무 월 홈페이지 www.rules.co.uk

조지 3세 때 문을 열어 역사와 전통을 자랑하는 영국 레스토랑이다. 오랜 세월만큼이나 많은 유명인이 방문했으며 영국인들도 특별한 날에 가고 싶어 하는 레스토랑이다. 특히 내부 인테리어 장식과 테이블 세팅에 공을 들여 클래식한 품격이 느껴진다. 1층에 레스토랑, 2층에 바가 있으며 영국식 메뉴가 많다.

Abuelo 아부엘로

지도 P.169-D3 주소 26 Southampton St, London WC2E 7RS 운영 매일 09:00~17:00 홈페이지 http://abuelocafe.co.uk

스페인어로 할아버지라는 뜻의 아부엘로는 코벤트 가든의 극장 밀집 지구에 위치한 카페 겸 레스토랑이다. 내부는 작지만 아기자기하며 중심부엔 앤티크 의자로 둘러싸인 대형 식탁이 놓여 있다. 중남미의 유기농 원두를 들여와 영국에서 로스팅한 커피와 샌드위치, 버거 등 식사 메뉴와 와인, 칵테일이 있다.

Mariage Freres 마리아주 프레르

지도 P.169-C3 주소 38 King St, London WC2E 8JS 운영 매일 10:30~19:30 홈페이지 www.mariagefreres.com

고상한 로고만큼이나 우아한 향기로 잘 알려진 프랑스의 대표적인 홍차 브랜드로 코벤트 가든 부근에 넓은 티숍과 티살롱이 있다. 다양한 시향은 기본이고 2층에서 애프터눈티나 크림티를 즐길 수 있다. 시그니처 티인 마르코 폴로 Marco Polo는 물론, 계절마다 향긋한 메뉴를 선보인다.

Seven Dials Market 세븐 다이얼스 마켓

지도 P.169-C2 주소 Earlham St, London WC2H 9LX 운영 월~화 12:00~22:00 수~금 12:00~23:00 토 11:00~23:00 일 11:00~21:00 홈페이지 www.sevendialsmarket.com

다양한 음식 선택의 즐거움이 있고 활기가 넘치는 세븐 다이얼스의 핫 플레이스다. 분위기가 좋고 맛있는 것이 많지만 피크 시간엔 자리 잡기가 힘들 수 있다. 저렴하지 않은 것도 있으니 잘 확인하자.

The IVY 디 아이비

지도 P.169-C2 주소 1-5 West St, London WC2H 9NQ 운영 월~목 12:00~23:30 금~일 11:30~23:30 홈페이지 https://the-ivy.co.uk

현지인도 즐겨 찾는 영국식 레스토랑으로 오랜 역사만큼이나 오래전부터 잘 알려진 곳이었는데 최근 유명인들이 많이 찾으면서 SNS를 통해 더욱 인기를 누리고 있다. 전통적인 영국 요리들을 깔끔하게 제공하며 정장을 입은 서버들의 정중한 서비스를 느낄 수 있다. 분위기는 지점마다 다른데 대부분 깔끔하면서도 고풍스럽다.

Rock and Sole Plaice 락 앤 솔 플레이스

지도 P.169-C2 주소 47 Endell St, London WC2H 9AJ 운영 월~토 12:00~21:00 일 12:00~20:00 홈페이지 www.rockandsoleplaice.com

피시 앤 칩스로 유명한 튀김 전문 식당이다. 가자미나 넙치와 같은 다양한 흰 살 생선은 물론 오징어, 새우, 감자, 그리고 카망베르 치즈까지 맛있게 튀겨내는 이곳은 튀김 맛집이다. 바삭함을 위해 차가운 맥주를 사용한다. 레몬과 타르타르소스가 함께 나오며 시원한 맥주와 잘 어울린다.

Monmouth Coffee Company 먼머스 커피

지도 P.169-C2 주소 27 Monmouth St, London WC2H 9EU 운영 월~토 08:00~19:00 휴무 일 홈페이지 www.monmouthcoffee.co.uk

런던의 스페셜티 커피를 대표하는 먼머스 커피는 코벤트 가든과 버로 마켓 두 곳에서 영업 중인 카페다. 원조인 코벤트 가든 점은 좁지만 커피를 사기 위한 사람들로 늘 붐빈다. 주로 원두를 사거나 테이크아웃을 많이 하지만 날씨가 좋을 때는 카페 앞에 놓인 테이블에서 커피를 즐긴다.

MotherMash 마더매시

지도 P.169-C3 주소 4 New Row, London WC2N 4LH 26 Ganton St 운영 일~수 12:00~22:00 목~월 12:00~22:30 홈페이지 www.mothermash.co.uk

소시지와 파이를 매시드 포테이토와 먹는 영국 전통 가정식을 판다. 메뉴를 보고 파이와 소시지 종류를 선택한 후 감자 요리, 소스를 결정하면 된다. 그레이비소스는 클래식이 무난하고 베지테리언을 위한 양파 소스도 있다. 영국인은 전통적으로 파슬리가 들어간 크림색의 리쿼 소스도 먹는데 호불호가 있다.

차이나타운 Chinatown

지도 P.168-B3 교통 지하철 Bakerloo, Piccadilly 라인 Piccadilly Circus 역, Northern, Piccadilly 라인 Leicester Square 역

소호와 레스터 스퀘어 사이의 제라드 스트리트 Gerrard Street를 중심으로 중국 식당과 중국 상점들이 빼곡히 모여 있는 지역이다. 최근에는 한식, 베트남식 등 다양한 종류의 아시안 식당이 늘어나 가성비 좋은 에스닉 푸드를 맛보려는 사람들로 가득하다.

① Bun House 번 하우스

지도 P.169-C3 주소 26–27 Lisle St, London WC2H 7BA 운영 매일 12:00 오픈, 21:00~22:30 닫음 홈페이지 https://bun.house

레스터 스퀘어 바로 뒷골목에 자리한 광둥식 찐빵 가게다. 1층과 2층에 작은 공간이 있지만 대기 줄이 워낙 길어서 포장해 가는 사람이 많다. 이 집의 시그니처 메뉴는 커스터드 번과 카야 토스트로 홍콩의 느낌을 즐길 수 있다.

② Beijing Dumpling 베이징 덤플링

지도 P.168-B3 주소 23 Lisle St, London WC2H 7BA 운영 월~목 12:00~22:15 금·토 12:00~23:30 일 11:30~22:30 홈페이지 http://beijingdumpling.co.uk

차이나타운에 위치한 중국 식당으로 다양한 만두 요리와 탕수육, 덮밥, 볶음밥, 누들 등이 있다. 식당 입구에 주방이 있어 요리하는 모습을 볼 수 있어 재미있고 주문서에 체크해서 주문하는 방식이라 편하다. 많이 비싸지 않아 가볍게 한 끼 먹기 좋다.

③ Tokyo Diner 도쿄 다이너

지도 P.169-C3 주소 2 Newport Pl, London WC2H 7JP 운영 화~목 17:00~23:00 금·토 12:00~23:30 일 12:00~23:00 휴무 월 홈페이지 www.tokyodiner.com

일본식 목조 건물이 눈에 띄는 일본 식당이다. 일본인 특유의 친절한 서비스와 한국인 입맛에 익숙한 다양한 메뉴가 있어 아시아 음식이 생각날 때 가면 좋다. 도시락 박스와 돈가스, 커리, 덮밥, 우동, 스시 등 다양한 일본 음식이 있다. 특히 식당을 오픈한 이래 지금까지 팁을 받지 않는 것도 장점이다.

The Wolseley 더 울슬리

지도 P.168-A4 주소 160 Piccadilly, St. James's, London W1J 9EB 운영 월~금 07:00~23:00 토 08:00~23:00 일 08:00~22:00 홈페이지 www.thewolseley.com

샹들리에가 달린 둥근 천장과 흰색과 검은색의 대리석으로 꾸며진 넓은 홀이 특징인 유럽풍 레스토랑이다. 식사나 브런치는 물론 애프터눈티와 크림티를 즐길 수 있는데 애프터눈티는 상대적으로 가격이 합리적이라 인기가 많다. 하루 종일 붐비기 때문에 예약하는 것이 좋다.

Galvin at Windows 갈빈 앳 윈도스

지도 P.166-A2 주소 22 Park Ln, London W1K 1BE 운영 화~수 18:00~21:30 목~토 12:00~14:15, 18:00~21:30 휴무 일·월 홈페이지 www.galvinatwindows.com

하이트파크 바로 옆의 힐튼 호텔 최상층에 위치한 고급 레스토랑이다. 더 리츠와 울슬리로 명성을 쌓은 크리스 갈빈은 제프 갈빈과 함께 미슐랭 스타 갈빈 브러더스로 유명하다. 모던 브리티시 요리를 베이스로 하면서 변형을 주는 곳으로 메뉴도 자주 바뀐다. 음식도 훌륭하지만 이곳의 하이라이트는 무엇보다도 멋진 전망이다. 드레스코드는 스마트 캐주얼이며 스포츠웨어는 안 된다.

Rail House Victoria 레일 하우스 빅토리아

지도 P.166-B3 주소 8 Sir Simon Milton Sq, London SW1E 5DJ 운영 월 08:00~22:30 화~금 08:00~23:00 토 09:00~23:00 일 09:00~18:00 홈페이지 https://www.riding.house

런던에 세 곳이 영업 중인 라이딩 하우스 카페 Riding House Café의 빅토리아 지점이다. 레스토랑, 카페, 바들이 모여 있는 세련되고 활기찬 분위기의 사이먼 밀턴 광장 Sir Simon Milton Square에 있다. 날씨가 좋으면 이 분위기를 느낄 수 있는 실외 테이블 좌석이 인기이며 메뉴도 매우 다양하다.

Market Halls Victoria 마켓 홀스 빅토리아

지도 P.166-B3 주소 191 Victoria St, London SW1E 5NE 운영 월·화 08:00~22:00 수~토 08:00~23:00 일 08:00~21:00 홈페이지 www.markethalls.co.uk

빅토리아 기차역이 바로 내려다보이는 시원한 루프탑이 있는 푸드코트다. 오래된 건물이라 빈티지 느낌이 나며 매장이 많지는 않지만 에그슬럿 같은 맛집도 입점해 있다. 요일에 따라 이벤트가 열리거나 라이브 공연이 있어 흥을 돋우기도 한다.

사우스 뱅크

The Hercules 더 헤라클레스

지도 P.167-D3 주소 2 Kennington Rd, London SE1 7BL 운영 월~목 09:00~23:30 금·토 09:00~24:00 일 09:00~23:00 홈페이지 www.thehercules.co.uk

지하철 람베스 노스역에서 바로 보이는 펍으로 근처에 숙소가 있는 사람들이 가기 좋다. 그 지역에 사는 사람들도 맥주 한잔 하거나 식사를 하기 위해 많이 찾는 곳이며 2층에는 각종 행사를 할 수 있는 큰 홀도 있다. 일요일 낮 12시가 되면 선데이 로스트를 파는데 가볍게 경험해 보기 좋으며 맛도 괜찮다.

Balance 밸런스

지도 P.167-D3 주소 42-43 Lower Marsh, London SE1 7AB 운영 월~금 07:30~18:00 토·일 08:00~18:00 홈페이지 www.balancekitchen.co.uk

레스토랑과 베이커리, 카페, 마켓 등이 밀집해 있는 사우스 뱅크 로어 마시 로드의 인기 브런치 카페다. 일찍부터 많은 사람이 아침이나 브런치를 먹기 위해 모인다. 잉글리시 브렉퍼스트는 물론 수프, 샐러드, 샌드위치 등 메뉴가 매우 다양하며 베지테리언이나 비건을 위한 음식도 많다.

CITY & SOUTHWARK

시티 & 서더크

시티 지역 The City of London은 중세 이후 런던의 흥망성쇠를 함께 해 온 '런던의 역사'다. 작은 면적이지만 중세부터 그 경계가 거의 유지되고 있으며 독자적인 자치가 이루어지는 지역이다. 현재는 그레이터 런던 Greater London의 행정구역 중 하나로 잉글랜드 은행, 증권거래소 등 금융기관이 밀집해 있다.

시티 지역과 템스강을 사이에 두고 마주 보고 있는 서더크 Southwark 지역은 낙후됐던 과거 공장지대로 가난한 노동자들의 거주지였으나 최근 런던시가 적극적으로 개발하면서 새롭게 태어나고 있다. 템스강 주변으로 시티 지역을 바라볼 수 있는 전망을 가진 레스토랑, 카페들도 속속 들어서면서 하루가 다르게 변모하고 있다.

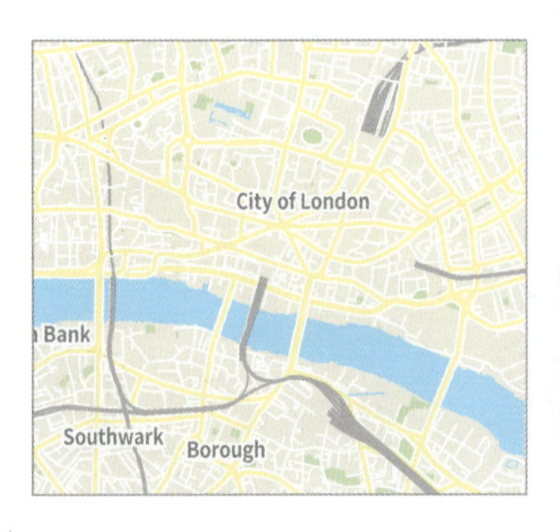

시티 & 서더크
Farringdon
Chancery Lane
City Thameslink
St Paul's
Blackfriars London
Mansion House
Cannon Street
Southwark
Borough
파터노스터 스퀘어
Paternoster Square
원 뉴 체인지
One New Change
브레드 스트리트 키친 앤 바
Bread Street Kitchen & Bar
길드홀 아트 갤러리
Guildhall Art Gallery
길드홀
Guildhall
닥터 존슨스 하우스
Dr. Johnson's House
플리트 스트리트
Fleet Street
템플 바
Temple Bar
세인트 폴 대성당
St. Paul's Cathedral
세인트 메리르보 교회
St. Mary-le-bow Church
템플 교회
Temple Church
온더밥
On the Bob
카페 빌로
Café Below
시티 오브 런던 인포메이션 센터
City of London Information Centre
만조 파스타 앤 보테가
Mangio Pasta & Bottega
더 렌 커피
The Wren Coffee
밀레니엄 브리지
Millenium Bridge
스완 Swan
옥소 타워 워프
OXO Tower Wharf
셰익스피어 글로브
Shakespeare's Globe
테이트 모던
Tate Modern
버로 마켓
Borough Market
Holborn
Holborn Viaduct
Ludgate Hill
Queen Victoria Street
Victoria Embankment
Blackfriars Bridge
Southwark Bridge
Bankside
Park Street
Southwark Street
Union Street
Blackfriars Road
Borough High Street
Waterloo Road
The Cut
London Wall
Cheapside
Cannon Street
Upper Thames Street
0
110m
220m

C
D
Moorgate
Liverpool Street
올드 스피탈필즈 마켓
Old Spitalfieds Market
왕립 증권거래소 건물
The Royal Exchange
포트넘 앤 메이슨 로열 익스체인지
Fortnum & Mason at The Royal Exchange
헤론 타워 Heron Tower
시티 소셜
City Social
Aldgate east
22 비숍게이트
22 Bishopsgate
30 세인트 메리 엑스
(거킨 빌딩) 30 St. Mary Axe
Aldgate
리든홀 빌딩
The Leadenhall Building
Bank
로이즈 빌딩 Lloyd's Building
리든홀 마켓 Leadenhall Market
더 가든 앳 120 The Garden at 120
Fenchurch Street
Monument
Tower Gateway
Tower Hill
20 펜처치 스트리트
20 Fenchurch Street (워키토키 빌딩)
더 모뉴먼트
The Monument
스카이 가든
Sky Garden
바이워드 키친 앤 바
Byward Kitchen and Bar
폴 PAUL
런던 타워
Tower of London
런던 브리지
London Bridge
코파 클럽
타워 브리지
Coppa Club
Tower Bridge
헤이스 갤러리아
Hay's Galleria
그라인드 Grind
HMS 벨파스트
HMS Belfast
서더크 대성당
Southwark Cathedral
타워 브리지
Tower Bridge
파이브 가이스 타워 브리지
Five Guys Tower Bridge
모어 런던
More London
런던 시청사 London City Hall
(Greater London Authority)
London Bridge
버틀러스 워프
Butlers Wharf
버틀러스 워프 찹 하우스
Butler's Wharf Chop House
더 샤드
The Shard
워치하우스 타워 브리지
WatchHouse Tower Bridge
1
2
3

Attraction 보는 즐거움

Temple Church 템플 교회

지도 P.240-A2 주소 Temple, London EC4Y 7BB 운영 월~금 10:00~16:00(교회 사정에 따라 조금씩 다르고 문을 닫는 경우도 많으므로 홈페이지 확인 필수) 휴무 토·일(보통 일요일은 선데이 서비스만 가능) 요금 성인£5.00 교통 지하철 Circle, District 라인 Temple 역, Blackfriars 역 홈페이지 www.templechurch.com

중세 시대인 12세기 후반 십자군이 원정으로 수복하려 했던 예루살렘의 옛 성전을 본뜬 곳으로 템플 기사단에 의해 세워졌다. 현재의 모습은 제2차 세계대전 당시 파괴된 것을 복구해 놓은 것으로 교회 벽면에 전시된 그림이나 사진을 보면 예전 교회의 모습이 원형 처치 Church 부분에 잘 남아 있음을 알 수 있다. 내부 공명이 좋기로 유명하며 엄숙한 분위기 속에 스테인드글라스의 화려함이 돋보인다. 템플 기사단의 본부가 있었던 만큼 그 흔적을 곳곳에서 볼 수 있는데 그중 하나가 바닥에 보존돼 있는 기사들의 무덤이다. 우리에겐 댄 브라운의 소설과 영화 '다빈치 코드'를 통해 잘 알려져 있다. 그는 이 책에서 800년 세월을 견뎌온 요새와 같다고 묘사했다. 교회 주변은 정원과 좁은 골목길이 이어져 고즈넉하고 평화로움을 느끼게 한다.

찾아가는 길

이곳은 플리트 스트리트에 있는 프린스 헨리의 방 아래 있는 아치문으로 들어가 이너 템플 레인 Inner Temple Lane의 안쪽 골목을 걷다 보면 찾을 수 있다. 만약 아치문이 닫혀 있으면 튜더 스트리트 Tudor Street 쪽으로 돌아가 접근해야 한다.

템플 기사단

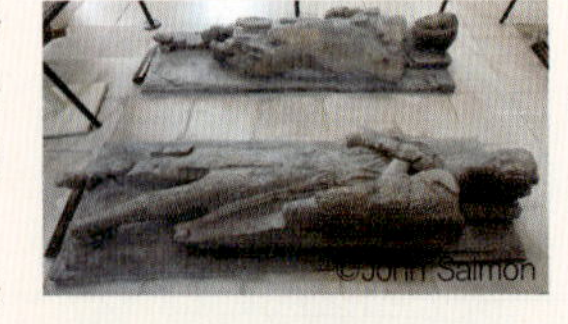
©John Salmon

1118년에 결성된 중세 3대 기사단 가운데 하나로 빨간 바탕에 흰색 십자가가 있는 문장을 사용했다. 당시 템플 기사단이 가입하려면 전 재산을 교회에 맡겨야 했는데 이렇게 모인 재산은 공동 관리되고 기사단을 유지하며 세력을 키우는 데 사용됐다.

십자군 원정에 참여해 이슬람과 싸우며 예루살렘을 수호하고 순례자들을 보호했지만 원정이 실패로 돌아가자 프랑스 필리프 4세는 그 책임을 물어 템플 기사단의 해체를 요구했다. 사실 필리프 4세 자신의 빚 탕감을 위한 목적이 더 컸다고 한다. 기사단은 해체를 거부했고 이에 필리프 4세와 교황 클레멘스 5세는 템플 기사단을 이단으로 몰아 갖은 고문으로 자백을 받아내고 모두 죽여 버린 후 재산까지도 몰수했다. 1314년 마지막 수장이던 자크 드 몰레 Jacques de Molay도 화형을 당했다.

Dr. Johnson's House 닥터 존슨스 하우스

지도 P.240-A1 주소 Dr. Johnsons House, 17 Gough Square, London EC4A 3DE 운영 화~토 11:00~17:00(마지막 입장 16:30) 휴무 일·월, 공휴일 요금 성인 £9.00 학생 £8.00 5~17세 £4.00 교통 지하철 Circle, District 라인 Temple 역 홈페이지 www.drjohnsonshouse.org

영국을 대표하는 문필가이자 시인, 평론가인 새뮤얼 존슨이 1748~1759년까지 살며 일했던 타운하우스. 옥스퍼드 대학을 졸업하지 않았지만, 그의 공로를 인정해 명예 박사학위를 주었기 때문에 영국인들은 그를 닥터 존슨이라고 부르고 18세기 영국의 지성이라 칭하며 존경하고 있다. 집 입구에는 그의 유명한 어록 중 하나인 '런던에 싫증 난 사람은 인생에 싫증 난 사람이다'라는 문구와 함께 초인종을 누르고 들어가라는 안내문이 보인다. 내부로 들어가면 1층에선 작은 응접실이, 2층에선 휴게실과 집필실 등을 볼 수 있다. 집필실에는 한쪽 벽면에 그가 쓴 책과 편찬한 사전이 놓여 있다. 이 집은 18세기 런던 주택의 모습을 볼 수 있는 곳으로도 의미가 있다.

새뮤얼 존슨 Samuel Johnson

셰익스피어 작품들을 새롭게 전집으로 묶어 펴냈고 영국 시인 52명의 작품과 전기를 정리한 '영국 시인전'과 '영어 사전'을 편찬한 사람이다. 1755년 편찬한 사전은 4만 개가 넘는 단어에 11만 개가 넘는 인용문을 삽입해 영어가 지금처럼 중요한 위치가 될 수 있었던 데 큰 공헌을 했다. 어린 시절 서점을 운영하던 아버지 덕에 책을 많이 읽었으며 평생 방대한 양의 글을 쓰고 살았다. 화술이 뛰어나 많은 사람과 교류해 문단에 막대한 영향을 끼쳤다.

Fleet Street 플리트 스트리트

지도 P.240-A1·A2 주소 Fleet Street, London 교통 지하철 Central 라인 St. Paul's 역

300여 년간 지속된 언론과 출판의 중심가로 세인트 폴 대성당에서 루드게이트 힐 Ludgate Hill 거리를 지나 쭉 뻗은 길이다. 이 길 어디에서건 멀리 세인트 폴 대성당이 보인다. 지금은 평범한 거리의 모습이지만 과거 시티의 소식통으로서 영국의 대표 언론, 출판 관련 회사들이 모여 있던 유서 깊은 거리다. 1955년 설립한 기네스북 회사 Guinness Book of Records도 이 플리트 스트리트에서 문을 열었다. 30여 년 전까지만 해도 영국의 많은 주요 언론사와 국제 통신사들, 출판사들이 있었는데 지금은 대부분 이사를 가고 은행, 법률사무소, 회계사 사무실들이 있다.

St. Paul's Cathedral 세인트 폴 대성당

지도 P.240-B2 주소 St. Paul's Churchyard, London EC4M 8AD 운영 월·화·목~토 08:30~16:30 수 10:00~16:30 (운영 시간은 유동적이므로 방문 전 홈페이지 확인할 것) 휴무 일(미사는 가능) 요금 일반 성인 £25.00 학생 £22.50 6~17세 £10.00 (1년 내내 자유롭게 입장하는 패스도 가격 동일) 교통 지하철 Central 라인 St. Paul's 역 홈페이지 www.stpauls.co.uk

쉼 없이 발전하는 런던에서 옛 기억을 간직한 채 시티 지역의 중심부를 묵묵히 지키고 있는 세인트 폴 대성당은 런던인들의 눈물과 웃음을 함께 해 온 런던의 대표 대성당이다. 처음의 교회는 로마 가톨릭 교회로 출발했지만 지금은 영국 국교 성공회 성당이다.

지금의 성당 모습을 가지게 되기까지

AD 604년 로마에서 런던으로 보낸 수도승 멜리터스 Melitus가 나무로 작은 교회당을 지은 것이 최초였으며 성 바울에게 봉헌됐다. 바이킹의 침공과 화재 등으로 파괴와 재건이 반복되다가 1666년 런던 대화재 때 크게 소실되고 만다. 왕실은 크리스토퍼 렌에게 공사를 의뢰, 1711년 5번째로 지어진 것이 지금의 모습이다. 크리스토퍼 렌은 파리 여행으로 프랑스, 이탈리아의 건축 양식을 면밀히 연구했고 둥근 돔과 그 아래 기둥을 세워 성당을 지었다. 이런 양식은 영국에서 보기 힘든 돔 건축의 귀중한 유산으로 남았다. 돔의 꼭대기에는 십자가와 황금 공이 있다.

대성당 내부

내부는 그 규모와 화려함에 압도되는데 입구에서 이어지는 긴 복도를 따라가면 기도하는 공간과 성가대석이 있는 돔 아래 부분에 도달하게 된다. 돔까지의 높이는 110m, 직경이 34m에 달한다. 돔을 올려다볼 수 있는 의자도 마련돼 있다.

돔 주변의 그림은 사도 바울의 생애를 그린 것으로 돔 바깥쪽 8명의 예언자 그림과 어우러져 장관을 연출한다. 셀프 가이드 투어(한국어 멀티미디어가 있다)와 여러 종류의 가이드 투어가 있으니 홈페이지를 참고하자.

1. 위스퍼 갤러리 Whispering Gallery

성당의 돔 안쪽 부분을 말하는 것으로 바닥에서 259계단을 오르면 만날 수 있다. 위스퍼 갤러리라 불리는 이유는 회랑의 벽에 대고 작은 소리로 말을 해도 건너편에서 들을 수 있기 때문이다. 소리의 파동이 반사되는 원리를 이용해 계획적으로 설계했기 때문에 가능하다고 한다.

2. 스톤 갤러리 Stone Gallery

위스퍼 갤러리에서 119계단을 오르면 나오는 곳으로 런던 시내가 시원하게 내려다보인다. 외부이기 때문에 사진 촬영도 가능하다.

3. 골든 갤러리 Golden Gallery

스톤 갤러리에서 152계단을 오르면 나온다. 이곳에 오르려면 구불구불한 계단을 어지럽게 돌아야 하고 되돌아올 수도 없기 때문에 중간에 포기하지 않는다는 마음을 먹고 출발하는 것이 좋다. 총 530개의 계단을 다 올라가면 전망대가 나온다.

4. 성당의 지하

유명한 사람들의 묘와 기념비가 있다. 성당 설계자 크리스토퍼 렌, 웰링턴 장군, 넬슨 제독, 나이팅게일 등 유명인사들의 무덤과 세계대전 참전 용사들의 추모비도 볼 수 있다. 기념품 숍도 있다.

성당에서 그동안 무슨 일이

오랜 세월 영국인들의 정신적 지주 역할을 해 온 세인트 폴 대성당은 제2차 세계대전 때 파괴되지 않고 살아남아 기적의 성당으로 여겨진다. 여러 국가 행사가 열리는데 세계대전 종전 감사 미사, 찰스 왕세자와 다이애나 비의 결혼식, 넬슨 제독, 웰링턴 장군, 윈스턴 처칠의 장례식, 빅토리아 여왕 60주년, 엘리자베스 2세 여왕의 실버, 골드, 다이아몬드 주빌리 기념식은 물론 2022년에는 즉위 70주년을 기념하는 플래티넘 주빌리 기념 예배도 열렸다. 뿐만 아니라 미국의 9·11테러나 런던 2005년 7·7테러 당시에는 국민들이 모여 미사를 드리며 애도했고 각종 시위도 열린다.

크리스토퍼 렌
Christopher Wren 1632~1723

영국을 대표하는 건축가이면서 천문학자, 해부학자, 수학자, 물리학자로 현재 영국에 남아 있는 수많은 건축물을 설계한 사람이다. 동시대의 뉴턴이 그의 천재성을 인정했다는 일화가 있다. 1666년 런던 대화재 이후 런던 재건의 건설 총감으로 임명되면서 명성을 얻었다. 당시 크리스토퍼 렌은 파리와 같이 광장 중심의 방사형 도시 모델을 계획했다. 왕실은 그의 계획서를 보고 감탄했지만 막대한 비용이 들고 사유지 침범을 싫어하는 귀족들의 반대에 부딪혀 실행에 옮기지 못했다. 런던의 대대적인 보수는 실행되지 못했지만, 수많은 건축물에서 렌의 이름을 볼 수 있다.

One New Change 원 뉴 체인지

지도 P.240-B1·B2 주소 1 New Change, London EC4M 9AF 운영 매장별로 다르며 상점은 보통 18:00까지, 식당은 더 늦게까지 영업한다(현재 옥상은 공사로 폐쇄). 교통 지하철 Central 라인 St. Paul's 역 홈페이지 www.onenewchange.com

2010년에 오픈한 쇼핑센터다. 건축가 장 누벨 Jean Nouvel의 디자인으로 건축된 곳으로 보라색 그라데이션 유리 외관이 눈길을 끈다. 규모가 크지는 않지만, 드러그스토어와 식료품점, 각종 브랜드 상점이 있고, 고든 램지의 캐주얼 식당과 다양한 종류의 프랜차이즈 레스토랑도 있다. 특히 이곳의 꼭대기 층에 가면 라운지와 바 옆으로 명소 세인트 폴 대성당을 조망할 수 있는 옥상 테라스가 있어 인기가 많으며 가깝지는 않지만 런던 아이도 보인다. 세인트 폴 대성당을 매우 가까운 거리에서 다른 눈높이로 바라볼 수 있어 색다른 조망 포인트가 되는 장소다.

Temple Bar 템플 바

지도 P.240-B1 주소 Paternoster Square, London EC4M 7DX 교통 지하철 Central 라인 St. Paul's 역 홈페이지 www.thetemplebar.info

세인트 폴 대성당 뒤편에 있는 템플 바는 아치 모양의 석조로 지어진 문이다. 200년 이상 시티 오브 런던의 서쪽 입구 역할을 해왔으며 현재 유일하게 남아 있는 런던 게이트다. 크리스토퍼 렌의 작품으로 원래 플리트 스트리트에 세워져 있었으며 영구적으로 제거될 위기까지 갔었지만 2004년 11월에 지금의 자리로 오게 되었다. 아치문 위로 찰스 1세, 찰스 2세, 제임스 1세, 앤 여왕의 조각상이 있다.

시티 오브 런던 인포메이션 센터 City of London Information Centre

세인트 폴 대성당 맞은편에 있는 독특한 디자인의 유리 건물이다. 지도를 비롯해 주요 관광지 소개 및 안내 자료, 교통 정보, 전시, 공연 정보 등 런던 여행에 필요한 다양한 자료를 구할 수 있다. 각종 투어를 소개해 주기도 하며 공연 예매도 도와준다. 여행 중 궁금한 것이 있거나 도움이 필요할 때 방문하면 좋은 곳이다. 와이파이도 무료 이용이 가능하다.

지도 P.240-B2 **주소** St. Paul's Churchyard London EC4M 8BX **운영** 월~토 09:30~17:30 일 10:00~16:00 **교통** 지하철 Central 라인 St. Paul's 역, Circle, District 라인 Mansion House 역 **홈페이지** www.thecityofldn.com

Paternoster Square 파터노스터 스퀘어

지도 P.240-B1 주소 Paternoster Sq. London EC1A 7BA 교통 지하철 Central 라인 St. Paul's 역

템플 바를 통과해 지나가면 안쪽으로 아담한 광장이 나온다. 평범해 보이는 이 광장에 유럽 최대의 거래소인 런던 증권거래소가 자리한다. 그리고 중앙에 우뚝 솟은 기둥은 파테노스터 기둥인데 꼭대기에 런던의 대화재와 대공습을 기리는 불꽃 모양이 새겨져 있다. 재미있는 것은 이 기둥이 그냥 장식물이 아니라 지하도로와 연결되어 환기통 역할을 한다는 것이다. 주변에 여러 조각들도 있어 잠시 들러보기 좋다.

우측 건물이 증권거래소, 중앙에 파터노스터 기둥

St. Mary-le-bow Church 세인트 메리르보 교회

지도 P.240-B2 주소 Cheapside London EC2V 6AU 운영 월~금 07:30~18:00 교통 지하철 Central 라인 St. Paul's 역 홈페이지 www.stmarylebow.co.uk

런던의 시티 지역 최대 번화가였던 칩사이드 Cheapside에 위치했던 교회다. 좁은 직사각형 타워가 뾰족하게 하늘로 솟은 첨탑 모양의 이 교회는 크리스토퍼 렌의 작품이다. 대화재 이후 크리스토퍼 렌은 시티에 52개의 교회를 지었고 현재 23개가 남아 있는데 그 중 하나로 1,000년 동안 교회가 세워져 있던 자리에 다시 건축한 것이다.

이곳에는 중세 시대에 일과 종료와 통행금지를 알리는 보 벨 Bow Bells이라 불리는 종이 있는데 그 종소리는 시티 주민들의 생활과 늘 함께해 왔다. 보 벨을 듣고 태어나야지 런던 토박이라는 말이 있을 정도였다. 돌 장식이 있는 아치 나무 문과 교회 첨탑 끝에 시티 오브 런던의 문장에 나오는 용 문양의 장식도 놓치지 말자. 지하에는 카페도 운영한다(P.277).

Guildhall 길드홀

지도 P.240-B1 주소 Guildhall Gresham Street London EC2V 7HH 운영 10:00~16:30(공간별로 약간씩 다르니 홈페이지 확인) 요금 무료 교통 지하철 Circle, Hammersmith & City, Northern 라인 Moorgate 역, Central 라인 St. Paul's 역 홈페이지 www.guildhall.cityoflondon.gov.uk

과거 런던 길드들의 본부가 있던 유서 깊은 건물이다. 1411~1440년 지어졌지만 제2차 세계대전으로 손상을 입었다가 1954년 복원됐다. 길드란 중세 상인과 장인의 권리를 보호하고 업종의 발전을 위해 조직된 상인단체인데, 12세기부터 조직되기 시작해 15세기에는 100개가 넘었다고 한다. 1515년에는 길드 중의 길드인 Top 12를 선정했으며 이들이 행정과 정치에 미치는 영향력은 매우 커 Top 12 중 1위부터 3위는 런던 시장, 주 장관, 구 의원으로 선출됐다.
지금은 더 시티 오브 런던 자치구가 행정을 위해 사용하고 있다. 이곳에서 가장 유명한 곳은 그레이트 홀 Great Hall이다. 당시 길드들의 문장이 그려진 깃발이 걸려 있는 가장 큰 연회실로 이곳에서 시장과 주 장관이 임명되며, 여러 나라의 고위 인사들을 맞이할 뿐 아니라 각종 연회, 콘퍼런스, 행사들이 열리는 장소로 쓰인다. 이 외에도 길드홀 아트 갤러리 Guildhall Art Gallery 등이 있다.

Guildhall Art Gallery 길드홀 아트 갤러리

지도 P.240-B1 주소 Guildhall Gresham Street London EC2V 5AE 운영 매일 10:30~16:00 요금 무료 (홈페이지에서 방문 날짜, 시간 예약해야 함) 교통 지하철 Circle, Hammersmith & City, Northern 라인 Moorgate 역, Central 라인 St. Paul's 역 홈페이지 www.guildhall.cityoflondon.gov.uk

길드홀 옆에 위치한 고풍스러운 이 갤러리는 1886년 처음 지어졌다가 전쟁으로 파괴되어 1999년 재건축된 모습이다. 현대적인 인테리어의 전시실이 있는 1, 2층에는 빅토리아 시대 미술 작품들을 다양한 테마별로 전시하고 있다. 반면 지하층은 분위기가 다른데 갤러리 공사 중 우연히 발견된 중세 로마 시대의 여러 유적들을 그대로 보존해 전시하고 있다. 형광색으로 유적의 사라진 부분을 시뮬레이션으로 만들어 놓아 구체적인 형태를 상상할 수 있게 해 놓아 흥미롭다.

The Royal Exchange 왕립 증권거래소 건물

지도 P.241-C2 주소 The Royal Exchange, City of London EC3V 3LR 운영 월~금 07:30~22:00 휴무 토·일 교통 지하철 Central, Northern, Waterloo & City 라인 Bank 역 홈페이지 www.theroyalexchange.co.uk

런던의 금융 지역인 뱅크에 자리한 런던 최초의 증권거래소다. 1565년 설립되었으며 지금의 모습은 두 번째 화재 이후 다시 건축한 것이다. 바로 옆에는 1694년 설립된 영국의 중앙은행인 잉글랜드 은행이 자리한다.

근세 시티 런던의 이미지를 나타내는 건물 중 하나로 지금은 1939년 런던 증권거래소로 주식 거래 업무가 모두 넘어가 왕립 증권거래소의 역할은 하지 않는다. 위층에는 일반 사무실들이 있고 1층에는 포트넘 앤 메이슨, 티파니, 조 말론 같은 고급 상점과 카페가 있다.

Leadenhall Market 리든홀 마켓

지도 P.241-C2 주소 Leadenhall Market, London EC3V 1LT 운영 24시간(상점별 상이) 교통 지하철 Central, Northern, Waterloo & City 라인 Bank 역, Circle, District 라인 Monument 역 홈페이지 www.leadenhallmarket.co.uk

리든홀 마켓은 로마 시대 공회당과 포럼 바실리카 대광장이 있던 역사가 있는 자리다. 14세기 초 가금류와 치즈 장수들이 모여 거래를 하면서 생겼고 이후 지붕을 덮고 고기, 야채, 허브 등 섹션을 구분해 오픈하면서 유럽에서 가장 큰 마켓이 되기도 했다. 지붕을 덮은 납 구조물 때문에 리든홀 마켓이라 불리게 됐다. 1972년 중요 건축물 2등급으로 지정되었으며 지금은 규모가 그리 크진 않지만 펍, 카페, 샌드위치 가게 등이 있어 주변 직장인들의 점심 식사 장소로 이용된다.

'해리 포터와 마법사의 돌'에 나온 마법 펍 리키 칼드론 The Leaky Cauldron과 마법 물품을 파는 시장 다이건 앨리 Diagon Alley의 촬영지로 유명해진 곳이다. 따라서 전 세계의 해리 포터 팬들은 성지 순례하듯 빠놓지 않고 방문하기도 한다.

런던의 건축

뱅크 지역의 새로운 건축물들

런던에서 가장 오래된 시티 지역은 예스러운 분위기가 풍기는 운치 있는 동네다. 하지만 세인트 폴 대성당 동쪽의 뱅크 지역은 시티 지역에 포함되어 있음에도 불구하고 전혀 다른 분위기를 자아낸다. 오래된 건물들 사이로 최첨단 건축물이 하나 둘 들어서면서 해마다 다른 얼굴을 하고 있는 뱅크 지역. 이곳은 아직도 공사 중이다. 석조로 이루어진 옛 건물과 유리와 철골로 이루어진 새 건물이 런던의 오랜 역사를 증명하듯 조화를 이루며 서 있는 모습이 독특한 풍경을 만드는 곳이다.

20 펜처치 스트리트
20 Fenchurch Street (워키토키 빌딩)

외관이 워키토키를 닮았다고 해서 복잡한 이름 대신 워키토키 빌딩이라고 부른다. 2015년 1월부터 빌딩의 35, 36층이 전망대로 개방되어 최근 가장 핫한 곳 중 하나다. 더 샤드 빌딩과는 템스강을 사이에 두고 높이 경쟁을 하고 있다. 외관이 독특해 여러 가지 말들이 많았고 2013년에는 건물의 반사열이 차량을 녹이는 사건이 있기도 했다. 사람이건 빌딩이건 새로운 무엇인가가 들어올 때는 꼭 홍역을 치르게 마련인데 이 빌딩도 예외는 아니었다.

워키토키 빌딩의 꼭대기층에는 스카이 가든이라는 이름처럼 녹색의 하늘 정원이 있다. 넓고 탁 트인 공간이라 실내에서도 조망이 가능하지만 바깥쪽 테라스로 나가면 위에서 내려다보이는 타워 브리지가 색다른 느낌을 주며, 벽으로 둘러싸인 런던 타워의 내부가 훤히 드러나고, 최고층 빌딩 샤드도 눈앞에 나타난다. 템스강 주변

스카이 가든

의 건물들을 바라보며 런던 시내를 조망하기에 적절한 곳이다.

전망대는 무료 입장이지만 반드시 예약을 해야 한다. 35층과 36층에 레스토랑, 바, 카페가 있어 식사나 커피를 즐길 수 있다.

지도 P.241-C2 **주소** 20 Fenchurch Street, London EC3M 8AF **운영** 월~금 10:00~18:00 토·일 11:00~21:00(마지막 예약 20:00) 매월 첫째 주 월요일은 유지 보수를 위해 휴장 **요금** 무료(예약 필수이며 3주 전 월요일부터 홈페이지에서 가능한데 매우 빨리 마감된다.) **교통** 지하철 Circle, District 라인 Monument 역 **홈페이지** www.skygarden.london

리든홀 빌딩
The Leadenhall Building

지상 47층, 높이 224m 높이의 리든홀 빌딩은

2014년 오픈한 삼각형 모양의 전면 유리로 된 빌딩이다. 치즈 가는 기구를 닮았다 해서 치즈 그레이터 Cheese greater라고 부르기도 한다. 로이즈 빌딩을 디자인한 리처드 로저스 Richard Rogers의 작품이다. 건물을 옆에서 보면 꼭대기에서 약 10도의 기울기를 가진 삼각형 모양인데 이는 세인트 폴 대성당이나 웨스트민스터 궁전을 가리지 않기 위해 디자인된 것이라고 한다.

지도 P.241-C2 **주소** 122 Leadenhall Street London EC3V 4AB **교통** 지하철 Central, Northern, Waterloo & City 라인 Bank 역 **홈페이지** www.theleadenhallbuilding.com

로이즈 빌딩
Lloyd's Building

1986년 완공된 로이즈 빌딩은 세계적인 보험회사 '로이즈 보험'의 건물이다. 보기에도 독특한 이 건물은 파리의 퐁피두 센터를 디자인한 리처드 로저스 Richard Rogers와 이탈리아 건축가 렌초 피아노 Renzo Piano의 작품이다. 일반인들의 시선보다는 몇 단계 앞선 창의적 디자인으로 처음에는 '화학 공장'이라는 비난을 받았다. 엘리베이터와 계단, 파이프들이 바깥으로 보이

면서 기계의 속살들이 드러나 있는 것만 봐도 작가의 개성이 드러난다. 햇빛을 받은 스테인리스 스틸이 반짝거리며 미래 건물 같은 느낌을 주는데 직접 보면 그 질감을 더 잘 느낄 수 있다. 건물 내부는 공개하지 않지만, 건물 밖 기념품 숍에서 내부 사진들을 볼 수 있다.

지도 P.241-C2 **주소** 1 Lime Street City of London EC3M 7AW **교통** 지하철 Central, Northern, Waterloo & City 라인 Bank 역, Circle, District 라인 Monument 역 **홈페이지** www.Lloyds.com

30 세인트 메리 엑스
30 St. Mary Axe (거킨 빌딩)

2004년에 준공된 런던의 유명한 랜드마크다. 21세기 하이테크 건축으로 유명한 노먼 포스터 Norman Foster에 의해 설계되었으며 인간과 자연을 조화시키는 그의 건축 철학이 담긴 작품이다. 오이 피클 모양의 외관 때문에 보통 거킨 The Gherkin이라고 불린다. 건축 당시에는 런던의 이미지를 해친다며 보수주의자들에게 비난받았고 행정당국의 건립 승인 거부가 이어지기도 했으나 점차 획기적인 발상이라는 긍정적인 평가가 이어지며 인정받게 됐다.

건물의 독특한 원추형 외관은 주변 건물의 일조권 확보에 도움이 되고 빛의 반사를 줄인다. 외

벽의 이중 유리 사이에 흐르는 공기가 단열재 역할을 해 에너지 절감에 탁월한 효과를 내며, 자연 채광이 최대화되도록 날씨에 따라 자동으로 창문과 블라인드가 개폐된다. 중앙 코어에서 바깥쪽으로 난 통로로 열이 빨리 순환하면서 굴뚝 효과를 내는 등 친환경적이면서도 첨단 과학과 조화를 이루는 건물이다. 이러한 노력들로 노먼 포스터는 2004년 영국 왕립 건축가협회가 주는 스털링 상 Stirling Prize을 수상했다.

건물 내부는 사무실이라 평소에 개방하지 않지만 일 년에 한 번 오픈 하우스 기간에만 일반인에게 개방한다. 오픈 하우스 기간은 홈페이지 확인.

지도 P.241-C1 **주소** 30 Saint Mary Axe, London, EC3A 8BF **교통** 지하철 Central, Northern, Waterloo & City 라인 Bank 역, Circle, Hammersmith & City 라인 Aldgate 역, Circle, District 라인 Monument 역 **홈페이지** www.thegherkin.com

22 비숍게이트
22 Bishopsgate

유리로 된 벽면이 나선 형태로 휘면서 올라가는 독특한 디자인의 건물이다. 원래 288m 높이의 피나클이라는 건물로 지어질 예정이었으나, 2015년 다른 회사에 팔리면서 278m 높이의 다른 디자인으로 변경되었다. 여타 신 건축물들과 마찬가지로 친환경 설계로 지어졌으며 영국에서 두 번째로 높은 건물이다.

지도 P.241-C1 **주소** London EC2N 4AF **교통** 지하철 Central, Northern, Waterloo & City 라인 Bank 역

헤론 타워
Heron Tower

46층, 230m 높이의 헤론 타워는 2007년에 공사를 시작해서 2011년 완공했다. 다른 신축 건물들처럼 유리 외관으로 지어졌으며 39층과 40층에 바와 레스토랑이 있어 런던 시내를 조망하며 식사할 수 있다. 워털루 브리지에서 세인트 폴 대성당까지 전망이 가능하며 거킨 빌딩을 바로 옆에서 내려다볼 수 있다. 레스토랑 덕 앤 와플 Duck and Waffle은 와플 위에 오리 고기와 오리알 프라이가 올려져 우리에겐 생소하지만 런던에서는 인기 있는 곳으로, 브런치나 야경을 보기 위해 많이 이용한다.

지도 P.241-C1 **주소** 110 Bishopsgate London EC2N 4AY **교통** 지하철 Central, Circle, Hammersmith & City, Metropolitan, Elizabeth 라인 Liverpool Street 역

The Monument 더 모뉴먼트

지도 P.241-C2 주소 Fish St. Hill, London EC3R 8AH 운영 매일 09:30~13:00, 14:00~18:00 휴무 12/24~26 요금 성인 £6.00 5~15세 £3.00 교통 지하철 Central, Northern, Waterloo & City 라인 Bank 역 홈페이지 www.themonument.org.uk

1666년 9월 2일 더 시티 오브 런던에 발생한 대화재를 기억하기 위한 탑이다. 대화재의 시작은 푸딩 레인 Pudding Lane의 작은 베이커리였지만 초기 진압에 실패한 불은 4일 동안 계속됐다. 런던은 그 전해에 전염병이 돌아 10만 명이 죽은 충격에서 벗어나지도 못한 채 최대의 위기를 맞이했다. 도시의 기능이 정지될 만큼 큰 손실을 입었지만 좌절하지 않고 빠르게 복구를 시작했다.

여러 복구 사업들이 진행되던 가운데 1671~1677년 크리스토퍼 렌 경 Sir Christopher Wren과 로버트 후크 박사 Dr. Robert Hooke의 설계로 더 모뉴먼트가 세워졌다. 대화재를 잊지 말자는 의미에서 세워진 이 탑은 화재가 발생한 푸딩 레인 지점에서 61.57m 떨어진 지점에 61.57m 높이로 서 있다. 탑 기둥을 지지하고 있는 하단에는 대화재의 경위와 진압 과정, 복구에 대한 내용이 적혀 있으며, 탑 내부의 311개 계단을 걸어 올라가면 꼭대기에 런던 시내를 조망할 수 있는 작은 전망대가 있다. 전망대는 안전을 위해 철조망으로 둘러싸여 있고 360도 전망이 가능해 세인트 폴 대성당, 타워 브리지, 거킨 빌딩, 더 샤드 등과 런던 시내를 바라 볼 수 있다.

Say Say Say

런던 대화재 직후가 궁금하다

당시 런던의 도시 구조와 생활상을 보면 화재의 불씨를 늘 가지고 있었다. 불은 교회, 상점, 시티의 성문, 유적 등 5분의 4를 재로 만들고 20만 명의 집을 앗아갔다. 런던은 혼란 그 자체였다. 화재의 범인을 찾다가 누명을 쓰고 죽은 외국인도 있었고 왕실에 호의적이지 않던 시티 지역 사람들은 가톨릭 신자들을 지목하는 등 음모론이 퍼졌다. 그러나 1667년 화재조사 위원회는 화재의 원인을 건조했던 자연 환경 쪽에 두었다. 이들이 발표한 공식 사망자 수는 8명. 그러나 통계에 빠진 가난한 사람들까지 합치면 훨씬 많으리라는 것이 일반적인 생각이다.

런던은 재건에 들어가 집부터 다시 지어야 했다. 위험하게 위로 쌓기만 하던 런던의 제티 Jetty 집들은 대화재 이후 벽돌과 돌로 지어지기 시작했고 길도 넓어졌다. 가옥뿐 아니라 교회나 공공시설도 모두 변화했다. 만일의 사태에 대비해 소방도로를 만들었고 화재보험을 비롯한 보험회사들이 많이 생겨났다.

London Bridge 런던 브리지

지도 P.241-C2 주소 London Bridge 교통 지하철 Jubilee, Northern 라인 London Bridge 역

런던 다리 중 가장 오랜 역사를 자랑하는 런던 브리지. 웨스트민스터 브리지가 1751년 지어지기 전까지는 템스강에서 유일하게 존재하던 다리였다. 지금의 모습은 콘크리트와 철근으로 만들어진 여느 다리와 다를 것 없는 평범한 모습이지만 런던 브리지는 그 나이만큼 숱한 이야기들을 간직하고 있다. '런던 다리가 무너진다'라는 전래 동요로도 유명하다. 동요 속 런던 브리지의 이야기는 1014년으로 거슬러 올라간다. 바이킹이 다시 영국을 넘보던 시절 덴마크가 영국을 점령했다. 그때 노르웨이의 왕 올라프는 덴마크 군대가 런던 브리지를 건너지 못하도록 다리를 끌어 내렸다. 덕분에 올라프는 영국인들의 칭송을 받았다. 여기서 유래된 노래가 게임과 함께 입에서 입으로 전해 내려오면서 불렸다.

유속이 빠른 템스강 위에 목재로 아슬아슬하게 짓는 것도 모자라 다리 위에 촘촘히 건물을 세워 놓아 무너지기 일쑤였던 런던 브리지는 바이킹의 침략, 대화재, 전염병, 산업혁명, 각종 전쟁까지 런던의 긴 역사를 모두 목격한 다리다. 1973년 재건된 다리는 템스강의 34개 다리 중 제일 어른으로서 자리를 지키고 있다.

Tower of London
런던 타워

템스강 북쪽 강변에 자리하고 있는 런던 타워는 1988년 유네스코 세계문화유산으로 등록된 런던의 랜드마크다. 굴곡진 런던의 역사를 증언하듯 근엄하게 서 있으며 중심부에 있는 화이트 타워를 비롯한 13개의 크고 작은 타워와 박물관, 성당을 둘러싸고 있는 중세 성채다. 남쪽으로 템스강이 흐르고 안쪽 성벽을 바깥쪽 성벽이 둘러싸고 있는 형태이며 해자를 파 물이 흐르도록 건설됐으나 현재는 흔적만 남아있다.

런던 타워의 중심인 화이트 타워는 정복왕 윌리엄에 의해 1070년경 지어지기 시작해 1100년경 완공됐다. 헨리 3세 이후 여러 탑, 성벽의 증축과 확장을 거듭해 지금의 모습을 갖추었다. 왕가의 거주지, 요새, 무기고, 감옥, 처형장, 조폐국 등으로 쓰였고 동물원이었던 적도 있다. 오랜 역사만큼 전해 오는 이야기와 볼거리도 많은 곳이다. 17세기 초반 제임스 1세까지는 왕들이 실제로 거주하기도 했고, 13세기 후반부터 시작해 특히 헨리 8세 이후로는 감옥과 처형장으로 이용돼 사람들에게 무서운 장소로 각인되었다. 이곳에서 죽은 사람은 귀족, 왕, 왕실 가족뿐 아니라 근대 독일군 스파이까지 다양하다. 억울하게 죽은 사람이 많아서인지 유령을 목격했다는 사람들의 증언이 이어지기도 한다.

입구로 들어가면 다리를 건너 바이워드 타워 Byward Tower를 지나 중세의 궁전 Medieval Palace이 나온다. 가장 복잡한 곳은 크라운 주얼스와 화이트 타워이니 대기 줄을 보고 순서를 정하자. 성 내부를 보고 나면 성벽 위를 걷는 것도 잊지 말자. 템스강 건너 타워 브리지와 시청사, 샤드까지 조망할 수 있다.

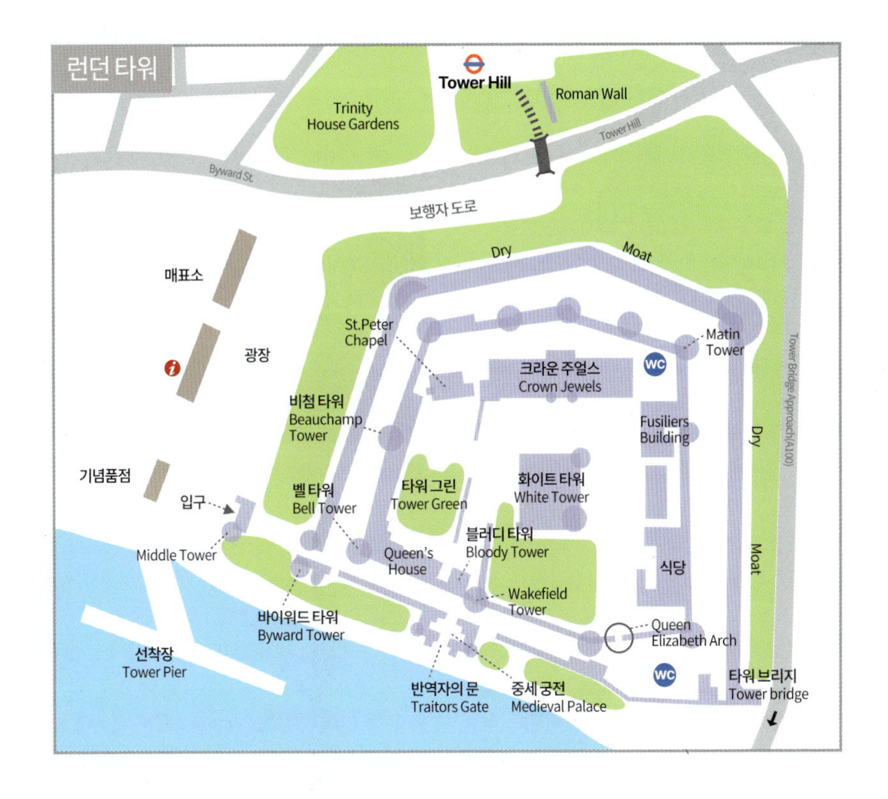

화이트 타워 White Tower

런던 타워 중 제일 먼저 지어진 타워다. 바이킹족들의 후예 노르만족은 1066년 영국을 정복했다. 정복왕 윌리엄은 영국인이 아니면서 영국의 왕이 된 것에 대해 불안해 했다. 그리고 자신의 막강한 힘을 보여주기 위해 그전까지 볼 수 없었던 성을 짓기로 했다. 그는 프랑스의 석회석을 수입해 노르만 건축 양식으로 요새인 화이트 타워를 짓고 그 안에서 살았다. 왕실의 거주지, 정부 행사장, 감옥, 무기 저장고로 쓰였으며 지금은 왕립 무기 박물관 Royal Armouries으로 쓰인다. 헨리 8세, 찰스 1세, 제임스 1세의 갑옷과 각종 무기류, 죄수들을 고문했던 고문 기구나 취조실, 죄수 머리를 잘랐던 도끼도 전시해 놓고 있다. 2층에는 11세기에 지어진 세인트 존스 예배당 St. John's Chapel이 있다.

크라운 주얼스 Crown Jewels

타워 북쪽 워털루 병영 안에 있는 크라운 주얼스에는 진귀한 왕실의 보물들이 전시되어 있다. 현재의 방은 1971년 이전했으며 다이아몬드,

사파이어, 에메랄드, 루비, 금 등으로 장식된 왕관, 예복, 봉들과 보석이 전시돼 있다. 왕관들 중 가장 유명한 것은 인도에서 온 105.6캐럿의 다이아몬드가 세팅된 'The Crown of Queen Elizabeth the Queen Mother'로 1937년 제작됐다. 남성이 쓰면 불운이 따른다는 전설이 있는 왕관이다. '쿨리난 Cullinan 1, 2'라는 두 개의 큰 다이아몬드도 유명한데 이것은 남아프리카공화국에서 채굴된 3,106캐럿의 다이아몬드를 9개로 자른 것 중 두 개다. '아프리카의 별'이라 불리며 1907년 에드워드 7세가 남아공 총리로부터 받은 것이다. 보석들은 모두 진품이라 보안이 매우 철저하며 실제 즉위식에 사용되기 때문에 그 기간에는 자리를 옮긴다. 사진 촬영 금지.

블러디 타워 Bloody Tower

1220년대 초반 성의 주 출입구를 통제하기 위해 지어졌다. 성벽의 외벽이 더 지어지면서 블러디 타워는 구조상 고립돼 그 역할을 못 하게 됐다. 원래 이름은 서쪽 창으로 정원이 보여 가든 타워였는데, 블러디 타워로 불리게 된 이유는 이곳에서 사라진 두 왕자의 사건에 기인한다. 이후 감옥으로 사용되면서 지금은 감옥의 인식이 더 강하게 남은 곳이다. 엘리자베스 1세 때 탐험가였던 월터 롤리가 13년간 갇혀 있던 방이 남아 있고, 왕가의 많은 사람과 켄터베리 대주교도 처형되기 전 이곳에 감금됐었다. 타워 위에는 사라진 두 왕자에 대한 자료들을 전시해 놓고 있으며 아래쪽으로 향하는 계단을 내려가면 고문실도 볼 수 있다.

Say Say Say 런던 타워에 대관식을 하러 간 왕자는 어디로 사라졌을까

1483년 장미전쟁 때 요크가의 에드워드 4세가 죽자 아들 에드워드 5세는 어린 나이에 왕위를 물려받았다. 에드워드 5세는 대관식을 치르기 위해 삼촌 리처드와 런던 타워로 동행했고 거기서 동생과도 만났다. 그런데 이상하게도 두 형제는 그곳에서 영원히 사라져 버렸다. 그들은 어디에서도 발견되지 않았고 결국 삼촌 리처드 3세가 왕이 되었다. 조카를 죽였다고 의심받으면서까지 왕이 되었던 리처드 3세는 얼마 되지 않아 헨리 튜더에 의해 죽었고 왕권도 랭커스터가로 넘어가고 만다. 이로써 장미전쟁도 끝나고 튜더 왕조가 막을 열었다. 세월은 흘렀고 1674년 런던 타워 수리 공사 중 12살과 9살로 보이는 유골이 발견되면서 논쟁은 지금까지도 계속되고 있는데 사실 두 왕자가 언제 죽었는지는 확실치 않다. 대관식을 치르던 시기에 죽었다는 설도 있고, 헨리 7세가 왕이 되고 나서 죽였다는 설도 있다. 역사는 승자의 편에서 기록되니 튜더 왕조를 연 헨리 7세는 리처드를 조카를 죽인 파렴치범으로 몰고 싶었을 것이다. 어쨌건 권력의 희생양이 된 두 왕자의 이야기는 런던 역사에 슬픈 기록으로 남아 있다. 존 에버렛 밀레스가 그린 '탑 속의 두 왕자' 속 왕자들의 표정이 사람들의 마음을 안타깝게 할 뿐이다.

비첨 타워 Beauchamp Tower

수많은 전범들이 처형을 기다리며 갇혀 있던 타워다. 벽에는 16세기에서 17세기 튜더 시대 죄수들의 그래피티로 덮여 있다. 많은 죄수들을 가두기에 넓고 완벽한 장소였으며 어떤 죄수들은 10년이 넘도록 감옥 생활을 했다. 이곳을 거쳐 간 사람 중 대표적인 사람으로 엘리자베스 1세의 애인이었던 로버트 더들리와 필립 하워드 경이 있다.

반역자의 문 Traitors' Gate

13세기에 지어졌다고 알려져 있으며 원래는 토머스의 문이라는 이름을 가지고 있었다. 성채의 중앙 문이었던 곳으로 템스강이 주요 운송로였던 당시 상황으로 보아 여러 중요 통로 역할을 했다. 이곳으로 정치범을 배로 압송해오면서 반역자의 문이라 불리게 됐다. 격자형 창살의 문에 참수당한 자들의 목을 걸어놓아 죄수들이 이곳을 지나 성안으로 들어올 때 겁을 먹도록 했다고 한다. 이 문을 다시 돌아나간 사람은 손에 꼽히는데, 엘리자베스 여왕이 그중 한 사람이다.

성벽 걷기

런던 타워 성벽 곳곳에는 초소로 올라가는 계단이 있어 성벽 위로 올라가 걸어 다닐 수 있다. 여러 방들과도 연결되어 구경할 수 있고, 무엇보다도 주변의 경치를 조망할 수 있어 좋다. 남쪽으로는 템스강과 함께 더 샤드 빌딩, 시청사, 타워 브리지가 시원하게 보이고, 북쪽으로는 거킨 빌딩과 워키토키 빌딩까지 보인다. 또한 성 안쪽 모습도 내려다볼 수 있어 성의 구조를 더 잘 이해할 수 있다.

요먼 워더스

런던 타워를 지키는 근위대를 이르는 말로, 영국 군대에서 22년 이상 근무하며 특별한 자격 요건을 갖춰야만 할 수 있다. 눈에 띄는 복장을 입고 타워 안의 관리뿐 아니라 가이드 역할도 한다. 타워 안에 들어가면 그들을 만날 수 있는데 가이드를 하며 재미난 뒷이야기들도 해준다.

지도 P.241-D2 **주소** St. Katharine & Wapping, London EC3N 4AB **운영** 매일 07:00~19:00(단 여름, 겨울 단위로 운영시간은 다르니 홈페이지 확인) **요금** 성인 £34.80 5~15세 £17.40, 회원 무료 **오디오** 성인 £5.00 **교통** 지하철 Circle, District 라인 Tower Hill 역 **홈페이지** www.hrp.org.uk

Tower Bridge 타워 브리지

지도 P.241-D3 주소 Tower Bridge Rd London SE1 2UP 교통 지하철 Circle, District 라인 Tower Hill 역 홈페이지 www.towerbridge.org.uk

런던을 상징하는 대표 명소로 빅토리안 고딕 양식의 탑이 인상적인 랜드마크다. 1894년 개통되었으며 호레이스 존스 경 Sir Horace Jones이 제작했다. 템스강에서 제일 오래된 다리는 런던 브리지임에도 불구하고 관광객들이 타워 브리지를 제일 많이 찾는 이유는 런던의 클래식함을 잘 나타내 주는 디자인 때문이다. 또한 그 기능도 남달라 템스강에 무역선들이 활발히 다닐 때 큰 배가 지나다닐 수 있도록 도개할 수 있게 만들어졌으며 1년에 수백 번 다리가 들어 올려지지만 한 번도 고장 나지 않았다고 한다. 시청사 광장이나 템스강 주변에서 다리를 바라본 후 다리를 직접 건너보거나 위쪽 설치된 인도교로도 건너보자. 크루즈를 타고 관람하면 다리 사진을 정면으로 찍을 수 있다. 낮에 보는 타워 브리지도 좋지만, 밤에 보는 타워 브리지는 불빛의 화려함이 더해져 멋진 장면을 연출한다. 홈페이지에서 도개 시간을 확인할 수 있다.

Butlers Wharf 버틀러스 워프

지도 P.241-D3 주소 28 Shad Thames, London SE1 2YD 교통 지하철 Circle, District 라인 Tower Hill 역

템스강의 여러 부둣가 중 하나로, 무역이 활발하던 시절 여러 제조물품을 저장하던 창고들이 모여 있던 곳이다. 부둣가 안쪽 골목인 샤드 템스 Shad Thames로 들어가면 오랜 창고 건물과 건물 사이에 짐을 옮기던 통로들이 눈에 띈다. 산업의 형태가 바뀌며 버려진 곳으로 남았다가 최근 다시 개발되면서 사람들의 관심을 받고 있다. 특히 오래된 건물들을 허물지 않고 재활용하여 독특한 지역 분위기를 만들고 있는데 이곳이 인기를 끌자 점점 더 많은 레스토랑, 카페, 상점들이 오픈하게 되었고 요즘은 고급 주택들까지 들어서고 있다. 어둡지만 운치 있는 골목길을 걷다가 강 쪽으로 한 블록만 나가면 타워 브리지가 보이는 시원한 전경이 펼쳐진다.

London City Hall(Greater London Authority) 런던 시청사

지도 P.241-C3 주소 Kamal Chunchie Way, London E16 1ZE 교통 지하철 Circle, District 라인 Tower Hill 역 홈페이지 www.london.gov.uk

하이테크 건축가 노먼 포스터 팀에 의해 지어진 친환경 건축물이다. 타워 브리지와 대비되는 현대 런던의 랜드마크다. 기울어진 유리 달걀 모양의 신기한 생김새 때문에 다양한 별명이 붙었는데 헬멧, 쥐며느리, 유리 고환 등 익살스러운 것들이다. 유리로 된 외관은 자연 채광에 유리하면서도 투명 행정을 상징하기도 한다. 최대한 햇빛을 받아 낮에 조명 없이 지낼 수 있고 자동 환기 시스템으로 온도가 조절돼 에너지도 절감된다고 한다. 또한 시청사 앞으로 펼쳐지는 시원한 템스강의 전망 덕에 사람들의 발길이 끊이지 않는다.

More London 모어 런던

지도 P.241-C3 주소 2A, More London Riverside Tooley St. London SE1 2DB 교통 지하철 Jubilee, Northern 라인 London Bridge 역 홈페이지 www.morelondon.com

범죄와 가난으로 골칫거리였던 런던 브리지 역 주변 강남 일대를 정비하는 개발 프로젝트의 이름이자, 그 프로젝트의 일환으로 개발된 쇼핑센터와 그 일대를 통틀어 '모어 런던'이라고 한다. 2002년 탈바꿈을 시작해 시청사를 시작으로 현대식 건물들이 강변을 따라 이어져 있다. 주말이 되면 많은 시민들이 모여 쇼핑을 즐기거나 휴식을 취하는 등 많은 사랑을 받고 있는 곳이다.

HMS Belfast HMS 벨파스트

지도 P.241-C3 주소 The Queen's Walk London SE1 2JH 운영 매일 10:00~17:00(마지막 입장 16:00) 휴무 12/24~26 요금 성인 £25.45 5~15세 £12.70 교통 지하철 Jubilee, Northern 라인 London Bridge 역 홈페이지 www.iwm.org.uk

1936년 건조된 후 여러 전투에서 활약을 한 순양함이다. 제2차 세계대전 당시 1943년 노스 케이프 전, 1944년 노르망디 상륙작전과 1950~1952년 한국전쟁에도 참가했다. 1971년 군함의 의무를 다하고 타워 브리지 옆 템스강에 정박한 후 박물관으로 오픈했다. 길이 187m의 군함이 템스강에 정박해 있는 것만으로도 볼거리지만 해군 관련 전시물로 꾸며진 박물관 안으로 들어가면 각종 무기들과 선원들의 생활상을 인형으로 사실감 있게 꾸며 놓았다.

Special Page
마켓 런던

Borough Market
버로 마켓

런던의 대표적인 식재료 마켓 중 하나. 11세기 때 곡식, 생선, 야채들을 사고 팔기 위해 런던 브리지 아래로 모여들어 푸드 마켓을 열었던 것이 시장의 시초다. 13세기 들어서 점점 더 다양해지는 물건들을 거래하기 위해 무역업자들이 버로 하이 스트리트에 다시 자리를 잡았고 그렇게 형성된 시장이 지금까지 이어져 오고 있다. 현재 100개가 넘는 상점들이 모인 대형 마켓으로 성장했다. 과일, 야채, 빵, 정육 등 다양한 종류의 식재료와 생활용품을 팔고 있으며 레스토랑과 인터내셔널 음식을 포함한 길거리 음식도 있다. 버로 마켓은 현재 런던인들의 식재료와 생활용품들을 공급해주는 중요한 마켓들 중 하나로 특히 식재료의 검사 기준이 까다롭기로 유명하다. 이곳에서 팔려 나가는 재료들이 주변 레스토랑이나 가정집의 먹거리를 책임진다. 지역 주민들에서부터 유명 요리사까지 식재료를 구입해 간다. 버로 마켓은 크게 세 구역으로 구분돼 있다. 버로 마켓 키친 Borough Market Kitchen, 그린 마켓 Green Market, 스리 크라운 스퀘어 Three Crown Square인데 그중 Three Crown Square 구역에 마켓 안내소가 있다. 이곳에서 마켓 지도를 구할 수 있으며, 구역별로 파는 물건들이 다르니 지도를 참고하며 다니자.

관광객이라면 이곳에서 파는 물건들을 구경하며 런던인들이 무엇을 먹고 무엇을 사는지 알아보는 것도 큰 재미다. 싱싱한 식재료부터 꽃과 와인, 치즈, 달콤하고 예쁘기까지 한 디저트까지 우리와는 다른 먹거리 문화와 생활문화를 느낄 수 있다. 그리고 무엇보다 시장의 하이라이트는 먹거리 체험일 것이다. 바로 마켓 키친 Borough Market Kitchen은 세계 여러 나라의 스트리트 푸드를 맛볼 수 있는 재미있는 곳으로 항상 활기찬 분위기에 많은 사람이 모여든다.

지도 P.240-B3 **주소** 8 Southwark Street, London, SE1 1TL **운영** 화~금 10:00~17:00 토 09:00~17:00 일 10:00~16:00 **휴무** 월 **교통** 지하철 Jubilee, Northern 라인 London Bridge 역 **홈페이지** www.boroughmarket.org.uk

인기 맛집 리스트

① Monmouth Coffee 먼머스 커피

런던의 대표 스페셜티 커피 중 하나로 드립 커피가 유명하다.

② La Pepiá 라 페피아

베네수엘라 음식인 아레파 Arepa(바삭하게 구운 옥수수 빵)를 맛볼 수 있는 곳.

③ Dorset Oyster Bar 도셋 오이스터 바

레몬과 핫소스를 곁들인 신선한 생굴을 맛볼 수 있는 곳.

④ Kappacasein Dairy 카파카제인 데어리

짭짤 고소하고 따끈한 치즈로 만든 토스트, 라클렛 등 치즈 메뉴를 즐길 수 있다.

Hay's Galleria 헤이스 갤러리아

지도 P.241-C3 주소 1 Battle Bridge Ln London SE1 2HD 운영 월~금 08:00~23:00 토 09:00~23:00 일 09:00~22:30 교통 지하철 Jubilee, Northern 라인 London Bridge 역

템스강 남쪽으로 런던 브리지와 타워 브리지 사이 템스강 변에 위치한 쇼핑가 및 식당가다. 높은 철제 유리 돔이 아케이드를 연상하게 하는 복합 건물로 강변에 있어 전망이 좋다. 오래된 건물을 허물지 않고 최신 시설을 덧대 만든 요즘 영국식 건축방식을 실천한 곳이다. 갤러리아 안쪽에는 물 위에 떠 있는 독특한 범선 조형물이 전시돼 있고 ㄷ자 형태의 내부에는 쇼핑 상가와 레스토랑이 있다. 입구에서 강 쪽을 바라보면 강 건너 거킨 빌딩과 워키토키 빌딩, 리든홀 빌딩이 보인다. 비가 온다면 유리 지붕이 있는 실내에서 쉬어 가는 것도 좋다.

Southwark Cathedral 서더크 대성당

지도 P.241-C3 주소 Southwark Cathedral London SE1 9DA 운영 월~금 09:00~17:00 토 09:30~15:45, 17:00~18:00 일 12:30~15:00, 16:00~17:00 교통 지하철 Jubilee, Northern 라인 London Bridge 역 홈페이지 www.southwark.anglican.org

영국의 국교인 성공회 성당이다. 런던 브리지 남쪽에 위치해 있고 버로 마켓과 아주 가깝기 때문에 같이 방문하면 좋다. 1220~1420년에 지금의 모습으로 지어졌으며 당시 이름은 'The Cathedral and Collegiate Church of St. Saviour and St. Mary Overie'였다. 이렇게 긴 이름을 가졌던 교회는 수차례 복원을 거쳐 1905년 서더크 대성당이 된다. 런던 최초의 고딕 양식으로 지어진 대성당으로 셰익스피어가 미사를 드리러 자주 찾던 성당이며 미국의 하버드 대학교를 설립한 존 하버드 John Havard가 1607년 유아 세례를 받은 곳으로도 알려져 있다.

The Shard 더 샤드

지도 P.241-C3 **주소** 32 London Bridge Street, London SE1 9SG **운영** 매우 유동적. 반드시 방문 전 홈페이지 확인할 것 **요금** 전망대 성인 £28.50(온라인으로 일찍 예매할수록 할인) **교통** 지하철 Jubilee, Northern 라인 London Bridge 역 **홈페이지** www.the-shard.com

2009년 착공, 2012년 완공된 72층, 높이 310m의 초고층 건물이다. 템스강 남쪽 서더크 지역에 위치한 샤드 빌딩은 이탈리아 건축가 렌초 피아노 Renzo Piano가 설계했다. 유리로 된 벽면이 꼭대기로 올라가면서 6도의 경사를 이루게 지어졌는데 이는 빛을 반사하도록 설계된 것이라고 한다. 더 샤드라는 이름의 뜻은 '파편, 조각'이다.

현대 건물인 만큼 편의 시설과 첨단 시설을 갖추고 있다. 34~52층에 5성급의 최고급 호텔인 샹그릴라 Shangrilla가 들어서 있고 68, 69, 72층에는 런던을 가장 높은 곳에서 360도 관람할 수 있는 전망대가 자리하고 있다. 전망대는 입장객 수를 제한하고 있기 때문에 미리 예약하는 것이 좋다. 전망대에서는 런던의 여러 랜드마크들이 내려다보여 하나씩 찾아보는 재미가 있다. 세인트 폴 대성당과 타워 브리지, 런던 타워, 시청사는 물론 서쪽의 런던 아이부터 멀리 동쪽의 도크랜드 지역까지도 보인다.

The Golden Hinde 더 골든 하인드 호

지도 P.240-B3 주소 St Mary Overie Dock, Cathedral St, London SE1 9DE 운영 11~3월 매일 10:00~17:00 4~10월 매일 10:00~18:00, 방문 전 홈페이지 확인 요망 요금 £6.00 교통 지하철 Jubilee, Northern 라인 London Bridge 역 홈페이지 www.goldenhinde.co.uk

16세기 엘리자베스 1세의 명을 받고 세계 탐험을 떠난 프랜시스 드레이크 Francis Drake 경이 항해했던 배다. 그가 이끌고 갔던 5척의 배 중 이 배만 돌아왔는데 그는 스페인 함대를 공격, 엄청난 보물을 싣고 돌아왔다. 그때의 배를 1973년에 복제한 것이다. 배의 내부는 셀프 가이드 투어가 가능한데 단체 투어나 특별한 이벤트가 있는 날은 제한될 수도 있다. 이 주변으로 템스강이 보이는 카페와 레스토랑이 많이 있다.

Millenium Bridge 밀레니엄 브리지

지도 P.240-B2 주소 Thames Embankment, London SE1 9JE 교통 지하철 Jubilee, Northern 라인 London Bridge 역, Central 라인 St. Paul's 역

총 길이 370m의 보행자 전용 다리로 노먼 포스터가 설계했다. 밀레니엄 프로젝트의 일환으로 2000년 완공됐다. 현대적인 디자인으로 야심차게 개방했지만, 다리가 흔들거린다는 지적 때문에 다시 공사에 착수했고 2002년 재개방했다. 알루미늄과 철근으로 이뤄져 있고 곡선미가 아름다운 미래 지향적인 디자인으로 인기가 높다. 특히 테이트 모던과 세인트 폴 대성당을 템스강을 사이에 두고 이어주고 있어 두 관광지를 오가는 사람들로 발길이 끊이지 않는다. 경제 중심지인 시티 지역과 낙후된 공장 지대인 서더크 지역을 이어 주어 도시 균형과 조화에 일조했다는 평가를 받는다. 해리 포터 시리즈 '해리 포터와 혼혈 왕자'에 무너지는 다리로 나와 깊은 인상을 주었다.

Shakespeare's Globe 셰익스피어 글로브

지도 P.240-B2 주소 Shakespeare's Globe 21 New Globe Walk Bankside London SE1 9DT 운영 매표소 월~금 11:00~18:00 토 10:00~18:00 일 10:00~17:00 요금 (전시 및 극장 투어) 성인 £17.00 16세 이하 £10.00 교통 지하철 Jubilee, Northern 라인 London Bridge 역, Central 라인 St. Paul's 역 홈페이지 www.shakespearesglobe.com

16세기에 극장 문화가 인기를 끌 때 셰익스피어 작품들을 공연하던 극장을 당시의 모습으로 재건해 놓은 곳이다. 현재도 공연, 전시, 교육에 관한 프로그램을 진행하고 있다.

셰익스피어 글로브가 재건되기까지

1599년 지금의 자리에서 200m 떨어진 곳에 처음 지어졌던 극장은 셰익스피어 작품들이 공연되며 인기를 끌었다. 제임스 1세로부터 '왕의 극장'이라는 이름까지 하사받았으나 청교도 의회의 폐쇄 조치로 문을 닫았고 결국 극장은 역사 속으로 사라졌다.
다시 셰익스피어 글로브 재건 운동에 불을 붙인 사람은 미국의 배우이자 감독이었던 샘 워너메이커 Sam Wanamaker였다. 그는 1949년 런던을 방문해 셰익스피어 글로브를 재건하려는 생각을 가졌다. 1993년 죽을 때까지 펀드를 모금하고 자료 수집에 열과 성을 다했으나 극장은 그의 사후에야 복원되었다.

극장의 구조와 특징

셰익스피어 글로브는 소형 콜로세움 같은 원형극장이다. 당시의 모습을 최대한 되살리기 위해 건축 방식도 그때의 것을 따라 했다. 튜더 시대 사용했던 벽돌과 나무를 이용해 못을 쓰지 않고 홈으로 이어 붙였다. 무대나 좌석 모두 나무로 만들었고 유리 창문도 없다.
좌석은 무대 바로 앞 옛날 농부들이 서서 봤던 야드 Yard 자리부터 귀족처럼 볼 수 있는 젠틀맨의 방 Gentleman's Room까지 있다. 최대한 옛날 방식으로 공연하며 공연도 주로 낮에 이뤄지는데 저녁 공연이 있다면 최소한의 조명만을 사용한다.

입구와 전시실

입구의 뱅크 사이드 게이트 Bankside Gate는 철제로 된 출입문인데 자세히 보면 여러 문양이 조각돼 있다. 125개의 문양은 모두 셰익스피어 작품에 나왔던 동물, 식물, 물건들이라고 한다. 또한 내부 전시실에는 당시의 자료들과 16세기 템스강 가의 모습이나 사람들의 생활상을 알 수 있는 물건들, 무대 의상과 소품들이 있다. 특히 셰익스피어가 직접 쓴 원고의 원본도 볼 수 있다.

Tate Modern
테이트 모던

1981년부터 오일 파동과 공해 문제로 문을 닫았던 화력발전소를 개조해 만든 미술관으로 짧은 역사에도 불구하고 현재 런던의 대표 명소로 확실히 자리 잡은 곳이다. 주로 1900년대 이후의 회화, 조각, 필름, 설치 미술 등을 전시한다. 일반인들이 어려워하는 근·현대 미술이라는 주제의 미술관이지만 테이트 모던만이 가지고 있는 독특함과 전시 주제 등으로 항상 인기가 있는 곳이다.
밀레니엄 브리지 바로 앞에 있는 굴뚝이 있는 건물은 2000년에 먼저 개관한 7층 규모의 나탈리 벨 빌딩 Natalie Bell Building으로 국제 설계 공모전에서 스위스 건축가들의 설계안을 채택해 8년간의 공사를 거쳐 개관했다. 약간 남쪽의 독특한 10층 규모의 건물은 2016년 오픈한 블라바트니크 빌딩 Blavatnik Building으로 두 빌딩이 레벨 0과 레벨 4에서 서로 연결돼 있다.

Say Say Say **반대하던 건축물, 지금은 런던의 효자**

테이트 측이 1992년 건립 계획을 발표하자 버려진 낡은 공장과 미술관이 어떻게 매치가 될 수 있냐는 비난이 많았다. 당시 밀레니엄 프로젝트로 런던이 막대한 돈을 쓰고 있던 시점이라 폐건물을 개조해야 할 정도로 예산이 부족하면 아예 공사하지 말라는 여론도 있었다. 그러나 개관 후 기존 갤러리들과는 차별화된 분위기와 전시 방식, 재미있는 작품들, 편리한 교통까지 사람들의 관심을 끌기 시작해 폭발적 인기를 끌었고 화력발전소가 영국의 산업혁명을 상징한다는 해석까지 더해졌다. 기부와 후원도 다른 미술관들보다 압도적으로 많다. 이는 무료 박물관임에도 불구하고 해를 거듭하면서 정부 보조비율을 낮추고 재정적으로 자립해 가는 데 많은 도움을 줬다.

➡ 나탈리 벨 빌딩 Natalie Bell Building

총 7개 층(레벨 0~6)이며 발전소에서 비롯됐기 때문에 구조가 특이하다. 세인트 폴 대성당과 밀레니엄 브리지로 연결돼 있으며 가족 단위로 많이 찾는다. 미술관 내부 갤러리는 연대순이 아닌 주제별로 작품을 전시하고 있으며 레벨 2, 4에 상설 갤러리가 있으며 앤디 워홀, 로이 리히텐슈타인 등 유명한 현대 미술 작가들의 작품이 있다. 다른 층에서는 특별전이나 기획전을 연다. 테이트 재단 소유의 작품들은 다른 테이트 미술관끼리 순회하기도 한다.

터빈홀 Turbine Hall

나탈리 벨 빌딩 1층에 위치한 터빈홀은 이 미술관에서 가장 독특한 장소다. 전기 발전기를 보관했던 이곳은 5층 높이의 대형 전시 홀이다. 입구로 들어가면 우선 그 크기에 압도당한다. 큰 홀 바닥은 안으로 들어갈수록 경사가 지면서 내려다보이며 이 공간을 미술관 측은 터빈 홀 프로젝트를 세워 활용하고 있다. 매년 이 공간에 어울리는 거대한 규모의 현대 작품들을 전시하는데 매번 성공적이었다. 어디서도 보기 힘든 거대하면서도 작품성 있는 설치 미술을 보러 사람들이 줄을 선다. 전시 기간이 아닐 때도 공연과 각종 퍼포먼스로 이곳을 가득 채운다.

➡ 블라바트니크 빌딩 Blavatnik Building

총 11개 층(0~10층)으로 이루어진 이곳은 건물 모양부터 눈길을 끈다. 1960년부터 현재까지의 미술을 보여주고 있으며 레벨 3에 상설 갤러리 공간이 있다. 외부로 나가는 입구는 레벨 1에 있으며 나탈리 벨 빌딩에서 내부 이동이 가능하다.

작품들을 본 후에는 테라스가 있는 나탈리 벨 빌딩 6층 레스토랑과 블라바트니크 빌딩 10층 카페로 가자. 템스강이 눈앞에 흐르고 밀레니엄 브리지 너머로 세인트 폴 대성당이 한눈에 들어온다. 휴식을 취하며 신구의 조화로움이 빚어낸 멋진 경관을 감상하기 좋다.

➡ 이런 작품은 챙겨 보자

마릴린 두 폭 Marilyn Diptych

(앤디 워홀 Andy Warhol, 1962)

앤디 워홀은 상업 미술을 해오던 팝 아티스트로 우리에게도 잘 알려져 있는 사람이다. 그는 1962년 마릴린 먼로가 죽은 뒤 그녀를 소재로 한 작품에 몰두했다. 3개월여 동안 거의 20작품을 그렸다고 하는데 이 작품도 그때 나온 것이다. 마릴린 먼로의 25개 이미지들을 각각 보색 계열 색감의 왼쪽 이미지와 흑백의 오른쪽 이미지를 결합해 실크 스크린 기법으로 완성했다. 오른쪽 흑백 먼로의 사라져 가는 이미지들이 눈에 띈다.

왬 Whaam!

(로이 리히텐슈타인 Roy Lichtenstein, 1963)

로이 리히텐슈타인은 뉴욕 출신의 20세기 팝 아티스트다. 앤디 워홀과는 다르게 순수 미술을 전공한 학자 출신이었다. 이 작품은 전쟁 중에 일어난 병사들과 민간인들의 상상 초월 이야기들을 다룬 '전쟁에 동원된 미국 남자들'이라는 책에서 가져온 것이다. 여기에 색채를 입혀 완성했으

며 로이 리히텐슈타인의 특징이 그대로 드러난다. 검은색 테두리 선, 선명한 색감, 브라운관 확대 때 보이는 망점 패턴들이 그것으로, 원래의 만화 이미지와는 다르게 변한다. 두 대의 제트기가 충돌하는 순간을 묘사한 이 작품은 만화가 주는 희화성과 전쟁의 공포감이 서로 모순되면서 극적인 효과를 줬다.

산 위의 호수 Mountain Lake

(살바도르 달리 Salvador Dali, 1938)

스페인에서 태어난 초현실주의 화가이면서 재미있는 콧수염으로 대변되는 살바도르 달리는 꿈이나 환상의 세계를 표현하는 작품을 많이 남겼다. 항상 독특하고 튀는 그림을 그리며 기이한 행동으로 늘 화제를 만들고 다니는 사람이었다. 이 작품은 덜 튀는 느낌도 들지만 자세히 보면 재미있는 요소들이 있다. 중앙의 전화기 줄을 따라가 보면 끊어진 채 매달려 있고 그 뒤의 산과 호수는 보통의 모습과는 많이 다르다. 산은 뭉툭하고 그 밑의 호수는 물고기 모양이다. 그림의 색도 왠지 과거나 꿈속을 나타내는 느낌을 준다. 여러 가지로 해석이 가능하지만 달리의 어두운 유년 기억이나 해결되지 않는 전쟁의 답답함을 보여 준다는 해석이 많다.

아이네 클라이네 나흐트무지크 Eine Kleine Nachtmusik

(도로시아 태닝 Dorothea Tanning, 1943)

판화가, 화가, 조각가, 소설가인 도로시아 태닝은

유년 시절의 환상과 악몽을 주제로 한 작품들을 많이 남겼다. 그녀는 독일의 초현실주의 화가인 막스 에른스트의 4번째 아내가 되며 초현실주의에 본격적으로 뛰어들었다. 아이네 클라이네 나흐트 무지크는 원래 모차르트 곡의 제목인데 이 작품으로 그녀는 초현실주의의 중요 작가로 자리매김했다. 어두운 건물 내부에 두 소녀가 있고 커다란 해바라기가 계단과 복도를 가로막고 있다. 소녀들이 걸친 옷은 평범하지 않으며 해바라기 쪽을 보며 서 있는 소녀의 머리카락은 하늘로 솟아 있다. 약간 음산하면서 현실과 동떨어진 느낌의 이 장면들은 유년 시절의 악몽의 세계를 나타내는 그림이다. 오른쪽 문으로 나가면 공포에서 벗어날 것 같지만 그게 쉽지 않아 보인다.

누워 있는 시인 The Poet Reclining

(마르크 샤갈 Marc Chagall, 1915)

색채의 마술사로 불리는 샤갈은 프랑스, 미국, 러시아에서 활동하며 이방인의 삶을 살았으나 피카소와 더불어 생전에 부와 명예를 누리며 장수한 화가다. 이 그림은 그가 결혼 직후 그리기 시작한 것으로 신혼여행 갔던 러시아의 시골 풍경을 배경으로 했다고 한다. 누워 있는 시인 뒤로 펼쳐진 목가적인 푸른 잔디와 짙은 녹색의 나무, 노을 지는 하늘이 평온함을 주지만 정작 시인은 표정이 어둡다. 제목에 표현된 시인은 샤갈 자신을 나타낸 것이며, 그림을 그리던 시기는 제1차 세계대전이 터져 러시아에 갇혀 지낼 때였다. 샤갈이 자신의 현실과 심리를 그림에 반영한 것으로 보인다.

울고 있는 여인 Weeping Woman

(파블로 피카소 Pablo Ruiz Picasso, 1937)

그림 속에 등장하는 여인은 피카소의 연인 도라 마르. 피카소의 공식 여인 7명 중 5번째 여인으로 학구적인 사진작가였다. 피카소가 '게르니카'를 작업할 때 도라가 모든 과정을 사진으로 남기면서 둘은 사랑에 빠졌다고 한다. '게르니카'의 한 부분인 아이를 잃고 울고 있는 여인을 확대해 색채를 입혀서 그린 것이 '울고 있는 여인'인데 그 모델이 바로 도라 마르다. 그러나 이들의 사랑도 새로운 여인이 나타나면서 종지부를 찍고 안타깝게도 도라는 발작을 일으켜 정신병원에 감금되는 지경까지 간다. 이 그림은 테이트 갤러리에서 순회 전시를 하므로 다른 테이트에서 만날 수도 있다.

지도 P.240-B2 **주소** Tate Modern Bankside London SE1 9TG **운영** 월~토 10:00~18:00(마지막 입장 17:30) **요금** 무료 **교통** 지하철 Central 라인 St. Paul's 역 **홈페이지** www.tate.org.uk/modern

Tate Britain
테이트 브리튼

런던 남쪽 밀뱅크 지역 템스강 변에 위치한 미술관이다. 고풍스러운 외관과 우아한 내부를 가진 건물은 과거 감옥을 개조한 곳이며 테이트 계열 미술관 중 가장 처음 설립됐다. 원래 내셔널 갤러리 오브 브리티시 아트 National Gallery of British Art라는 이름으로 불리다가 1932년 테이트 갤러리로 바뀌었고 2000년 테이트 모던이 생기면서 테이트 브리튼이라는 지금의 이름을 가지게 됐다.

주로 1500년 이후 영국 화가들의 작품이 다수 소장돼 있어 영국 회화 역사에 중요한 미술관이라고 할 수 있다. 특히 상설전 중 인기가 많은 작품은 라파엘 전파 Pre-Raphelite와 윌리엄 터너 William Turner의 작품들이다. 메인 층의 40여 개 전시실 중 터너의 전시실은 9개에 달한다. 그 밖에도 데이비드 호크니 David Hockney, 피터 블레이크 Peter Blake, 프랜시스 베이컨 Francis Bacon 등의 작품이 있으며 조각, 설치 미술도 전시한다. 주요 관광지와 좀 떨어져 있지만 영국 미술에 관심이 많은 사람이라면 찾아가 볼 가치가 있는 미술관이다.

➧ 어떤 작품들이 있나

오필리아 Ophelia

(존 에버렛 밀레이 John Everett Millais, 1851~1852)

라파엘 전파의 대표 화가 밀레이가 세익스피어의 '햄릿'의 한 장면을 그린 작품이다. 햄릿에 나오는 오필리아의 비극적인 죽음을 묘사한다. 햄릿이 자신의 아버지를 죽인 것을 안 오필리아가 미쳐서 강에 빠져 서서히 죽어가는 장면이다. 오필리아의 모습이 사실적이어서 섬뜩하기까지 하다. 주변의 꽃과 나무들도 굉장히 사실적으로 묘사돼 있다. 오필리아가 손에서 놓친 빨간 꽃은 양귀비꽃이다. 그림의 모델이 된 여인은 훗날 라파엘 전파의 가브리엘과 결혼하는데 나중에 아편을 먹고 자살한다.

샬럿의 처녀 The Lady of Shalott

(존 윌리엄 워터하우스 John William Waterhouse, 1888)

이 그림은 테니슨 Tennyson의 시 '샬럿의 처녀'에서 비롯된다. 시의 내용은 영국의 아서 왕 이야기에 나오는 전설이 바탕이 됐는데 일레인이라는 처녀가 저주를 받아 거울을 통해서만 바깥세상을 볼 수 있는 침묵의 섬 샬럿에 갇혀 살다가 기사 랜슬럿 Lancelot을 보고 사랑에 빠져 결국 죽음에 이른다는 내용이다. 그림은 자신이 짜던 태피스트리를 떨어뜨리고 죽음을 직감하며 마지막 여행을 감행하는 모습이다. 그녀는 결국 시신의 모습으로 랜슬럿에게 당도한다. 라파엘 전파의 그림답게 자연의 사실적 묘사와 주제 선정이 눈에 띄는 작품이다.

눈보라: 알프스 산을 넘는 한니발의 군대 Snow Storm: Hannibal and his Army Crossing the Alps(조지프 말로드 윌리엄 터너 Joseph Mallord William Turner, 1812)

카르타고의 유명한 한니발 장군이 알프스 산을 넘다가 혹한을 만나 속수무책으로 무너지는 장면을 묘사한 그림이다. 그림 속의 군인들은 매우

Travel Plus

라파엘 전파

1848년 런던에서 결성된 예술인들의 모임으로 르네상스 이전 중세 고딕과 초기 르네상스 작품을 본보기로 삼았고 아름다운 여인과 사물의 사실적인 묘사가 특징이다. 라파엘로와 미켈란젤로의 회화를 이상으로 생각하는 당시 미술을 비판하며 그 이전으로 돌아가자 하여 라파엘 전파라 명명했고 자신들의 작품에 프리 라파엘이라는 서명을 남겼다. 대표 작가는 존 에버렛 밀레이 John Everett Millais, 윌리엄 홀맨 헌트 William Holman Hunt, 단테 가브리엘 로세티 Dante Gabriel Rossetti, 필립 칼데론 Philip H. Calderon이다. 그러나 도덕적이고 성스러운 주제를 표방하고 기계적 테크닉을 거부하던 그들은 사실 불륜 사건의 주인공들이 많아 입방아에 오르기도 했다.

작게 그려져 있고 전체를 휘감는 듯한 눈보라의 소용돌이가 대부분을 차지한다. 휘몰아치는 눈보라도 터너만의 터치와 색채로 위압적으로 묘사하고 있다. 이 그림이 그려진 것이 1812년인데 나폴레옹이 러시아에 쳐들어 간 해도 1812년이다. 터너는 전쟁 영웅 한니발도 자연 앞에서 속수무책으로 무너지는데 나폴레옹도 마찬가지일 것이라는 암시를 주고 싶었던 것 같다. 그 해 겨울 나폴레옹 군대는 원정 실패를 하고 되돌아 갈 수 밖에 없었다.

노햄 성 일출 Norham Castle, Sunrise

(조지프 말로드 윌리어 터너 Joseph Mallord William Turner, 1846)

안개가 껴 있는 노햄 성 뒤로 노란색의 해가 떠오르는, 고요하고 평화로워 보이는 작품이다. 노햄 성은 스코틀랜드를 방어하기 위해 지은 요새다. 윌리엄 터너의 다른 작품들처럼 자연을 묘사

하고 있지만 색감과 분위기는 사뭇 다르다. 그가 죽기 6년 전에 그린 것으로 비바람, 파도, 바다, 배 등을 그린 젊은 시절의 작품들과 비교되는 작품이다. 차갑고 비가 많이 오는 영국에서 태양은 특별하다. 이 작품에서 터너는 대기를 부드럽게 감싸는 노란 태양의 따스함을 잘 전달하고 있다.

십자가형을 기초로 한 형상의 세 가지 연구 Three Studies for Figures at the Base of a Crucifixion

(프랜시스 베이컨 Francis Bacon, 1944)

영국 최고의 현대 미술가로 손꼽히는 프랜시스 베이컨의 대표작이자 출세작으로, 작품 발표와 동시에 유명세를 얻으며 베이컨을 일약 최고의 화가로 올려놓았다. 세 개의 화폭이 하나의 작품이 되는 삼면화 형식을 취하고 있으며 십자가형으로 고통받는 생명체를 표현했다. 보는 순간 작

조지프 말로드 윌리엄 터너 Joseph Mallord William Turner, 1775~1851

런던의 이발사 아들로 태어난 터너는 어릴 때부터 미술 재능이 돋보였다. 이발관 손님들의 초상화를 잘 그려 유명했던 그는 왕립 미술원에 입학하고 교수도 된다. 그러나 그는 사람들과 잘 어울리지 못했고 그림에만 몰두했다고 한다. 아이는 있으나 평생 결혼하지 않았고 교수직도 오래 하지 못했다. 그러나 그의 도전적이며 엽기적이기까지 한 행동은 자연이 주는 빛과 색이 잘 드러난 아름다운 그림으로 실현되곤 했다. 특히 젊은 시절 수십 차례 유럽 여행을 하고 자연 속에 들어가 살며 비, 바람, 배, 파도, 안개, 햇빛, 바다 등 자연 현상들을 묘사하는 데 몰두했다. 말년에는 유명세를 뒤로하고 시골에서 작품 활동을 하며 은폐된 삶을 살았다. 죽을 때는 자신의 그림을 전시할 갤러리를 세운다는 조건으로 재산과 작품을 국가에 기증했다. 테이트 브리튼 11개의 방에 그의 작품들이 전시돼 있고 죽은 뒤, 세인트 폴 대성당에 안치됐다.

품 속 오브젝트의 기괴한 모습에 놀랄 수밖에 없을 만큼 독창적이다. 인간의 슬픔, 공포, 분노를 표현하고 있다고 하며 인간 내면의 음울하고 부정적인 본능을 보여 주고 싶어 하는 그의 작품 스타일이 드러나 있다.

더 큰 첨벙 A Bigger Splash
(데이비드 호크니 David Hockney, 1967)

가장 영향력이 있는 생존 작가 중 하나로 꼽히는 데이비드 호크니가 캘리포니아에 살던 1967년 완성한 작품이다. 고요한 정적을 깨며 물속으로 첨벙 뛰어드는 몇 초간의 순간을 묘사한 이 작품은 20세기 캘리포니아를 상징하는 팝아트로 유명하다. 수영장, 야자수, 다이빙대가 기하학적 구조를 이루고 튀어 오른 물보라가 눈에 띄는 호크니의 대표작 중 하나다. 아크릴 물감을 이용해 밝고 산뜻하게 표현했으며 노란색의 다이빙대가 파란색의 물과 대비를 이룬다. 호크니는 이외에도 수영장에 대한 작품을 여러 점 남겼다.

콜몬들리 자매 The Cholmondeley Ladies
(작가 미상, 17세기)

17세기 어느 귀족 집안의 쌍둥이 자매가 똑같은 날 결혼해 똑같은 날 아이를 낳았는데 그것을 기념하기 위해 그린 그림이다. 그림을 보면 고급스러운 옷을 입은 두 귀부인이 같은 자세로 아기를 안고 있다. 얼핏 보면 두 여인이 똑같아 보이지만 자세히 보면 조금씩 다르다. 옷의 무늬라든지 장식, 아기를 싸고 있는 싸개도 다르다. 표정도 어딘지 모르게 다른, 쌍둥이 자매를 비교해보는 재미가 있는 그림이다.

Travel Plus

보트 타고 테이트 모던과 테이트 브리튼 오가기

템스강 가까이에 위치한 두 갤러리를 보트 타고 이동해 보는 것도 색다른 재미다. 지하철이나 버스보다는 비싸지만 템스강에서 보이는 런던의 스카이라인과 명소들을 감상하면서 편리하고 빠르게 이동할 수 있다. 시간은 20~25분 정도 소요되며 와이파이도 된다. 온라인으로 티켓을 구매하거나 현장에서 컨택리스 카드, 오이스터 카드를 찍고 탈 수 있다. 선착장 키오스크에서도 1회권을 살 수 있지만 좀 더 비싸다.

운영 30분 간격으로 운항 **요금** (Bankside~Millbank Pier 성인 편도) 온라인 £9.00 현장 구매 £11.40 (트래블 카드 £7.60) **홈페이지** www.thamesclippers.com, www.tate.org.uk/visit/tate-boat

주소 Tate Britain Millbank London SW1P 4RG **운영** 매일 10:00~18:00 **휴무** 12/24~26 **요금** 무료 **교통** 지하철 Victoria 라인 Pimlico 역 **홈페이지** www.tate.org.uk/britain

먹는 즐거움

세인트 폴 대성당 주변

Bread Street Kitchen & Bar 브레드 스트리트 키친 앤 바

지도 P.240-B1·B2 주소 First Floor One, 10 New Change, Bread St, London EC4M 9AJ 운영 월·금 07:30~23:00 화~목 07:30~24:00 토 11:00~23:30 일 11:00~22:00 홈페이지 www.gordonramsayrestaurants.com/bread-street-kitchen

유리로 된 원 뉴 체인지 빌딩에 자리한 고든 램지의 캐주얼 레스토랑이다. 뱅크 지역이라 비즈니스맨들이 많이 찾는다. 가성비는 별로 좋지 않지만 고든 램지의 레스토랑을 보다 쉽게 접근하고 싶은 사람들은 가볼 만하다. 그가 자랑하는 비프 웰링턴과 피시 앤 칩스가 있다.

Mangio Pasta & Bottega 만조 파스타 앤 보테가

지도 P.240-B2 주소 30-32 Knightrider St, London EC4V 5BH 운영 월~목 08:00~21:00 금 08:00~17:00 토·일 11:00~17:00 홈페이지 https://mangio.co.uk

세인트 폴 대성당에서 밀레니엄 브리지 쪽으로 가는 길에 자리한 아주 작은 식당이다. 좌석이 몇 개 없어서 포장해 가는 사람도 많은데, 메뉴는 적지만 직접 만드는 홈메이드 생면 파스타로 인기가 높다. 신선한 파스타와 이탈리안 디저트, 젤라토도 함께 맛볼 수 있다.

On the Bob 온더밥

지도 P.240-A2 주소 9 Ludgate Broadway, London EC4V 6DU 운영 월~금 11:30~16:00 휴무 토·일 홈페이지 http://onthebab.com

한국 인기 음식인 김치볶음밥, 비빔밥, 닭볶음탕, 떡볶이, 양념치킨 등을 파는 한국 식당이다. 런던과 파리에서 영업 중인 온더밥은 주변 직장인들의 테이크아웃 점심 메뉴로도 인기가 많다. 포장 용기를 사용해 우아하게 먹을 수는 없지만 여행 중 한국 음식이 생각난다면 가볼 만하다.

Host Café 호스트 카페

지도 P.240-B2 주소 St. Mary Aldermary, Watling St, London EC4M 9BW 운영 월~금 07:30~16:00 휴무 토·일 홈페이지 www.hostcafelondon.com

오래된 시티 지역에 자리한 교회로 평일에는 카페로 운영된다. 실제 교회이기 때문에 분위기도 독특하지만 커피도 맛있고 간단한 수프와 샌드위치, 케이크 등 스낵류로 있어서 잠시 쉬어 가기 좋다. 주말에는 예배가 있기 때문에 커피 테이블을 치우고 교회의 모습으로 돌아온다.

Café Below 카페 빌로

지도 P.240-B2 주소 St. Mary Le Bow Church, Cheapside, London EC2V 6AU 운영 월·금 11:30~14:30 화~목 07:30~14:30 휴무 토·일 홈페이지 https://www.cafebelow.co.uk

크리스토퍼 렌의 작품으로 잘 알려진 세인트 메리르 보 교회 St. Mary-le-Bow Church의 지하에 자리한 카페 겸 레스토랑이다. 아침과 점심 식사로 건강한 가정식 메뉴가 있다. 주말과 이벤트가 있을 때는 운영하지 않는다.

The Wren Coffee 더 렌 커피

지도 P.240-B2 주소 114 Queen Victoria St, London EC4V 4BJ 운영 월~금 07:00~16:30 휴무 토·일 홈페이지 www.thewrencoffee.com

세인트 폴 대성당 부근의 세인트 니콜라스 콜 사원 St. Nicholas Cole Abbey 내부에 자리한 카페다. 사무실들로 가득한 주변에 조용하게 자리한다. 카페의 이름은 1666년 대화재 당시 파괴된 교회를 재건했던 건축가 크리스토퍼 렌의 이름에서 따왔다. 규모가 작은 아담한 교회로 목요일 점심과 일요일 오전에는 예배가 있어서 카페 문을 닫는다.

City Social 시티 소셜

지도 P.241-C1 주소 Tower 42, 25 Old Broad St, London EC2N 1HQ 운영 월~금 12:00~23:30 토 16:00~24:00 휴무 일 홈페이지 http://citysociallondon.com

거킨 빌딩이 손에 잡힐 듯 가까이 보이는 고급 레스토랑 겸 바다. 어둑한 아르데코 스타일의 분위기에서 미슐랭 스타에 빛나는 제이슨 애서튼의 창의적인 요리를 맛볼 수 있으며, 햄버거와 피시 앤 칩스 같은 간단한 식사도 가능하다. 붐비는 시간을 피해서 간다면 창가 쪽에 앉도록 하자.

Sky Garden 스카이 가든

지도 P.241-C2 주소 1, Sky Garden Walk, London EC3M 8AF 운영 일·화~목 08:00~23:00 월 10:00~23:00 금·토 08:00~24:00 홈페이지 https://skygarden.london

무료 전망대로 큰 인기를 끌고 있는 스카이 가든은 이제 광클릭으로도 예약이 어려워 카페나 레스토랑을 예약해야 편하게 전망을 즐길 수 있게 됐다. 고급 레스토랑도 있지만 오히려 창가에서 가까운 쪽은 바(bar)다. 바도 예약 필수이며 간단히 맥주나 와인, 칵테일 등을 즐길 수 있다.

Fortnum & Mason at The Royal Exchange 포트넘 앤 메이슨 로열 익스체인지

지도 P.241-C2 주소 4-7 Royal Exchange, London EC3V 3LR 운영 월~금 10:00~19:00 휴무 토·일 홈페이지 www.fortnumandmason.com/the-royal-exchange-london

런던 최초의 증권거래소였던 왕립 증권거래소 건물(더 로열 익스체인지)에 자리한 티 카페다. 우아한 건물의 분위기와 잘 어울리는 곳으로 간단히 차만 마시거나 크림티와 애프터눈티도 즐길 수 있다. 바로 옆에는 티숍도 있다.

Byward Kitchen and Bar 바이워드 키친 앤 바

지도 P.241-C2 주소 Byward St, London EC3R 5BJ 운영 매일 09:00~17:00 홈페이지 www.bywardkitchenandbar.com

성공회 교회인 올 할로스 바이 더 타워 All Hallows by the Tower의 부속 건물에서 운영하는 레스토랑 겸 바로 분위기도 좋고 음식도 맛있어서 인기가 높다. 교회 이름에서 알 수 있듯 런던 타워 옆에 위치하며 7세기에 처음 지어진 오래된 교회다. 내부는 현대적이고 깔끔한 인테리어로 꾸며졌으며 작은 정원이 있는 야외 테이블도 있다.

PAUL 폴

지도 P.241-C2 주소 Cheval Three Quays, Lower Thames St, London EC3R 6AG 운영 매일 07:00~20:00 홈페이지 www.paul-uk.com

프랑스 베이커리 카페로 유명한 폴은 런던에 여러 지점이 있는데 특히 이곳은 런던 타워 부근에 위치해 접근성이 좋으며 템스강과 타워 브리지가 보이는 간이 야외 테이블도 있다. 내부 좌석에서는 샤드 빌딩이 보인다.

Coppa Club Tower Bridge 코파 클럽 타워 브리지

지도 P.241-C2 주소 3 Three Quays Walk, Lower Thames St, London EC3R 6AH 운영 매일 09:00~23:00 홈페이지 http://coppaclub.co.uk/towerbridge

음식보다는 분위기가 좋은 곳으로 야외 테이블에서 타워 브리지와 샤드 빌딩이 잘 보인다. 낮보다는 밤에 야경과 함께 맥주나 와인을 즐기기 좋다. 피자, 파스타, 햄버거 같은 일반 서양 음식이 주 메뉴다.

Swan London 스완

지도 P.240-B2 주소 21 New Globe Walk, Bankside, London SE1 9DT 운영 월~토 12:00~21:00 일 12:00~18:00 (애프터눈티 12:00~17:00) 홈페이지 www.swanlondon.co.uk

템스강 변에 자리한 뷰 좋은 영국 레스토랑으로 명소인 셰익스피어 글로브와 바로 이어져 있다. 3개 층으로 이루어져 있고 창가에 앉으면 강 건너 세인트 폴 대성당이 보인다. 계절에 특화된 고기, 생선 메뉴들을 코스로 먹을 수 있다. 좋은 자리를 얻으려면 일찍 예약하는 것이 좋으며 바는 조금 더 늦게까지 영업한다.

The George 더 조지

지도 P.240-B3 주소 75 Borough High St, London SE1 1NH 운영 월~수 11:30~23:00 목 11:30~24:00 금·토 11:00~24:00 일 12:00~23:00 홈페이지 www.greeneking.co.uk/pubs

버로 마켓, 샤드 등 템스강 남쪽 명소들과 가까이에 위치한 전통 있는 펍이다. 그림들이 걸려 있는 실내와 아늑한 실외 공간이 있는데 왁자지껄한 실외가 더 인기가 많다. 스테이크 앤 에일 파이, 피시 앤 칩스 등 식사 메뉴가 많고 맛도 좋다. 에일 맥주는 물론 와인, 샴페인 등 각종 주류가 있다.

Grind 그라인드

지도 P.241-C3 주소 2 London Bridge, London SE1 9RA 운영 월·화 07:30~22:00 수·목 07:30~23:00 금 07:30~01:00 토 09:00~01:00 일 09:00~18:30 홈페이지 https://grind.co.uk

스페셜티 커피로 시작해 이제는 브런치 맛집으로도 인기를 누리고 있는 곳이다. 지점마다 개성 있는 분위기로 항상 북적이는데, 런던 브리지 남단에 자리한 이곳은 공간도 넓은 편이고 위치도 좋아서 찾아가기 쉽다. 진한 커피는 물론, 겉바속촉의 푸짐한 팬케이크와 비건 메뉴가 인기다.

Five Guys Tower Bridge 파이브 가이스 타워 브리지

지도 P.241-C3 주소 Unit 2, 2 More London Pl, London SE1 2DA 운영 일~목 11:00~23:00 금·토 11:00~23:30
홈페이지 https://restaurants.fiveguys.co.uk

국내에도 입점한 미국의 유명 햄버거 체인점으로 시청사 바로 옆에 위치해 있어 항상 북적이는 곳이다. 특히 2층 좌석에서는 템스강과 타워 브리지가 잘 보여 뷰 맛집 부럽지 않다. 햄버거 역시 일반 패스트푸드보다 맛있고 수제 버거처럼 다양한 토핑을 선택할 수 있다. 베이컨 더블 치즈버거가 유명하다.

WatchHouse Tower Bridge 워치하우스 타워 브리지

지도 P.241-D3 주소 37 Shad Thames, London SE1 2NJ 운영 매일 07:00~18:00 홈페이지 www.watchhouse.com

갤러리들이 들어서며 점차 발전하고 있는 런던 남부 버몬지 Bermondsey 거리의 오래된 초소(watchhouse)에서 작게 오픈해 이제는 런던 전역에 열 곳이 넘는 지점을 둔 스페셜티 커피 전문점이다. 타워 브리지 부근 버틀러스 워프 지역의 오래된 창고 건물에 자리 잡은 이곳은 빈티지함이 남아 있으면서도 현대적인 분위기에다 맛있는 커피와 다양한 베이커리로 인기 있는 곳이다.

Butler's Wharf Chop House 버틀러스 워프 찹 하우스

지도 P.241-D3 주소 36 E Shad Thames, London SE1 2YE 운영 월 17:30~21:00 화~토 12:00~15:00, 17:30~21:00 일 12:00~15:00 홈페이지 www.chophouse-restaurant.co.uk

버틀러스 워프의 야외 테라스에 앉아 타워 브리지가 보이는 템스강을 바라보며 간단한 음료나 여유로운 식사를 즐기기 좋은 곳이다. 시원한 전망과 운치 있는 뒷골목이 대비되는 재미있는 동네다.

KENSINGTON & CHELSEA

켄싱턴 & 첼시

켄싱턴과 첼시는 런던 중심부의 서쪽 하이드 파크 주변에 자리한 동네다. 행정구역상 켄싱턴과 첼시 버로 Royal Borough of Kensington and Chelsea에 해당하며 고급 주택들이 즐비하고 높은 땅값을 자랑한다. 켄싱턴은 켄싱턴 궁전과 과학 박물관, 자연사 박물관, 빅토리아 & 앨버트 박물관이 모여 있는 왕실 및 박물관 지구이며 첼시는 사치 갤러리와 명품 거리인 슬론 스트리트가 있는 부유한 동네로, 런던의 상류층과 연예인들이 많이 거주하는 지역이다. 첼시 지구 바로 옆에는 축구 팬들의 성지 첼시 구장이 있으며 켄싱턴 북쪽에는 포토벨로 마켓으로 유명한 노팅힐이 있다.

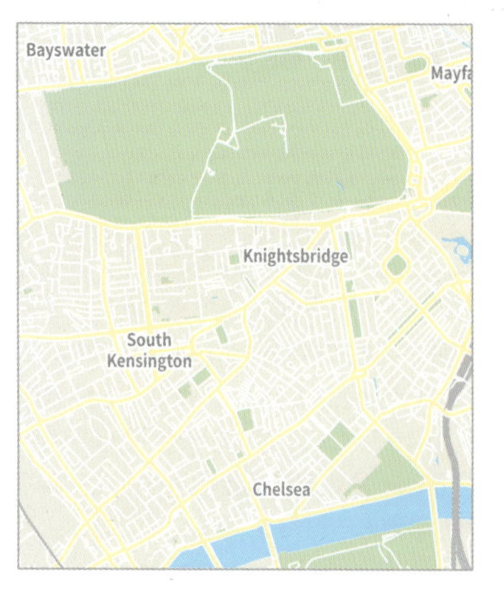

A
B
1
2
3
노팅힐 포토벨로 로드 마켓
Notting Hill Portobello Road Market
Bayswater
Lancaster Gate
Queensway
Notting Hill Gate
켄싱턴 가든
Kensington Garden
오랑제리
The Orangery
더 처칠 암스 켄싱턴
The Churchill Arms, Kensington
켄싱턴 궁전
Kensington Palace
서펜타인 갤러리
Serpentine Gallery
칸델라 티 룸
Candella Tea Room
앨버트 기념비
Albert Memorial
High Street Kensington
로열 앨버트 홀
Royal Albert Hall
더 디자인 뮤지엄
The Design Museum
켄싱턴 하이 스트리트
Kensington High Street
다 마리오
Da Mario
페 메종 Fai Maison
과학 박물관
Science Museum
카페 소사이어티
Café Society
자연사 박물관
Natural History Museum
Gloucester Road
South Kensington
로카
Rocca
Earl's Court
스탬퍼드 브리지 첼시 구장
Stamford Bridge Chelsea FC
0
135m
270m
Moscow Road
Queensway
Queensborough Terrace
Porchester Terrace
Craven Hill
Craven Terrace
Westbourne Street
Bark Place
Inverness Terrace
Leinster Terrace
Lancaster Gate
Bayswater Road
St Petersburgh Place
Ossington Street
Palace Court
Bayswater Road
Kensington Palace Gardens
Palace Gardens Terrace
Palace Green
Palace Avenue
Hornton Street
Pitt Street
Holland Street
West Carriage Drive
Kensington Road
Kensington Gore
Phillimore Walk
Wrights Lane
De Vere Gardens
Palace Gate
Hyde Park Gate
Jay Mews
Victoria Road
Prince Consort Road
Allen Street
St Alban's Grove
Stanford Road
Launceston Place
Queen's Gate Terrace
Ayrton Road
Exhibition Road
St Margaret's Lane
Eldon Road
Gloucester Road
Elvaston Place
Imperial College Road
Kynance Mews
Cornwall Gardens
Marloes Road
Emperor's Gate
Mc Leod's Mews
Grenville Place
Lexham Gardens
Pennant Mews
Cromwell Road
Cromwell Road
Redfield Lane
Courtfield Gardens
Courtfield Road
Stanhope Gardens
Queen's Gate
Harrington Road
Hogarth Road
Earl's Court Gardens
Harrington Gardens
Gloucester Road
Clareville Grove
Trebovir Road
Wetherby Gardens
Bina Gardens
Rosary Gardens
Hesper Mews
Old Brompton Road
Onslow Gardens

마블 아치
Marble Arch
스피커스 코너
Speaker's Corner
하이드 파크
Hyde Park
서펜타인 노스 갤러리
Serpentine North Gallery
더 매거진
The Magazine
다이애나 왕세자비 추모 분수
Princess Diana Memorial Fountain
서펜타인 바 앤 키친
Serpentine Bar & Kitchen
서펜타인 리도 카페
Serpentine Lido Café
앱슬리 하우스
Apsley House
Hyde Park Corner
웰링턴 아치
Wellington Arch
디너 바이 헤스턴 블루멘틀
Dinner by Heston Blumenthal
나이츠브리지
Knightsbridge
버버리
Burberry
하비 니콜스 백화점
Harvey Nichols
슬론 스트리트 Sloane Street
브롬톤 로드 Brompton Road
해러즈 백화점
Harrods
페야 Feya
토리아 & 앨버트 박물관
toria & Albert Museum
더 버터리
The Buttery
피터 존스 백화점
Peter Jones
슬론 스퀘어
Sloane Square
킹스 로드
King's Road
사치 갤러리
Saatchi Gallery
Park Gardens
Bayswater Road
North Carriage Drive
Cumberland Gate
North Row
Green Street
Park Street
North Audley Street
Grosvenor Square
Wood's Mews
Upper Brook Street
Culross Street
Upper Grosvenor Street
Adam's Row
Reeves Mews
Mount Street
South Audley Street
Farm Street
Alford Street
Hill Street
South Street
Park Lane
Curzon Street
Old Park Lane
West Carriage Drive
Policeman's Walk
South Carriage Drive
Kensington Road
Knightsbridge
Duke of Wellington Place
Wilton Place
Kinnerton Street
Wilton Crescent
Halkin Street
Grosvenor Place
Belgrave Square
Chapel Street
Chester Street
Wilton Street
Ennismore Gardens
Rutland Gate
Trevor Place
Basil Street
Harriet Walk
Hans Crescent
Hans Road
Pavilion Road
Lowndes Street
Belgrave Place
Cheval Place
Brompton Square
Cottage Place
Beauchamp Place
Yeoman's Row
Pont Street
Sloane Street
Walton Street
Lennox Gardens
Cadogan Square
Cadogan Place
Cadogan Lane
Lyall Street
Eaton Place
Eaton Mews North
Eaton Square
Eaton Mews South
Thurloe Place
Brompton Road
Egerton Gardens
Ovington Street
Hasker Street
First Street
Milner Street
Halsey Street
Moore Street
Rawlings Street
Cadogan Street
Elizabeth Street
Ebury Mews
Ebury Street
South Eaton Place
Eaton Terrace
Pelham Crescent
Lucan Place
Draycott Avenue
Sloane Avenue
Draycott Place
Lower Sloane Street
Holbein Place
Graham Terrace
Pond Place
Bury Walk
Ixworth Place
Elystan Street
Petyward
Whitehead's Grove
Elystan Place
Cale Street
Pimlico Road

Special Page
파크 런던

Hyde Park
하이드 파크

대도시 런던 시내 중심에 자리한 1.4km²의 로열 파크로 런던인들의 휴식처가 되는 곳이다. 원래는 웨스트민스터 사원의 소유였다가 1536년 헨리 8세의 수도원 해산령으로 왕실에 귀속됐고 1637년 찰스 1세 때 일반에 공개했다. 북쪽 입구에 마블 아치, 남쪽 입구에 웰링턴 아치가 있으며 공원 내로 들어오면 스피커스 코너, 각종 기념비와 분수들을 볼 수 있고 산책로를 따라 들어오면 호수가 나온다. 서펜타인 Serpentine이라는 커다란 호수는 공원 가운데 길게 늘어진 ㄴ자 모양을 하고 있으며 호수를 남북으로 가로지르는 도로를 중심으로 동쪽은 하이드 파크, 서쪽은 켄싱턴 가든으로 나뉜다. 서펜타인 호수에는 보트를 타는 사람들, 일광욕을 즐기는 사람들, 카페에서 여유를 즐기는 사람들이 많다. 남서쪽으로 돌아가면 서펜타인 리도 Serpentine Lido라는 모래사장이 나온다. 근처의 카페 콜리치 서펜타인 리도 Colicci Serpentine Lido에서는 간단한 식사와 차를 마실 수 있다. 여기서 서쪽으로 조금만 더 가면 다이애나 왕세자비 추모 분수가 있다.

여름에는 서머 페스티벌, 겨울에는 크리스마스 마켓도 열리니 기회가 된다면 참여해 보자. 하이드 파크는 여행자가 잠깐만에 둘러 보기에는 너무 넓기 때문에 지도를 미리 보고 둘러볼 곳을 정하고 여유 있게 산책하는 것이 좋다. 참고로 스피커스 코너와 다이애나 비 추모 분수는 대각선 방향으로 거리가 멀기 때문에 같이 보는 것은 한번 고려해봐야 한다.

① 스피커스 코너 Speaker's Corner

공원 북동쪽 마블 아치 역 쪽에 위치하며 누구나 원하는 이야기를 속 시원하게 할 수 있는 곳이다. 이 근처에는 250년 전까지만 해도 교수대가 설치돼 사람들이 죽기 전에 이곳에서 마지막 말을 남겼다고 한다. 교수대는 옮겨 갔지만 1872년 허가가 난 이래 계속 이 전통은 이어져 내려오고 있는데 그동안 레닌, 마르크스, 조지 오웰 같은 사람들부터 일반인까지 많은 사람이 다양한 주제로 자신의 이야기를 펼쳐 왔다. 특별히 풍기를 문란케 하는 발언이나 왕실 관련 발언만 아니면 누구나 자유롭게 이야기할 수 있으며 토, 일, 공휴일에만 가능하다.

지도 P.285-D1

② 마블 아치 Marble Arch

나폴레옹과의 전투에서 이긴 것을 기념하기 위해 세운 문으로 버킹엄 궁전 입구로 사용됐다. 로마의 콘스탄티누스 개선문을 본뜬 것으로 1833년 완공되었다. 입구가 좁아 큰 마차가 지나다니기 힘들어 1851년 지금의 장소로 옮겨졌다. 옮기기 전까지는 경찰서로 이용되기도 했다.

지도 P.285-D1

③ 다이애나 왕세자비 추모 분수 Princess Diana Memorial Fountain

1997년 갑작스러운 죽음으로 수많은 영국인들의 애도를 받았던 다이애나 왕세자비를 추모하는 분수로 2004년 완성되었다. 다이애나의 영혼과 아이들에 대한 사랑을 표현한 타원형 분수는 때로는 잔잔하게, 때로는 굴곡지며 세차게 흘러 그녀의 인생과 잘 어울리는 듯하다.

지도 P.285-C2

지도 P.285-C1·2, D1·2 **주소** Hyde Park London W2 2UH **운영** 05:00~24:00 **요금** 무료 **교통** 지하철 Piccadilly 라인 Hyde Park Corner 역, Piccadilly 라인 Knightsbridge 역, Central 라인 Marble Arch 역 **홈페이지** www.royalparks.org.uk

Attraction 보는 즐거움

Wellington Arch 웰링턴 아치

지도 P.285-D2 주소 Apsley Way, Hyde Park Corner London W1J 7JZ 운영 수~일 10:00~16:00 휴무 월·화 요금 (갤러리) 성인 £6.00~8.50 5~17세 £3.50~4.50 (날짜별로 다름) 교통 지하철 Piccadilly 라인 Hyde Park Corner 역 홈페이지 www.english-heritage.org.uk

조지 4세 때 웰링턴 장군이 나폴레옹과 벌인 워털루 전투에서 이긴 기념으로 1825년 세운 아치다. 일종의 개선문으로, 원래는 더 화려하고 크게 지을 생각이었지만 예산 부족으로 축소되었다. 신고전주의 양식으로 건설된 아치의 꼭대기에는 트라이엄프 Triumph라는 조각상이 있다. 이는 4마리의 말이 끄는 병거를 탄 평화의 천사상이다. 내부에는 콰드리가 Quadriga라는 갤러리가 있는데 주제를 바꿔 가며 전시한다. 아치 옆 쪽으로 웰링턴 장군의 기마 동상이 보인다.

Apsley House 앱슬리 하우스

지도 P.285-D2 주소 Apsley House 149 Piccadilly London W1J 7NT 운영 토·일 11:00~17:00 휴무 월~금 요금 성인 £12.90 5~17세 £7.70 교통 지하철 Piccadilly 라인 Hyde Park Corner 역 홈페이지 www.wellingtoncollection.co.uk

나폴레옹과의 전투에서 이긴 웰링턴 장군이 1828~1830년까지 총리로 있을 때 살았던 집이다. 1770년대 처음으로 로버트 애덤스 Robert Adams가 앱슬리 경을 위해 지은 집으로 웰링턴 가에서 1807년 구입했다. 1947년 7대 웰링턴 공작이 이 집을 국가에 기증했다. 지어진 이후 리노베이션을 했지만, 아직 내부에는 처음 디자인했던 부분이 남아 있다. 외관은 네오 고딕 양식으로 코린트식 기둥이 세워져 있고 내부는 프랑스식으로 장군들을 위해 연회를 열었던 워털루 갤러리가 있다. 내부의 박물관과 미술관에는 웰링턴 공작의 개인 유품들과 공예품, 웰링턴 초상화를 비롯한 회화작품들이 전시돼 있다. 개인 저택이라 규모는 크지 않지만 화려한 내부와 전시물들이 볼거리를 주는 곳이며 귀족이 살던 집의 양식을 볼 수 있어 가치가 높은 곳이다. 건물 앞으로 웰링턴 아치와 웰링턴 장군의 동상이 보이며 뒤로 하이드 파크가 이어진다.

Kensington Garden 켄싱턴 가든

지도 P.284-A1·2, B1·2 주소 Kensington Gardens London W2 2UH 운영 06:00~(closing time은 일년내내 다름) 요금 무료 교통 지하철 Circle, District, Hammersmith & City 라인 High St. Kensington 역, Central 라인 Queensway 역, Central 라인 Lancaster Gate 역 홈페이지 www.royalparks.org.uk

하이드 파크 서쪽에 자리한 로열 파크로 원래 하이드 파크의 일부였다. 조지 2세의 부인 캐롤라인 Caroline이 1728년 처음 정원으로 조성했으며 윌리엄 3세와 메리 2세 때 켄싱턴 궁전을 위한 정원으로 다시 꾸며졌다. 처음 18세기에는 한정된 몇몇만 빼고 일반에게 거의 공개되지 않았다.

이 공원은 피터 팬이 살았던 네버랜드의 배경이 된 곳으로 작가 제임스 매튜 배리 James Matthew Barrie가 피터 팬의 영감을 떠올린 곳이다. 서펜타인 호수 북쪽 롱 워터 Long Water에 서 있는 피터 팬의 동상은 영화 후크 Hook의 마지막 장면에서 나온 바 있다. 공원의 북서쪽에 위치한 다이애나 메모리얼 플레이 그라운드 The Diana Memorial Playground는 해적선 등 각종 놀이기구와 체험 공간으로 꾸며져 동심을 느낄 수 있는 공간이다. 아이들이 있다면 방문해 볼 만하다.

Kensington Palace 켄싱턴 궁전

지도 P.284-A2 주소 Kensington Palace Kensington Gardens, London W8 4PX 운영 수~일 10:00~18:00 요금 성인 £26.40 5~15세 £13.20 (기부금 포함) 교통 지하철 Circle, District, Hammersmith & City 라인 High St. Kensington 역, Central 라인 Queensway 역 홈페이지 www.hrp.org.uk

켄싱턴 가든 서쪽에 있는 궁전으로 빅토리아 여왕, 찰스 3세가 왕세자 시절 다이애나 비와 살았던 곳이다. 크리스토퍼 렌이 개축했고 궁전답지 않게 소박하게 지어진 편으로 지금도 왕실 친족들이 사용하고 있다.

궁전 내부는 일부 공개하며 왕의 계단, 왕과 여왕의 아파트먼트, 갤러리 등을 볼 수 있다. 궁전 앞에 봄이 되면 형형색색의 꽃들이 피어나 화려한 색을 자랑하는 바로크식 정원 Sunken Garden이 있다. 특히 4월부터 10월까지가 아름다우며 온실을 개조해 만든 레스토랑 오랑제리 The Orangery가 있어 이곳에서 아름다운 정원을 보며 애프터눈 티를 즐길 수 있다.

Serpentine Gallery 서펜타인 갤러리

지도 P.284-B2 주소 Kensington Gardens, London W2 3XA 운영 화~일 10:00~18:00 휴무 월 요금 무료 교통 지하철 Circle, District, Hammersmith & City 라인 High St. Kensington 역, Piccadilly 라인 Knightsbridge 역 홈페이지 www.serpentinegalleries.org

켄싱턴 가든 내에 있는 단층 규모의 현대 미술관으로 옛날 화약고 건물을 개조해 지었다. 현대 미술을 대표하는 데미안 허스트 Damien Hirst, 아니쉬 카푸어 Anish Kapoor, 앤디 워홀 Andy Warhol 같은 유명한 작가들의 작품을 많이 전시했다. 또한 갤러리 앞에 매년 6~10월이면 유명 건축가들이 참여하는 '서펜타인 갤러리 파빌리온' Serpentine Gallery Pavillon이라는 임시 건축물을 세우는데 매년 다른 형태와 주제, 건축 소재로 매번 다른 볼거리를 선사한다. 창의적이고 독특한 건축물을 보는 재미가 쏠쏠한 곳이다.

서펜타인 호수 건너편에는 서펜타인 노스 갤러리 Serpentine North Gallery라는 또 하나의 아트 갤러리가 있는데 호수의 다리를 이용해 건너갈 수 있다. 이 또한 화약고를 개조했으며 건축가 자하 하디드 Zaha Hadid가 디자인해 2013년 문을 열었다. 갤러리의 한 부분은 현재 곡선미가 눈에 띄는 매거진 The Magazine이라는 레스토랑으로 운영되고 있는데 역시 자하 하디드의 작품이다.

Albert Memorial 앨버트 기념비

지도 P.284-B2 주소 Kensington Gardens London W2 2UH 운영 06:00~21:00 교통 지하철 Circle, District, Piccadilly 라인 South Kensington 역 홈페이지 www.royalparks.org.uk

빅토리아 여왕이 죽은 남편의 업적을 기리기 위해 세운 기념비. 네오 고딕 양식으로 지어진 비 가운데에 앨버트 공이 금으로 조각돼 있고 앨버트 홀을 바라보도록 세워져 있다. 기념비는 조지 길버트 스콧 경 Sir George Gilbert Scott이 54m의 높이로 제작했고 황금 알버트 동상은 존 헨리 폴리 John Henry Foley이 4m 높이로 제작했다. 손에 들고 있는 것은 만국박람회장의 카탈로그로 그의 공헌을 강조하기 위함이다. 기념비 곳곳마다 섬세한 조각이 새겨져 있는데 그중 하단 벽면에 169명의 예술가들이 새겨진 파르나소스 부조 Frieze of Parnassus가 눈에 띈다. 기념비 4면의 하얀 조각상은 빅토리아 여왕이 정복한 대륙을 상징한다. 소는 유럽, 코끼리는 아시아, 낙타는 아프리카, 버펄로는 아메리카를 뜻한다.

Royal Albert Hall 로열 앨버트 홀

지도 P.284-B2 주소 Kensington Gore, London SW7 2AP 운영 매일 09:00~21:00(홀 투어 10:00~16:00 60분간 진행, 투어 없는 날이 있으니 홈페이지 참조) 요금 (홀 투어) 성인 £18.50 5~16세 £10.50 교통 지하철 Circle, District, Piccadilly 라인 South Kensington 역 홈페이지 www.royalalberthall.com

영국 문화의 심장이라 불리는 연주회장 겸 전시회장으로 1871년 개관했다. 로마의 원형극장에서 영감을 받아 지은 로열 앨버트 홀은 지금도 1년 내내 세계적인 연주자들의 공연과 발레, 오페라, 스포츠, 시상식 등이 열리고 있다. 그중 하이라이트는 매년 여름에 열리는 클래식 축제인 BBC 프롬스다. 세계적으로 유명한 클래식 연주자들과 팝스타들이 공연해 왔으며 많은 연주자, 공연 관계자들의 꿈의 무대로 각광받고 있다.

빅토리아 여왕의 남편 앨버트 공은 생전 문화예술 장려에 관심이 많았다. 그는 1851년 만국박람회의 수익금으로 부지를 매입, 대공연장을 짓기를 원했는데 1861년 사망하고 만다. 빅토리아 여왕은 생전 남편의 이런 뜻을 기리기 위해 이 건축 프로젝트를 헨리 콜 Henry Cole에게 맡겨 계속 진행시켰다. 철과 유리로 된 돔 천장은 붉은 벽돌 건물인 앨버트 홀의 포인트라고 할 수 있으며 지붕 아래 건물을 둘러싸고 있는 모자이크 부조도 볼거리다(내부 투어 가능, 홈페이지 참조). 홀의 남쪽 광장에는 켄싱턴 가든의 앨버트 기념비 말고 조지프 더햄 Joseph Durham의 작품인 또 하나의 앨버트 동상이 있고 서쪽에 왕립 예술원 Royal College of Art, 남쪽 정면에 에드워드 7세가 창립한 왕립 음악원 Royal College of Music이 있다.

Victoria & Albert Museum
빅토리아 & 앨버트 박물관

예술 작품은 물론 다방면의 산업과 디자인에 관한 전시를 하는 박물관이다. 1851년 열린 만국박람회 때 생긴 이익금을 가지고 지어진 산업 박물관 Museum of Manufacturers이 시초이며 1857년 현재의 장소에서 사우스 켄싱턴 박물관이라 이름 짓고 출발했다. 1899년 개축, 미술 작품들까지 전시하기 시작하면서 이름도 빅토리아&앨버트 박물관이라 바꿨고 그 이후로도 소장품이 계속 늘어나자 증·개축을 반복해 지금에 이르렀다.

전시 분야는 패션, 디자인, 보석, 건축, 사진, 조각, 유리 공예, 그릇 등 매우 다양하며 특히 장식미술 공예 디자인 관련 전시로 유명하다. 140여 개의 갤러리와 전 세계에서 온 500만 점 이상의 컬렉션을 자랑하며 1992년부터는 한국관도 생겼다. 이곳의 컬렉션 중 특히 의상, 복제 조각, 유리 세공, 공예 디자인, 동양 전시품 등은 챙겨 보도록 하자.

모두가 값지고 중요한 작품이라 하루에 다 둘러보기는 힘들다. 미리 동선을 정하거나 박물관 측에서 마련하는 투어를 따라가는 것도 좋다(홈페이지 참조). 투어 시간은 약 한 시간 정도. 갤러리를 보다 힘들면 안뜰에 있는 중앙 정원에 나가 쉬거나 카페에서 커피 한 잔 하자. 중앙 정원은 여름에 파빌리온이 설치되어 또 다른 볼거리를 제공한다. 사진 촬영은 플래시만 안 터트리면 가능하나 가끔 특별 전시나 특정 전시품에 대해 촬영을 금하니 안내 표지를 잘 살피자.

입구

남쪽과 서쪽에 입구가 있으며 남쪽이 정면 입구다. 입구로 들어가면 파랑, 노랑, 녹색의 조화가 독특한 유리 샹들리에 V&A Rotunda Chandelier가 보이는데 이는 유리 공예가로 유명한 데일 치훌리 Dale Chihuly의 작품이다.

Level 0

아시아관, 중세와 테크닉관, 유럽관으로 되어 있다. 아시아관에는 중국, 일본, 한국, 인도, 서아시아 등의 전시품, 유럽관에는 패션관, 캐스트 코트, 조각, 금속 세공, 라파엘관이, 중세와 테크닉관에는 정원 조각 장식품 등이 전시돼 있다. 갤러리 외부에 박물관 중앙 정원, 카페도 있다.
가장 눈에 띄는 곳은 유럽관의 캐스트 코트 Cast Courts다. 작품들을 직접 보러 갈 수 없는 사람들을 위해 로마 유물이나 조각 등을 정교하게 복제해 교육용으로 만들어진 것들이 많다.

1. 삼손과 필리스티아인
Samson Slaying a Philistine
(1562 Medieval Renaissance Room 50a)

이탈리아의 조각가 잠볼로냐 Giambologna의 작품으로 미켈란젤로에게서 많은 영향을 받은 작가다. 몸을 회전해 위를 보고 있는 필리스티아인 Pelishte을 표현한 이 작품도 그 영향이 드러나 보인다. 삼손이 필리스티아인을 응징하려는 순간을 표현한 이 작품은 한 덩어리의 대리석을 조각해 만든 것이다.

2. 패션관
(Materials & Techniques-Fasion Room 40)

1500년부터 현대에 이르는 복식사를 전시하고 있는 곳이다. 시대별, 용도별 다양한 패션과 유명 디자이너들의 패션까지 볼 수 있어 패션에 관심이 많거나 전공을 하는 학생들에게 매우 인기다.

3. 티푸의 호랑이 Tippoo's Tiger
(1790 Asia Room 41)

남인도 제국 마이소르 Mysore의 술탄 티푸가 가지고 있던 오르간이다. 호랑이가 병사를 위에서 공격하는 모양인데 실제로 오르간 연주가 가능하며 호랑이 크기로 제작됐다. 티푸가 영국의 동인도회사를 너무나도 싫어해 만든 악기로 전해지며 병사는 영국인, 호랑이는 티푸를 나타낸다.

4. 트라야누스의 기둥 Trajan's Column Cast
(Room 46a)

로마의 5현제로 꼽히는 황제 마르쿠스 울피우스 트라야누스 Marcus Ulpius Trajanus의 다키아(현재 루마니아) 원정에 관한 내용이 부조로 조각돼 있는 기둥이다. 나선으로 도는 석판에 전쟁의 상황들과 승리의 순간들을 조각해 놓았다. 박물관에 있는 것은 파리에서 제작된 카피 본으로 영국으로 실어 오는 문제 때문에 반으로 자를 수밖에 없었다고 한다.

Level 1

영국관이 있는 곳으로 세대별로 도자기, 그림, 조각, 가구 등 많은 전시물을 볼 수 있으며 고택의 방을 그대로 전시한 곳도 있다.

만투아 드레스 Mantua Dress (Room 53)

직물 산업이 발달하고 복식 문화에 관심이 높아지면서 발달한 로코코 양식의 드레스 중의 하나인 만투아 드레스는 주로 궁정에서 입던 옷이다. 1750년경 영국에서 처음 생겨난 것으로 옆으로 거대하게 직각으로 퍼지는 것이 특징이다. 그러나 옆에서 보면 납작하다.

Level 2

유럽관, 현대관, 중세 테크닉관이 있는 곳으로 금속 공예, 보석, 프린트와 드로잉, 예술 관련 책들이 많은 내셔널 아트 도서관이 있다. 화려한 금

속 공예 작품들과 많은 종류의 보석을 전시하는 주얼리관은 특히 인기가 많은 곳이다. 레오나르도 다빈치의 노트나 1623년 셰익스피어가 죽은 후 7년 뒤 발간한 책인 셰익스피어의 초판본도 볼 수 있고 태피스트리의 방과 프린팅 룸도 있다.

1. 데본셔 헌팅 태피스트리 Devonshire Hunting Tapestry

벽의 한기를 막고 장식 효과도 주기 위해 많이 걸었던 태피스트리는 당시 매우 화려하게 제작되곤 했다. 그중 데본셔 헌팅 태피스트리는 15세기 귀족들의 사냥 장면을 담은 것으로 사람들의 고급스러운 옷들이 눈에 띈다.

2. 하루의 꿈 The Daydream (Room 81)

라파엘 전파 화가인 단테 가브리엘 로세티 Dante Gabriel Rossetti의 작품으로 그가 죽기 2년 전 작품이다. 모델은 친구인 윌리엄 모리스 William Morris의 아내 제인 모리스 Jane Morris. 친구의 아내와 사랑에 빠진 단테는 동거 생활을 하다 결국 1880년 헤어지는데 이 그림은 그녀와 헤어진 해에 그렸다.

Level 3

이 층은 화려한 글라스 조각들이 전시돼 있는 글라스관이 유명하다. 특히 눈여겨볼 것은 빅토리아 여왕과 앨버트 공의 유리 조각상이다. 중앙 홀 샹들리에로 유명한 데일 치훌리의 작품 진주 세트 Deep Blue and Bronze Persian Set (Room 129)도 있다.

Level 4

가구와 아시아·영국의 도자기들을 전시하고 있다. 암 체어, 다이닝 체어 등 다양한 의자들과 책상, 테이블을 비롯해 여러 종류의 접시와 화려한 장식의 화병, 타일, 도자기류를 볼 수 있다.

지도 P.285-C3 **주소** Cromwell Road, London SW7 2RL **운영** 10:00~17:45 금 10:00~22:00(일부 갤러리만 22:00까지) **휴무** 12/24~26 **요금** 무료 (특별 전시 유료) **교통** 지하철 Circle, District, Piccadilly 라인 South Kensington 역 **홈페이지** www.vam.ac.uk

Natural History Museum
자연사 박물관

1860년 브리티시 뮤지엄의 전시물이 너무 많아지자 자연과학 분야를 분리, 옮겨와 개관한 국립 박물관이다. 1880년 지금의 켄싱턴 자리로 옮겨와 고풍스러운 로마네스크 양식으로 지어졌다. 식물, 동물, 곤충, 광물, 고생물 등 지구상의 생명체 표본과 과거와 현재의 지구, 인간의 진화에 대해 알 수 있는 자료와 전시물까지 4억 점이 넘는 소장품이 있다. 지하 1층부터 지상 2층까지 색깔로 영역을 구분해 놓았다. 박물관의 입구는 동쪽, 서쪽, 남쪽에 있으며 중앙 정문은 남쪽의 크롬웰 로드 Cromwell Road 쪽 입구다.
이곳은 학생들의 체험학습 장소로 늘 붐비며 여행객들과 합쳐져 더 혼잡할 수 있으니 일찍 방문하거나 동선을 미리 짜서 가자. 상설전시 외에도 특별전시, 야간 개장, 테마 투어, 겨울 스케이트장 등을 운영하니 홈페이지를 참고한다. 무료이지만 입장권을 홈페이지에서 미리 예약해야 한다.

힌체 홀 Hinze Hall

정문 입구로 들어가자마자 나오는 힌체 홀은 박물관의 중앙 홀이다. 2층까지 뚫린 높은 천장에 유리가 있어 은은한 빛이 고풍스러운 건물의 분위기를 더한다. 홀 가운데 있는 거대한 공룡의 뼈는 디플로도쿠스 Diplodocus라는 초식 공룡의 뼈 화석 복제품으로 100년 넘게 박물관의 아이콘으로 자리해 왔다. 위층으로 올라가는 계단 중간에는 찰스 다윈의 동상이 있고 반대쪽 계단 위에는 미국 캘리포니아에서 온 거대한 나무 단면이 전시돼 있다. 1892년 당시 수령이 1,300살이 넘었다.

레드 존 Red Zone

박물관의 동쪽 입구인 Exhibition Road 입구로 들어가면 어스 홀 Earth Hall이 나온다. 여기서 붉은색의 지구 내부를 관통하는 에스컬레이터를 타고 바로 레드 존의 맨 위층으로 올라갈 수 있다. 힌체 홀 쪽에서 온 경우에는 그린 존을 지나면 레드 존이 나온다. 레드 존은 지구의 시작 From the Beginning, 지구의 보물 Earth's Treasury, 지구의 표면 Restless Surface, 화산과 지진

Volcanoes and Earthquake으로 분류되어 있다. 지진관에 있는 Earthquake Room에는 고베 지진이 났던 마켓을 재현해 놓아 당시 상황을 모니터로 보거나 지진의 강도를 체험할 수 있다.

그린 존 Green Zone

모든 생명체의 유기적 관계를 설명하고 있는 생태학 Ecology, 수많은 조류 Birds 표본, 해양 공룡이 있는 해양 파충류 화석 Fossil Marine Reptile을 볼 수 있다. 또한 절지동물에 해당하는 곤충들 Creepy Crawlies도 있다. 중앙 홀인 힌체 홀과 그 오른쪽이 그린 존에 해당한다. 또한 이곳에는 현미경 등 과학적 도구를 사용해 동물, 식물, 광물들을 조사할 수 있는 Investigate라는 곳이 있다. 학교 수업시간에는 학생들에게 개방하므로 일반인의 시간은 제한되어 있다.

블루 존 Blue Zone

어린이들에게 가장 인기가 많은 공룡 Dinosaurs이 있는 곳으로 각종 공룡 뼈 화석, 공룡

둥지, 공룡 근골격 모형 등 공룡의 다양한 모습을 관찰하고 체험할 수 있는 곳이다. 전시관 안쪽에 있는 티라노사우루스의 움직이는 모습과 포유류관 Mammals의 현존 동물 중 가장 큰 긴 수염고래 Blue Whale가 눈에 띈다. 이외에도 어류와 악어, 양서류, 파충류, 해양 무척추동물의 표본들이 있고, 인체 생물학인 Human Biology를 전시한 곳에는 호르몬, 감각, 기억, 피, 뇌 등 인체에 대한 많은 자료와 체험 기구들이 있다.

오렌지 존 Orange Zone

서쪽 입구에서 바로 연결된 오렌지 존은 다윈센터 Darwin Centre와 와일드라이프 가든 Wild-life Garden이 있는 곳이다. 이곳은 투어로만 참여가 가능하다. 2009년 오픈한 다윈센터에는 찰스 다윈이 첫 항해에서 수집한 많은 표본을 볼 수 있으며 최신 유전학 연구에 대한 자료도 전시하고 있다.

찰스 로버트 다윈 Charles Robert Darwin 1809~1882

1859년 진화론을 정리한 '종의 기원'을 발표해 당시의 자연관, 세계관에 지각 변동을 일으킨 과학자다. '종의 기원'은 발표 후 진화론과 창조론 사이에 팽팽한 대립을 야기했지만 10여 년 후부터 점차 학계의 인정을 받았다. 어머니와 아내가 유명한 도자기 회사인 웨지우드의 사람으로, 부유하고 학구적인 집안에서 자란 다윈은 수집과 연구를 좋아해 평생 공식적인 직업 없이 연구에 몰두하며 살았다. 그래도 학계 사람들과는 많은 편지를 주고받으며 소통했다고 한다. 이런 그에게 1831년부터 5년간의 탐험선 비글 Beagle호 항해는 그의 연구의 초석이자 인생의 전환점이 된 중요한 일로 기록되었다. '종의 기원' 이외에도 '인간의 유래' 등 많은 저서를 남겼다.

지도 P.284-B3 **주소** Cromwell Road, London SW7 5BD **운영** 10:00~17:50 **휴무** 12/24~12/26 **요금** 무료 (일부 전시 유료) **교통** 지하철 Circle, District, Piccadilly 라인 South Kensington 역 **홈페이지** www.nhm.ac.uk

Science Museum
과학 박물관

여러 분야의 과학에 대한 전시물을 보고 체험을 할 수 있는 박물관이다. 1857년 빅토리아&앨버트 박물관의 한 부분으로 개관해 150년 이상의 역사를 자랑한다. 1851년 수정궁에서 열린 만국박람회의 전시물들을 전문적으로 전시하기 위해 임시로 지어졌다가 1860년대 지금의 Exhibition Road로 옮겨온 뒤 1883년 특허 박물관과 통합해 1893년 독립된 과학 박물관으로 자리 잡았다.

삶에 획기적인 변화를 가져온 영국의 산업혁명은 뉴턴, 다윈 같은 과학자들의 앞서간 과학 연구가 있었기에 가능했다. 이와 관련된 많은 전시물들을 통해 지금의 영국이 있을 수 있게 된 과학 발전사와 미래를 준비하는 다양한 분야의 전시를 볼 수 있어 흥미로운 곳이다. 전시뿐 아니라 미래를 짊어질 학생들의 수준 높은 체험 교육관으로도 중요한 역할을 한다.

자연사 박물관 옆에 위치해 같이 관람하기 좋으며 체험학습장으로 인기가 높아 언제나 학생들로 붐빈다. 시간이 많지 않은 여행자들은 모두 돌아보기 힘들 수 있으니 층별로 흥미로운 분야를 찾아 관람하도록 하자. 무료입장이지만 입장권은 미리 홈페이지에서 미리 예약해야 한다.

전시 내용

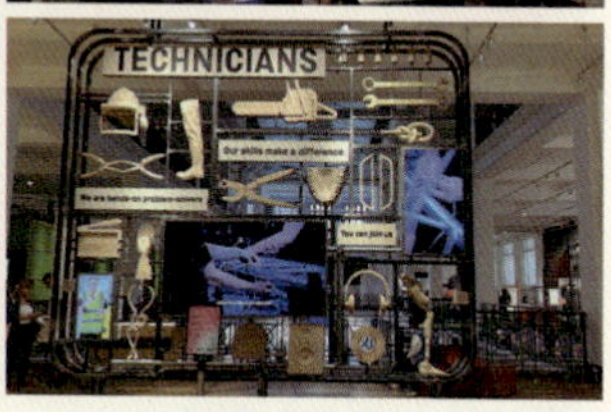

지하부터 지상 3층까지 과학, 의학, 우주까지 총망라해 전시하고 있으며 1700년대 이후 과학, 기술, 의학 등에 관련된 컬렉션을 30만 개 이상 소장하고 있다. 제임스 와트의 증기기관, 라이트 형제의 비행기, 우주선, 배, 유리 다리, 철강 웨딩드레스, 컴퓨터, 의학 자료 등 나열하기 힘들 만큼 많은 전시물을 볼 수 있다.

베이스먼트 Basement는 카페와 테라스 정원, 가정생활과 관련된 전시장이 있는 곳이다. Ground Floor는 우리나라의 1층에 해당한다. 에너지 관련 전시물, 19세기 기차 엔진, 초기 자동차 전시, 기획 전시 등을 볼 수 있는 에너지 홀과 제임스 와트관, 우주 탐험관인 Exploring Space, Making the Modern World관, 3D, 4D를 체험할 수 있는 아이맥스 극장 등이 있다. 1층에는 공학자들과 기술자들, 약품과 우리 몸에 관련된 전시 등이 있고 2, 3층에는 우주, 미래 에너지, 수학, 컴퓨터, 의학, 목선, 범선, 증기선, 비행기에 관한 전시물이 있다.

체험 존

보는 것에 그치지 않고 직접 체험할 수 있는 공간도 많다. 영화 편집, 내시경 검사, 해저 탐사선 조종 등 흥미로운 주제의 체험들을 무료로 할 수 있다. 유료로 이용할 수 있는 공간도 있다. 0층에 위치한 아이맥스 영화관과 3층에 위치한 원더랩 Wonderlab이다. 아이맥스 영화관은 지구, 우주, 바다 등 여러 주제의 필름을 3D로 실감나게 볼 수 있는 색다른 체험장이다. 특히 원더랩은 아이들에게 인기가 많다. 볼거리도 많고 과학의 원리를 실험을 통해 알려 주는 과학쇼를 진행하여 간단한 실험도 해 볼 수 있다. 단, 사전에 온라인으로 시간을 예약해야 하며 동반 보호자도 입장료를 지불해야 한다.

지도 P.284-B3 **주소** Exhibition Road, South Kensington, London SW7 2DD **운영** 10:00~18:00 **휴무** 12/24~26, 12/31 (기타 휴관일 홈페이지 참조) **요금** 입장 무료(일부 전시 유료), 아이맥스 영화관 성인 £12.00 어린이 £10.00, 원더랩 £10.80 (성인·어린이 동일, 기부금 불포함) **교통** 지하철 Circle, District, Piccadilly 라인 South Kensington 역 **홈페이지** www.sciencemuseum.org.uk

The Design Museum 더 디자인 뮤지엄

지도 P.284-A2 주소 224-238 Kensington High St, London W8 6AG 운영 월~목 10:00~17:00 금~일 10:00~18:00(토 ~21:00) 요금 무료 홈페이지 https://designmuseum.org

영국의 유명 인테리어 디자이너 테렌스 콘란 경이 설립한 박물관이다. 지금의 건물은 2016년 켄싱턴 하이 스트리트로 확장 이전해 재개관했다. 외관은 단순하면서도 모던하며 내부는 꼭대기까지 가운데가 뚫려 있는 구조로, 위에 올라가면 전 층이 다 내려다보인다. 건축, 패션, 그래픽, 산업 디자인, 일상생활 등 여러 방면의 디자인에 대한 전시물들이 있다. 특히 디자인 발전사가 한눈에 들어오는 다양한 상품들을 볼 수 있어 흥미롭다.

Saatchi Gallery 사치 갤러리

지도 P.285-D3 주소 Duke Of York's HQ, King's Road, London SW3 4RY 운영 매일 10:00~18:00 요금 무료 (일부 특별전 유료) 교통 지하철 Circle, District 라인 Sloane Square 역 홈페이지 www.saatchigallery.com

1985년 찰스 사치 Charles Saatchi가 한 페인트 공장을 개조해 지은 현대 미술관이다. 미국의 팝아트나 개념 미술을 전하면서 영국의 현대 미술을 발전시키는 계기를 마련했고 예술을 적극적으로 후원하는 정부의 도움으로 더욱 발전했다. 광고계에서 거장으로 통하는 사치는 젊은 현대 예술가들에게 후원도 아끼지 않았다. 이렇게 발굴한 예술가들을 예술기업이나 시장에 연결시켜 주면서 젊은 신인 예술가들에게 경력을 쌓는 데 중요한 징검다리 역할을 해 왔다. 특히나 난해한 현대 예술가들의 작품을 알리고 가치를 높이는 데 많은 공헌을 했다.

총 4층 규모로 지하~2층까지는 일반 전시, 3층은 기획전을 연다. 규모가 그리 크지는 않지만 테이트 모던보다 더 전위적 느낌을 주는 작품들이 많고 자주 작품들이 바뀐다. 부촌인 첼시 지역의 킹스 로드에 위치해 있으며 가는 길에 고급 부티크들과 빨간 벽돌의 아파트들도 볼거리다. 관람을 마친 후 Gallery Mess Restaurant이나 Bar & Café에서 간단하게 커피나 차를 마실 수 있다.

Stamford Bridge Chelsea FC 스탬퍼드 브리지 첼시 구장

지도 P.284-A3 주소 Stamford Bridge Chelsea FC Fulham, London SW6 1HS 운영 투어 매일 10:00~16:00(20분 간격으로 출발, 투어가 불가능한 날이 있으니 홈페이지 확인) 박물관 9~6월 09:30~17:00 7·8월 09:30~19:00 요금 성인 £28.00 5~15세 £18.00 교통 지하철 District 라인 Fulham Broadway 역 홈페이지 www.chelseafc.com

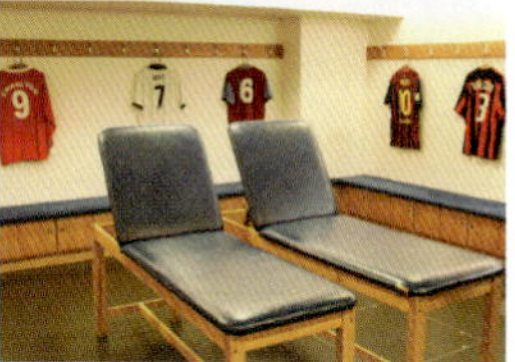

1905년 미어즈 Mears 형제에 의해 창설된 영국 축구 구단 중 하나다. 푸른색 유니폼을 입어왔기 때문에 더 블루스 The Blues라는 별칭이 있으며 구단 마크도 푸른 사자다. 120년이 넘는 역사를 가진 첼시 구단은 러시아-우크라이나 전쟁으로 구단주가 러시아 석유 재벌 로만 아브라모비치 Roman Abramovich에서 미국인 토드 보엘리 Todd Boehly로 바뀌면서 새로운 도약을 시도하고 있다.

첼시의 홈 구장인 이곳은 런던의 주요 관광지와는 약간 떨어진 2존에 위치하고 있지만 축구를 좋아하는 사람이라면 한 번쯤 방문해 보고 싶어하는 곳이다. 폴 햄 브로드웨이 역에서 10분 정도 걸으면 도착할 수 있으며 시즌에는 경기를 볼 수 있지만, 비 시즌에는 구장 투어를 할 수 있다. 투어에 참가하면 스타디움을 비롯해 박물관, 기자회견장, 홈 앤 어웨이 드레스 룸 Home and Away Dressing rooms, 터널 Tunnel, 더그아웃 에어리어 Dug out Areas를 모두 볼 수 있다. 여기에 가이드의 재미난 경기장 밖 에피소드들도 들을 수 있다. 경기가 있으면 투어가 중지되지만, 박물관 견학과 기념품숍 쇼핑은 가능하다. 박물관은 투어 전 대기실에서 기다리며 보기도 하고 박물관만 따로 관람하기도 하는데 따로 방문할 경우에는 요금을 낸다.

Notting Hill Portobello Road Market
노팅힐 포토벨로 로드 마켓

포토벨로 로드를 따라 길게 형성된 마켓으로 앤티크, 빈티지 물품, 식료품, 기념품 등 다양한 물건을 판다. 300년 전 청과물 시장으로 출발했으며 1860년 이후 주거지가 형성되면서 지속적으로 열렸다. 제2차 세계대전 이후에는 앤티크 가구 등으로 유명해졌고 세월이 지나면서 판매하는 상품의 종류도 점점 다양해졌다. 지금은 런던을 대표하는 마켓 중 하나로 자리 잡았고 주민들보다 관광객이 더 많이 찾는 유명 관광지가 됐다.

이 마켓이 특히 유명해진 이유는 1999년 상영됐던 줄리아 로버츠와 휴 그랜트 주연의 영화 '노팅힐'의 배경으로 나왔기 때문이다. 영화 속에서 휴 그랜트가 운영하는 여행 서점이나 기자들이 모여들었던 파란 대문을 보기 위해 그동안 많은 관광객이 다녀갔다. 실제 촬영했던 서점은 지금 기념품점이 됐지만 모티브가 됐던 여행 서점은 조금 떨어진 곳에서 계속 문을 열고 있다.

최대한 가깝게 마켓 진입을 위해서는 북쪽의 래드브로크 그로브 Ladbroke Grove 역에 내리거나 버스를 이용하면 되지만 예쁜 동네를 구경하면서 가고 싶다면 좀 멀어도 노팅힐 역에 내려 올라가는 것도 괜찮다. 북쪽으로 약 300m가량 올라가다 보면 예쁜 주택들 사이로 골동품과 앤티크한 상품을 파는 가게들이 보이기 시작한다. 이 포토벨로 로드를 따라 계속 걸으면 독특한 주제의 상품을 취급하는 다양한 상점들이 나온다. 유혹을 뿌리치기 힘든 길거리 음식, 과일 가게, 옷 가게, 소소한 길거리 공연도 볼 수 있다. 정신을 놓고 걸으면 2~3시간은 훌쩍 지나가 버린다. 그러나 가격이 저렴한 편은 아니니 잘 따져보고 사자. 잘 고르면 여행의 추억을 간직할 수 있는 나만의 물건을 구할 수도 있다. 포토벨로 로드를 중심으로 이어져 있는 여러 길에 각종 마켓이 선다(자세한 위치는 홈페이지 참조). 가장 활기찬 마켓을 보고 싶다면 모든 마켓이 문을 여는 토요일에 방문하자. 단, 방문객이 많으니 복잡한 것은 각오해야 한다.

지도 P.284-A1 **주소** Portobello Road London W10 5TA **운영** 월~토 08:00~19:00(겨울에는 운영 시간 단축됨. 일요일에는 카페, 숍, 일부 스트리트 마켓만 문을 연다) **교통** 지하철 Circle, District, Hammersmith & City 라인 Ladbroke Grove 역(Notting Hill Gate 역에서 내리면 포토벨로 로드를 따라 1km 이상 걸어야 한다) **홈페이지** www.visitportobello.com

Shopping 사는 즐거움

Knightsbridge 나이츠브리지

지도 P.285-C2 교통 지하철 Piccadilly 라인 Knightsbridge 역

하이드 파크 남단의 번화가로 브롬턴 로드 Brompton Road를 따라 해러즈 백화점과 여러 상점이 있고, 슬론 스트리트 Sloane Street를 따라서는 하비 니콜스 백화점과 버버리를 비롯한 명품 숍들이 이어진다.

Harrods 해러즈 백화점

지도 P.285-C2 주소 87-135 Brompton Rd, London SW1X 7XL 운영 월~토 10:00~21:00 일 11:30~18:00 홈페이지 www.harrods.com

최고급 명품 브랜드들이 입점해 있는 7층 규모의 백화점이다. 붉은 테라코타 기와가 눈에 띄는 궁전 같은 건물로, 특히 밤에는 건물 전체에 전구 장식을 해 놓아 굉장히 화려하다. 1849년에 식료품 가게로 시작해 확장을 거듭하고 왕실 백화점이 되면서 고급 백화점으로 자리 잡았다. 그 출발이 식료품점이었던 만큼 식품관이 유명하다. 최고급 품질을 자랑하니 이곳에서 런던 먹거리를 체험해 보는 것도 괜찮다. 프라다 카페, 티파니 카페 등 명품 카페도 있다.

Harvey Nichols 하비 니콜스 백화점

지도 P.285-D2 주소 109-125 Knightsbridge, London SW1X 7RJ 운영 월~토 10:00~20:00 일 11:30~18:00 홈페이지 www.harveynichols.com

규모가 그리 크지는 않지만 패션에 관심이 많은 사람들이 즐겨 찾는 백화점이다. 유행을 반영한 디스플레이와 여러 중고급 명품 의류, 화장품, 잡화 등을 고루 갖추고 있다. 의류에 집중한 곳이라 대형 백화점보다 원하는 브랜드를 찾기 쉽다. 맨 꼭대기 층에 고급 식료품 매장이 있고 버거 앤 랍스터 같은 레스토랑들이 있다.

Sloane Square 슬론 스퀘어

지도 P.285-D3 교통 지하철 Circle, District 라인 Sloane Squar 역

첼시의 명품 거리 슬론 스트리트 Sloane Street가 끝나는 곳에 자리한 광장이다. 공원처럼 꾸며져 있으며 여름에는 노천 테이블도 있다. 주변은 쇼핑가로 존 루이스 백화점과 여러 상점이 있다. 킹스 로드 King's Road로 이어지는 초입의 아담한 광장 듀크 오브 요크 스퀘어 Duke of York Square를 놓치지 말자.

King's Road 킹스 로드

지도 P.285-C3·D3 교통 지하철 Circle, District 라인 Sloane Squar 역

슬론 스퀘어에서 서쪽으로 이어지는 쇼핑 거리다. 낮은 건물에 다양한 상점이 나란히 이어지고 듀크 오브 요크와 사치 갤러리 근처에는 공원과 고급 식료품점인 파트리지 Partridge 등이 있어 여유 있게 쇼핑을 즐길 수 있다. 앤스로폴로지 Anthropologie,

Kensington High Street 켄싱턴 하이 스트리트

지도 P.284-A2 교통 지하철 Circle, District 라인 High Street Kensington 역

켄싱턴 지역의 번화가로 켄싱턴 궁전의 남서쪽으로 이어진 도로다. 아웃렛 체인 매장인 TKMaxx를 시작으로 유니클로, 무지 같은 중저가 브랜드와 유기농 식품점 홀푸즈 마켓 등이 이어진다.

Dinner by Heston Blumenthal 디너 바이 헤스턴 블루멘틀

지도 P.285-D2 주소 66 Knightsbridge, London SW1X 7LA 운영 월~목 12:00~21:00 금~일 12:00~21:30 (매일 브레이크 타임 있음) 홈페이지 www.mandarinoriental.com

식재료를 과학적으로 연구해 실험적이고 혁신적인 방식으로 요리하는 헤스턴 블루멘틀은 TV 방송에도 자주 등장하는 스타 셰프다. 그가 런던에 처음 오픈한 이곳은 하이드 파크 바로 남단의 고급 호텔 만다린 오리엔탈에 자리해 위치와 분위기도 좋고 요리 역시 훌륭하다. 런치 스페셜 메뉴를 이용하면 좀 더 합리적인 가격으로 다가갈 수 있다.

Feya 페야

지도 P.285-C2 주소 146 Brompton Rd, London SW3 1HX 운영 월 09:30~19:00 금 09:30~22:00 토 09:30~24:00 일 12:00~20:00 휴무 화~목 홈페이지 www.feya.co.uk

같은 음식도 장식에 신경을 더 써 개성이 돋보이는 카페로 런던에 3개 매장이 있다. 특히 색깔부터 평범하지 않은 장미 향의 펄 로즈 라테 등 생소한 메뉴들이 있다. 맛은 평범하지만, 화려한 비주얼의 음식과 인스타그램용 포토 스폿이 가득한 인테리어가 사진으로 남기기 좋아하는 사람들에게 인기다.

Rocca 로카

지도 P.284-B3 주소 73 Old Brompton Rd, South Kensington, London SW7 3JS 운영 매일 11:30~23:00 홈페이지 www.roccarestaurants.com

사우스 켄싱턴에 위치한 분위기 좋은 이탈리아 레스토랑이다. 로카는 로마 남쪽 작은 마을의 이름으로 이탈리아 요리를 제대로 선보이고자 지었다고 한다. 다양한 이탈리아 메뉴가 있고 빵부터 피자, 파스타, 소스, 디저트까지 모두 이탈리아식으로 직접 만들어 맛의 차별화를 꾀한다. 맛도 훌륭하고 가격도 적당한 편이다.

Café Society 카페 소사이어티

지도 P.284-B3 주소 1 Kynance Pl, South Kensington, London SW7 4QS 운영 매일 07:30~16:30

켄싱턴의 작은 뒷골목에 자리한 귀여운 카페다. 진하고 맛있는 커피와 고소한 크루아상도 잘 어울리고 가성비 좋은 브런치 메뉴도 인기가 높다. 아침 일찍 오픈해 오후에 닫는다.

Fai Maison 페 메종

지도 P.284-B2 주소 50 Gloucester Rd, South Kensington, London SW7 4QT 운영 월~금 08:00~20 08:00~21:00 홈페이지 www.fait-maison.co.uk

입구에서부터 꽃으로 가득한 이 예쁜 카페는 안으로 들어가도 꽃으로 장식되어 있고 컬러풀한 케이크들이 가득해 왠지 기분이 좋아지는 곳이다. 의외로 메뉴는 중동과 지중해식이다. 서양식 브런치 메뉴부터 중동식까지 다양한 메뉴가 있는데 카페 분위기 때문인지 케이크와 로즈 라테를 많이 마신다. 애프터눈티도 있다.

Da Mario 다 마리오

지도 P.284-B2 주소 15 Gloucester Rd, South Kensington, London SW7 4PP 운영 매일 12:00~23:30 홈페이지 www.damario.co.uk

1965년 나폴리 출신의 마리오가 문을 연 이탈리아 레스토랑이다. 켄싱턴 가든 남쪽에 위치한 이곳은 고 다이애나비가 좋아했던 곳으로도 유명하다. 다양한 이탈리아 메뉴가 있는데 피자, 파스타 종류가 많아 고르기 힘들 정도다. 특히 해산물 피자와 파스타가 인기다. 120년 된 클래식한 건물도 눈에 띈다.

Serpentine Bar & Kitchen 서펜타인 바 앤 키친

지도 P.285-D2 주소 Hyde Park, Serpentine Rd, London W2 2UH 운영 월~금 08:00~16:00 토·일 08:00~17:00 홈페이지 www.benugo.com

하이드 파크 남쪽 호숫가에 예쁘게 자리한 카페 겸 레스토랑이다. 공원 산책 전후 쉬거나 식사를 할 수 있는 곳으로, 실외에도 자리가 있어 호수를 보며 커피 마시기 좋다. 아침 식사는 물론 피자, 피시 앤 칩스 등 따뜻한 메뉴도 많고 샌드위치, 커피 등을 테이크아웃해 공원에서 먹기도 한다.

Serpentine Lido Café 서펜타인 리도 카페

지도 P.285-C2 주소 S Carriage Dr, London W2 2UH 운영 매일 08:30 오픈, 닫는 시간은 월별로 16:00~20:00 홈페이지 https://www.royalparks.org.uk

서펜타인 호수에 면해 있는 또 하나의 카페다. 공원 내 공중화장실이 있는 곳이라 들르는 사람이 많다. 음식보다는 간단한 커피나 차, 음료를 마시며 잠시 쉬어 가기 좋다. 여름에는 루프 테라스도 운영한다.

The Magazine 더 매거진

지도 P.285-C1 주소 W Carriage Dr, London W2 2AR 운영 화~일 09:00~18:00 휴무 월 홈페이지 www.benugo.com/restaurants/magazine

서펜타인 갤러리에서 북쪽으로 서펜타인 다리를 건너면 서펜타인 노스 갤러리 Serpentine North Gallery가 나오는데 그곳에 자리한 카페 겸 레스토랑이다. 서울 동대문의 DDP 건물로 우리에게도 잘 알려진 천재 건축가 자하 하디드의 독특한 분위기가 물씬 풍기는 곳이다.

Candella Tea Room 칸델라 티 룸

지도 P.284-A2 주소 34 Kensington Church St, London W8 4HA 운영 월~금 11:00~18:00 토·일 10:00~18:00 홈페이지 www.candellatearoom.com

런던 로컬들이 많이 가는 티 룸으로 규모는 작지만 앤티크한 분위기가 매력적인 곳이다. 유명한 애프터눈티에 비해 가성비가 좋은 편이다. 케이크나 샌드위치는 물론 따뜻하고 부드러운 홈 메이드 스콘과 클로티드 크림 맛이 좋다. 애프터눈티가 부담스러우면 크림티를 주문해 이 집의 블렌딩 티와 스콘을 즐길 수 있다.

The Churchill Arms, Kensington 더 처칠 암스 켄싱턴

지도 P.284-A1 주소 119 Kensington Church St, London W8 7LN 운영 월~토 11:00~23:00 일 12:00~22:30 홈페이지 www.churchillarmskensington.co.uk

봄부터 가을까지 흐드러지는 화초들로 벽면이 가득 채워진 모습이 호기심을 자아내는 곳이다. 동네에서는 오래전부터 잘 알려진 곳이지만 SNS를 통해 알려지면서 멀리서 찾아오는 사람들로 늘 북적인다. 내부에도 처칠 관련 장식들이 가득한데 메뉴는 아시아 음식까지 있어서 전형적인 영국 펍이라기보다 관광 명소 같은 분위기다.

The Buttery 더 버터리

지도 P.285-D3 주소 135, 137 Ebury St, London SW1W 9QU 운영 월~금 07:30~15:30 토·일 08:00~15:30 홈페이지 www.thebutterybelgravia.co.uk

빅토리아 역에서 멀지 않은 라임 트리라는 호텔에 속한 카페 겸 레스토랑이다. 주스, 커피, 잉글리시 브렉퍼스트, 에그 베네딕트 등의 메뉴들이 있다. 식당 뒤쪽 예쁜 정원에서 식사가 가능하다.

NORTH LONDON

런던 북부

런던의 유명한 랜드마크들은 대부분 템스강 주변과 런던 시내 중심에 모여 있지만 여기서 조금 북쪽으로 가도 여전히 중요한 명소들이 있다. 브리티시 뮤지엄 바로 북쪽에 자리한 브리티시 라이브러리에서부터 왕실 공원인 리젠츠 파크, 비틀스를 추억할 수 있는 애비 로드, 런던에서 가장 크고 재미난 캠든 마켓, 런던을 먼발치에서 바라볼 수 있는 프림로즈 언덕까지 다양하다. 런던 외곽으로 나가는 기차역이 모여 있는 복잡한 지역도 있지만 조용한 주택가도 있으며, 주말과 평일의 분위기가 달라지는 공원과 재미난 시장의 풍경을 느낄 수 있는 곳이다.

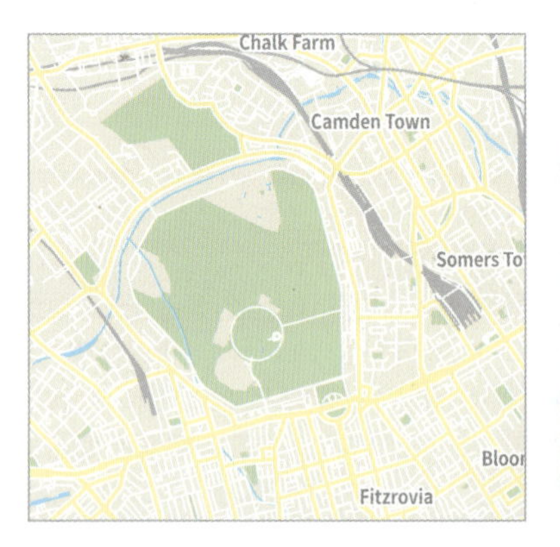

런던 북부
A
B
1
2
3
프림로즈 힐
Primrose Hill
런던 동물원
ZSL London Zoo
리젠츠 파크
Regent's Park
퀸 메리 가든
Queen Mary's Garden
오픈 에어 시어터
Open Air Theatre
St John's Wood
애비 로드 스튜디오
Abbey Road Studio
애비 로드
Abbey Road
Marylebone
Baker Street
셜록 홈스 박물관
The Sherlock Holmes Museum
마담 투소 런던
Madame Tussauds London
던트 북스
Daunt Books
Edgware Road
Paddington
0
155m
310m
King Henry's Road
Harley Road
Avenue Road
Alexandra Road
Wadham Gardens
Elsworthy Road
Oppidans Road
Ainger Road
Regent's Park Road
Gloucester Avenue
Chalcot Road
Princess Road
Boundary Road
Loudoun Road
Marlborough Hill
Finchley Road
The Marlowes
St John's Wood Park
Queen's Grove
Norfolk Road
Woronzow Road
Ordnance Hill
Townshend Road
St Edmund's Terrace
Prince Albert Road
St John's Wood Terrace
Allitsen Road
Eamont Street
Grove End Road
Cochrane Street
St John's Wood High Street
Wellington Road
Circus Road
Cavendish Avenue
Wellington Place
Hall Road
Hamilton Terrace
St John's Wood Road
Lodge Road
Park Road
Inner Circle
Lisson Grove
Maida Vale
Orchardson Street
Frampton Street
Penfold Street
Rossmore Road
Balcombe Street
Boston Place
Ivor Place
Gloucester Place
Chagford Street
Glentworth Street
Allsop Place
Outer Circle
York Bridge
York Gate
York Terrace
Harewood Avenue
Ashbridge Street
Aahmill Street
Maida Avenue
Hall Place
Edgware Road
Church Street
Broadley Street
Lisson Street
Cosway Street
St Mary's Terrace
Luxborough Street
Chiltern Street
Paddington Street
York Street
Upper Montagu Street
Westway
Marylebone Flyover
Chapel Street
Harbet Road
Old Marylebone Road
Crawford Street
Montagu Place
Bryanston Square
Montagu Square
Gloucester Place
Baker Street
Blandford Street
George Street
Manchester Square
Bishop's Bridge
North Wharf Road
South Wharf Road
Saint Michael's Street
Star Street
Harrowby Street
Seymour Place
George Street
Eastbourne Terrace
Praed Street
Norfolk Place
London Street
Sussex Gardens
Radnor Place
Upper Berkeley Street
Kendal Street
Seymour Street
Orchard Street
Duke Street

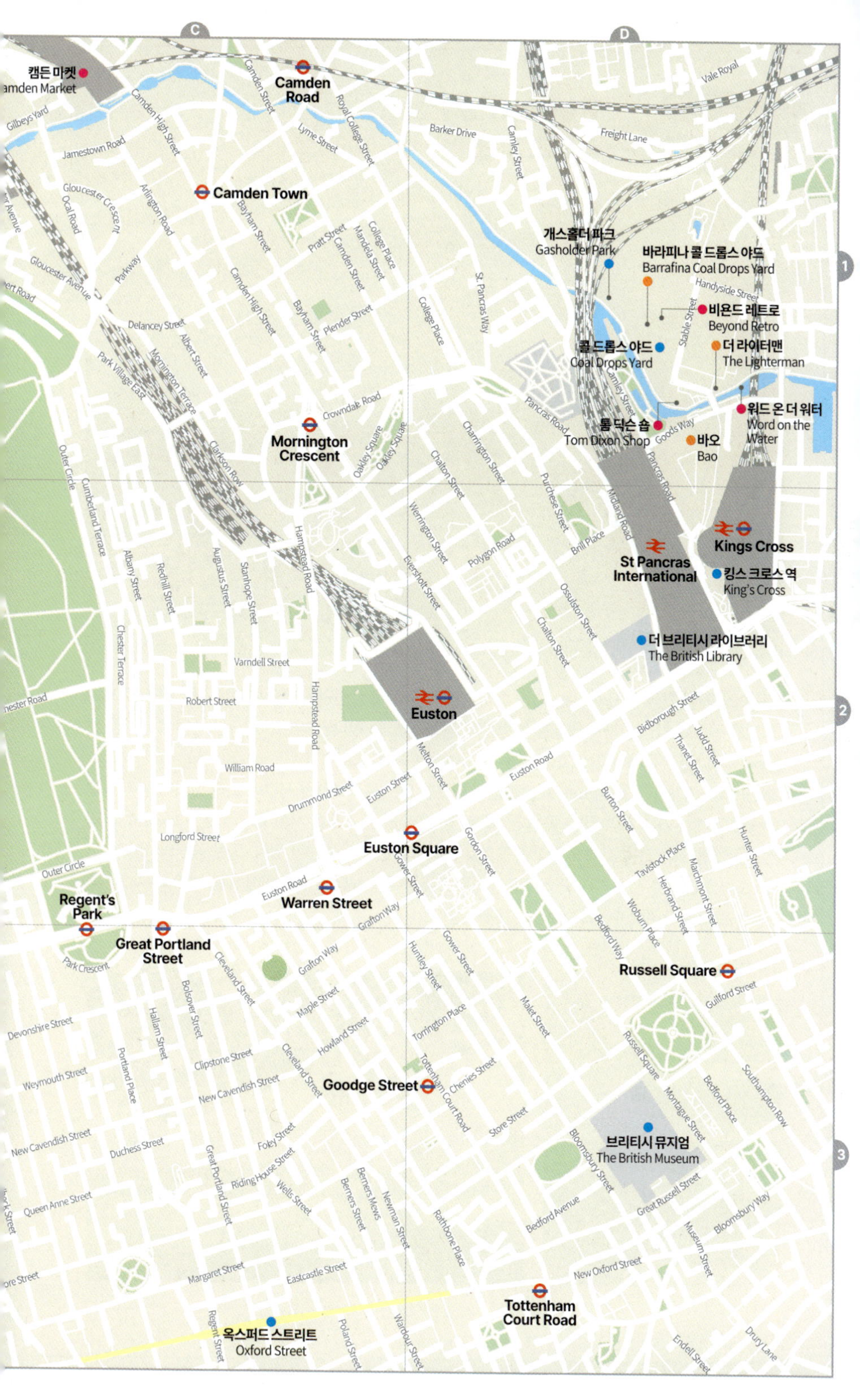

C
D
1
2
3
캠든 마켓
amden Market
Camden Road
Camden Town
Mornington Crescent
Euston
Euston Square
Warren Street
Regent's Park
Great Portland Street
Goodge Street
Tottenham Court Road
Russell Square
St Pancras International
Kings Cross
개스홀더 파크
Gasholder Park
바라피나 콜 드롭스 야드
Barrafina Coal Drops Yard
비욘드 레트로
Beyond Retro
콜 드롭스 야드
Coal Drops Yard
더 라이터맨
The Lighterman
워드 온 더 워터
Word on the Water
톰 딕슨 숍
Tom Dixon Shop
바오
Bao
킹스 크로스 역
King's Cross
더 브리티시 라이브러리
The British Library
브리티시 뮤지엄
The British Museum
옥스퍼드 스트리트
Oxford Street
Gilbeys Yard
Camden High Street
Camden Street
Royal College Street
Lyme Street
Barker Drive
Camley Street
Freight Lane
Vale Royal
Jamestown Road
Gloucester Crescent
Oval Road
Arlington Road
Bayham Street
Pratt Street
Camden Street
Mandela Street
College Place
Gloucester Avenue
Parkway
Delancey Street
Albert Street
Plender Street
College Place
St. Pancras Way
Handyside Street
Stable Street
Park Village East
Mornington Terrace
Crowndale Road
Oakley Square
Pancras Road
Goods Way
Charrington Street
Chalton Street
Clarkson Row
Outer Circle
Cumberland Terrace
Albany Street
Redhill Street
Augustus Street
Stanhope Street
Hampstead Road
Werrington Street
Eversholt Street
Polygon Road
Purchese Street
Brill Place
Midland Road
Ossulston Street
Chalton Street
Chester Terrace
Varndell Street
Robert Street
Hampstead Road
William Road
Melton Street
Euston Road
Bidborough Street
Judd Street
Thanet Street
Drummond Street
Euston Street
Burton Street
Longford Street
Gordon Street
Gower Street
Hunter Street
Tavistock Place
Marchmont Street
Herbrand Street
Woburn Place
Bedford Way
Outer Circle
Euston Road
Grafton Way
Park Crescent
Cleveland Street
Bolsover Street
Huntley Street
Gower Street
Guilford Street
Maple Street
Devonshire Street
Hallam Street
Portland Place
Torrington Place
Malet Street
Clipstone Street
Howland Street
Russell Square
Southampton Row
Weymouth Street
New Cavendish Street
Cleveland Street
Tottenham Court Road
Chenies Street
Montague Street
Bedford Place
New Cavendish Street
Duchess Street
Foley Street
Store Street
Bloomsbury Street
Great Portland Street
Riding House Street
Queen Anne Street
Wells Street
Berners Mews
Berners Street
Newman Street
Rathbone Place
Bedford Avenue
Great Russell Street
Bloomsbury Way
Museum Street
Margaret Street
Eastcastle Street
New Oxford Street
Regent Street
Poland Street
Wardour Street
Endell Street
Drury Lane

Regent's Park
리젠츠 파크

유럽의 낭만이 가장 잘 느껴지는 곳 중 하나가 바로 공원이다. 런던은 대도시지만 공원 수만 1,700개가 넘을 정도로 엄청난 녹지 비율을 자랑한다. 왕실 공원 중 하나인 리젠츠 파크는 런던에서 가장 큰 공원이다. 다양한 물새와 야생 조류, 다람쥐 등이 공존하며 살고 있다.
가든만 해도 5개가 있을 정도로 상당히 넓기 때문에 모두 둘러보려면 시간이 오래 걸리니 미리 방문할 곳을 정해서 가는 것이 좋다. 공원 남쪽으로 퀸 메리 가든, 스포츠 시설, 야외 극장, 보팅 호수와 리젠츠 종합대학 등 교육 시설도 있고 북쪽으로 올라가면 런던 동물원이 있다. 또한 공원의 4분의 1이 아웃도어를 즐길 수 있는 대규모 스포츠 시설로도 유명하다. 보팅 호수 근처에 있는 보트 하우스 카페에서는 보트를 대여할 수 있고 쉬어 가기에도 좋다.

① 퀸 메리 가든
Queen Mary's Garden

이곳은 런던에서 가장 큰 장미 정원으로 영국 국화인 장미가 400종에 1만2,000송이가 넘는 것으로 유명하다. 5월부터 총천연색의 장미들이 정원을 가득 메우고 사람들을 기다린다. 6월 첫째와 둘째 주 정도가 되면 절정에 이른다. 남쪽의 요크 게이트 York Gate로 들어가서 테니스 코트 근처에 있다. 지도 P.312-B2

② 오픈 에어 시어터
Open Air Theatre

리젠츠 파크의 이너서클 안쪽에 자리한 야외 극장으로 날씨가 따뜻해지는 5~9월 셰익스피어 연극과 코미디 공연 등을 하는 곳이다. 사방이 나무와 풀로 가득 찬 가운데 무대에서 하는 공연이 더욱 낭만적으로 느껴져 여름철 좋은 추억을 남기기에 좋다. 지도 P.312-B2

③ 런던 동물원
ZSL London Zoo

1828년 개장한 런던에서 가장 오래된 동물원이다. 영국에서 가장 많은 종의 동물을 보유하고 있다. 영화 촬영 장소, 과학 교육의 장으로 많이 활용되며 각종 이벤트와 동물 쇼, 오락 시설 등을 갖추고 있다. 홈페이지를 통해 예약하면 입장 티켓 할인을 받을 수 있다.

런던 동물원 지도 P.312-B1 **주소** ZSL London Zoo Regent's Park London NW1 4RY **운영** 매일 10:00에 오픈, 문닫는 시간은 시기별로 다름 **휴무** 12/25 **요금** 성인 £27.00~36.30 어린이 £18.90~25.50(시기별로 가격이 달라지니 홈페이지 참조) **교통** 지하철 Northern 라인 Camden Town 역 **홈페이지** www.londonzoo.org

리젠츠 파크 주소 지도 P.312-A2·B1·B2, P.313-C1·C2 Regent's Park Chester Rd London NW1 4NR **운영** 05:00에 오픈, 문 닫는 시간은 시기별로 다름 **요금** 무료 **교통** 지하철 Bakerloo 라인 Regent's Park 역, Bakerloo, Circle, Jubilee, Hammersmith & City 라인 Baker Street 역 **홈페이지** www.royalparks.org.uk

Attraction 보는 즐거움

The Sherlock Holmes Museum 셜록 홈스 박물관

지도 P.312-B3 **주소** 221b Baker Street, London NW1 6XE **운영** 매일 09:30~18:00 **휴무** 12/25 **요금** 성인 £16.00 5~15세 £11.00 **교통** 지하철 Bakerloo, Circle, Jubilee, Hammersmith & City 라인 Baker Street 역 **홈페이지** www.sherlock-holmes.co.uk

전 세계가 열광하는 아서 코난 도일 Arthur Conan Doyle의 소설 셜록 홈스의 두 주인공 셜록 홈스와 왓슨 박사가 살았던 집을 박물관으로 꾸며 놓은 곳이다. 소설 속 주소가 Baker Street 221b인데 바로 그 주소지에 만들어 더 많은 관심을 받았다. 소설도 인기가 많았지만 드라마로 만들어졌던 셜록이 세계적인 인기를 끌면서 셜록 팬들은 성지순례하듯 이곳을 찾는다. 실제 드라마 촬영은 이 박물관이 아니라 유스턴에 있는 SPEEDY'S 카페 건물에서 했다. 소설에 따르면 그 둘은 1881~1904년 사이에 이 집에 살았는데 소설에 묘사된 당시 집의 모습이 잘 구현돼 있다. 박물관 입구 안쪽에 보이는 계단을 오르면 홈스와 왓슨의 손때 묻은 물건들이 놓인 방으로 들어가게 된다. 작가의 유품들과 작품 설명, 주인공들이 쓰던 여러 가구와 집기, 실험 도구 등으로 잘 꾸며 놓아 당장이라도 홈스와 왓슨이 튀어나와 티격태격할 것 같다.

박물관을 다 둘러봤다면 다시 1층 기념품점으로 내려가자. 가격이 약간 비싸긴 해도 아기자기하고 섬세한 기념품이 지갑을 열게 만든다. 박물관 관람은 입장료를 내야 하는데 원치 않는다면 기념품점만 구경해도 된다. 드라마 셜록 홈스를 기대하고 갔으면 기념품점이 더 재미있을 것이다.

Travel Plus

비틀스 스토어

셜록 홈스 박물관 바로 옆에는 오래전부터 전 세계 비틀스 광팬들이 찾아가는 비틀스 기념품점이 있다. 상점 내부는 매우 좁고 별로 쾌적하지 않은 분위기지만 비틀스 기념 티셔츠에서부터 기념 배지, 피규어, 머그 컵, 열쇠고리, 우산 등 다양한 소품들이 있다.

주소 231-233 Baker Street Marylebone, London NW1 6XE **운영** 매일 10:00~18:30 **휴무** 12/25 **홈페이지** www.beatlesstorelondon.co.uk

Madame Tussauds London 마담 투소 런던

지도 P.312-B3 주소 Madame Tussauds Marylebone Road, London NW1 5LR 운영 날짜별로 다양하므로 홈페이지 확인해야 함 휴무 12/25 요금 (온라인) 성인 £42.00 3~15세 £38.00 교통 지하철 Bakerloo, Circle, Jubilee, Hammersmith & City 라인 Baker Street 역 홈페이지 www.madametussauds.co.uk

마리 투소 Marie Tussaud라는 밀랍 조각가에 의해 세워진 밀랍인형 박물관으로 1835년에 문을 열었고 1884년 현재의 위치로 이사왔다. 런던이 본점이며 각국에 체인이 있다. 각 분야의 유명한 사람들을 밀랍인형으로 만들어 분야별·지역별로 나눠 전시하고 있다.

이 전시의 출발은 프랑스 혁명 희생자들을 밀랍인형으로 만들면서부터다. 마리 투소가 프랑스 루이 16세 누이의 예술교사가 되면서 베르사유에 머물렀고 참수당한 죄수들의 데드 마스크를 만들었는데 그 공포스러운 인형들이 사람들에게 인기를 끌자 전시를 확대하게 된 것이다. 인형이지만 꽤나 사실적이어서 재미있고 같이 사진도 찍을 수 있다. 밀랍인형은 4D 체험관, 공포 체험관, 역사 여행관, 로열관, 뮤직관, 스포츠관, 영화관 등 각각의 테마에 맞게 볼 수 있도록 해 놓았다.

Abbey Road 애비 로드

지도 P.312-A2 주소 Abbey Road London NW6 4DN 교통 지하철 Jubilee 라인 St. Jones Wood 역

'애비 로드'는 런던의 길 이름이면서 1969년 발표한 비틀스의 마지막 앨범 이름이자 앨범 재킷의 배경이 되는 곳이다. 이 앨범 재킷에 실린 사진 때문에 유명해져 비틀스 팬이라면 한 번쯤 방문하고 싶어한다. 앨범을 녹음한 애비 로드 스튜디오 옆 횡단보도를 4명의 멤버들이 일렬로 건너가는 모습은 특별한 동작도 없지만 비틀스라는 사실 하나만으로 세계적인 이슈를 만들어냈다.

10분 만에 대충 찍었다는 이야기도 있지만 이 사진 한 장으로 수많은 이야기와 소문이 쏟아져 나왔다. 자세히 보면 폴 매카트니만 발의 위치가 다르고 맨발인데 그것 때문에 그가 죽었다는 소문이 도는 등 온갖 음모론도 무성했다. 막상 가보면 비틀스가 없는 이 길은 그저 평범한 횡단보도에 불과하지만 사람들은 아직도 이곳에서 멤버들을 흉내 내며 사진을 찍는다. 애비 로드에서 도보 5분 거리의 Cavendish Avenue NW7에는 폴 매카트니가 살았던 집이 있다.

Abbey Road Studio 애비 로드 스튜디오

지도 P.312-A2 주소 3 Abbey Road London NW8 9AY 교통 지하철 Jubilee 라인 St. Jones Wood 역 홈페이지 www.abbeyroad.com

비틀스 앨범을 90% 이상 녹음한 곳으로 애비 로드 바로 옆에 위치하고 있다. 한때 비틀스 팬들이 몰려와 동네 전체가 몸살을 앓기도 했다. 이제는 팬들도 나이를 먹고 비틀스도 점점 추억 속으로 사라지고 있지만 해마다 벽을 새로 칠해도 여전히 가득 메운 팬들의 낙서가 아직도 비틀스의 인기를 실감하게 해준다. 내부는 관람 금지이나 홈페이지를 통해 시뮬레이션으로 볼 수 있다.

Primrose Hill 프림로즈 힐

지도 P.312-A1·B1 주소 Primrose Hill London NW1 4NR 교통 지하철 Northern 라인 Chalk Farm 역 홈페이지 www.royalparks.org.uk

리젠츠 파크 북쪽에 위치한 녹지대로 날씨가 맑다면 여행자의 바쁜 마음을 내려놓고 올라가 볼 만한 평화로운 언덕이다. 둥글고 완만한 언덕이 마음에 안정을 주며 멀리 런던 시내의 랜드마크들도 감상할 수 있다. 소풍을 나온 어린아이들이 즐겁게 뛰어다니고, 일광욕을 하는 사람들이 언덕에 누워 온몸으로 햇빛을 받아 낸다. 바쁜 일상 속에서 충전의 시간을 가질 수 있는 런더너들의 소중한 휴식처 역할을 한다. 또한 녹색의 잔디와 나무들 너머 거킨 빌딩, 런던 아이, 세인트 폴, 런던 타워, 샤드 빌딩 등 멀리 런던을 바라보는 관조적인 느낌으로 하루쯤 현지인이 된 기분을 낼 수 있는 곳이다. 리젠츠 파크 쪽에서 북쪽으로 올라가도 되고 캠든 마켓을 다 보고 초크 팜 역에서 남서쪽으로 내려와도 된다. 어느 쪽에서든 10분 이상 걸어야 한다.

The British Library 더 브리티시 라이브러리

지도 P.313-D2 **주소** 96 Euston Road London NW1 2DB **운영** 월~목 09:30~20:00 금 09:30~18:00 토 09:30~17:00 일·공휴일 11:00~17:00 (갤러리별 오픈 시간은 홈페이지 참조) **요금** 무료 **교통** 지하철 Northern, Victoria 라인 Euston 역, Circle, Northern, Victoria, Piccadilly, Hammersmith & City 라인 King's Cross St. Pancras 역 **홈페이지** www.bl.uk

고풍스러운 세인트 판크라스 역 옆 미들랜드 로드 Midland Road에 자리한 국립도서관으로 1973년 설립되었다. 1972년 영국 도서관법에 의해 여러 도서관들을 통합 운영하고 있다. 이곳은 원래 브리티시 뮤지엄 안쪽 한가운데 도서관으로 자리하고 있다가 1973년 국립도서관이 됐고 증축이 불가능한 관계로 지금의 자리에 1998년 이사 오게 된 것이다.

세계에서 큰 도서관들 중 하나로 서적을 포함한 각종 자료를 1억5,000만 점 넘게 소장하고 있다. 하늘에서 내려다볼 때 전체적으로 배 모양을 하고 있으며 넓은 지식의 바다에서 항해한다는 의미를 담았다. 자연 채광을 최대한 이용해 친환경적인 요소를 갖췄고 메인홀은 천장까지 탁 트인 구조를 하고 있다. 우아하면서도 방대한 규모의 Reading Room은 전용 카드가 있어야 입장할 수 있지만 갤러리나 그 밖의 공간은 누구나 입장 가능하다. 와이파이도 무료로 이용할 수 있다.

특히 '브리티시 라이브러리의 보물 Treasures of the British Library'이라는 부제가 붙은 존 릿블랏 경 갤러리 The Sir John Ritblat Gallery는 꼭 들러보길 바란다. 희귀 문서나 자료를 전시하는 방으로 베어 울프의 최초 복사본, 마그나카르타 칙허장, 성서 시편집, 비틀스 친필 가사, 헨델의 친필 악보, 모차르트 친필 사인 등 귀중한 문서와 자료가 있다. 그 가치를 돈으로 환산할 수 없을 정도의 귀중한 컬렉션이자 이곳에서 가장 자부심을 가지는 곳임에도 심지어 입장료가 무료다.

뉴턴 Newton

도서관으로 들어서면 정문 쪽 광장에 앉은 채로 엎드려 제도기를 돌리고 있는 거대한 조각상이 눈에 들어온다. 영국의 대표 조각가 에두아르도 파올로치의 작품인 '뉴턴 Newton'이다. 화가이자 판화가인 윌리엄 블레이크 William Blake의 1795년 작 '뉴턴'이라는 그림을 1995년 동상으로 만들었으며 생각의 힘이 세상을 바꾼다는 메시지를 담고 있다. 블레이크 원작 그림은 세상을 과학과 수학으로만 보려는 뉴턴을 비판하는 메시지를 담고 있는데 안경을 쓰고 있긴 하나 원작과 거의 비슷한 모습을 한 파올로치의 이 조각도 그 메시지를 전하려는 듯하다며 철거 의견도 많았다. 하지만 다양한 해석과 철학이 존중 받아야 한다는 의미에서 계속 도서관 광장의 자리를 지키고 있다.

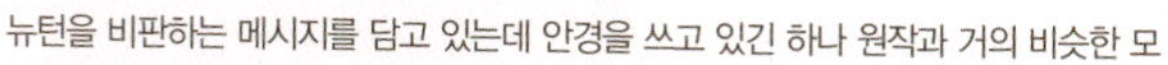

King's Cross 킹스 크로스 역

지도 P.313-D2 주소 Euston Road London N1 9AL 교통 지하철 Circle, Northern, Victoria, Piccadilly, Hammersmith & City 라인 King's Cross, St. Pancras 역

19세기 중반 증기기관차들이 다녔던 이곳은 런던과 산업 도시들을 잇는 중요한 기차역이었다가 시대가 바뀌면서 낙후되어 갔다. 그 후 대대적인 재개발로 주변에 점차 생기가 불어나고 있다. 현재 주요 기차와 지하철의 환승역이기도 하지만 관광객들에게는 해리 포터가 마법 학교로 떠나는 플랫폼이 있던 역으로 유명하다. 해리가 부엉이를 들고 호그와트행 기차를 타기 위해 벽 속으로 뛰어드는 9와 3/4 승강장의 벽면이 실제로 역 안 9번 승강장 근처에 꾸며져 있다. 인증샷을 위해 몰려드는 관광객이 많아 줄을 서야 할 정도다. 바로 옆에는 해리 포터 기념품점도 있다.

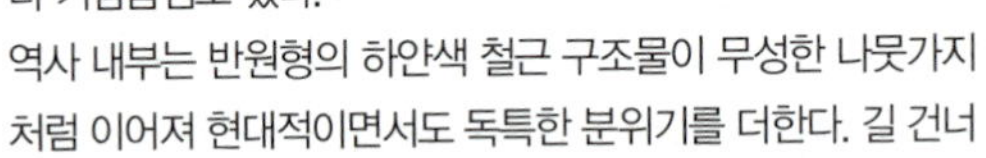

역사 내부는 반원형의 하얀색 철근 구조물이 무성한 나뭇가지처럼 이어져 현대적이면서도 독특한 분위기를 더한다. 길 건너편의 아름다운 붉은색 건물은 국제열차가 이용하는 세인트 판크라스 역이다.

해리 포터 Harry Potter

한 여류 작가의 상상력으로 전 세계를 마법의 열풍으로 몰아넣었던 해리 포터 시리즈는 책이 발간됨과 동시에 온갖 신드롬을 만들어 낸 판타지 소설이다. 지은이 조앤 K. 롤링은 기초수급자 생활을 하는 싱글 맘으로 카페에서 첫 번째 책을 내고 마지막 권은 저택에서 써 인생 역전의 주인공이 됐다. 해리 포터는 베스트셀러로 판매 기록을 경신하며 영화로도 만들어지고 관련 상품들이 엄청나게 쏟아져 나왔다. 팬들은 대를 이으며 여전히 관련 장소를 찾고 있다.

Coal Drops Yard 콜 드롭스 야드

지도 P.313-D1 주소 Stable St, London N1C 4DQ 운영 매일 10:00~23:00(매장별 상이) 홈페이지 www.coaldropsyard.com

다양한 브랜드숍들과 레스토랑, 카페가 모여 있는 콜 드롭스 야드는 런던이 야심차게 재개발한 킹스 크로스 지역의 핫 플레이스다. 19세기 석탄 보관 창고였던 건물을 개조해 빈티지 느낌이 물씬 나는 쇼핑몰이자 문화 공간으로 거듭난 곳이다. 화장품, 의류, 액세서리 등 많은 브랜드 상점들이 입점해 있으며 고급 슈퍼마켓인 웨이트로스도 있고 주말에는 마켓과 다양한 이벤트가 열린다. 건물 앞으로는 운하가 흘러 공원 같은 분위기로 여기저기 앉아서 휴식을 취하는 사람들을 볼 수 있다.
원래 이곳은 산업화 시대 석탄 창고로 쓰였던 곳으로 런던 도시 재생 프로젝트의 일환으로 새롭게 탄생했다. 영국의 혁신적인 건축가 토머스 헤더윅이 디자인한 키싱 루프 Kissing Roof는 두 지붕을 만나 또 하나의 지붕으로 이어지는 구조물로 콜 드롭스 야드의 상징과도 같다. 마침 이곳에는 삼성전자 쇼룸이 들어서 있어 반가움을 더한다.

Gasholder Park 개스홀더 파크

지도 P.313-D1 주소 London N1C 4AB 홈페이지 www.kingscross.co.uk/gasholder-park

콜 드롭스 야드 바로 뒤편에 조성된 공원이다. 오래된 가스탱크의 주철 구조물이 그대로 드러난 모습에다 주거단지와 공원을 만들어 독특함을 살렸다. 콜 드롭스 야드와는 리젠츠 운하 Regent's Canal로도 연결되어 운하 옆 산책길을 따라 걸어갈 수 있다.

Camden Market
캠든 마켓

런던 북쪽에 위치한 대규모 시장으로 마켓 전체를 다 합치면 런던에서 제일 크다. 캠든 타운역에서 캠든 하이 스트리트를 따라 북쪽 초크팜 로드 Chalk Farm Road로 이어지는 길들 옆으로 자리한 여러 마켓을 통틀어 캠든 마켓이라 부른다. 다양하고 독특한 의류, 빈티지, 신발, 숍, 펍, 길거리 음식, 볼거리 등이 많은 곳으로 특유의 펑키한 감성 때문에 인기 관광지이며 런던 젊은이들의 핫 플레이스이기도 하다. 가는 길에 독특한 조각, 그림, 장식으로 콘셉트를 말하고 있는 상점들을 보며 걷기만 해도 재미있다. 크게 4개 구역으로 나뉘어 있는데, 각각의 마켓마다 특유의 콘셉트를 보여 주는 여러 상점으로 가득하다.

캠든 타운역에서 나와 캠든 하이스트리트를 따라 북쪽으로 올라가면 캠든 마켓 벅 스트리트 Camden Market Buck Street가 나오는데 아시안 푸드, 파스타, 햄버거 등 여러 음식을 팔며 아기자기한 상점들도 있는 컨테이너 빌딩이다. 여기서 북쪽으로 계속 올라가면 리젠츠 운하가 있는 곳에서 초크 팜 로드 서쪽에 캠든 록 마켓 Camden Lock Market, 캠든 마켓 스테이블스 Camden Market Stables, 동쪽에는 쇼핑, 레저 복합 단지인 캠든 마켓 홀리 워프 Camden Market Hawley Wharf가 모여 있다. 캠든 록과 스테이블스는 이어져 있다.

캠든 록 마켓 Camden Lock Market

캠든 마켓의 중심이자 여러 마켓 중 가장 붐비고 활기찬 마켓이다. 빈티지, 의류, 잡화, 각종 기념품이나 장식품, 소품, 먹거리들을 팔고 있으며 규모도 크고 종류도 다양하다. 바로 옆에 운하가 흘러 운치가 있어 산책하기도 좋으며 주변에 카페, 펍, 레스토랑, 여러 나라의 먹거리 부스가 즐비하다. 운하가 있는 곳에서 북쪽으로 스테이블스 마켓이 이어진다. 지하와 지상의 복잡한 미로와 같은 길로 연결돼 있는 이곳은 빈티지, 앤티크, 액세서리, 독특한 수제품 등을 많이 팔며 안쪽에는 말 병원, 마구간이었던 호스 터널 마켓 Horse Ternnel Market도 있다. 초크 팜 로드를 가로지르는 철로의 외벽에 캠든 록이라고 크게 쓰여 있어 찾기 어렵지 않다.

리젠츠 운하 Regent's Canal

캠든 마켓을 가로지르는 리젠츠 운하는 과거부터 바지선들과 술집이 모여 있던 곳으로 런던을 동서로 길게 관통하며 리젠츠 파크까지 이어진다. 리틀 베니스라 불리는 아름다운 곳으로 운하 위에 보트 하우스들이 떠 있는 모습이 런던 중심지와는 색다른 느낌을 준다. 쇼핑 후 이곳 카페에서 쉬며 경치를 즐기는 사람들이 많다. 도보 전용 산책길이 조성돼 있고 중간에 인도교가 있어 캠든 마켓으로 드나들기 좋다.

지도 P.313-C1 **주소** 180-188 Camden High St. London NW1 **운영** 매일 10:00~18:00(금·토요일은 ~19:00, 상점별로 다르다. 식당은 보통 ~21:00) **휴무** 12/25 **교통** 지하철 Northern 라인 Camden Town 역 **홈페이지** www.camdenmarket.com

Shopping 사는 즐거움

Beyond Retro 비욘드 레트로

지도 P.313-D1 주소 Unit 79–81, Coal Drops Yard, London N1C 4DQ 운영 월~토 11:00~19:00 일 10:00~18:00 홈페이지 www.beyondretro.com

콜 드롭스 야드와 잘 어울리는 빈티지숍이다. 스웨덴에 처음 오픈에 큰 인기를 끌면서 북유럽과 런던까지 진출한 유명한 빈티지 체인점으로 다른 빈티지숍보다 깨끗한 편이며 물건도 많아서 주말이면 항상 붐빈다. 보물찾기를 하듯 구경하며 골라내는 재미가 있다.

Tom Dixon Shop 톰 딕슨 숍

지도 P.313-D1 주소 4–10 Bagley Walk, London N1C 4DH 운영 월~토 10:00~19:00 일 11:00~17:00 홈페이지 www.tomdixon.net

영국의 대표적인 산업 디자이너 톰 딕슨의 쇼룸 같은 매장으로 그의 시그니처 제품인 비트 시리즈나 멜트 시리즈는 물론, 그의 특기를 살린 독특한 조명과 가구들이 동굴 같은 공간에 한데 모여 있다. 대부분은 너무 커서 가져올 수 없지만 작은 소품들도 있으니 구경해보자.

Word on the Water 워드 온 더 워터

지도 P.313-D1 주소 Regent's Canal Towpath, London N1C 4LW 운영 매일 12:00~ 19:00 홈페이지 www.wordonthewater.co.uk

리젠츠 운하 위에 떠 있는 귀여운 배 안에서 운영하는 작고 낡은 중고 서점이다. 엽서나 에코백이 조금 있고 독특한 중고 책들이 있어서 딱히 살 것은 없지만 구경하는 사람들로 북적인다. 낡은 타자기와 화분들, 빈티지 가구들이 있어 히피스러운 분위기다.

Barrafina Coal Drops Yard 바라피나 콜 드롭스 야드

지도 P.313-D1 주소 27 Coal Drops Yard, London N1C 4AB 운영 매일 12:00~22:00(매일 브레이크 타임 있음) 홈페이지 www.barrafina.co.uk

소호에서 미슐랭 레스토랑으로 큰 인기를 누리고 있는 스패니시 타파스 전문점으로 콜 드롭스 야드에도 지점이 생겼다. 다른 지점들보다 아직은 덜 붐비기 때문에 예약이 쉬운 편이고 공간도 더 여유롭다. 대부분의 메뉴가 맛있어서 와인과 함께 이것저것 시켜서 먹어보는 재미가 있다. 메뉴에 스페인어가 많아 조금 어려울 수 있지만 바에 앉으면 직접 보여주기도 하며 설명도 해준다.

The Lighterman 더 라이터맨

지도 P.313-D1 주소 3 Granary Square, London N1C 4BH 운영 월~목 12:00~23:30 금 12:00~24:00 토 10:00~24:00 일 10:00~22:30 홈페이지 http://thelighterman.co.uk

리젠츠 운하 바로 옆에 자리한 펍이다. 야외 테이블이 많아서 바람을 맞으며 시원한 맥주를 마실 수 있는 곳으로 분위기가 좋아 항상 북적인다. 피시 앤 칩스, 햄버거, 슈니첼(돈가스) 등 메뉴도 무난한 편이다.

BAO 바오

지도 P.313-D1 주소 Unit 2, 4 Pancras Sq, London N1C 4DP 운영 월~목 12:00~15:00, 17:00~22:00 금·토 12:00~22:30 일 12:00~21:00 홈페이지 https://baolondon.com

대만식 음식인 바오를 파는 레스토랑으로 늘 줄을 서는 맛집이다. 킹스크로스 점은 2층 규모로 깔끔한 인테리어에 쾌적하고 넓어 편안하게 먹기 좋다. 시그니처인 클래식 바오 외에도 닭튀김, 양고기, 새우 등으로 속재료를 넣은 여러 종류의 바오와 덮밥, 만두 등이 있으며 티와 함께 먹을 수 있다.

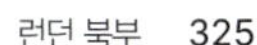

EAST END
이스트 엔드

런던 시티의 동쪽, 산업혁명 이후 형성된 공업지대와 항구가 많은 이스트 엔드는 가난한 노동자들과 이민자들이 주로 거주하던 지역이었다. 따라서 치안도 불안하고 시설도 낙후된 채 오랜 세월 방치됐던 동네다. 그런 곳이 젊은 아티스트들로 인해 갤러리와 숍들이 들어서며 새로운 곳으로 변모했다. 특히 런던 올림픽을 계기로 급속도로 발전하였는데 그중 쇼디치 지역은 다양한 그래피티와 빈티지숍, 카페, 바, 클럽, 갤러리, 브릭 레인 마켓 등으로 런던의 트렌드를 주도하고 있다.

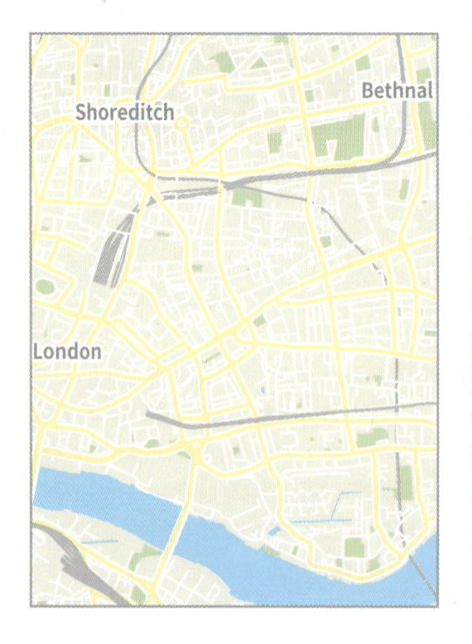

Zone
ENDS

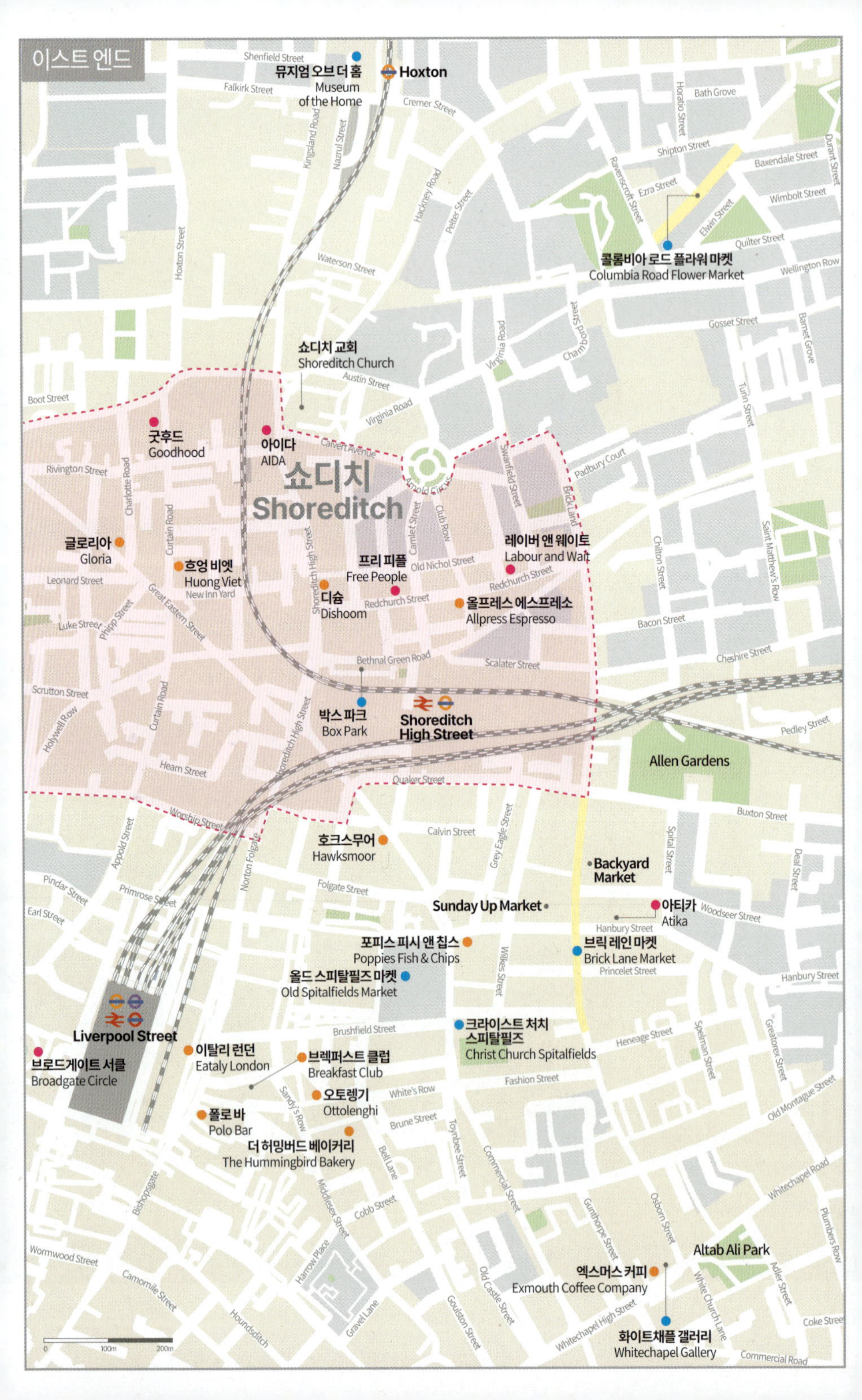
이스트 엔드
쇼디치
Shoreditch
뮤지엄 오브 더 홈
Museum of the Home
Hoxton
콜롬비아 로드 플라워 마켓
Columbia Road Flower Market
쇼디치 교회
Shoreditch Church
굿후드
Goodhood
아이다
AIDA
글로리아
Gloria
흐엉 비엣
Huong Viet
프리 피플
Free People
디슘
Dishoom
레이버 앤 웨이트
Labour and Wait
올프레스 에스프레소
Allpress Espresso
박스 파크
Box Park
Shoreditch High Street
Allen Gardens
호크스무어
Hawksmoor
Backyard Market
Sunday Up Market
아티카
Atika
포피스 피시 앤 칩스
Poppies Fish & Chips
브릭 레인 마켓
Brick Lane Market
올드 스피탈필즈 마켓
Old Spitalfields Market
Liverpool Street
크라이스트 처치 스피탈필즈
Christ Church Spitalfields
브로드게이트 서클
Broadgate Circle
이탈리 런던
Eataly London
브렉퍼스트 클럽
Breakfast Club
오토렝기
Ottolenghi
폴로 바
Polo Bar
더 허밍버드 베이커리
The Hummingbird Bakery
Altab Ali Park
엑스머스 커피
Exmouth Coffee Company
화이트채플 갤러리
Whitechapel Gallery
Shenfield Street
Falkirk Street
Cremer Street
Kingsland Road
Nazrul Street
Horatio Street
Bath Grove
Shipton Street
Baxendale Street
Durant Street
Wimbolt Street
Ravenscroft Street
Ezra Street
Elwin Street
Quilter Street
Wellington Row
Hackney Road
Pelter Street
Hoxton Street
Waterson Street
Gosset Street
Barnet Grove
Virginia Road
Chambord Street
Austin Street
Boot Street
Turin Street
Calvert Avenue
Arnold Circus
Swanfield Street
Padbury Court
Brick Lane
Rivington Street
Charlotte Road
Curtain Road
Camlet Street
Club Row
Chilton Street
Saint Matthew's Row
Old Nichol Street
Redchurch Street
Shoreditch High Street
Leonard Street
New Inn Yard
Great Eastern Street
Luke Street
Phipp Street
Bacon Street
Cheshire Street
Bethnal Green Road
Sclater Street
Scrutton Street
Holywell Row
Pedley Street
Hearn Street
Quaker Street
Worship Street
Buxton Street
Appold Street
Calvin Street
Grey Eagle Street
Spital Street
Deal Street
Pindar Street
Norton Folgate
Primrose Street
Folgate Street
Earl Street
Hanbury Street
Woodseer Street
Wilkes Street
Princelet Street
Brushfield Street
Heneage Street
Spelman Street
Greatorex Street
Fashion Street
Old Montague Street
White's Row
Sandy's Row
Brune Street
Toynbee Street
Commercial Street
Bell Lane
Whitechapel Road
Bishopsgate
Middlesex Street
Cobb Street
Gunthorpe Street
Osborn Street
Plumbers Row
Wormwood Street
Harrow Place
Old Castle Street
Adler Street
White Church Lane
Camomile Street
Goulston Street
Whitechapel High Street
Coke Street
Houndsditch
Gravel Lane
Commercial Road
0
100m
200m

Shoreditch 쇼디치

지도 P.328 교통 오버그라운드 Shoreditch High Street 역

힙스터의 천국이라 불리며 런던에서 독특한 색깔과 뚜렷한 개성을 지닌 동네 중 하나다. 화려한 번화가를 기대했다면 당황하거나 실망하는 사람도 있겠지만 쇼디치는 애초부터 이러한 주류 문화와 스스로 구분 짓기 위해 태어난 곳이다. 지드래곤의 '삐딱하게' 뮤직 비디오의 배경으로 등장하기도 했는데, 쇼디치야말로 그 비디오에 딱 어울리는 지역이라고 할 수 있다. 낡고 허름해 보이지만 개성이 넘치는 그래피티들로 가득하고 곳곳에서 인디 문화를 느낄 수 있으며 활기찬 밤 문화를 가지고 있다. 바로 옆의 올드 스트리트 주변으로는 신생 IT 기업들이 속속 들어서 테크 시티라 불리기까지 한다. 이러한 다양한 얼굴을 가진 쇼디치는 빈티지한 특유의 멋으로 '쇼디치스럽다'는 표현이 생길 정도로 젊은이들이 열광하는 곳이다.

그래피티 Graffiti

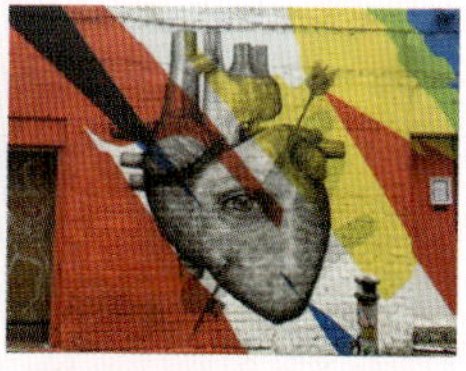

그래피티란 건물의 벽이나 담에 스프레이 페인트를 이용해 그린 그림이다. 힙합 문화이기도 한 그래피티는 런던을 여행하다 보면 심심치 않게 볼 수 있다. 단순하고 귀여운 것부터 사회 풍자나 어떤 메시지를 담고 있는 작품들까지 매우 다양하다. 특히 쇼디치는 그래피티가 많은 지역으로, 쇼디치 하이스트리트 역 북쪽 골목에 집중적으로 모여 있다. 골목길을 돌아다니다 보면 거리 작품이라고는 믿기지 않을 정도로 독특하고 재미난 것들이 눈에 띈다. 단순한 낙서 차원을 넘어서 작품성을 인정받는 것도 많으며 최근에는 이러한 그래피티를 구경하며 설명을 듣는 투어까지 생겼다.

뱅크시 Banksy 그래피티 아티스트, 영화 감독

그래피티 같은 거리 예술을 주도하는 사람 중에 단연 으뜸은 뱅크시다. 거리의 얼굴 없는 화가로 활동하는 그는 항상 논란의 주인공이 돼왔다. 얼굴뿐 아니라 나이, 출신도 잘 알려져 있지 않다. 그러나 그의 작품은 판매용이 아님에도 불구하고 경매장에서 고가로 팔릴 만큼 인기가 많고 그만의 독특한 색을 가지고 있다. 그의 작품에는 그의 정치·사회 풍자와 유머가 들어 있으며 기존의 관습, 권력, 자본주의 등을 비판한다. 반대파에 의해 훼손되기를 반복했지만 여전히 그의 자유로운 예술 활동은 계속되고 있다. 2010년 '선물 가게를 지나야 출구'라는 영화를 제작해 2011년 아카데미 최우수 다큐멘터리상을 받기도 했다.

Box Park 박스 파크

지도 P.328 주소 2~10 Bethnal Green Road London E1 6GY 운영 월~수 11:00~23:00 목~토 11:00~23:45 일 11:00~22:30 교통 오버 그라운드 Shoreditch High Street 역, 지하철 Central, Circle, Hammersmith & City, Metropolitan, Elizabeth 라인 Liverpool Street 역 홈페이지 www.boxpark.co.uk

쇼디치 하이 스트리트 기차역 근처에 위치한 팝업 스토어 몰이다. 브릭 레인 마켓을 쇼디치 하이 스트리트 쪽 방향에서 찾아갈 때 만나는 곳으로, 버스널 그린 로드 Bethnal Green Road를 따라 길게 자리한 까만색 컨테이너 박스다. 2011년 생기면서 한시적으로만 운영될 계획이었으나 반응이 좋아 계속 운영 중이다.

컨테이너 박스 1층에는 20여 개 매장이 있다. 투박해 보이는 겉과 다르게 매장 안은 각각의 브랜드 컨셉트를 살리거나 지역 특색을 나타내는 인테리어로 눈길을 끈다. 입점해 있는 브랜드는 자주 바뀌며 홈페이지에서 확인할 수 있다. 박스 파크 옆 작은 무대에서 공연도 이뤄지는데 2층 테라스에서 맥주를 마시며 이를 즐기는 모습도 볼 수 있다. 2층에는 20여 개의 간이식당이 있어 푸드코트처럼 간단한 식사를 할 수 있다.

Museum of the Home 뮤지엄 오브 더 홈

지도 P.328 주소 136 Kingsland Rd, London E2 8EA 운영 화~일 10:00~17:00 휴무 월 요금 무료 교통 Overground 라인 Hoxton 역 홈페이지 www.museumofthehome.org.uk

쇼디치에서는 조금 떨어져 있지만 전철로 한 정거장 거리의 혹스톤 지역에 놓치기 아쉬운 박물관이 있다. 정원이 있는 저택에 조성된 박물관으로 17세기부터 현재까지 영국 가정집의 모습을 재현해 놓았다. 과거에 사람들은 어떠한 모습으로 가정을 꾸미고 살았는지 살림살이도 엿볼 수 있고 가구나 인테리어도 알 수 있어 아기자기한 재미가 있다.

Christ Church Spitalfields 크라이스트 처치 스피탈필즈

지도 P.328 주소 Commercial Street London E1 6LY 운영 일 13:00~16:00 요금 무료(£3 기부금) 교통 지하철 District, Hammersmith & City 라인 Aldgate East 역 홈페이지 https://spitalfields.church

앤 여왕이 후원했던 50개의 새로운 교회 만들기 프로젝트 중 하나로 지어진 교회다. 그 프로젝트는 새로 지어질 교회는 기존의 것들보다 뛰어나 보이게 하기 위해 더 뾰족하고 높게 지어야 하는 것이었다. 그중 하나인 이 교회는 1714년에서 1729년 사이에 지어졌으며 영국의 대표적인 바로크 양식 건축가인 니컬러스 호크스무어 Nicholas Hawksmoor의 작품이다. 크리스토퍼 렌의 제자이기도 한 니컬러스 호크스무어는 50개의 교회 프로젝트에 첫번째로 참여한 2명 중 한 명으로 임명됐고 6개의 교회를 지었다. 그중 크라이스트 처치 스피탈필즈는 그의 역작으로 손꼽힌다. 1866년과 1960년 두 번의 개축을 거쳐 지금의 모습으로 완성됐다. 하얗고 뾰족한 첨탑이 매우 인상적이며 멀리서도 눈에 잘 띈다. 300년 동안 크리스천들의 정신적 지주가 돼왔고 최근에는 오페라나 클래식 연주를 개최하기도 하는 등 많은 이벤트를 열고 있다.

Whitechapel Gallery 화이트채플 갤러리

지도 P.328 주소 77~82 Whitechapel High Street London E1 7QX 운영 화~일 11:00~18:00 휴무 월 요금 무료(유료 전시 스탠더드 £12.50) 교통 지하철 District, Hammersmith & City 라인 Aldgate East 역 홈페이지 www.whitechapelgallery.org

화이트채플 하이 스트리트에 1901년 개관한 현대 미술관이다. 이 지역은 오랜 세월 방치됐던 곳으로 이민자들이 많이 살았다. 이런 곳에 갤러리를 열게 된 이유는 대부분의 갤러리들이 런던 중심가에 집중돼 있었던 시절, 소외된 사람들을 위해 공공 미술관을 짓자는 움직임이 일어났기 때문이다. 개관 이후 기존 전시 형태와 관습, 관념을 탈피한 혁신적이고 실험적인 전시를 많이 해 왔고 지역 사회와도 연계하는 프로그램을 꾸준히 하고 있다.

Brick Lane Market
브릭 레인 마켓

런던의 북동쪽에 위치한 힙한 마켓이다. 이곳은 옛날 벽돌 공장들이 있던 낙후 지역이었다. 공장들이 버려진 채로 남아 있었고 불법 이주민들과 가난한 사람들이 모여 살던 곳으로 범죄율도 높았다. 그랬던 곳에 가난한 젊은 예술가들이 모여들기 시작했고 1990년대에는 그들만의 촌락을 구성하였다. 이들은 자신과 지역을 위해 마켓을 형성하고 자신들이 만든 옷이나 액세서리, 작품들을 내다 팔았다. 초창기에는 질이 좀 떨어지거나 상품도 다양하지 않았지만 점차 규모가 커지면서 빈티지 마켓으로 자리 잡게 된 것이다.

이제는 유행의 첨단을 걷고 실험정신이 돋보이는 문화 공간으로 거듭났으며 젊은이들의 모임 장소로 인기가 높다. 이곳이 인기 있는 또 다른 이유는 세계 음식들을 맛볼 수 있기 때문이다. 구역을 나눠 여러 나라의 음식을 만들어 팔고 있는데 우리나라 음식도 있다. 물가 비싼 런던에서 적당히 한 끼 해결하기 좋다.

브릭 레인 마켓은 여러 구역으로 나뉘어 있다. 브릭 레인 스트리트 마켓과 올드 트루먼 브루어리 The Old Truman Brewery라는 옛 양조장을 개조한 곳에서 열리는 선데이 업 마켓 Sunday Up Market, 백야드 마켓 Backyard Market, 티 룸 Tea Room, 보일러 하우스 푸드 홀 Boiler House Food Hall, 빈티지 마켓 Vintage Market 등이다. 모든 마켓이 열리는 날은 일요일이며 이곳을 모두 보기 위해서는 상당한 시간이 필요하다.

지도 P.328 **주소** Brick Lane London E1 6SB **운영** 선데이 업 마켓 월~토 11:00~18:00 일 10:00~18:00, 백야드 마켓 토 11:00~18:00 일 10:00~17:00, 빈티지 마켓 월~금 11:00~18:30 토 11:00~18:00 일 10:00~18:00 **교통** Central, Circle, Hammersmith & City, Elizabeth 라인 Liverpool Street 역 **홈페이지** www.bricklanemarket.com

Old Spitalfields Market 올드 스피탈필즈 마켓

리버풀 스트리트 역에서 5분 정도의 거리에 있는 마켓으로, 식료품 시장이던 이곳이 종합 시장이 된 것은 1887년 빌딩이 들어서면서부터인데 시장 동쪽 호너 빌딩 Honer Building은 중요 2등급 건물로 지정돼 있다. 일주일 내내 문을 열며 특히 목요일은 앤티크와 빈티지 마켓, 금요일은 패션과 아트 마켓, 토요일은 테마가 바뀐다. 홈페이지에서 그때그때의 테마를 확인할 수 있고 토, 일요일은 주제와 상관없이 모든 상점과 가판이 문을 여니 복잡함을 감수하고 토, 일요일에 방문한다면 더 다양한 모습을 볼 수 있다.

지도 P.328 **주소** 16 Horner Square, Spitalfields, London E1 6EW **운영** 월·화·수·금 10:00~20:00 목 08:00~18:00 토 10:00~18:00 일 10:00~17:00 **교통** Central, Circle, Hammersmith & City, Elizabeth 라인 Liverpool Street 역 **홈페이지** www.oldspital fieldsmarket.com

Columbia Road Flower Market 콜롬비아 로드 플라워 마켓

이스트 엔드 지역 콜롬비아 로드에 매주 일요일 열리는 플라워 마켓이다. 가드닝을 매우 중요하게 생각하는 영국인들에게는 아주 소중한 마켓으로 알록달록한 꽃들뿐 아니라 가드닝에 필요한 다양한 재료들을 판다. 우중충하고 지루한 겨울이 끝나고 햇볕 좋은 봄날이 되면 집안을 가꾸기 위해 모여든 런더너들로 인산인해를 이룬다. 꽃 시장뿐만 아니라 길 양쪽으로 늘어선 카페와 소품숍, 부티크들도 아기자기한 볼거리다.

지도 P.328 **주소** Columbia Road, London E2 7RG **운영** 일 08:00~15:00(일부 상점은 주중 영업) **교통** Central 라인 Bethnal Green 역 **홈페이지** www.columbiaroad.info

Atika 아티카

지도 P.328 주소 55–59 Hanbury St, London E1 5JP 운영 월~토 11:00~19:00 일 12:00~18:00 홈페이지 www.atikalondon.co.uk

쇼디치의 브릭 레인 부근에 자리한 유명 빈티지숍이다. 지하와 지상 1층으로 이루어져 있으며 물건도 꽤 많다. 다른 빈티지숍들보다 규모가 큰 편이고 깔끔하게 정리되어 있는 것이 장점이다. 구매를 하지 않더라도 구경할 만하다.

AIDA 아이다

지도 P.328 주소 133 Shoreditch High St, London E1 6JE 홈페이지 www.aidashoreditch.co.uk

점차 발전하고 있는 쇼디치 하이 스트리트에서 눈에 띄는 편집숍이다. 입구 한쪽에 카페가 있는 멀티숍 형태로 운영되는데 카페 분위기도 좋고 커피도 맛있다. 1층에는 여성 의류, 2층에는 남성 의류와 잡화, 지하층에는 인테리어 소품이나 향초, 잡화류가 있어 소소히 구경하는 재미가 있다.

Goodhood 굿후드

지도 P.328 주소 151 Curtain Rd, London EC2A 3QE 운영 월~토 11:00~19:00 일 12:00~18:00 홈페이지 https://goodhoodstore.com

쇼디치 하이 스트리트에서 한 블록 안쪽에 자리한 골목에 위치한 편집숍이다. 바로 옆에 인기 한식당이 있어서인지 한적한 골목이지만 한국 사람들도 제법 눈에 띈다. 1층에는 주로 의류와 잡화, 액세서리, 지하층에는 생활용품, 욕식용품 등이 있는데 품목이 많지는 않지만 셀렉션이 괜찮다. 로컬 브랜드도 있고 유명 스트리트 패션 브랜드도 눈에 띈다.

Labour and Wait 레이버 앤 웨이트

지도 P.328 주소 85 Redchurch St, London E2 7DJ 운영 매일 11:00~18:00 홈페이지 www.labourandwait.co.uk

평범해 보이기도 하지만 쇼디치에서 가장 유명한 숍 중 한 곳이다. 심플하고 실용적인 생활용품이나 인테리어 소품들을 파는 곳으로 장인들의 핸드메이드 제품들을 셀렉트해놓은 편집숍이다. 고무장갑부터 전구, 치약, 부엌용품, 문구류까지 다양한 아이템을 구경하는 재미가 있다.

Free People 프리 피플

지도 P.328 주소 25-27 Redchurch St, London E2 7DJ 운영 월~토 11:00~19:00 일 12:00~18:00 홈페이지 www.freepeople.com/uk

쇼디치와 잘 어울리는 스타일의 의류 브랜드다. 보헤미안룩으로 마니아들 사이에서 잘 알려진 이곳은 미국의 유명한 의류 그룹 어반 아웃피터스의 자회사다. 국내에서는 편집숍이나 직구를 통해 찾는 사람들이 있다. 쇼디치 매장은 예쁜 상점들이 있는 레드처치 스트리트에 있는데 매장도 넓은 편이고 분위기도 좋다. 조금 떨어진 곳에 어반 아웃피터스 매장이 있다.

Broadgate Circle 브로드게이트 서클

지도 P.328 주소 Broadgate, London EC2M 2QS 운영 매장별 상이 홈페이지 www.broadgate.co.uk

리버풀 스트리트 역 주변이 재개발되면서 역 뒤쪽으로 새로 지어진 복합몰이다. 아직도 옆에서는 공사가 이어지고 있는데 완성된 부분에는 여러 상점과 식당이 들어섰다. 안쪽의 원형 건물에는 맛집 체인들이 있고 역 바로 뒤의 새로 완성된 건물에는 슈퍼마켓, 서점, 브랜드 상점들이 있다.

Restaurant 먹는 즐거움

리버풀 스트리트 역 주변

Polo Bar 폴로 바

지도 P.328 주소 176 Bishopsgate, London EC2M 4NQ 운영 24시간 홈페이지 https://polobar.co.uk/

리버풀 스트리트 역 바로 맞은편에 위치한 오래된 식당으로, 이 동네가 주목받기 훨씬 전인 1953년부터 영업을 해왔다. 대로변에 있는 데다가 24시간 영업 중이라 아무 때나 들러서 편하게 식사할 수 있다. 입구는 작지만 3층까지 좌석이 이어진다. 영국의 전통 아침 식사인 잉글리시 브렉퍼스트와 팬케이크가 인기다.

Ottolenghi 오토렝기

지도 P.328 주소 50 Artillery Ln, London E1 7LJ 운영 월~토 09:00~22:30 일 09:00~16:00
홈페이지 www.ottolenghi.co.uk/restaurants

런던은 그 어느 도시보다 세계 각국의 다양한 음식을 접할 수 있는 곳이다. 오토렝기가 그중 하나. 지중해와 중동, 아시아의 맛을 적절히 혼합한 음식들을 즐길 수 있다. 이스라엘 출신의 셰프 요탐 오토렝기 Yotam Ottolenghi가 운영하는 곳으로, 인기를 끌면서 지점을 계속 늘려 나가고 있다. 지점마다 메뉴의 조합이 달라 다양한 맛을 비교할 수 있다.

Breakfast Club 브렉퍼스트 클럽

지도 P.328 주소 12–16 Artillery Ln, London E1 7LS 운영 월 07:30~16:00 화~토 07:30~21:30 일 07:30~17:00 홈페이지 www.thebreakfast clubcafes.com

지점이 여러 곳이지만 대부분의 지점이 대기 줄이 긴 인기 브런치 맛집이다. 평범해 보이는 식당치고 가격이 좀 나간다고 생각되는데 예쁘고 먹음직스러운 음식 덕에 SNS를 통해 많이 알려졌다. 양이 푸짐하고 맛도 좋다. 다양한 종류의 신선한 음료들도 인기다.

Poppies Fish & Chips 포피스 피시 앤 칩스

지도 P.328 주소 6-8 Hanbury St, London E1 6QR 운영 매일 11:00~22:00 홈페이지 www.poppiesfishandchips.co.uk

영국의 대표 음식인 피시 앤 칩스를 제대로 즐길 수 있는 곳으로 아주 유명한 식당이다. 사실 피시 앤 칩스는 런던의 어느 펍에나 있는 간단한 메뉴지만 이곳은 다양한 종류의 생선과 특별한 튀김옷으로 맛을 제대로 내는 피시 앤 칩스 전문점이라 여행자는 물론 현지인들에게도 인기가 많다. 런던에 지점이 네 곳 있는데 이스트 엔드에 간다면 스피탈필즈점도 들르기 좋다.

The Hummingbird Bakery 더 허밍버드 베이커리

지도 P.328 주소 11 Frying Pan Alley, London E1 7HS 운영 월~토 10:00~18:00 일 11:00~16:00 홈페이지 www.hummingbirdbakery.com

노팅힐의 포토벨로 로드에 2004년 처음 오픈해 인기를 끌고 있는 컵케이크집이다. 화려한 색깔로 눈길을 끌어 SNS를 통해 금세 유명해졌다. 노팅힐점이 너무 복잡한 데 비해 이곳은 조금 여유가 있는 편이다. 화려한 일곱 색깔의 무지개 케이크를 비롯해 가장 인기 있는 것은 하얀 크림치즈 안에 붉은색 스펀지케이크가 있는 레드 벨벳 케이크다.

Eataly London 이탈리 런던

지도 P.328 주소 135 Bishopsgate, London EC2M 3YD 운영 월~금 07:00~23:00 토 09:00~23:00 일 09:00~22:00 홈페이지 www.eataly.co.uk

이탈리아에서 탄생한 식료품점 및 레스토랑 체인점으로 리버풀 스트리트 역 바로 옆 건물에 있다. 다양한 이탈리아산 식재료가 가득하고 카페와 레스토랑, 젤라테리아에서는 신선한 재료로 만든 음식들을 맛볼 수 있어 항상 붐비는 곳이다. 이탈리안 피자와 파스타가 인기다.

Hawksmoor 호크스무어

지도 P.328 **주소** 157A Commercial St, London E1 6BJ **운영** 월~수 17:00~21:00 목 12:00~21:30 금·토 12:00~22:00 일 11:30~20:00 **홈페이지** http://thehawksmoor.com

2006년 처음 문을 열어 큰 호응을 받으며 지점이 10여 곳으로 늘어난 인기 스테이크 하우스다. 가격대도 합리적인 편이라 인기가 높다. 점심에는 간단한 햄버거도 많이 먹지만 저녁에는 부위별로 다양한 스테이크가 단연 인기다. 그리고 일요일에는 선데이 로스트가 유명해서 일찍 예약해야 한다.

Gloria 글로리아

지도 P.328 **주소** 54–56 Great Eastern St, London EC2A 3QR **운영** 월~수 12:00~22:30 목·금 12:00~23:00 토 11:00~23:00 일 11:00~22:30 **홈페이지** www.bigmammagroup.com/en/trattorias/gloria

이탈리아 요리를 전문으로 하는 프랑스의 레스토랑 그룹 빅마마가 첫 번째로 런던에 진출해 오픈한 레스토랑이 큰 인기를 누리면서 빅마마의 확장은 계속 이어지고 있다. 런던 시내에서는 다소 외진 쇼디치에 위치하지만 입구에 항상 대기 줄이 있는 곳으로 유명하다. 대로변의 눈에 띄는 초록 식물들로 인해 찾기도 쉽다. 1층은 매우 북적이고 활기찬 분위기이며, 주방이 함께 있는 지하층에 어둡고 프라이빗한 공간들이 있다. 푸짐한 이탈리안 요리들은 대부분 맛있고 칵테일도 인기다.

Dishoom 디슘

지도 P.328 **주소** 7 Boundary St, London E2 7JE **운영** 월~수 08:00~23:00 목·금 08:00~24:00 토 09:00~24:00 일 09:00~23:00 **홈페이지** www.dishoom.com

인도보다도 더 인도 요리가 발달한 것처럼 보이는 런던에서 인도 요리를 캐주얼하게 즐기기 좋은 곳이다. 약간의 변형을 주어 더욱 풍부한 맛을 내는 맛있는 요리와 뭄바이풍으로 장식된 멋스러운 분위기로 인기 높은 이곳은 주말에 예약이 어려울 정도다. 시내 중심에도 지점이 많다.

Huong Viet 흐엉 비엣

지도 P.328 주소 94 Curtain Rd, London EC2A 3AA 운영 일~목 11:00~23:00 금·토 11:00~24:30 홈페이지 https://huongvietrestaurant.co.uk

쇼디치에서 혹스턴으로 이어지는 커튼 로드 Curtain Road에 자리한 베트남 식당이다. 외관은 다소 허름해 보이지만 맛집 많은 이 동네에 오래 버티고 있을 만큼 가성비 좋은 식당으로 알려져 있다. 음식들이 대체로 맛있어서 로컬 손님이 많은 편이다.

Allpress Espresso 올프레스 에스프레소

지도 P.328 주소 58 Redchurch St, London E2 7DP 운영 월~금 08:00~16:00 토·일 09:00~16:00 홈페이지 https://uk.allpressespresso.com

마이클 올프레스가 설립한 스페셜티 커피 브랜드이자 카페다. 열풍을 이용한 로스팅 기법으로 다른 커피와 차별화를 추구하며 그 원두를 사용해 숙련된 바리스타가 만드는 커피 한 잔의 여유를 느낄 수 있다.

Exmouth Coffee Company 엑스머스 커피

지도 P.328 주소 83 Whitechapel High St, Algate East, London E1 7QX 운영 매일 07:00~18:30

런던 이스트 지역 명소를 둘러본 후 휴식을 취하기 좋은 카페다. 입구에 들어서자마자 먹음직스럽게 진열돼 있는 샌드위치, 각종 베이커리, 달콤한 디저트들이 눈을 사로잡는다. 안으로 들어가면 벽에 그동안 다녀간 사람들의 각종 메모가 붙어 있어 독특한 볼거리를 선사한다.

DOCKLANDS & GREENWICH

도클랜드 & 그리니치

런던 시내의 동쪽 끝 템스강이 말굽 모양으로 굽이쳐 흐르는 곳에 도클랜드 지역과 그리니치 지역이 템스강을 경계로 서로 마주 보고 있다. 도클랜드는 19세기부터 개발되어 한때 세계 최고의 항만 지역이었으나 점차 쇠퇴해 한동안은 버려진 동네였다. 하지만 1980년대 개발에 착수해 신도시로 거듭났으며 현재는 21세기 금융의 중심지로 부상하고 있다.

한편 도클랜드에서 템스강을 건너 바로 남쪽에는 본초자오선과 천문대로 유명한 그리니치가 있다. 역사가 깊어 볼거리도 많은 데다 아름다운 전망까지 갖추고 있어 날씨가 맑은 날 꼭 한 번 가 볼 만한 곳이다.

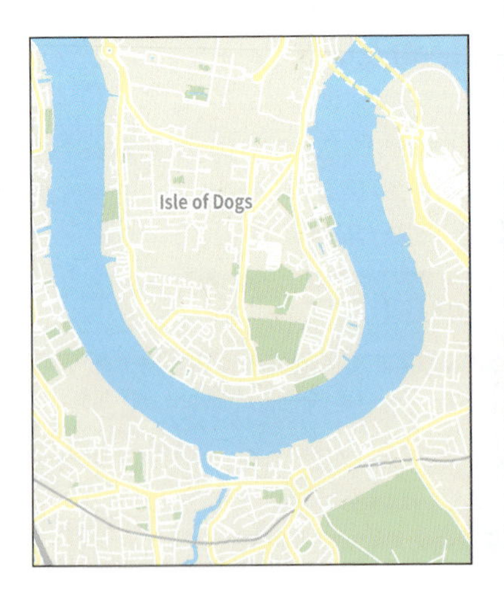

도클랜드 & 그리니치
West India Quay
카나리 워프
Canary Wharf
Canary Wharf
HSBC Bank
One Canada Square
Canary Wharf
Citi Bank
Crossrail
Canary Wharf
Jubilee Park
Heron Quays
South Dock
Limehouse Link
Aspen Way
Westferry Circus
Trafalgar Way
Marsh Wall
Limeharbour
Manchester Rd
Melish St
Sir John McDougall Gardens
Crossharbour
Millwall Outer Dock
East Ferry Road
Manchester Rd
Spindrift Avenue
Mudchute
Millwall Park
Westferry Rd
Island Gardens
밀레니엄 돔
Millennium Dome
(02 아레나 The O2 Arena)
North Greenwich
Tunnel Avenue
Blackwall Tunnel
Millennium Way
그리니치 도보 터널
Greenwich Foot Tunnel
그리니치 투어리스트 인포메이션 센터
Greenwich Tourist Information Centre
커티삭
Cutty Sark
구 왕립 해군학교
Old Royal Naval College
Cutty Sark
그리니치 마켓
Greenwich Market
퀸스 하우스 Queen's House
국립 해양 박물관
National Maritime Museum
Edward Street
Creek Rd
Norman Road
Maze Hill
그리니치 천문대
Royal Observatory Greenwich(ROG)
Greenwich
Royal Hill
그리니치 파크
Greenwich Park
Crooms Hill
Hyde Vale
0
180m
360m

Canary Wharf 카나리 워프

지도 P.342 주소 Canary Wharf, London E14 5NY 교통 지하철 Jubilee, Elizabeth 라인 Canary Wharf 역, DLR West India Quay 역

런던이 금융 중심지로 특화된 지역을 만들고자 야심차게 삽을 들었던 현대식 빌딩 숲이다. HSBC, 시티은행 등 글로벌 금융 기업들과 로이터 등 영국 언론사들이 모여 있다. 런던 중심지와는 다르게 고층 빌딩들이 많아 세련된 느낌을 주는 지역이다. 도클랜드 지역에 위치한 이곳은 강에 모래를 채워 만들었으며 빌딩 숲이긴 하지만 곳곳에 운하가 흘러 자연 친화적인 느낌이다. 고층 빌딩들 사이에 녹지대와 예쁜 카페, 조각, 분수들이 깔끔하고 심플하게 정돈돼 있다. 템스강 건너 그리니치에서 바라보면 고층 빌딩들이 만들어 낸 멋진 스카이라인을 감상할 수 있다.

경전철이나 지하철을 타면 쉽게 갈 수 있는데 특히 지하철 엘리자베스 라인이 개통된 이후에는 더욱 쾌적하게 갈 수 있다. 운하가 흐르는 엘리자베스 라인 역사에는 여러 레스토랑, 카페가 있고 옥상에 크로스레일 플레이스 루프 가든 Crossrail Place Roof Garden이라는 정원이 있어 녹지를 감상할 수 있다. 주변에는 유명 백화점, 마트들이 입점해 있는 대형 쇼핑몰들도 있다. 주빌리 라인 역사 주변도 주빌리 공원이 이어져 쉬어 가기 좋다.

Greenwich 그리니치

지도 P.342 주소 Greenwich SE10 Greater London 교통 DLR Cutty Sark 역, 템스 클리퍼스(우버 보트) Greenwich Pier

영국 과학사에 있어 매우 중요한 지역이자 공원과 박물관 등 볼거리들을 정비해 관광객들의 발길을 끄는 휴양지다. 해양 일대가 유네스코 세계문화유산으로 지정됐다. 그레이터 런던 Greater London에 속하는 이곳은 옛날부터 런던 시내와는 떨어져 있어 런던의 먼지와 소음으로부터 벗어날 수 있었고 사냥하기에도 좋았다. 또한 템스강 옆에 위치해 런던으로 오가기 편리한 이점이 있어 로열 패밀리의 사랑을 받아왔다. 우리에게는 천문대와 본초자오선으로 잘 알려진 곳이며 엘리자베스의 1세의 출생지로도 유명하다. 강 주위로 자리 잡은 해군 사관학교와 넓게 펼쳐진 공원, 강 건너 카나리 워프까지 볼거리가 풍부해 제대로 보려면 하루가 모자랄 수 있다.

그리니치 투어리스트 인포메이션 센터
Greenwich Tourist Information Centre

구 왕립 해군학교에 위치하고 있는 매우 큰 규모의 인포메이션 센터로, 그리니치에 대한 정보와 지도를 얻을 수 있고 기념품점도 있다. 뿐만 아니라 해양 관련 전시도 하고 카페, 숍 등을 갖추고 있으며 주변의 경치가 좋아 한번 들러볼 만하다. 해양 박물관과 퀸스 하우스는 무료입장이지만 다른 곳은 유료로 운영하기 때문에 티켓을 구입해야 하는데, 요즘은 대부분 온라인으로 정보를 얻고 티켓을 예매하지만 이곳에서도 티켓을 구입할 수 있다. 모두 보려면 통합티켓이 더 싸다.

지도 P.342 **주소** 2 Cutty Sark Gardens London SE10 9LW **운영** 매일 10:00~17:00 **교통** DLR Cutty Sark 역 **홈페이지** www.visitgreenwich.org.uk

Greenwich Park 그리니치 파크

지도 P.342 주소 Greenwich, London SE10 8EJ 운영 1·2·11·12월 06:00~18:00 3·10월 06:00~19:00 4·9월 06:00~20:00 5·8월 06:00~21:00 6·7월 06:00~21:30 요금 무료 교통 DLR Greenwich 역 홈페이지 www.royalparks.org.uk

그리니치 천문대가 있는 공원이다. 입구 쪽에는 낮은 구릉이 펼쳐져 있고 구릉을 지나 언덕 위에 천문대가 자리하고 있다. 구릉 위에 올라서면 템스강 쪽으로 해군 사관학교와 퀸스 하우스가 한눈에 들어오고 그 뒤로 카나리 워프의 스카이라인이 보인다. 하늘과 강과 어우러진 흰색의 학교와 집, 그 뒤로 보이는 런던 시내와 빌딩 숲 카나리 워프가 한 폭의 그림을 만든다.
멋진 전경이 펼쳐진 언덕 위에는 중앙에 제임스 울프 장군의 동상이 있고 그 뒤로는 똑바로 뻗은 길 Blackheath Avenue가 있다. 이 길의 오른편에 그리니치 천문대가 이어지며 큰길 안쪽으로 조금 더 들어가면 파빌리온 티 하우스 Pavilion Tea House가 있어 간단한 식사와 차를 즐길 수 있다.

Greenwich Market 그리니치 마켓

지도 P.342 주소 Greenwich Market London SE10 9HZ 운영 매일 10:00~17:30 교통 DLR Cutty Sark 역 홈페이지 www.greenwich market.london

야채 등 생필품들과 길거리 음식, 앤티크 제품까지 다양한 제품을 판매한다. 전체적인 규모는 크지 않지만 실내 시장으로 아기자기하게 꾸며져 있다. 구경하다가 출출해지면 가볍게 한 끼 해결하기에 좋은 곳이다. 휴일에는 관광객과 지역 주민까지 모두 모여 혼잡할 때도 있지만 지역 마켓이 주는 정감과 따뜻함을 느낄 수 있다. 공예품들은 사진 촬영을 금하기도 하니 주의하자.

Royal Observatory Greenwich(ROG) 그리니치 천문대

지도 P.342 주소 Blackheath Avenue Greenwich, SE10 8XJ 운영 매일 10:00~17:00 요금 (온라인) 성인 £18.00 어린이 £9.00 교통 DLR Greenwich 역 홈페이지 www.rmg.co.uk

1675년 찰스 2세에 의해 처음 설립되어 영국의 천문학 발전에 크게 기여한 천문대로 지금은 박물관으로 꾸며 공개하고 있다. 왕립 해양 박물관에 속해 있으며 내부에는 1900년 당시 사용하던 수동식 천체 망원경과 항해 때 사용했던 각종 시계를 포함, 많은 관찰 장비, 기록물을 전시하고 있다. 지금은 천문 관측을 하지 않지만 전시를 통해 천문학이 어떻게 발전해 왔는지 알려주며 체험 교육의 장으로도 활용되고 있다.

천문대 입구에는 1852년 제작된 국제 표준시각을 알리는 셰퍼드 게이트 시계 Shepherd Gate Clock가 있다. 지붕에 빨간 공이 있는 곳은 관측소였던 플램스티드 하우스 Flamsteed House다. 이 공은 타임 볼 Time Ball이라는 것으로 매일 12:55에 올라갔다가 13:00에 내려오는데 1833년부터 쉬지 않고 움직였다고 한다. 플램스티드 하우스를 나오면 핼리 혜성을 발견한 에드문드 핼리 Edmund Halley의 무덤과 메리디안 정원 Meridian Courtyard에 있는 본초자오선을 보게 되는데 사진을 찍는 사람들로 항상 붐빈다.

이어지는 코스로 태양 관측 망원경이 있는 Altazimuth Pavilion, 천문 갤러리가 있는 천문 센터 Astronomy Centre, 디지털 별들의 향연을 볼 수 있는 피터 해리슨 플래네타리움 The Peter Harrison Planetarium 등의 볼거리가 있다. 플래네타리움은 별도로 티켓을 구매해야 한다. 그리니치 공원 안 언덕 위에 있어 거기까지 가려면 언덕 옆에 있는 천문대로 오르는 길을 따라 올라가야 하는데 나무들이 우거져 여름에도 그리 힘들지 않게 오를 수 있다.

본초자오선 Prime Meridian

경도 0이 되는 자오선을 말한다. 이 자오선을 기준으로 15도씩 동쪽으로 가면 1시간씩 빨라지고 15도씩 서쪽으로 가면 1시간씩 늦어진다. 우리나라는 동경 135도이기 때문에 그리니치보다 9시간 빠르다. (서머타임 시 8시간) 1884년 천문 국제회의에서 영국의 그리니치 자오선을 본초자오선으로 인정했고 1935년부터는 프랑스와 영국의 치열한 경쟁 끝에 그리니치 평균시 Greenwich Mean Time (GMT)를 세계 표준시로 인정했다. 지금은 1972년 세계 협정시 Universal Time Code (UTC)로 바뀌어 본초자오선이 그리니치 자오선보다 동쪽으로 약 100m 이동한 곳에 있다.

Queen's House 퀸스 하우스

지도 P.342 주소 Romney Road Greenwich SE10 9NF 운영 매일 10:00~17:00 요금 무료 교통 DLR Cutty Sark 역 홈페이지 www.rmg.co.uk

해군 학교 앞쪽으로 보이는 흰색의 집이다. 화이트 하우스라고도 불리며 1635년 완공됐다. 양옆으로 직선의 회랑이 이어져 있는데 고전적 느낌의 이 회랑을 걸으면 그리니치의 푸른 잔디와 해군 학교의 중후한 멋을 같이 감상할 수 있다.

하우스 내부는 왕가에서 수집한 회화 작품들이 전시돼 있으며, 기하학적인 바닥 무늬의 그레이터 홀 Greater Hall과 3층까지 이어진 나선형의 튤립 계단 Tulip Stairs이 인상적이다. 400년 역사의 흔적이 남아 많은 이야기를 간직하고 있는 퀸스 하우스는 컬렉션의 전시장뿐 아니라 교육의 장, 결혼식, 개인적인 이벤트를 위한 장소로도 사용되고 있다.

National Maritime Museum 국립 해양 박물관

지도 P.342 주소 National Maritime Museum Park Row, Greenwich London SE10 9NF 운영 매일 월~일 10:00~17:00 휴무 12/24~26 요금 무료 교통 DLR Cutty Sark 역 홈페이지 www.rmg.co.uk

영국의 영광스러운 항해의 역사를 증명하는 배와 무역, 전쟁 등 바다에 관한 많은 자료가 전시된 박물관이다. 입구에 넬슨 제독의 기함이 들어 있는 유리병 기념물이 눈길을 끄는 곳으로 1934년 의회의 승인을 얻어 1937년 개관했다. 영국이 세계를 누비고 해가 지지 않는 나라가 될 수 있었던 요인 중 하나는 바다를 지배했던 능력이다. 이를 증명하는 트라팔가 해전 같은 유명한 해전 관련 전시물과 전쟁에 참여했던 배 모형도 전시하고 있다.

이 밖에도 배와 관련된 특이한 물건들, 해군들이 입었던 군복이나 그들이 사용했던 무기들이 있으며 직접 배를 모는 체험을 할 수 있는 시뮬레이션도 마련돼 있다. 과거의 배에서 현대적인 배까지 어떤 발전을 해 왔는지 알 수 있으며 무역선과 무역품, 그에 관한 역사적인 기록들도 흥미롭다. 여러 볼거리 중 눈에 띄는 것 하나는 뱃머리에 붙이는 인형처럼 생긴 장식 Figureheads다. 자세히 보면 그 모양들이 평범하지 않고 기괴한 것들도 있다. 실제로 사용됐던 것들이고 설명도 있으니 읽어 보자. 과거 해군 코스튬을 입어 보는 체험과 블록 체험 등 직접 해볼 수 있는 것이 많아 흥미롭다.

Old Royal Naval College 구 왕립 해군학교

지도 P.342 주소 Old Royal Naval College King William Walk, London SE10 9NN 운영 10:00~17:00(학교 사정에 따라 문 닫음. 홈페이지 참조), 그라운드 08:00~23:00 휴무 12/24~26 요금 (페인티드 홀) 성인 £15.00(온라인, 1년간 유효) 교통 DLR Cutty Sark 역 홈페이지 www.ornc.org

19세기에 해군 학교였던 곳으로 템스강 가에 나란히 서 있는 똑같이 생긴 두 개의 바로크 양식 건물이다. 원래 해군의 요양병원으로 운영되던 곳에 해군학교를 세워 운영했는데 1997년 해군이 떠나면서 학교는 문을 닫았다. 지금은 페인티드 홀 Painted Hall과 채플관 Chapel만 공개하고 있으며 건물의 일부를 그리니치 대학에서 사용하고 있다. 역사적 가치와 아름다움을 간직한 구 왕립 해군학교는 할리우드 영화 '캐리비안의 해적 4', '토르 2' 등을 찍은 촬영지로도 유명하다.

페인티드 홀 Painted Hall

페인티드 홀은 입구에 들어서면서부터 현관에 27m 높이의 돔 천장으로 놀라움을 준다. 천장과 벽면을 가득 채운 그림이 매우 인상적인데 이 때문에 영국의 시스티나 성당이라고도 불린다. 이 그림은 로마의 시스티나 성당의 천장화를 그린 미켈란젤로처럼 제임스 손힐 James Thornhill 이라는 사람이 군주, 종교, 해양, 무역과 항해 등

을 주제로 1708년부터 19년 동안 그렸다. 박봉을 받으며 매우 고된 작업을 해냈지만 결국 병을 얻고 말았다고 한다. 서쪽 벽 위쪽으로 그의 초상화도 있으니 찾아보자.

채플관 Chapel

채플관은 현재 학생들의 예배당으로 사용되고 있는 곳으로 신고전주의 양식으로 지어진 건물이다. 처음에 크리스토퍼 렌에 의해 디자인되었으나 완공되기 전인 1779년에 화재로 파괴되어 1789년 제임스 스튜어트 James Stuart에 의해 완공되었다. 아담하지만 금색의 아름다운 천장을 가지고 있으며 당시 오르간 메이커로 유명했던 새뮤얼 그린 오르간 The Samuel Green Organ이 있다.

Cutty Sark 커티삭

지도 P.342 주소 Cutty Sark Clipper Ship King William Walk, London SE10 9HT 운영 매일 10:00~17:00 휴무 12/24~26
요금 (온라인) 성인 £18.00 어린이 £9.00 교통 DLR Cutty Sark 역 홈페이지 www.rmg.co.uk

커티삭은 그리니치 항구에 있는 배 모형의 박물관으로 실제로 1870년대부터 중국, 인도, 스리랑카의 차를 실어 나르고 호주의 양모까지 운반했던 쾌속 범선이다. 19세기에 차를 운반하던 무역선들은 하루라도 빨리 운반하기 위해 서로 경쟁을 했다. 스코틀랜드 남부에서 건조된 커티삭은 당시 제일 빨랐던 서모필레 Thermopylae 호를 이겨 세상에서 가장 빠른 배로 유명세를 탔다. 이후에도 무역선으로서 영국의 산업에 크게 기여했다. 우리에게는 스카치 위스키의 상표로 그 이름과 배모양이 낯익다. 이 배는 1954년 육지로 올라온 후 1957년 일반에게 공개 됐는데 2006년 불이 나 잠시 문을 닫기도 했다. 2012년까지 복원 작업을 거쳐 박물관으로 다시 오픈했다.

Hampton Court's most famous resident took ownership of the palace in 1528. It had been built by Cardinal Wolsey to rival the most magnificent European Renaissance palaces. Henry VIII extensively remodelled and decorated the palace, and he married at least two of his six wives here.
HENRY VIII

근교 여행
Day Trips

햄튼 코트 궁전 | 윈저 | 해리 포터 스튜디오

옥스퍼드 | 케임브리지

HAMPTON COURT PALACE
햄튼 코트 궁전

템스강 서남쪽에 자리한 작지만 아름다운 햄튼코트 궁전은 영국 왕실 500여 년의 역사를 간직한 고풍스러운 중세의 성이다. 붉은색의 튜더 시대 건물과 아름다운 공원이 인상적이면서도 고즈넉하다. 다른 궁전들처럼 화려하진 않아도 특별한 이야기를 간직한 이곳을 보기 위해 사람들이 끊임없이 찾는다.

햄튼 코트 궁전 가는 길

지하철은 연결되지 않고 버스는 시간이 많이 걸리기 때문에 기차를 타는 것이 제일 낫다. 런던의 여러 기차역에서 출발할 수 있지만 워털루 역이나 빅토리아 역에서 타는 것이 좋다. 워털루 역에서 출발하면 갈아타지 않고 바로 가는 것을 탈 수 있고 빅토리아 역에서 타면 Clapham Junction에서 갈아타야 한다. 그레이터 런던 6존에 속하는 곳이므로 오이스터 카드나 트래블 카드 사용이 가능하다. 기차역에서 내린 후에는 이정표를 따라 템스강 다리를 건너면 오른쪽에 궁전이 보이므로 쉽게 찾을 수 있다.

요금 런던 워털루 역 London Waterloo(WAT)·빅토리아 역 London Victoria(VIC) ↔ 햄튼코트 역 Hampton Court(HMC) 성인 편도 £8.60 **소요 시간** 35분(30분 간격) **홈페이지** www.gwr.com

Hampton Court Palace 햄튼 코트 궁전

지도 P.353 주소 East Molesey Surrey KT8 9AU 운영 10:00 오픈, 문닫는 시간 16:00~17:30(계절에 따라 오픈 요일 변동, 홈페이지 확인 필수) 요금 (기부금 불포함) 성인 £27.20 어린이 £13.60 홈페이지 www.hrp.org.uk

영국 왕가의 화려했던 지난 500여 년 이야기를 품은 채 조용히 서 있는 궁전이다. 중세 영국을 느낄 수 있는 고풍스러운 곳으로 궁전 주변을 템스강과 공원들이 둘러싸고 있다. 붉은색 벽돌이 파란 하늘과 어우러져 그 자체로 아름답고 고즈넉한 풍경이 되어 격정의 시대를 함께한 궁전이라고는 믿기지 않는 모습이다.

템스강을 따라 서남쪽으로 19km 정도 떨어져 있고 런던에서 그리 멀지 않아 당일치기 여행이 가능하다. 예전에는 귀족들과 왕족들이 템스강을 따라 배를 타고 이곳에 오가곤 했다고 한다. 특히 이 궁전은 이혼 문제로 국교까지 바꾼 헨리 8세가 살았던 곳으로 유명하다. 그는 집권 후반부를 이곳에서 보냈으며 아들 에드워드 6세가 이곳에서 태어나기도 했다. 정원 가꾸기에 몰두한 엘리자베스 1세를 비롯해 명예 혁명의 주인공 메리 2세까지 후대에게 끊임없이 회자되는 이야기 속 주인공들이 이 궁전에서 살다 갔다.

원래는 토머스 울시 Thomas Woolsey 추기경이 자신의 관저로 사용하기 위해 매입해 세운 건물이었으나 가톨릭이 몰락하는 과정에서 많은 재산이 국고로 환수되면서 헨리 8세에게 귀속됐다. 메리 2세를 거쳐 하노버 왕조로 넘어가면서 조지 2세는 왕비 캐롤라인이 죽은 뒤 아예 궁을 떠났다. 조지 3세도 이 궁에서 살지 않겠다고 해 1737년 햄튼 코트 궁전은 주인을 잃고 빈 궁전이 된다.

햄튼 코트 돌아보기

1838년 빅토리아 여왕은 무료로 가든과 스테이트 아파트먼트를 대중에게 공개하기 시작했다. 궁 정문에서 왼쪽이 튜더식 건물이며 오른쪽이 하노버 왕조의 조지언식이 나타나는 건물이다. 절대 왕정 시기였던 튜더 왕조와 의회가 강해지는 스튜어트 왕조, 하노버 왕조 스타일의 흔적을 동시에 느껴 보자. 안내 데스크 옆에 한국어 오디오 가이드도 준비돼 있어 재미있는 이야기를 들으며 관람할 수 있다. 궁전과 정원 모두 둘러보고 싶다면 입구에서 콤비네이션 티켓을 구입하는 편이 저렴하다.

입장 요금

성수기에 매표소에서 판매하는 기부금이 포함된 요금이 가장 비싸다. 기부금이 제외된 요금이나 온라인 예매 요금은 좀더 저렴하다. 가족요금이나 각종 할인요금 등 자세한 것은 홈페이지를 참고한다.

궁전

❶ 베이스 코트 Base Court

햄튼 코트 궁전의 정문을 지나면 만나게 되는 넓은 안뜰이다. 베이스 코트에 들어서면 왼쪽으로 헨리 8세의 부엌이 보이고 헨리 8세의 아파트먼트가 있다. 베이스 코트를 가로지르면 클락 코트로 이어지는 앤불린 게이트를 만난다.

❷ 클락 코트 Clock Court

베이스 코트 Base Court를 지나 클락 코트로 들어가려면 앤 불린 게이트를 지나는데, 바로 이 건물이 튜더 게이트 하우스다. 게이트 위쪽에 달려 있는 천문시계가 유명하다. 당시만 해도 최첨단 시계로 조수 간만의 차도 알 수 있었다고 한다. 천문시계 맞은편을 보면 G II R이라고 새겨져 있는데 이는 조지 2세를 뜻하는 것이다.

❸ 파운틴 코트 Fountain Court

조지언 스토리를 나오면 파운틴 코트를 만나게 된다. 크리스토퍼 렌 경이 디자인한 이 코트를 바로크 양식으로 지어진 윌리엄 3세 아파트먼트가 둘러싸고 있다. 단조로운 디자인의 둥근 분수가 놓인 녹색 잔디가 붉은색과 흰색이 어우러진 궁전과 아름다운 조화를 이루고 있다.

❹ 헨리 8세의 부엌 Henry Ⅷ's Kitchens

당시 하루 두 번 최소 600명, 총 1,200명 분량의 식사가 만들어지던 곳이다. 1530년 지어져 1737년까지 궁전 생활에서 중요한 역할을 했다. 고기를 로스팅 하던 화덕은 물론 그릇들과 도구들을 볼 수 있다. 헨리 8세는 젊었을 때 꽤 미남이었지만 나이가 들면서 살이 찌고 볼품없어진 이유를 이 부엌 때문이라 말하는 사람들도 있다. 각지에서 들어온 진귀한 재료들로 만들어진 맛있는 요리들을 먹으며 그는 미모를 반납해야 했다. 부엌 지하에는 각지에서 들여온 와인들을 보관했던 와인 저장 창고도 있다.

❺ 헨리 8세의 아파트먼트 Henry VIII's Apartments

이곳에서 가장 눈여겨봐야 할 곳은 그레이트 홀 Great Hall이다. 정교하게 조각된 해머 빔으로

꾸며진 높은 나무 천장과 벽을 장식하고 있는 고급스러운 태피스트리가 인상적인 대형 홀이다. 그중 아브라함의 이야기가 수놓아진 헨리 8세의 웅장한 태피스트리도 걸려 있다. 홀 가운데는 대형 식탁들이 놓여 있는데 파티할 때면 홀이 가득 차도록 손님들을 초대해 함께 식사하고 술을 마셨다. 파티뿐 아니라 1603년 제임스 1세를 위해 '왕의 남자 King's Men'라는 셰익스피어 연극 공연이 이루어지기도 했다.

헨리 8세의 아파트먼트에서 더 채플 로열로 가는 복도에는 헌티드 갤러리 Haunted Gallery가 있다. 헨리 8세의 다섯째 부인 캐서린 하워드의 유령이 돌아다닌다는 소문으로 유명한 곳이다. 캐서린과 그녀의 애인들이 함께 참수당했다. 죽기 직전 캐서린은 자신의 억울함을 헨리 8세에게 호소하고자 이 복도를 달려오다가 경비병들에게 잡혀 다시 끌려갔는데 그때의 그 마지막 모습으로 나타난다는 이야기다. 지금은 16세기 회화와 헨리 8세 가족의 초상화들이 걸려 있다.

6 더 채플 로열 The Chapel Royal

왕가의 예배당으로, 이곳에서 헨리 8세가 1543년 여섯째 부인 캐서린 파와 결혼식을 올렸다. 450년 넘게 예배 등 종교의식을 계속하고 있으며 누구나 원하면 참여할 수 있다. 이곳의 볼거리는 화려하게 장식된 파란색 천장이다. 튜더식 인테리어의 절정을 보여준다고 할 수 있다. 왕가가 사용하는 전용 예배 의자가 있는데 그 위에 헨리 8세가 썼던 왕관의 복제품이 놓여 있다.

7 더 로열 테니스 코트 The Royal Tennis Court

1526~1529년 울시 추기경을 위해 처음 지어진 세계 최초의 실내 테니스 코트다. 헨리 8세가 젊었을 때 날렵한 몸으로 테니스를 몇 시간씩 치곤 했던 곳이다. 내부로 들어가면 갤러리를 따라 핸드 메이드 공들과 라켓들, 캐릭터 삽화들이 전시돼 있다.

8 윌리엄 3세의 아파트먼트 William III's Apartments

명예혁명으로 왕위에 오른 윌리엄 3세와 메리 2세의 아파트먼트다. 크리스토퍼 렌의 설계로 지은 바로크 양식의 건물이다. 입구로 들어가면 벽과 천장을 장식하고 있는 줄리어스 시저를 이긴 알렉산더, 즉 제임스 2세를 이긴 윌리엄을 나타내는 그림이 있다. 계단을 올라가면 2,871종의 무기를 예술품처럼 장식해 놓은 가드 체임버 Guard Chamber가 나온다. 프레즌스 체임버 Presence Chamber는 많은 사람들이 왕을 알현했던 공간으로 왕이 앉는 의자와 벽에는 대형 태피스트리, 그림들이 걸려 있다. 가장 화려하게 꾸며져 있는 왕의 침실에는 그림 '달의 여신 다이애나의 사랑 이야기'가 천장을 장식하고 붉은 캐노피로 장식된 화려한 침대가 있다. 긴 복도처럼 꾸민 오랑제리 The Orangery를 따라 밖으로 나오면 정원으로 이어진다.

9 조지언 스토리 Georgian Story

앤 여왕이 후사 없이 죽고 조지 왕들의 시대가 열렸다. 조지 1세는 영국에서 살지 않았기 때문에 영어를 거의 하지 못했고 아들 조지 2세와도 사이가 좋지 않았다. 조지 2세도 아들과 사이가 좋지 않았으며 일찍 사망했다. 손자 조지 3세는 어릴 때부터 정신적으로 병이 있었다. 조지 2세는 왕비가 죽자 햄튼 코트를 떠났고 조지 3세도 그곳에서 살기를 거부하면서 햄튼 코트 궁전은 문을 닫는다.

그때까지 조지 왕가가 머물렀던 곳으로 침실에는 대형 태피스트리가 걸려 있고 욕조, 식탁 등이 전시돼 있다. 침실, 퀸스 가드 체임버 Queen's Guard Chamber, 퍼블릭 다이닝 룸 Public Dining Room, 퀸스 갤러리 Queen's Gallery 등이 있다. 하노버 왕조이지만 울시의 옷장 'The Woolsey Closet'을 보면 튜더 시대부터 내려오는 문양이 남아 있기도 하다.

궁전 정원

전체 24만3,000m²의 큰 정원이 템스강을 따라 놓여 있다. 특색 있게 가드닝된 정원들이 곳곳에서 월별로, 계절별로 다른 모습을 자랑한다. 정원 동쪽 앞에서는 정원의 역사를 들으며 궁전을 투어 하는 마차도 탈 수 있다. 7~9월은 매일 운영하고 부활절~6월, 10월은 주말과 공휴일에만 운영한다.

❶ 그레이트 파운튼 가든 Great Fountain Garden

윌리엄 3세와 메리 2세에 의해 조성된 대형 정원이다. 가운데 대형 분수가 있고 버섯 모양의 고목들이 정연하게 줄을 서 있다. 이 나무들은 앤 여왕이 묘목으로 심은 것들이라고 한다. 이 정원 너머 라임 나무 길을 따라 들어가면 엘리자베스 2세 여왕의 다이아몬드 주빌리 기념 분수가 있다.

❷ 더 프라이비 가든 The Privy Garden

왕의 개인 정원으로 윌리엄 3세 때의 모습으로

복원됐다. 분수를 중심으로 단정하게 정비된 이 가든은 정원 주변과 군데군데 심어져 있는 뾰족한 나무들이 특징이다. 윌리엄 3세의 아파트먼트에서 내려다볼 수 있다.

③ 더 폰드 가든 The Pond Garden

작은 연못이 있는 아기자기한 정원으로 연못 안

에 물고기들이 살고 있다. 헨리 8세 때부터 있던 연못 주위를 윌리엄 3세와 메리 2세 때 가드닝을 해 꾸몄고 지면보다 낮은 형태를 가지고 있다. 가든 뒤편으로 보이는 방케팅 하우스 Banqueting House는 손님들을 초대해 파티를 즐겼던 집으로 지금도 여러 행사가 열리고 있다.

④ 장미 정원 Rose Garden

궁전 입구에서 왼쪽에 있는 정원으로 봄이면 세계 최대의 플라워 축제가 열린다. 매년 6, 7월에 열리는 세계적 가든 축제로 다양하고 색다른 장

미들을 볼 수 있는 곳으로 유명하다.

⑤ 미로 정원 The Maze

윌리엄 3세의 명으로 조성된 이 미로 정원은 조

지 런던 George London과 헨리 와이즈 Henry Wise에 의해 디자인됐다. 1700년경 만들어진 이 미로는 세계에서 가장 오래된 울타리 미로라는 기네스북 기록을 가지고 있다.

⑥ 더 그레이트 바인 The Great Vine

세계에서 가장 나이가 많은 포도나무가 있다.

©Christine Matthews

1768년 심어져 아직까지도 매년 포도를 생산하고 있다. 포도는 8월 말에서 9월 중순까지 궁전의 숍을 통해 팔려 나간다.

헨리 8세와 그의 부인들

헨리 8세 Henry Ⅷ

1491~1547 재위 1509~1547

튜더 왕조의 두 번째 왕인 헨리 8세는 형 아서 튜더가 일찍 죽어 왕이 됐으며 형의 부인인 캐서린과 결혼했다가 이혼 문제로 국교를 바꾸는 세기의 스캔들의 주인공이다. 공신들을 죽여 비난을 받았지만 절대 왕정을 수립했으며 이때 토머스 크롬웰은 종교개혁과 수도원 해산 등 왕권 강화를 위한 정치적 아이디어를 많이 제공했다. 헨리 8세는 종교개혁 당시 수도원 해산이라는 강공책을 써 가톨릭 교회가 가진 많은 재산을 국고로 귀속시켜 왕실 재산을 부풀렸다. 여섯 부인 중 앤 불린, 캐서린 하워드를 참수했으며 그의 자녀 에드워드 6세, 메리 여왕, 엘리자베스 1세는 모두 왕위에 오른다. 훗날 영국 역사에서 황금기를 이끈 엘리자베스 1세는 앤 불린의 딸이다. 헨리 8세가 그토록 바라던 아들 에드워드 6세는 병약해 일찍 죽었다. 거만하고 탐욕스러웠던 헨리 8세는 비만과 병을 달고 살다가 55세의 나이로 사망한다.

첫째 부인 아라곤의 캐서린 Catherine of Aragon

상당한 미모를 가지고 있었다고 알려져 있는 아라곤의 캐서린은 원래 헨리 8세 형의 부인이었다. 여자만 아니었다면 세계 무대를 주름잡을 수도 있었을 만큼 용감하고 지적이고 그릇이 큰 사람이라는 평가를 받았다. 그러나 헨리 8세는 아들을 낳지 못하는 캐서린을 두고 다른 여자에게 눈을 돌리는데 바로 천 일의 앤이라고 알려진 앤 불린이다. 캐서린은 자신의 이혼 문제로 바뀐 국교에 동참하지 않고 끝까지 가톨릭을 고수했으며 그녀의 딸 메리도 가톨릭 신자가 된다. 훗날 메리는 여왕이 됐을 때 신교를 탄압하면서 블러디 메리라는 별명을 얻는다.

둘째 부인 앤 불린 Anne Boleyn

캐서린의 궁녀였던 앤 불린은 활발하고 세련된 매력으로 헨리 8세를 사로잡았다. 당시 이혼이 불가능했던 교회법 때문에 헨리 8세는 이혼이 아닌 결혼 무효를 추진한다. 그러나 이는 뜻대로 안 되었고 토머스 크롬웰은 교황의 허락이 필요 없는 영국 국교를 만들 것을 제안한다. 이로써 영국의 성공회가 탄생하고 영국의 대주교는 캐서린과의 결혼 무효, 앤 불린과의 결혼을 허락한다. 앤은 엘리자베스 1세를 낳지만 헨리 8세가 바라던 아들을 유산한다. 이미 마음이 제인 시모어에게 가 있던 헨리 8세를 위해 크롬웰은 앤을 마녀, 근친상간, 반역죄를 씌워 처형한다. 바로 런던 타워에서다. 왕비로 있었던 기간이 천 일이어서 천 일의 앤이라고 부른다.

셋째 부인 제인 시모어 Jane Seymour

캐서린과 앤 불린의 궁녀였던 제인 시모어는 얌전하고 검소하고 정치와는 거리를 두어 헨리 8세의 총애를 받았다. 드디어 햄튼 코트 궁전에서 1537년 에드워드 6세가 되는 왕자를 분만한 제인 시모어. 그러나 불행하게도 그녀는 출산 후 유증으로 죽고 만다. 크게 슬퍼한 헨리 8세는 3년 동안 재혼하지도 않았다.

넷째 부인 클리브스의 앤 Anne of Cleves

이 클리브스의 앤이 유명한 초상화 사건의 주인공이다. 독일 개신교와의 동맹을 위해 헨리 8세를 독일의 클리브스의 앤과 결혼을 시키려던 토머스 크롬웰은 당시 궁정화가인 한스 홀바인에게 못생긴 앤을 예쁘게 그려 달라고 부탁한다. 이 그림을 본 헨리 8세는 결혼을 허락했고 결혼은 성사됐지만 앤의 실물을 본 헨리 8세는 크게 실망하고 결국 6개월 후 이혼하고 만다. 그러나 앤은 막대한 재산과 지위를 받고 평생 평화롭게 살았다고 한다.

다섯째 부인 캐서린 하워드 Catherine Howard

헨리 8세는 젊고 예쁜 궁녀에게 또 마음이 갔다. 여러 여자들을 거쳐 간 늙은 왕의 다섯 번째 결혼식이 거행됐다. 당시 클리브스 앤의 궁녀였던 캐서린 하워드는 19살의 어린 나이. 이미 50이 넘은 늙고 뚱뚱한 헨리 8세에게 마음이 없었던 것일까 아니면 야망이 컸던 탓일까. 전 애인을 왕실로 불러들이고 다른 애인을 비서로 삼았다가 꼬리가 밟혀 문란했다는 죄로 사형을 당한다. 햄튼 코트 궁전의 유령 출몰 주인공이다.

여섯째 부인 캐서린 파 Catherine Parr

또다시 31살의 캐서린 파에게 마음이 간 헨리 8세. 캐서린 파는 이 결혼에 마음이 없었지만 맘대로 할 수 있는 일은 아니었다. 캐서린은 초혼이 아니었고 헨리가 죽은 뒤로 다시 토머스 시모어와 결혼해 비난도 받았지만 헨리의 자식들에게만큼은 잘해 준 것으로 알려져 있다. 왕위 계승권도 아들 에드워드 다음으로 메리와 엘리자베스 순으로 할 수 있도록 왕을 설득한 주인공이다.

WINDSOR
윈저

정복왕 윌리엄이 성을 지으면서 시작된 런던 서쪽의 작은 도시 윈저는 엘리자베스 2세가 잠들어 있는 윈저 성과 유명한 명문 사립학교 이튼 칼리지가 있어 관광객이 끊이지 않는 곳이다. 발길 닿는 곳마다 왕가의 흔적을 느낄 수 있다.

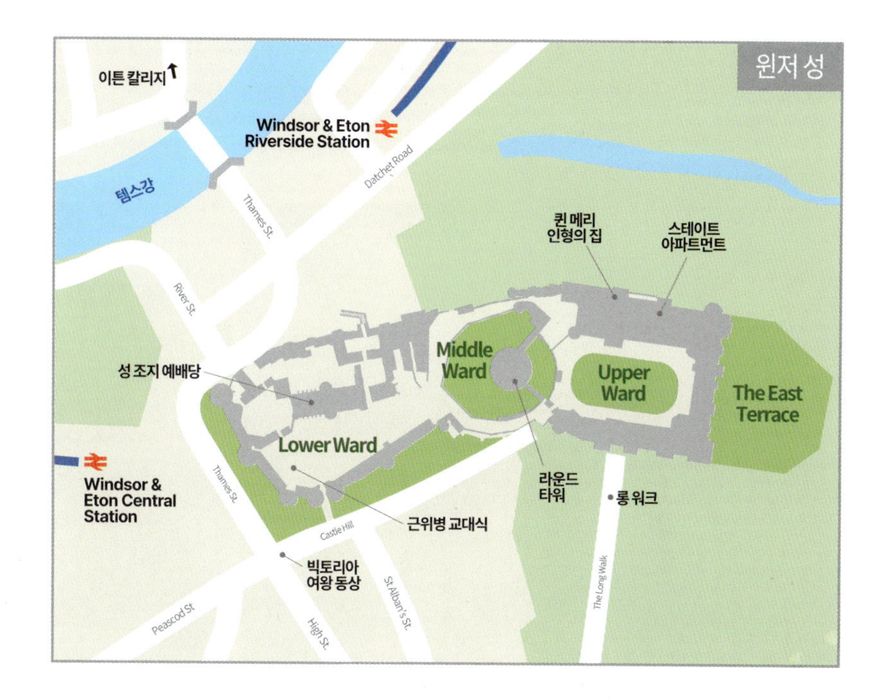

윈저로 가는 길

기차 | 두 군데 역에서 갈 수 있고 내리는 역이 다르니 주의해야 한다. 런던 워털루 역에서 타면 윈저 & 이튼 리버사이드 역에서 내리고 런던 패딩턴 역에서 타면 윈저 & 이튼 센트럴 역에서 내린다. 워털루 역에서 타면 직행도 있지만 패딩턴 역에서 타면 슬로 Slough 역에서 환승해야 한다.

〈런던 워털루 London Waterloo(WAT) ↔ 윈저 & 이튼 리버사이드 Windsor & Eton Riverside〉
요금 편도 £8.10~11.80 **소요 시간** 53분~1시간 16분
〈런던 패딩턴 London Paddington(PAD) ↔ 윈저 & 이튼 센트럴 Windsor & Eton Central(WNC)〉
요금 편도 £12.20 **소요 시간** 25~55분(환승 시간에 따라 달라짐) **홈페이지** www.gwr.com

버스 | 빅토리아 코치 스테이션 Victoria Coach Station, 하이드 파크 코너 Hyde 등에서 윈저 익스프레스 Windsor Express 버스 702번이나 내셔널 익스프레스 National Express 버스로 1시간 30분 정도 소요된다.

요금 편도 £3 **소요 시간** 교통 체증에 따라 1시간 30분~1시간 50분 **홈페이지** 윈저 익스프레스(레딩 버스) www.reading-buses.co.uk 내셔널 익스프레스 www.nationalexpress.com

Windsor Castle 윈저 성

지도 P.363 **주소** Windsor Castle, Winsor Berkshire SL4 1NJ **운영** 3~10월 10:00~17:15 11~2월 10:00~16:15 **휴무** 12/24~26 (스테이트 아파트먼트, 성 조지 예배당 휴무는 홈페이지 참조) **요금** (온라인 사전 예매) 성인 £28.00 18~24세 £18.00 5~17세 £15.50, (당일 구매) 성인 £30.00 18~24세 £19.50 5~17세 £15.00 **홈페이지** www.royalcollection.org.uk, www.windsor.gov.uk, www.rct.uk

영국 왕실이 실제 사용하는 궁전으로 1070년 윌리엄 1세가 런던의 서쪽을 방어하기 위해 16년 동안 지은 성채가 그 시초다. 처음엔 목조로 지었다가 이후 헨리 2세가 석조로 라운드 타워를 세웠고, 1348년 에드워드 3세는 막대한 비용을 들여 성채에서 궁전으로 탈바꿈시켰다. 튜더 시대를 거치면서 빅토리아 여왕 때까지 증·개축을 거듭하며 석조 건물로 바뀌어 지금에 이르렀다.

벽돌이 정교하게 맞물려 지어진 회색의 성은 1,000년 동안 39명 군주와 왕실의 거주지였으며 동시에 요새였다. 실제로 거주하는 성 중 최대 규모로 1917년부터 하우스 오브 윈저로 불렸으며 엘리자베스 여왕도 생전에는 윈저 성에서 주로 주말과 여름을 보냈다. 여왕이 세상을 떠난 후엔 왕실 전용 성당인 이곳 성 조지 예배당에 안장됐으며 남편 필립 공도 이곳에 묻혀 있다.

윈저 성은 전체 방의 개수가 1,000여 개에 달하는 대규모 성으로 관광객에게 개방하는 곳은 한정적이다. 크게 어퍼 워드 Upper Ward, 미들 워드 Middle Ward, 로어 워드 Lower Ward 세 부분으로 나뉘며 어퍼 워드의 스테이트 아파트먼트가 가장 인기가 높다.

왕실의 실제 거주지이기 때문에 입장 가능한 날짜를 홈페이지에서 먼저 확인해야 하며 검색 절차도 조금 까다롭다.

❶ 스테이트 아파트먼트 State Apartments

왕실 가족과 관계자들이 머무는 거주 공간. 어퍼 워드의 북쪽에 위치했으며 보석, 왕관, 그림, 가구, 태피스트리, 조각, 그릇, 무기, 갑옷 등 왕실이 수집한 최고의 보물들과 작품들이 모여 있는 곳이다. 클래식, 바로크, 로코코 등 다양한 양식의 방을 볼 수 있으며, 워털루 체임버 Waterloo Chamber와 왕좌가 있는 성 조지 홀 St. George's Hall을 비롯해 침실, 접견실, 드로잉 갤러리 Drawing's Gallery 등이 있다.

워털루 체임버는 1815년 워털루 전투에서 영국의 승리를 기념하기 위해 만든 방이다. 영국-프로이센 연합군은 이 전투에서 나폴레옹이 이끄는 프랑스군을 물리쳐 영국이 세계 패권을 거머쥐게 된다. 이 전투에서 공을 인정받은 아서 웰즐리 장군은 웰링턴 공작이라는 작위를 받았다. 드로잉 갤러리에는 렘브란트, 홀바인, 루벤스, 반 다이크와 같은 유명 화가의 작품이 보관되어 있다. 관람이 가능한 날짜는 홈페이지에서 확인 후 가는 것이 좋으며 내부 촬영은 엄격히 금지된다.

❷ 퀸 메리 인형의 집 Queen Mary's Doll's House

©Rob Sangster

1924년 조지 5세의 왕비 메리를 위해 1,500여 명의 예술가들이 만든 미니어처 집이다. 실제 방을 축소시켜 그대로 반영했으며, 각 공간 안의 집기와 장식품도 매우 정교하게 만들어져 당시 왕실의 생활 모습을 볼 수 있는 중요한 곳이다. 관람 후 밖으로 나오면 넓은 뜰이 있고 이곳에 찰스 2세 동상이 있다.

❸ 성 조지 예배당 St. George's Chapel

영국 후기 고딕 양식의 예배당으로 1475년 에드워드 4세에 의해 지어지기 시작해 헨리 8세 때 완공됐다. 부채꼴 무늬의 둥근 천장과 건물 위 기둥마다 세워진 조각상들이 눈길을 끈다. 왕실 예배당, 결혼식장 등으로 쓰이며 헨리 8세와 그의 세 번째 아내 제인 시모어, 찰스 1세, 조지 6세 등의 무덤이 있다. 2018년 5월에는 해리 왕자와 메건 마클의 결혼식이 이곳에서 열렸다. 에드워드 3세에 의해 1348년 세워진 가터 Garter 기사단의 중심지이기도 했으며 지금도 가터 기사단의 예배와 기사 작위 수여식이 열린다. 사진 촬영은 금지되며 일요일에는 관광객의 방문이 허용되지 않으나 미사 참석은 가능하다.

Travel Plus

윈저 성의 근위병 교대식

버킹엄 궁전에서 근위병 교대식을 놓쳤다면 여기서 보도록 하자. 11:00에 교대식이 이루어지는데 버킹엄에 비해 사람이 적어 보기 편하고 더 가까이서 볼 수도 있다. 라운드 타워 쪽에서 시작해 성 조지 채플 옆 성벽과 1480년에 지어진 옛 성직자들의 집인 호스슈 클로이스터 Horse-shoe Cloister 건물 앞 광장에서 한다.

The Long Walk 롱 워크

지도 P.363 주소 The Long Walk Windsor, Windsor and Maidenhead SL4 1BP 요금 무료

윈저 성 남쪽 방향에 그레이트 파크 Windsor Great Park로 이어지는 길게 뻗은 길이다. 직선으로 이어진 길 양 옆으로 나무들이 줄지어 서 있고 차량이 들어갈 수 없어 걷기에 좋은 길이다. 4.3km의 롱 워크는 찰스 2세에 의해 처음 조성됐으며 도보로 왕복하기에는 좀 멀지만 걷기를 즐기는 사람이라면 가보는 것도 좋다. 사람들이 평화롭게 산책하는 모습이 인상적이고 길 끝에서 보이는 윈저 성이 한 폭의 그림 같다.

Travel Plus

이튼 칼리지 Eton College

윈저 성 북쪽 방향으로 1.7km 정도 떨어진 곳에는 사립 명문학교로 유명한 이튼 칼리지가 있다. 이튼 칼리지는 1440년 헨리 6세가 지은 학교로 설립 당시 무상교육을 실시했다. 이름은 칼리지 college지만 13~18세 소년들이 기숙사 생활을 하며 교육을 받는 기숙 중고등학교다. 학생과 교사의 비율이 8:1 정도이고 과외활동도 많은 고급 교육기관이다. 현재는 비싼 학비와 입학 경쟁으로 귀족이나 명문가 자제들이 입학하는 학교가 되었다. 윌리엄 왕세손과 해리 왕자도 이튼 칼리지를 졸업했다. 학교의 역사가 오래된 만큼 고풍스러운 건물이 많다.

주소 Eton Colleage Windsor Berkshire SL4 6DW **홈페이지** www.etoncollege.com

윈저 시내

윈저 성 관람을 마치고 로열 윈저 호스 쇼 Royal Windsor Horse Show 건물의 남쪽 문으로 나오면 번화가가 있는 윈저 시내로 갈 수 있다. 시내로 진입하기 전 캐슬 힐 Castle Hill에 빅토리아 여왕의 동상이 있고 그 길을 따라 피스코드 스트리트 Peascod Street가 이어지는데 이 거리 양 옆으로 다양한 상점들이 이어져 있다. 피스코드 스트리트 옆 호텔과 로이즈 뱅크 Lloyds Bank 사이의 길에도 복합 쇼핑센터인 윈저 로열 쇼핑센터 Windsor Royal Shopping Centre로 들어가는 문이 보인다. 1851년 조성된 이 쇼핑센터에 있는 수많은 상점, 카페, 레스토랑이 윈저 & 이튼 센트럴 Windsor & Eton Central 기차역까지 이어진다.

이곳을 나와 템스강 쪽으로 가면 윈저 브리지를 중심으로 아기자기한 건물들과 카페, 레스토랑, 숍들이 이어져 있다. 윈저 브리지를 건너 이튼 칼리지로 가는 길 옆으로도 레스토랑, 카페들이 줄지어 있다. 사람들이 삼삼오오 카누를 즐기고 새들과 배들이 한가롭게 다니는 템스강을 보며 쉬어가기에 좋은 곳들이다.

윈저 브리지로 이어지는 템스 스트리트 Thames Street 옆 팜 야드 Farm Yard 길에는 윈저 앤 이튼 리버사이드 Windsor & Eton Riverside 기차역이 있다.

Harry Potter Studio
해리 포터 스튜디오

해리 포터는 1997년 첫 출판 이후 전 세계 67개 이상 언어로 번역되어 4억5,000만 부 판매 기록을 세운 '조앤 K. 롤링'의 판타지 소설이다. 1997년 1편 '해리 포터와 마법사의 돌'을 시작으로 2007년 '해리 포터와 죽음의 성물'까지 10년간 매편 새로운 책이 출간될 때마다 세계의 독자들을 흥분시키며 화려하게 막을 내렸다. 출판과 함께 영화로도 제작되어 원작 소설 못지않은 흥행으로 2001년부터 2011년까지 10년간 총 8편의 시리즈가 모두 완성되었다. 영화로만 64억 달러(약 7조 4,000억 원)의 천문학적인 수입을 기록했다. 촬영 당시에 사용했던 세트장과 소품, 의상, 특수분장에 사용되었던 물품을 런던 외곽에 있는 '워너 브라더스 스튜디오 Warner Bros. Studio Leavesden - The Making of Harry Potter'에서 만나 볼 수 있다. 아직도 해리 포터를 잊지 못하고 찾아오는 이들에게 여러 볼거리를 제공하며 새로운 수익을 창출해 내고 있다. '익스펙토 패트로눔 Expecto Partronum!'의 마법을 걸고 싶다면 마법의 성 해리 포터 스튜디오로 가자.

① 해리 포터 스튜디오 티켓 예약

많은 사람들이 열광하는 해리 포터를 만나려면 미리 준비를 해야 한다. 투어 시간이 정해져 있으며 입장객 수를 제한하기 때문에 현장에서 바로 티켓을 구매해 입장하는 것은 거의 불가능하므로 꼭 방문할 날짜와 시간을 계획하고 인터넷으로 예약해야 한다. 예약한 티켓은 이메일로 받은 후 출력하거나 휴대폰으로 다운받아 놓자. 주말 관람 예약은 3개월 전, 평일 관람 예약은 2개월 전에 하자.

예약 홈페이지 www.wbstudiotour.co.uk

② 해리 포터 스튜디오 가는 길

해리 포터 스튜디오까지 가기 위해서는 유스턴 역에서 기차를 타거나 지상철 Overground로 왓퍼드 정션 Watford Junction 역까지 간 후 해

리 포터 스튜디오 셔틀버스를 타는 것이 일반적인 방법이다. 지상철을 타기 위해서는 지하철로 지상철 역이 있는 곳까지 가서 갈아 타면 된다. 왓퍼드 정션 역에서 하차하면 출구 왼편 약 도보 1분 거리에 매 시간 30분 출발하는 셔틀버스 탑승장이 있다. 그곳에 내리는 대부분의 사람들이 해리 포터 스튜디오행이기 때문에 무리에 섞여 가면 쉽게 찾을 수 있다. 셔틀버스를 탄 후 15분 정도면 도착하며 마지막 운행 시간을 확인한 후 입장하도록 하자.

소요 시간은 자신의 위치에 따라 런던 시내에서 편도 50분~1시간 40분 정도다. 일일 투어(해리 포터 테마 셔틀버스와 입장권 포함)를 활용하면 비용은 조금 더 들지만 좀 더 편하게 이동할 수 있다.

③ 해리 포터 즐기기

늦어도 30전에 도착해야 느긋한 마음으로 투어를 시작할 수 있다. 정해진 시간에 예약된 인원수만 입장하므로 혼잡하거나 오래 기다리지는 않는다. 시간이 되면 진행요원의 안내와 함께 거대한 해리 포터의 문이 열린다. 각 나라 언어의 영화 포스터들로 주변을 장식한 방을 지나면, 호그와트 학생들과 교수들이 함께 식사하던 홀이 웅장하게 펼쳐진다. 마법사의 멋진 복장을 하고 있는 교수들과 학생들의 마네킹이 영화 속 장면을 떠올리게 한다. 안내원의 안내는 여기까지 이루어지며 이후는 자율투어로 관람하게 된다. 영화에서 사용되었던 섬세하게 만들어진 세트장과 물품들을 돌아보면서 해리 포터 영화에 빠져본다. 영화에서 입었던 옷들, 지팡이와 빗자루들도 전시되어 있고, 한쪽으로 관람객이 해리 포터의 망토를 입고 빗자루를 타고 하늘을 나는 장면의 사진을 촬영할 수 있는 곳이 있는데 입장료만큼이나 비싸다. 촬영 후 마음에 들지 않으면 찾지 않아도 되지만 개인 촬영은 허락하지 않는다. 스튜디오 전체 관람은 빠르게는 1시간, 해리 포터 마니아라면 3시간도 짧다. 야외 전시장에는 호그와트의 다리 일부와 스릴만점 난폭운전의 3층 버스가 전시되어 있다. 무알코올 버터비어와 함께 해리 포터 스튜디오의 추억을 담아보자.

④ 해리 포터 기념품

해리 포터의 다양한 캐릭터를 각양각색의 제품에 접목해 만든 기념품 가게가 놀랍다. 호그와트 학생들의 교복부터 고유넘버와 이름이 지어진 빗자루와 퀴디치 용품, 온갖 맛이 나는 젤리와 개구리 초콜릿까지 해리 포터의 모든 것이 여기에 있다. 기념품 가게 구경만으로도 시간 가는 줄 모른다. 적당한 가격의 기념품으로 해리 포터를 간직하자.

주소 Warner Bros. Studio Tour Drive Leavesden WD25 7LR **운영** 날짜마다 다르니 홈페이지 참조 **요금** 성인 £53.50 어린이 £43.00 **홈페이지** www.wbstudiotour.co.uk

OXFORD
옥스퍼드

시 전체가 오래된 대학 건물들로 가득한 영국의 전통적인 대학 도시다. 독립적으로 운영되는 39개 칼리지College가 도시 곳곳을 채우고 있으며 세계에서 모인 석학들과 학생들이 학문에 대한 열정을 불태우고 있다. 고풍스러운 건물 사이를 걷다 보면 19세기 영국에 와 있는 느낌마저 든다.

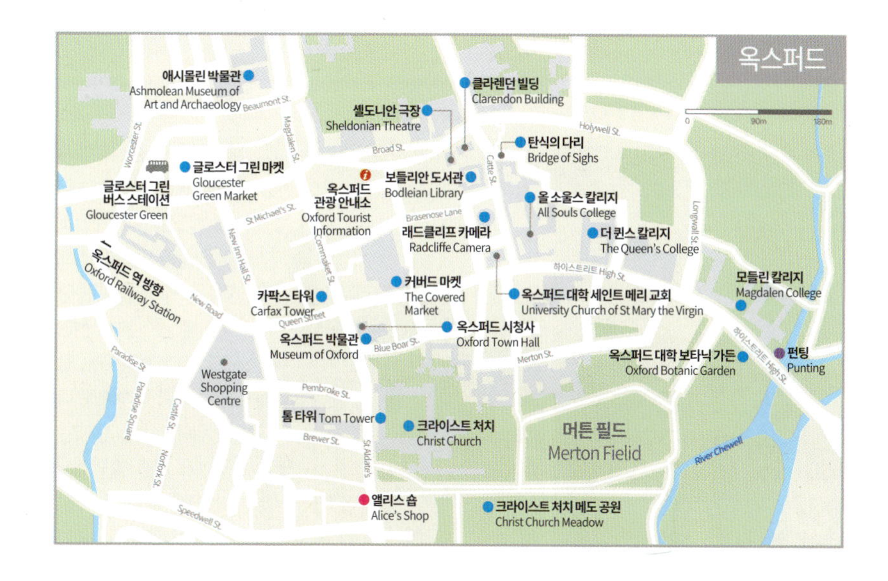

옥스퍼드로 가는 길

기차와 버스를 이용해 갈 수 있다. 기차는 버스보다 시간이 덜 걸리는 장점이 있지만 역이 시내에서 조금 떨어져 있어 시내 접근성이 버스보다 떨어진다. 버스는 기차에 비해 요금이 저렴하고 시간대도 다양한 편이다. 버스 터미널도 시내와 가깝다. 하지만 막히면 이동 시간이 길어진다는 단점이 있다. 상황에 따라 적절한 교통편을 선택하자.

버스 | 빅토리아 코치 스테이션 바로 건너편 도로인 버킹엄 팰리스 로드 Buckingham Palace Rd에서 출발하는 옥스퍼드 튜브 Oxford Tube 버스로 갈 수 있다. 옥스퍼드의 종점은 글러스터 그린 Gloucester Green이지만 중간에 내릴 수 있고, 런던에서도 다른 정류장에서 타거나 내릴 수 있다. 교통 체증에 따라 오래 걸릴 수도 있다.

[옥스퍼드 튜브]

요금 편도 £13 **소요 시간** 1시간 40분~2시간 **홈페이지** www.oxfordtube.com

기차 | 런던 패딩턴 London Paddington 역과 런던 메릴본 London Marylebone 역에서 옥스퍼드 기차역까지 열차가 수시로 운행된다. 예약 시점과 기차 스케줄마다 요금이 다르니 일찍 예약하는 것이 좋다. 직행 노선과 갈아타야 하는 노선이 있으니 예매 시 잘 확인해야 한다. 예약은 온라인이나 가까운 역에서 가능하다. 옥스퍼드 기차역에서 시내까지는 도보로 15~20분 정도 소요된다.

[옥스퍼드 기차역]

주소 Station, Park End St, Oxford OX1 1HS

요금 성인 편도 £13.00~34.70 **소요 시간** 55분~1시간 30분

홈페이지 www.gwr.com

Carfax Tower 카팍스 타워

지도 P.371 주소 Queen St, Oxford OX1 1ET 운영 3월 10:00~16:00 4~9월 10:00~17:00 10월 10:00~16:00 11~2월 10:00~15:00 요금 성인£4.00

옥스퍼드 중심부에서 가장 높은 탑으로 높이 23m에 달한다. 세인트 마틴 성당의 일부였으며 옥스퍼드를 한눈에 바라볼 수 있는 전망 포인트다. 예전에는 탑의 높이가 더 높았으나 탑 위에서 돌을 던지는 사고가 자주 발생해서 낮아졌다고 한다. 15분마다 시계탑에서 울리는 종소리가 여행의 감성을 더해 준다.

The Covered Market 커버드 마켓

지도 P.371 주소 Market St. Oxford OX1 3DZ 운영 월~수 08:00~17:30 목~토 08:00~23:00 일 10:00~17:00 (가게마다 약간 다르니 홈페이지 확인) 홈페이지 www.oxford-coveredmarket.co.uk

카팍스 타워를 갔다면 하이 스트리트 쪽으로 걸어가 커버드 마켓에 들러 보자. 이름처럼 지붕으로 덮인 마켓이다. 지붕이 있어 날씨가 흐리거나 비가 와도 상관 없이 돌아다니기 좋다. The Cake Shop이라는 케이크 집은 각종 기념일이나 특별한 날을 위한 케이크를 주문하는 대로 만들어 준다. 학사모, 엘사, 섬세함이 돋보이는 슈가 크래프트 등 넘치는 아이디어에 눈길을 빼긴다. 옥스퍼드 특산품인 옥스퍼드 소시지도 판다.

Radcliffe Camera 래드클리프 카메라

지도 P.371 주소 Radcliffe Sq. Oxford OX1 3BG 운영 월~금 09:00~21:00 토 10:00~18:00 일 11:00~19:00 홈페이지 www.bodleian.ox.ac.uk

돔으로 지어진 흔하지 않은 원형 건축물 래드클리프 카메라는 옥스퍼드 건물들 중에서도 단연 눈길을 끈다. 라틴어로 방이라는 뜻의 카메라는 외과의사 래드클리프의 기부금으로 지어졌다. 도서관 열람실이라고 하기에는 너무 아름답고 화려해서 관광객의 호기심을 자아내는데, 안타깝게도 일반인에게는 개방되지 않는다.

University Church of St Mary the Virgin 옥스퍼드 대학 세인트 메리 교회

지도 P.371 주소 The High Street, Oxford OX1 4BJ 운영 (교회·타워) 월~토 09:30~17:00 일 12:00~17:00 요금 교회 무료, 타워 1인 £6.00 홈페이지 www.universitychurch.ox.ac.uk

1280년에 지어진 옥스퍼드 대학의 공식 교회이며, 13세기 초에 타워의 화려한 첨탑이 증축되었다. 높은 건물이 거의 없는 옥스퍼드에서 교회 타워는 여행자에게 훌륭한 전망을 제공하며 특히 래드클리프 카메라가 바로 눈앞에 펼쳐져 감탄을 자아낸다. 타워는 계단을 걸어서 한참 올라가야 하고 내부 공간도 좁아서 성수기에는 줄을 길게 서야 한다. 옥스퍼드의 아름다운 경관을 보고자 한다면 세인트 메리 교회 타워로 올라가 보자.

Travel Plus

가고일 Gargoyles

중세 유럽 건축물 지붕에 날개 달린 괴수의 석상을 말한다. 나라마다 건축물의 가고일 특징과 모양이 다른데, 조금씩 차이는 있지만 여행자가 보기에는 대부분 비슷해 보인다. 건축물의 가고일은 입으로 빗물이 흐르도록 빗물받이 역할을 하는데 교회 건축의 가고일은 가고일 입으로 악이 씻겨져 토해내는 것이라고 한다. 건축물마다 특색 있는 가고일이 있는데 어떤 형상으로 희화화된 가고일이 있는지 찾아 보는 것도 재미있다.

Bodleian Library 보들리안 도서관

지도 P.371 주소 Broad Street Oxford OX1 3BG 운영 Divinity School 월~토 09:00~18:00 일 09:00~16:00 휴무 1/1, 12/25, 부활절 요금 Divinity School £2.50 가이드 투어 £10.00 홈페이지 visit.bodleian.ox.ac.uk

옥스퍼드 대학의 중앙 도서관이자 방대한 도서와 귀중한 자료를 다수 소장하고 있는 세계적인 도서관이다. 옥스퍼드 대학 출신인 토머스 보들리안이 1602년에 지었으며 영국에서 2번째로 크다. 1610년부터 출판되는 모든 서적은 의무적으로 제출해야 하는 납본 도서관으로 정해져 있어 영국 내에서 출판되는 모든 책들이 한 부씩 이곳에 보내진다.

건물 안쪽 마당에는 보드리안 경의 동상이 서 있고 전시실 등 다양한 공간이 있어 미술 작품도 감상할 수 있다. 특히 이곳은 해리 포터 영화 촬영지로 유명하다. 그중 '신학 대학 Divinity School'이라는 곳은 해리 포터 영화에서 학생들이 무도회 춤을 배우던 장소다. 중요한 곳이 많은 도서관이지만 관광객과 일반인들이 볼 수 있는 공간은 극히 제한적이다. 내부를 보고 싶으면 가이드 투어를 신청하면 된다.

Sheldonian Theatre 셸도니안 극장

지도 P.371 주소 Broad Street, Oxford OX1 3AZ 운영 10:00~15:30(날짜별로 끝나는 시간 다름) 요금 성인 £4.50 가이드 투어 £8.50 홈페이지 sheldonian.ox.ac.uk

보들리안 도서관 뒷문을 나와 왼쪽으로 돌아서면 원형의 건축물이 보이는데 입구 기둥마다 맨 위에 커다란 흉상이 올려져 있다. 이곳 학생들의 학위 수여식과 입학식 등 대학의 연중 행사가 열리는 곳이다. 1664~1669년 크리스토퍼 렌의 설계로 지어졌는데 그가 로마 여행 중 마르켈루스 극장을 보고 영감을 받아 지었기 때문에 고대 로마의 구조물과 닮았다.

Clarendon Building 클라렌던 빌딩

지도 P.371 주소 Broad Street, Oxford OX1 3BD 홈페이지 www.britainexpress.com/cities/oxford

보들리안 도서관, 셸도니안 극장이 위치한 브로드 스트리트 Broad Street에 웅장하게 서 있는 클라렌던 빌딩은 1715년에 완공되어 옥스퍼드 대학의 출판사로 사용되었다. 1975년부터는 보들리안 도서관의 부속건물로서의 역할을 수행하며 도서관 행정 간부들의 사무실과 회의실로 사용되고 있는 건물이다.

Bridge of Sighs 탄식의 다리

지도 P.371 주소 5 New College Ln Oxford OX1 3BL

보들리안 도서관을 나와 뒤쪽 삼거리로 나오게 되면 건물과 건물을 이어주는 조각 같은 다리가 보이는데, 바로 탄식의 다리다. 베네치아에도 탄식의 다리가 있는데, 16세기에 지어진 베네치아 탄식의 다리는 죄수가 독방에 들어가기 전에 다리의 창으로 보이는 아름다운 경치를 보고 한숨 쉬었다는 이야기 때문에 지어진 이름이다. 옥스퍼드 탄식의 다리는 1914년에 토머스 잭슨 Thomas Jackson에 의해 지어진 허트퍼드 Hertford 칼리지의 건물과 건물을 이어주는 다리다. 학생들이 자신의 성적표를 받아들고 다리를 지나면서 탄식의 한숨을 쉬었다고 해서 지어진 이름이라 한다. 다리는 섬세하면서도 아름다워 주변 건물들을 빛내고 있다.

All Souls College 올 소울스 칼리지

지도 P.371 주소 All Souls College Oxford OX1 4AL 홈페이지 asc.ox.ac.uk

1438년 헨리 6세와 캔터베리 대주교인 헨리 치첼리 Henry Chichele에 의해 설립된 연구 중심 대학이다. 대학의 이름은 칼리지이지만 다른 대학들처럼 학부와 대학원 중심이 아니라 이미 어떤 업적이 있거나 능력을 인정 받은 학자나 연구진들이 모여 연구 활동을 하는 곳이다. 따라서 들어가기가 매우 까다롭다고 알려져 있다. 여러 대학이 밀집해 있는 하이 스트리트에서 북쪽으로 이어지는 캐트 스트리트에 있으며 쌍둥이 탑이 인상적이다. 1751년 완공된 코드링턴 도서관 Codrington Library도 매우 아름답다.

The Queen's College 더 퀸스 칼리지

지도 P.371 주소 High Street Oxford OX1 4AW 홈페이지 queens.ox.ac.uk

1341년 설립된 대학으로 올 소울스 대학 옆에 위치하고 있으며 정문 입구는 하이 스트리트 쪽이다. 신 고전주의 양식으로 지어진 이 대학의 전체 규모는 크지 않지만 잔디가 깔려 있는 사각의 깔끔한 메인 쿼드를 비롯해 도서관, 교회 등 우아하고 고풍스러운 건물들을 가지고 있다. 특히 하이 스트리트 쪽의 정면은 18세기 때 이뤄졌던 대대적인 재건축 기간에 크리스토퍼 렌의 제자였던 니컬러스 호크스무어 Nicholas Hawksmoor에 의해 디자인 된 것으로 정문 위의 돔과 그 위 왕관이 인상적이다.

Magdalen College 모들린 칼리지

지도 P.371 주소 Magdalen College High Street Oxford OX1 4AU 운영 매일 10:00~18:30 요금 성인 £9.50 학생 £8.50 홈페이지 magd.ox.ac.uk

하이 스트리트를 따라 내려가다 보면 우뚝 선 모들린 종탑이 보인다. 1458년에 설립된 모들린 칼리지는 옥스퍼드에 있는 대학들 중에서도 아기자기하고 아름답기로 소문났다. 시간의 흐름 속에 정돈이 잘된 강가와 오솔길이 아름다운 곳이다. 봄에는 학교 뒤편 사슴공원의 자연과 함께 느껴지는 평화로움이 좋다. 모들린 종탑 옆 모들린 브리지 Magdalen Bridge 아래로 내려가면 옥스퍼드에서 즐길 수 있는 처웰 Cherwell 강의 펀팅 장소가 나온다.

Punting 펀팅

모들린 브리지 보트 하우스 펀팅 Magdalen Bridge Boathouse Punting

지도 P.371 주소 Old Horse Ford High Street Oxford OX1 4AU 운영 2~11월 09:30~21:00 요금 1시간 5인 £30.00 홈페이지 www.oxfordpunting.co.uk

펀팅은 긴 막대기로 강바닥을 짚어 배를 앞으로 나아가게 하는 것으로 깊지 않은 강에서 많이 한다. 옥스퍼드 또한 처웰 강에서 나무 배를 젓는 펀팅을 경험할 수 있다. 공부하다 지친 학생, 지역 주민, 관광객이 여유롭게 펀팅하는 모습은 매우 운치 있어 보인다. 펀팅을 시작하면 모들린 칼리지 타워, 옥스퍼드 대학 보타닉 가든, 모들린 다리 등 옥스퍼드의 명소들을 감상하며 강을 돈다.

배의 종류는 3가지. 펀팅 배인 펀트 Punts, 노를 저어 가는 로잉 보트 Rowing boats, 발로 페달을 밟는 페달로 Pedalos. 크루를 고용해 탈 수도 있는데 몸은 편하지만 요금이 올라간다. 가장 쉬운 것은 페달로다. 시간당 요금을 지불하며 정해진 시간을 초과하면 추가 요금이 있다.

Oxford Botanic Garden 옥스퍼드 대학 보타닉 가든

지도 P.371 주소 Rose Lane Oxford OX1 4AZ 운영 매일 10:00~18:00(여름) 요금 성인 £7.20 16세 이하 무료 홈페이지 www.obga.ox.ac.uk/visit-garden

갖가지 꽃과 나무가 피어 있는 가든으로 옥스퍼드 사람들의 휴식처가 되는 곳이다. 식물의 종류가 많기로 유명하며 야외는 물론 온실에서도 많은 식물을 볼 수 있다. 전체적으로 규모가 크지는 않지만 아기자기하게 볼거리가 많고 주변의 경치도 아름답다. 옆으로 흐르는 시내에서 펀팅하는 배가 지나 다니고 사람들이 여유롭게 산책하는 모습이 어우러진 아름답고 편안한 분위기의 가든이다.

Christ Church Meadow 크라이스트 처치 메도 공원

크라이스트 처치 메도 공원은 크라이스트 처치 입구 메도 건물 앞에 있는 공원이다. 큰 도시와 달리 시골의 정취가 물씬 풍긴다. 큰 버드나무와 넓고 푸른 잔디는 따뜻하고 햇살이 좋은 날 그냥 지나칠 수 없는 여행자의 쉼터다. 점심시간이 되었다면 오리 떼가 놀고 배가 떠 있는 강가에 앉아 소풍을 즐기자. 옥스퍼드의 감성을 느끼기에 충분하다. 지도 P.371

Christ Church 크라이스트 처치

지도 P.371 주소 St. Aldates Oxford OX1 1DP 운영 월~토 09:30~16:30 일 10:30~16:30 요금 멀티미디어 셀프 가이드 투어(피크 시즌) 성인 £18.00 학생 £16.50 5~17세 £15.00 ※한국어 있음. Hall – Cathedral – Chapter House – Picture Gallary의 개방 유무에 따라 요금 차이 있으며, 행사 시 종종 폐관되니 홈페이지 참조 홈페이지 www.chch.ox.ac.uk

옥스퍼드에서 가장 규모가 큰 대학이며 학교 안에 대성당이 함께 있는 곳으로 유명하다. 12세기 건축된 이 크라이스트 처치 대성당은 지금도 미사가 계속 열리고 있다. 이 대학의 대중적 인지도가 더 높아진 이유는 해리 포터 촬영지이기 때문으로 지금도 많은 팬들이 찾고 있다.

매표소 및 방문자 센터 맞은편에 있는 메도 빌딩 Meadow Building을 통해 안으로 들어가면 해리 포터 마법학교의 연회장 촬영지인 그레이트 홀 Great Hall에 갈 수 있다. 웅장하면서도 위엄이 느껴지는 이곳은 실제로 학생들의 식당으로 사용 중이다. 홀 내부는 해리 포터에 나온 식당의 모델이 된 장소로 긴 식탁이 놓여 있고 벽에는 이 학교 출신 유명인들의 초상화가 걸려 있다. '이상한 나라의 앨리스'의 작가 루이스 캐럴도 이곳 출신인데 본명 찰스 루트위지 도지슨 Charles Lutwidge Dodgson이 새겨진 그의 초상화가 있다. 그레이트 홀에서 나오면 정방형으로 정돈된 톰 쿼드랭글 Tom Quadrangle의 푸른 잔디가 펼쳐진다. 성당과 그레이트 홀을 모두 방문하려면 홈페이지에서 방문 가능 시간을 확인하는 것이 중요하며 성수기에는 일찍 예약해야 한다.

Tom Tower 톰 타워

지도 P.371 주소 St. Aldates Oxford OX1 1DP

톰 타워는 6톤이 넘는 종이 달려 있는 벨 타워다. 그레이트 톰 Great Tom이라 불리는 이 종은 원래 옥스퍼드셔 Oxfordshire 지역의 오스니 애비 Oseney Abbey라는 곳에 있던 것이다. 수도원 해산 이후 세인트 프라이즈와이드 St. Frideswid 탑으로 옮겼다가 지금의 자리로 다시 왔다. 팔각 타워 위의 반곡 돔은 크리스토퍼 렌의 디자인이며 1682년 지어졌다. 타워 아래 있는 아치 문은 톰스 게이트 Tom's Gate라고 불리는 크라이스트 처치의 메인 입구다.

Alice's Shop 앨리스 숍

지도 P.371 주소 83 St. Aldates Oxford OX1 1RA 운영 매일 10:30~17:00 휴무 12/25~26 홈페이지 www.aliceinwonderlandshop.com

크라이스트 처치 입구 길 건너편에 위치한 작은 상점이다. 어릴 적부터 누구나 한번 들어본 이야기 '이상한 나라의 앨리스'에 나오는 토끼와 앨리스가 친숙하고 반갑다. 빨간색 문을 열고 상점을 들어서면 온통 이상한 나라의 앨리스로 가득한 기념품들이 여행자의 맘을 설레게 한다. 잠시 동화 속으로 빠져들어 기념이 될 만한 것들을 골라보는 것도 재미있다. 회중시계를 들고 있는 토끼를 따라 함께 이상한 나라의 앨리스 속으로 잠시 빠져들어 보자. 내부 촬영 금지.

이상한 나라의 앨리스 Alice's Adventures Wonderland

옥스퍼드는 수학자이자 교수인 루이스 캐럴이 1865년에 발표한 판타지 소설 '이상한 나라의 앨리스 Alice's Adventures in Wonderland'가 만들어진 곳으로도 잘 알려진 곳이다. 루이스 캐럴은 교수 시절 학장의 집에서 하숙하면서 그 집 아이들과 템스 강 변에서 뱃놀이를 하며 이야기 줄거리를 만들었다고 한다. 초판 이후 150년이 지난 오늘까지도 아이부터 어른까지 많은 사랑을 받는 동화이며 연극, 영화, 드라마, 뮤지컬 등 다양한 분야에서 새롭게 각색되었다.

Oxford Town Hall 옥스퍼드 시청사

지도 P.371 주소 St. Aldate's Oxford OX1 1BX 운영 시청사 이벤트에 따라 달라짐 홈페이지 www.oxford townhall.co.uk

크라이스트 처치에서 세인트 알데이츠 거리를 북쪽으로 조금만 걸으면 옥스퍼드 시청사가 나온다. 카팍스 타워가 자리한 사거리에서도 잘 보이는 웅장한 건물이다. 갈색의 고풍스러운 이 빌딩은 입구 벽면과 지붕 쪽의 조각상들이 더욱 무게감을 준다. 빅토리아 시대 말기에 준공되었으며 지금의 건물은 세 번째 지어진 것이다. 1893년 첫 돌을 놓았고 1897년 공식 오픈했다. 웅장한 메인 홀을 포함해 10개의 미팅룸, 3개의 이벤트 룸을 가지고 있으며 다양한 행사와 전시가 열린다.

Museum of Oxford 옥스퍼드 박물관

지도 P.371 주소 St. Aldate's Oxford OX1 1BX 운영 월~토 10:00~17:00(입장은 16:30까지) 요금 무료 홈페이지 www.museumofoxford.org

시청사 건물에 함께 자리한 박물관이다. 1975년에 오픈했으며 규모는 크지 않지만 옥스퍼드의 역사가 담긴 스토리와 컬렉션을 전시하는 박물관으로, 옥스퍼드에 관심이 많은 사람들이 찾는다. 올리버 크롬웰의 데스 마스크 Death Mask, 너클 본 페이브먼트 Knuckle Bone Pavement 등 여러 전시물을 볼 수 있다.

Ashmolean Museum of Art and Archaeology 애시몰린 박물관

지도 P.371 주소 Beaumont Street, Oxford OX1 2PH 운영 매일 10:00~17:00 요금 무료 홈페이지 www.ashmolean.org

애시몰린 박물관은 여행가이자 수집가인 존 트레드스캔트 John Tradescant 부자에 의해 수집된 유물을 엘리아스 애시몰 Elias Ashmole이 자신의 수집품과 함께 전시하기 위해 만든 세계 최초의 대학 박물관이자 영국에서 가장 오래된 공공 박물관이다. 처음의 애시몰린 박물관 건물은 현재 브로드 스트리트에 있는 과학사 박물관으로 쓰이고 있는 곳이었으나 소장품이 늘어나면서 자연과학, 인류학 등을 분리해 내고 현재의 장소로 이전했다. 그리스 신전을 연상시키는 건물은 2009년 리노베이션을 거쳐 재오픈한 것이다. 이집트, 아시아, 지중해의 고대 유물과 예술품을 포함해 유럽, 동양의 여러 회화, 조각, 도자기 작품이 전시돼 있다. 터너, 고흐 등 유명 작가의 작품도 눈에 띈다. 브리티시 뮤지엄만큼 대규모는 아니더라도 깔끔한 건물과 알찬 전시품을 보며 아깝지 않은 시간을 가질 수 있다. 박물관을 둘러보고 꼭대기 층 카페테리아 애시몰린 다이닝 룸 Ashmolean Dining Room에서 스콘과 커피로 옥스퍼드 여행을 마무리하기 좋은 곳이다.

CAMBRIDGE
케임브리지

캠 강 위의 다리라는 뜻의 케임브리지는 실제로 마을을 지나는 캠 강 위에 오래된 다리들이 놓여 있어 운치 있는 풍경을 만날 수 있는 곳이다. 아름다운 풍경 속에 자전거로 강의실을 오가는 학생들, 캠퍼스 창문 너머 열심히 공부하고 있는 학구적인 모습은 그 자체가 대학도시의 정취다.

케임브리지로 가는 길

버스나 기차를 타고 갈 수 있으며, 기차가 버스보다 빠르지만 기차역은 시내 중심에서 조금 떨어져 있다. 버스 터미널은 기차역보다 시내에서 조금 더 가깝지만 시간이 많이 걸린다.

버스 | 빅토리아 코치 스테이션에서 내셔널 익스프레스를 타면 된다. 하루 6회 정도 운행하며 3시간 정도 소요되는데 교통 상황에 따라 달라진다.

요금 편도 £15.20~34.00
홈페이지 내셔널 익스프레스 www.nationalexpress.com

기차 | 킹스 크로스 King's Cross 역이나 리버풀 스트리트 Liverpool Street 역에서 30분 간격으로 운행한다. 기차의 종류와 스케줄에 따라 45분~1시간 20분 소요된다. 스케줄에 따라 요금이 다르니 예매를 서두르자.

요금 편도 £18.00~29.10
홈페이지 www.gwr.com

The Round Church 더 라운드 교회

지도 P.383 주소 Round Church, Bridge Street, Cambridge CB2 1UB 운영 화 13:30~17:00 수~토 10:00~17:00 휴무 일·월 요금 일반 £3.50 학생 £1.00 홈페이지 www.roundchurchcambridge.org

영국에 있는 4개의 라운드 교회 중 하나이며 케임브리지의 랜드마크다. 규모가 크지는 않지만 12세기에 지어진 오래된 건축물로 역사적 가치가 있다. 돌로 둥글게 지어져 언뜻 보기에도 매우 독특하다.

나무로 만들어진 아치문의 입구로 들어서면 노르만 양식의 지그재그 데코레이션이 보인다. 내부로 들어가면 본당은 그리 크지 않으며 1840년 개축 때 더해진 스테인드글라스가 햇빛을 받아 반짝인다. 지금은 교회의 역할은 하지 않고 교회의 역사와 케임브리지의 크리스트교에 관한 전시를 하고 있다. 건축물과 전시에 관심이 있다면 잠시 들러보자. 교회 정문으로 들어가면 바로 방문자 센터가 있다.

St. John's College 세인트 존스 칼리지

지도 P.383 주소 St. John's College Cambridge CB2 1TP 운영 매일 10:00~15:30(방학 기간에 오픈하며 구체적 날짜는 홈페이지 참조) 요금 성인 £12.00 12~16세 £6.00 홈페이지 www.joh.cam.ac.uk

원래 병원이었던 곳으로 케임브리지에서 두 번째로 규모가 큰 단과대학이다. 지금까지 많은 노벨상 수상자와 예술가, 기업가, 총리 등 사회 저명 인사들을 배출했다. 1511년 세워진 유서 깊은 대학으로 수백 년 된 아름다운 건물들이 학교를 둘러싸고 있다. 방문객이 볼 수 있는 공간이 한정적이긴 하지만 숙소, 예배당, 도서관 등을 돌아볼 수 있다. 정문 가운데에는 성 요한의 조각상이 서 있고 설립자인 헨리 7세의 어머니 마거릿 뷰포트 Margaret Beaufort의 문장인 방패가 새겨져 있다. 방패 옆으로 랭커스터의 장미와 튜더의 상징인 격자창이 눈에 띈다. 정문을 들어갈 때 그냥 지나치지 말고 눈여겨보자.

Bridge of Sighs 탄식의 다리

지도 P.383 주소 St. John's College Cambridge CB2 1TP 운영 10:00~17:00 홈페이지 www.joh.cam.ac.uk

세인트 존스 칼리지의 명물이자 신관 New Court와 구관 Third Court를 연결해주는 다리다. 1831년 베네치아 탄식의 다리를 본떠서 만든 다리라고 하지만 모양은 완전히 다르다. 두 다리의 공통점은 커버드 브리지 Covered Bridge라는 점뿐이다. 그래도 이 다리는 이 대학에서 생활하고 일하는 사람들이 늘 이용하는 중요한 곳이다. 캠 강에서 펀팅을 하게 되면 가장 이상적인 시선으로 탄식의 다리를 만날 수 있다. 케임브리지를 대표하는 전형적 풍경의 장소에서 한 장의 사진을 남겨보자.

Magdalene College 모들린 칼리지

지도 P.383 주소 Magdalene Street Cambridge CB3 0AG 홈페이지 www.magd.cam.ac.uk

마리아 막달레나에서 이름이 유래된 모들린 칼리지는 캠 강 건너편에 위치하고 있다. 1428년 베네딕트 수도사들의 호스텔로 처음 문을 연 이 대학은 1542년 St. Mary Magdalene의 대학으로 재설립됐다. 모들린 칼리지는 옥스퍼드에도 있다. 두 대학 모두 마리아에게 헌정되었지만 다른 점은 스펠링이 케임브리지 것에 e가 하나 더 있다. 그 이유는 19세기 중반 우편 서비스가 발달하면서 옥스퍼드 것과 혼동되지 않기 위한 조치였다고 한다. 이 대학의 또 하나 재미있는 점은 발음이다. 스펠링과 다르게 모들린으로 발음된다. 1542년 재설립 당시 설립자 이름이 토머스 오들리 Thomas Audley. 설립자 이름인 오들리와 원래 발음인 막달렌을 합쳐 모들린으로 발음하게 되었다. 1987년에야 여학생 입학을 허가한, 케임브리지 대학 중 마지막까지 남자 전용 대학이었던 곳이다.

Trinity College 트리니티 칼리지

지도 P.383 주소 Saint John's St. CB2 1TQ 운영 (투어) 매일 10:00, 14:00 휴무 학사일정에 따른다 요금 성인 £5.00 홈페이지 www.trin.cam.ac.uk

케임브리지 대학에서 규모가 가장 큰 칼리지로 헨리 8세에 의해 1546년에 설립되었다. 만유인력의 법칙 '뉴턴', 진화론의 '다윈', 그리고 '프랜시스 베이컨', '바이런' 등 유명 인물들이 바로 이곳 출신으로 30명이 넘는 노벨상 수상자를 배출한 명문 대학이다. 찰스 왕세자도 트리니티 출신. 건물 내부의 화려한 장식과 건물 전면의 단순함이 대조적인 렌 도서관은 트리니티 칼리지의 대표적인 건물이다. 20만 권이 넘는 책 중에 1820년 이전 출간된 책이 무려 5만5,000여 권 보관되어 있고 식물학자들의 성서라 불리는 '식물의 역사 Historia Plantarum'(1686) 원본과 1,200권이 넘는 중세 필사본이 있다.

Great St. Mary's Church 세인트 메리스 교회

지도 P.383 주소 The University Church, Senate House Hill, Cambridge CB2 3PQ 운영 (타워) 월~토 10:00~17:00 일 12:00~15:30 요금 성인 £7.00 가족 £19.00 홈페이지 www.greatstmarys.org

1205년에 지어진 세인트 메리스 교회는 1730년 세닛 하우스 Senate House가 지어지기 전까지 케임브리지 대학 교회로 대학과 관련한 회의와 토론의 공식행사를 하는 장소로 사용되었다. 800여 년의 역사 동안 화재로 인한 소실과 재건축으로 17세기 초반에 만들어진 타워가 있다. 힘들지만 123개의 좁은 나선형 계단을 오르면 케임브리지의 멋진 전망을 볼 수 있다. 특히 킹스 칼리지의 웅장한 모습이 펼쳐져 새로운 느낌을 선사하는 곳이다.

Senate House 세닛 하우스

세인트 메리스 교회 맞은편에 코린트식 기둥이 돋보이는 신고전주의 양식 건물과 파란 잔디가 어우러진 건물이 세닛 하우스다. 1730년에 지어진 이 건물은 세인트 메리스 교회가 담당하던 대학 행정 역할을 이어받아 대학과 관련된 중요한 결정이 이루어지는 곳이며 졸업식이 거행되는 장소이기도 하다. 일반인에게 개방되지 않는 곳이라 실내를 볼 수 없어 아쉽지만 우아한 건물의 자태는 밖에서도 충분히 느낄 수 있다. 지도 P.383

Cambridge Market 케임브리지 마켓

지도 P.383 주소 Market Hill, Cambridge CB10SS 운영 매일 10:00~16:00 홈페이지 www.cambridge.gov.uk

어느 도시를 가더라도 그 도시를 대표하는 마켓들이 있다. 원래 대학 도시로 알려진 케임브리지는 중세 시대까지는 캠 강을 중심으로 번성한 상업의 중심지였다. 700년 동안 지속된 박람회가 있었지만, 지금은 매년 6월 말에 Midsummer Fair를 개최하며 옛 상업도시의 명성을 축제로 이어가고 있다. 연일 많은 사람들이 찾는 케임브리지 마켓을 방문해 대학 도시의 또 다른 면모를 구경해보자.

Holy Trinity Church 홀리 트리니티(성 삼위일체) 교회

지도 P.383 주소 Holy Trinity Church Market Street, Cambridge Cambridge CB2 3NZ 홈페이지 www.htcambridge.org.uk

유명한 목사들이 목회했던 교회이며, 나니아 연대기로 유명한 C.S. 루이스는 케임브리지에서 철학과 르네상스 문학을 가르치며 홀리 트리니티 교회에서 평생 신앙 생활을 했다. 고딕 양식으로 세워진 이 교회의 최초 건물은 1174년 화재로 불탔으며 현재 교회의 가장 오래된 부분은 800년 정도 됐다. 예배 외에도 다양한 활동을 하며 케임브리지 주민들의 신앙 생활의 주축이 되고 있다.

King's College 킹스 칼리지

지도 P.383 주소 King's Parade, Cambridge, CB2 1ST 운영 학기 중 요일마다 다르며 학교 행사 시 종종 폐쇄되므로 홈페이지 참조 필수 요금 5~9월 주중 성인 £13.50 학생·5~17세 £11.00 (일찍 예매할 때 기준이며 주말은 £0.5씩 비싸고 10~4월은 £0.5씩 싸다) 홈페이지 www.kings.cam.ac.uk/visit

1441년 헨리 6세가 설립한 킹스 칼리지는 케임브리지 칼리지들 중에서도 오랜 역사를 가지고 있으며 아름답기로 유명한 곳이다. 원래는 이튼 스쿨을 졸업하고 킹스 칼리지에서 교육을 받게 하는 인재 양성의 교육정책으로 세워진 대학으로 왕권 강화책의 하나였다. 특히 큰 규모의 프런트 코트 주위에 서 있는 게이트하우스 Gatehouse는 네오고딕 양식으로 지어진 화려한 건축물로 고대의 성처럼 보인다. 내셔널 갤러리를 건축한 윌리엄 윌킨스 William Wilkins가 설계했다. 그 외에도 다이닝 홀이 있는 윌킨스 빌딩 Wilkins Building, 깁스 빌딩 Gibbs Building, 화려함에 압도되는 킹스 칼리지 채플 King's College Chapel 등이 볼거리다. 웅장한 건물과 함께 아름다운 잔디 옆으로 캠 강이 흐르는 모습은 한 폭의 그림과도 같다.

King's College Chapel 킹스 칼리지 채플

지도 P.383 주소 King's Parade, Cambridge, CB2 1ST

유럽에서 가장 아름다운 고딕의 꽃이라 불리는 교회다. 죽기 전에 보아야 할 건축물로도 꼽히는 킹스 칼리지 교회는 헨리 6세부터 장미전쟁까지 공사가 중단되었다가 헨리 7세를 거쳐 헨리 8세 때인 1515년에 완공되었다. 킹스 칼리지 교회의 백미는 무엇보다 왕실의 권위를 보여주기 위한 부채꼴 모양의 반복되는 아치형 천장이라 하겠다. 탁 트인 천장과 시원스레 반복되는 스테인드글라스의 아름다운 색채가 다른 고딕 양식의 교회와는 다른 웅장함과 섬세함을 보여준다.

Travel Plus

킹스 칼리지 방문자 센터 King's College Visitor Centre (Shop At King's)

킹스 칼리지 정문과 킹스 칼리지 교회 중간쯤에는 길 건너편에 킹스 칼리지 방문자 센터가 있다. 이곳에서 킹스 칼리지 교회 입장권을 살 수 있으며 킹스 칼리지에 관한 각종 이벤트나 자료를 얻을 수 있다. 또한 예쁜 기념품들을 팔고 있어서 구경하기에도 좋다.

주소 13 King's Parade City Centre, Cambridge CB2 1SP
홈페이지 shop.kings.cam.ac.uk

The Corpus Clock 코퍼스 시계

지도 P.383 주소 Trumpington St. Cambridge CB2 1RH

코퍼스 크리스티 칼리지 Corpus Christi College의 테일러 도서관 Taylor Library 코너 벽면에는 금빛의 둥근 원형 위에 정체불명의 무서운 곤충이 있는 알 수 없는 시계가 있다. 그 모양이 요상해서 한참을 구경하게 된다. '시간을 먹는 시계'란 이름으로 코퍼스 크리스티 칼리지 출신의 발명가 존 테일러 박사가 모교의 새 도서관 외벽 장식을 위해 제작한 것이다. 시계와 추는 없고 LED 조명의 빛으로 원을 그리며 돌면서 홈을 통해 비치는 빛이 시간을 알려준다. 제일 안쪽 원형은 시, 다음은 분, 다음 원형은 초를 나타낸다. 2008년 9월 19일 공개되었다.

Queens' College 퀸스 칼리지

지도 P.383 주소 Queens College Cambridge CB3 9ET 운영 10:00~16:30(학교에서 지정한 날짜에만 오픈하니 홈페이지 확인 필수) 요금 무료(셀프 가이드 투어 £5, 12세 이하 무료) 홈페이지 www.queens.cam.ac.uk

퀸스 칼리지는 1448년 헨리 6세의 왕비 마가렛과 에드워드 4세의 왕비 엘리자베스에 의해 설립된 곳이다. 두 왕비에 의해 설립되어 Queen's가 아니라 Queens'이다. 차분하면서 조용하고 섬세한 퀸스 칼리지는 웅장함을 보이는 킹스 칼리지와는 확연한 차이가 있다. 케임브리지 대학 중에서도 가장 아름다운 대학으로, 올드 홀 Old Hall로 들어서면 검은 오크 벽면과 금장 액자 초상화 속의 인물들이 눈에 들어오는데 그 중앙에 설립자 엘리자베스가 보인다. 각 칼리지마다 있는 예배당과 비교해서 보는 것도 재미다.

Mathematical Bridge 수학의 다리

지도 P.383 주소 Queens College Cambridge CB3 9ET

퀸스 칼리지에는 못을 사용하지 않고 만들어졌다고 알려진 수학의 다리가 있다. 원래 이 다리의 공식 명칭은 목재 다리 Wooden Bridge이며 실제 다리를 보면 알려진 것과는 달리 많은 못이 사용되어 있다. 또한 이 다리는 아이작 뉴튼이 만들었다는 말도 있었는데 다리가 지어진 것은 1749년이며 뉴튼은 그보다 훨씬 전에 살았던 인물이라 루머에 불과하다. 어쨌든 퀸스 칼리지의 명물 다리로서 관광객에게 큰 인기를 누리는 장소임에는 분명하다. 나무로 지어져 더욱 운치가 있는 이 다리는 유유히 흐르는 캠 강의 명소로 그 아름다움을 충분히 자랑할 만하다.

Punting 펀팅

케임브리지를 방문하는 여행자들이라면 도시를 유유히 흐르는 캠강에서 사람들이 삼삼오오 배를 타고 긴 장대로 배를 밀고 다니는 광경을 보게 되는데 이것이 바로 펀팅이다. 사각의 납작한 배를 타고 천천히 떠다니며 돌아보는 시간은 결코 아깝지 않다. 직접 펀터가 될 수도 있고 펀터를 고용해 지나가는 장소에 대한 설명을 들으면서 갈 수도 있다. 본인이 직접 펀팅을 한다면 3m 넘는 장대의 조절이 어려워 힘들 수도 있겠지만 즐거운 추억을 남길 수 있다. 가끔은 긴 장대를 감당하지 못해서 물에 빠지기도 한다니 조심하자. 출발지로 가장 많이 이용하는 Mill Lane에서 출발해 케임브리지의 유명 칼리지들을 돌아보는 코스를 선택하는 것이 좋다. Mill Lane에는 유명한 펀팅 회사 두 곳이 있다.

케임브리지의 펀팅 회사

Cambridge Chauffeur Punts

지도 P.383 **주소** Silver St. Cambridge CB3 9EL **운영** 09:00~해질녘 **요금** 성인 £18~30(시간, 경로에 따라 다름)
홈페이지 www.punting-in-cambridge.co.uk

Scudamore's Quayside Punting Station

주소 Quayside Punting Station, Magdalene St, Cambridge CB5 8AB **운영** 09:00~해질 녘(계절에 따라 유동적) **요금** £33~(여러 투어가 있음) **홈페이지** www.scudamores.com

Parker's Piece 파커스 피스

지도 P.383 주소 Cambridge CB1 1NA

우리나라에서는 보기 힘든 넓은 잔디밭 공원이다. 케임브리지의 대표 공원으로 많은 사람들이 휴식을 취하거나 스포츠를 즐긴다. 공원 안에는 대각선 모양으로 길이 나 있는데 이 길에서 롤러 브레이드나 자전거도 탄다. 계절별로 다른 모습을 보이는 이곳은 여름에는 녹색의 평화로운 잔디밭, 겨울에는 눈 덮인 하얀 벌판이 펼쳐진다. 자전거 대회 등 각종 행사도 많이 열리며 겨울에는 아이스링크도 설치된다.

Fitzwilliam Museum 피츠윌리엄 박물관

지도 P.383 주소 Trumpington St. Cambridge CB2 1RB 운영 화~토 10:00~17:00 일·공휴일 12:00~17:00 휴무 월, 12/24~12/26, 1/1 요금 무료 홈페이지 www.fitzmuseum.cam.ac.uk

케임브리지 대학교의 박물관. 19세기에 네오클래식 양식으로 지어진 건물로 1816년 비스카운트 피츠윌리엄 Viscount Fitzwilliam이 기증한 방대한 소장품을 보관할 목적으로 만들어졌다. 런던의 브리티시 뮤지엄보다 규모는 작지만 그에 견줄 만한 방대한 유물이 전시되어 있다.
지하층인 로어 플로어는 로마, 고대 수단에 관한 유물들이, 그라운드 플로어에는 이집트, 그리스, 중세 르네상스, 유럽, 아시아의 도자기, 유리 공예품, 시계, 갑옷, 다양한 조각품을 전시하고 있다. 위층인 퍼스트 플로어는 유럽의 예술, 각 시대별 영국 예술을 볼 수 있다. 모네, 드가, 세잔, 르누아르 등 인상주의 작가의 작품도 있으며, 고대 중세의 희귀한 주화, 도서, 악보 등이 전시돼 있다. BC 2500년부터 현재까지의 역사와 예술을 간직하고 있는 박물관이다. 이렇게 훌륭한 박물관이 무료라는 점도 놀랍다.

Travel Plus

피츠윌리엄 박물관의 Gallery 29 – The Arts of Korea

피츠윌리엄 박물관에는 우리에게 의미 있는 갤러리가 있다. Ground Floor 0 에 있는 갤러리 29 한국관이다. 1940~50년대 곰퍼츠 Gompertz라는 영국인이 영국 석유회사의 직원으로 일본 지사에 근무하면서 한국의 고려청자가 지닌 아름다운 비색에 반해 한국의 문화재를 연구하고 수집하기 시작했다고 한다. 곰퍼츠는 한국의 아름다운 미를 알리기 위해 평생 수집한 한국 도자기 130여 점을 피츠윌리엄 박물관에 기증하였다. 기증된 도자기들은 한국 밖 한국 문화재들 중 최고 수준으로 평가되고 있다. 머나먼 영국 케임브리지에서 한국의 고려청자를 만나보자.

NO
OCEANDIVA
36

여행 준비
Getting Ready

해외여행 준비 순서 | 항공권 예약 | 여권 발급
숙소 예약 | 카드 발급 | 예산 짜기 | 짐 꾸리기 | 수하물 규정
여행자 보험 | 출국하기 | 위급상황 대처

해외여행 준비 순서

해외로 여행을 떠날 때는 국내 여행보다 조금 복잡한 과정을 거친다. 가장 큰 차이는 여권과 항공권, 현지통화 등을 준비해두어야 한다는 점. 그리고 현지에서 경비와 시간을 절감하기 위해 준비물을 잘 챙겨가야 한다는 점이다. 또한 기후조건 등 국내와 다른 여건들을 생각해 목적지 선정에 좀더 주의를 기울여야 한다. 일단 런던으로 목적지가 정해졌다면 그 다음 할 일들은 무엇인지 그 순서를 알아보도록 하자.

❶

출·도착일 정하기

런던 여행의 구체적인 일정이 나오지 않은 상태라 하더라도 간단히 출발일과 도착일을 정해야 한다. 그래야 항공권을 예약할 수 있기 때문이다. 여행의 기간과 출발 및 도착일은 개인 사정이 가장 우선이 되겠지만, 가능하다면 비행시간 등을 고려해 5일 이상의 일정으로 최성수기를 피해서 잡는 것을 추천한다.

❷

항공권 예약

항공권은 일찍 예약해야 좀 더 저렴한 요금에 원하는 날짜를 선택할 수 있다. 특히 성수기에는 좌석이 한정되어 있으며 수요와 공급의 법칙이 적용되는 항공요금 체계에서 좌석이 줄어들면 그만큼 요금이 오르기 마련이다. 또한 항공사마다 조기예약자들을 위한 특가 행사를 하는 경우가 많으므로 이를 최대한 활용하려면 가급적 일정이 빨리 정해져 예약을 일찍 해두는 것이 좋다.

❸

여행지 정보 수집

여행자의 성격에 따라 사전에 정보를 최대한 많이 조사해 가는 사람도 있고 그냥 훌쩍 떠나서 즉흥적인 분위기를 즐기는 사람도 있을 것이다. 하지만 기본적인 실용정보들을 미리 준비해 간다면 시간과 경비 절약에 큰 도움이 된다. 때로는 지나치게 철저한 준비와 분석을 하고 정작 현지에서는 여행을 즐기지 못하는 사람도 있는데 이 역시 제대로 된 여행이라고 할 수 없을 것이다. 실용정보와 함께 현지의 역사와 문화 등 배경지식을 공부해 간다면 보다 풍부하고 의미 있는 여행이 될 것이다.

❹

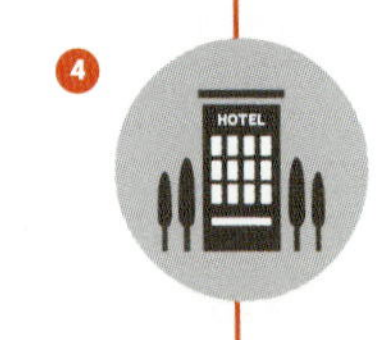

숙소 예약

숙소는 비수기의 경우 천천히 예약을 해도 되지만 성수기에는 일찍 예약하지 않으면 원하는 곳에 묵기가 어렵다. 특히 위치와 요금 등의 조건이 좋은 숙소일수록 빨리 마감된다는 것을 명심하자. 자신의 일정이 변동 가능한 경우라면 취소 및 환불 규정을 미리 확인하고 예약하도록 하자. 24시간 전에만 취소하면 전액 환불 가능한 경우도 있으며, 반대로 예약 시 결제와 동시에 환불이 되지 않는 경우도 있으니 주의해야 한다.

각종 투어, 패스, 입장권 등 예약

개인에 따라 다르겠지만 여행 중에 각종 투어에 참가하거나 성수기에 예약을 요하는 입장 등을 미리 준비하려면 이 역시 출발 전에 해두는 것이 좋다. 마감되기 전에 예약을 해두는 목적도 있지만 현지에서의 시간을 줄일 수 있기 때문이다.

여권 발급

여권이 없거나 또는 소지한 여권이 만기가 되었다면 일주일 전에는 여권을 신청해두도록 한다. 그리고 아직 유효기간이 만기가 되지 않았더라도 남은 유효기간이 6개월이 안 된다면 여권을 재발급받도록 하자.

은행카드 발급

현금은 도난과 분실의 위험이 있으니 현금카드와 신용카드를 발급받아서 갈 것을 추천한다. 카드를 신청해서 발급받고 배송까지 받으려면 시간이 걸리므로 미리 준비해 두도록 하자.

환전

환전은 출발 하루 전까지 해두는 것이 좋다. 공항에서는 환율이 조금 불리하기도 한데다, 사람이 많거나 시간에 쫓겨 못할 수도 있으니 만약을 대비해 미리 해두는 것이 좋다.

짐 꾸리기

여행 물품은 품목에 따라 다르지만 보통 일주일 전부터 준비하면 된다. 하지만 전자제품은 조금 일찍 준비하자. 보통 하루 전까지 싸도 무방하지만 처음 외국으로 떠나는 경우라면 더 일찍 싸는 게 좋다.

여행자 보험

여행 중 뜻밖의 문제가 생길 수도 있으니 만약을 대비해 여행자 보험에 들고 가는 것이 좋다. 여행자 보험은 인터넷을 통해 가입하면 공항에서보다 저렴하다. 보험 약관을 잘 읽어보고 자신에게 맞는 것으로 골라보자.

출국하기

공항에 처음 가는 경우 미리 교통편도 알아두고, 공항이나 항공사 사정에 따라 체크인이나 출국 수속에서 시간이 걸리기도 하므로 공항에 일찍 도착할 것을 권한다. 준비물을 깜박한 경우 공항에서 구입할 정도의 여유를 가지는 것이 좋다.

항공권 예약

여행을 준비하는 과정에서 가장 서둘러야 할 일이 바로 항공권 예약이다. 한정된 항공 좌석을 빨리 확보하지 않으면 일정에 차질이 생길 수 있기 때문이다. 특히 성수기에 여행을 떠나려 한다면 원하는 날짜에 빈 좌석이 없거나 요금이 아주 비쌀 수도 있으니 일찍 서두르는 것이 좋다. 항공권은 일찍 예약할수록 가격이 저렴한 편이다.

1. 할인 항공권

우리가 항공권을 구입할 때는 다양한 조건이 붙어 할인된 항공권을 구입하게 된다. 따라서 어떠한 조건으로 할인된 것인지 알아둘 필요가 있다. 제약 조건이 많을수록 저렴하지만 자신의 상황에 맞지 않다면 불편할 수 있기 때문이다. 보통 할인 항공권은 다음과 같은 제약들이 있다.

① 변경 불가

출·도착 날짜나 도시를 변경할 수 없는 조건이므로 일정이 불확실할 때에는 주의해야 한다. 하지만 7~8월이나 명절 성수기에는 변경 가능한 조건이라도 어차피 남는 좌석이 없어 변경할 수 없기 때문에 이러한 할인 조건을 이용하는 것도 괜찮다.

② 환불 불가

항공권을 사용하지 않은 경우라도 환불되지 않는 조건이다.

③ 경유편

목적지까지 바로 가는 직항보다 다른 도시를 경유하는 노선을 이용하면 가격이 저렴하다. 이러한 경유편을 이용할 때에는 경유지에서의 대기 시간과 총 비행 시간이 얼마나 걸리는지 꼭 확인하자. 경유지에서 숙박을 해야 하는 스케줄인데 항공사에서 숙소를 제공해 주지 않는다면 비용이 더 든다. 반대로 경유지에서 1박 이상 머무르는 무료 스톱오버 Stopover가 가능하다면 경유지를 또 하나의 여행지로 이용할 수도 있다.

④ 비수기

좌석이 차지 않는 비수기에 출발·도착한다면 좀 더 저렴하게 여행할 수 있다. 같은 비수기라도 주말보다는 주중이 더 저렴하다.

⑤ 마일리지 적립 불가

할인 항공권 중에는 항공사 마일리지를 적립할 수 없거나 적립 비율이 작은 경우가 종종 있으니 미리 확인해보자.

2. 항공권 예약

할인 항공권은 날짜를 변경할 경우 대부분 20만~30만 원 상당의 추가 요금을 내야 하므로 날짜 선택을 신중히 하고, 환불의 경우는 아주 까다롭거나 아예 안 되는 경우도 있으니 주의해야 한다.

여름 휴가철이나 연휴 기간에는 반드시 미리 예약을 해둬야 한다. 그러지 않으면 아주 비싼 가격에 구입해야 하거나 아예 못 가게 될 수도 있다.

항공권을 예약할 때는 반드시 여권과 일치하는 영문 이름을 사용해야 하며, 출발·도착하는 날짜와 도시를 정해야 한다. 결제를 마치면 이메일이나 문자를 통해 예약 번호를 받는다.

예약 후에는 좌석도 지정해 놓는 것이 좋다. 예약 사이트나 항공사마다 다르지만 보통 미리 좌석을 정할 수 있으며, 항공사에 따라서는 홈페이지나 앱을 통해 온라인 체크인도 할 수 있다.

항공 스케줄 조회 및 예약 사이트

네이버 https://flight.naver.com/
인터파크 https://sky.interpark.com
스카이스캐너 www.skyscanner.co.kr
노랑풍선 https://ota.ybtour.co.kr/flight-main
온라인투어 www.onlinetour.co.kr
와이페이모어 www.whypaymore.co.kr
카약 www.kayak.co.kr

여권 발급

해외 여행에서 가장 기본이 되는 준비물인 여권은 해외에서 자신의 신분을 증명해 주는 유일한 수단이다. 국가별 출입국 심사와 호텔 체크인은 물론이고, 신용카드 사용, 자동차 렌트 등 다양한 상황에서 신분증 역할을 한다. 여권을 발급받으면 서명란에 바로 서명을 해두고 여행 중에는 이와 동일한 서명을 사용해야 한다. 여행 중 여권을 분실했을 경우 해외 공관에서 재발급을 받아야 하며 빠른 절차를 위해 여권 안쪽의 사진과 주요 정보가 기재된 부분은 사본을 만들어 따로 보관해 두도록 한다.

1. 여권의 종류

전자여권 로고

여권엔 전자여권과 비전자여권이 있다. 우리가 보통 발급받는 일반적인 여권은 전자여권으로 개인정보가 내장된 전자칩이 들어 있으며 복수여권과 단수여권으로 나뉜다. 복수 여권은 발급 후 10년간 사용이 가능하고 단수 여권은 1년 이내 사용할 수 있다. 비전자여권은 긴급한 사유가 있을 때 발급해 주는 긴급여권인데 해외 여행 중 분실 등 필요성이 인정될 때만 발급이 가능하고 입국할 나라가 인정해야 사용할 수 있다.

2. 여권 발급 절차

여권 발급 업무는 외교통상부 여권과에서 담당하고 있으며, 접수는 가까운 구청이나 시청, 도청 등 전국의 여권사무 대행기관에서 가능하다. 다음의 구비 서류를 준비해 해당 구청이나 시청, 도청 등 담당 기관에 본인이 직접 찾아가서 신청한다.

여권 발급 신청서

해당 기관에 구비되어 있으며 인터넷에서 미리 다운받아 작성할 수도 있다.

여권용 사진

여권용 사진은 가로 3.5cm×세로 4.5cm의 컬러사진으로 정수리에서 턱까지 크기가 3.2~3.6cm가 되어야 한다. 바탕은 배경이 없는 흰색으로, 얼굴 전체 윤곽이 드러난 정면 사진이어야 하며 모자나 머리카락, 선글라스 등으로 얼굴을 가려서는 안 된다. 또한 최근 6개월 이내에 촬영된 것이어야 한다.

신분증

주민등록증 또는 운전면허증

수수료

종류	구분		수수료	
전자여권	복수여권	10년(18세 이상)	58면	53,000원
			26면	50,000원
	단수여권	1년 이내		20,000원
비전자여권	긴급여권	1년 이내		53,000원

병역 의무자의 서류

병역 의무 대상자는 18~31세의 남자를 말한다. 병역 필자, 현역 복무, 6개월 내 전역 대상자는 일반 제출 서류에 병역증명서, 전역증 등의 병역 필 서류를 추가하면 10년 복수여권을 받을 수 있다. 병역 미필자, 대체 복무자는 5년 복수여권을 발급받을 수 있는데 여권 발급과는 별개로 실제로 국외 여행을 하려면 대체 복무자, 25세 이상 미필자는 병무청장의 사전 허가서를 반드시 받아야 한다. 국외여행허가서 신청은 각 지방 병무청 민원실이나 병무청 홈페이지에서 가능하다.

병무청 홈페이지 www.mma.go.kr
외교부 여권 안내 홈페이지 www.passport.go.kr

영국은 비자가 필요할까?

대한민국 여권을 소지하고 있는 사람은 여행을 목적으로 영국을 방문할 경우 최대 6개월까지 무비자로 체류가 가능하다. 따라서 따로 비자를 받을 필요는 없으나, 방문 목적을 증명할 수 있는 숙소 정보와 귀국편 항공권 등을 소지하고 있어야 한다.

숙소 예약

일정이 어느 정도 정해졌다면 호텔 예약 전문 사이트나 가격 비교 사이트 등을 이용해 숙소를 예약하자. 예약 사이트에서는 호텔을 종류별·가격별·위치별로 분류, 비교할 수 있어 원하는 조건에 맞는 호텔을 선택하기만 하면 된다. 호텔이나 예약 사이트에서 제공하는 할인 혜택도 받을 수 있다. 물론 조금이라도 저렴하게 예약하려면 그만큼 시간을 투자해야 한다. 각각의 사이트도 비교해 보고 어떤 호텔이 좋은지도 비교해 보아야 하기 때문이다. 비수기에는 큰 폭의 할인을 해주는 핫딜이 뜨기도 하니 여행 계획이 세워졌으면 수시로 예약 사이트에 들어가서 확인해 보자.

숙박비 절약 팁

1. 비수기에 여행한다

같은 호텔이라도 비수기에는 할인 가격이 적용되는 경우가 많다. 시간 여유가 있는 사람이라면 비수기에 여행을 가는 것도 방법이다.

2. 일정을 줄인다

숙박비는 여행 기간에 따라 늘어나므로 일정을 줄이면 그만큼 절약할 수 있다. 또는 일정을 줄인 만큼 더 좋은 숙소에 묵을 수 있다.

3. 외곽으로 나간다

교통비가 많이 들지 않는 한에서 위치가 조금 불편한 곳으로 나가는 방법도 있다. 일정이 좀 여유 있는 사람들에게 권한다.

4. 손품을 팔자

발품을 팔기 힘들면 손품이라도 팔자. 한 푼이라도 절약하고 싶다면 여러 예약 사이트들을 비교해보고 시간차를 두며 들락거려야 한다. 갑자기 프로모션이 뜨거나 할인 이벤트를 하는 경우 좋은 기회를 잡을 수 있다.

숙소 예약 시 고려 사항

신혼여행을 온 부부와 절약을 하며 다니는 배낭 여행자가 원하는 숙소는 다를 것이다. 자신이 원하는 기준을 먼저 정해 그것에 맞춰 숙소를 구하자. 가격에 따라 시설과 서비스가 많이 다르니 자신의 기준에 부합되는 순서로 꼼꼼히 살펴보며 정하자.

예산은 얼마인가

여행 중 하루의 일정을 마치고 나면 편안한 곳에서 꿀잠을 자고 싶지 않은 사람이 어디 있을까. 문제는 예산이다. 위치가 좋은 고급 호텔은 보통 하룻밤에 50만~60만 원 (평수기 2인 1실 일반실 기준) 정도이며 여기에 최고급 호텔이나 추가로 전망 좋은 방, 스위트 룸을 원한다면 가격은 천정부지다. 반대로 시내 중심에서 떨어져 있거나 교통이 불편한 곳, 시설이 좀 떨어지는 호스텔은 10만~15만에 잘 수 있고 여럿이 방과 욕실을 함께 사용하는 도미토리 룸이라면 더욱 저렴해진다. 일반 여행자들이 많이 이용하는 중급 수준의 무난한 호텔이라면 하루에 30만~40만 원 정도(평수기 2인 1실 일반실 기준) 예산을 잡는 것이 좋다.

부대 시설과 서비스를 확인한다

마음에 드는 숙소를 정했다면 호텔에서 제공하는 서비스나 객실에 제공되는 편의시설을 살펴보자. 주로 확인해야 할 것은 체크인, 체크아웃 시간과 와이파이 유·무료 조건, 아침 식사 포함 유무, 냉장고, 드라이어, 에어컨 등이다. 호스텔 같은 경우는 수건, 드라이어 등 대부분을 본인이 준비해야 한다.

위치와 교통을 확인한다

위치는 너무 외곽이 아니면서 대중교통이 편리한 곳을 선택하자. 숙소가 너무 외곽에 있으면 이동하는 데 시간이 오래 걸리고 교통비도 추가로 들어간다. 또한 시내에 위치해 있어도 대중교통이 불편하면 많이 걸어야 한다. 혼자 여행하는 여성들은 밤늦게 귀가할 때 너무 후미지거나 많이 걸어 들어가는 곳은 피하는 것이 좋겠다.

약관을 확인한다

숙소 예약에서 마지막 단계인 결제를 할 때에는 반드시 환불 규정을 읽어보도록 하자. 보통 할인 호텔의 경우 결제와 동시에 환불이 불가능한 곳도 있고, 숙박일 24시간 전에만 취소하면 전액 환불해 주는 곳도 있다. 따라서 일정이 불확실한 경우라면 특히 예약 변경, 취소 등 환불 조건에 유의하도록 하자.

호텔 예약번호를 챙기세요!

요즘은 모든 것이 인터넷으로 이루어지기 때문에 특별히 종이로 된 예약 확인증을 들고 다닐 필요는 없다. 하지만 간혹, 예약 사이트나 호텔 시스템의 오류로 누락되는 경우가 생길 수도 있으니 만약을 대비해 확인 이메일을 잘 보관하고 화면 캡처를 해두는 것도 좋다. 여행 중에는 휴대폰 배터리가 나가거나 인터넷이 잘 안 되는 경우도 있으니 예약 확인 메일을 프린트해 가져가는 것도 방법이다. 간혹 자동 입국이 거절돼 대면 심사를 하는 경우 숙소의 이름과 주소를 말하라고 할 때가 있는데 이때 이메일이나 프린트한 예약 확인증을 보여주면 된다.

카드 발급

런던은 대부분의 장소에서 카드 결제가 가능하기 때문에 현금은 별로 쓸 일이 없지만 만약을 대비해 약간의 현금(파운드화)을 가져가고 나머지는 체크카드와 신용카드로 준비해가자. 특히 런던은 컨택리스 카드(비접촉식 결제 카드) 결제가 잘되어 있어 교통카드로 편리하게 사용할 수 있으니 반드시 하나쯤 가져가는 것이 좋다.

1. 체크카드(ATM카드 또는 현금카드)

자신의 계좌와 바로 연결되어 계좌에 있는 잔액만큼 사용할 수 있는 카드다. 실시간으로 결제하거나 ATM(현금인출기)에서 현지 통화(파운드)로 꺼내 쓸 수 있다. 건당 수수료가 있어 해외에서 많이 쓰지 않다가 최근 수수료가 적거나 없는 카드들이 많이 나오면서 사용빈도가 늘고 있다.

트래블 카드

해외여행 시 환전 수수료, ATM 출금 수수료, 결제 수수료 등 각종 수수료를 낮추거나 없앤 카드를 통칭한다. 발행사마다 경쟁을 하다 보니 혜택이 종종 바뀌기도 하는데 환율, 사용 한도, 환급 수수료 등의 조건을 비교해 보고 자신에게 맞는 것으로 발급받아 가자. 특히 런던에서는 교통 티켓을 따로 구매할 필요 없이 바로 쓸 수 있는 컨택리스 기능이 내장되어 있어 교통카드로 사용할 수 있다. 결제 수수료가 붙지 않기 때문에 교통 티켓을 구입하는 것보다 편리하면서도 경제적이다.

- ▶ 트래블월렛
- ▶ 트래블로그
- ▶ 토스카드
- ▶ 신한 SOL트래블카드
- ▶ KB국민 트래블러스

2. 크레디트카드(신용카드)

수수료가 붙는다는 단점이 있지만 고액의 현금을 소지할 필요가 없다는 점에서 편리하다. 해외여행 시에는 비상용으로 하나쯤 가져가는 것이 좋다. 호텔 이용 시 디포짓의 수단으로 신용카드를 요구하기도 한다.

체크카드와 마찬가지로 컨택리스 기능이 있는 것은 결제나 교통카드로 사용할 수 있고, 자신의 예금 계좌에서 돈을 인출하거나, 이자가 붙는 현금 서비스를 이용할 수도 있다. 카드 뒷면에 PLUS, Cirrus 등의 로고가 있다면 이 로고가 있는 ATM에서 돈을 인출할 수 있다. 체크카드와 달리 환율은 사용한 날이 아닌 결제일을 기준으로 적용된다.

카드 사용 수수료

은행과 카드사마다 조금씩 차이가 있지만 보통 사용 금액의 1~3%인데, 그 내역은 해외 결제 회사인 비자나 마스터에 수수료를 지불하고 거기에다 국내에서 환차손과 결제일까지의 이자 등을 계산한 환가료를 추가한 것이다. 수수료가 할인되거나 면제되는 카드도 있는데, 체크카드는 연회비가 따로 없지만 크레디트카드는 그런 혜택이 많을수록 연회비가 비싼 편이다.

또한 해외에서 결제할 때 통화 선택 창이 뜨면 반드시 현지 통화(파운드)로 선택하자. 원화로 결제할 경우 수수료가 3~8% 정도 붙으니 주의해야 한다. 만약 원화로 결제를 했다면 현지 통화로 다시 결제해 줄 것을 요청하자. 이러한 자국 통화 결제 서비스를 DCC(Dynamic Currency Conversion)라고 하는데, 출국 전 은행이나 카드사에 요청해 미리 차단해두는 것도 방법이다. 최근에는 이미 차단되어 있는 경우도 있으니 확인해 보자.

예산 짜기

여행을 떠나기 전에 생각해 봐야 할 중요한 문제가 바로 여행 경비다. 해외 여행은 항공을 이용하는 것에서부터 큰 비용이 들기 때문에 여행을 준비하기에 앞서 미리 계산해보고 무리하지 않도록 계획을 세워야 한다. 경제적으로 여유가 있다면야 별문제가 없겠지만, 때로는 자신의 예산에 맞춰서 일정을 줄이거나 저렴하게 여행하는 방법을 찾아야 할 것이다. 영국은 대체로 우리나라보다 물가가 비싸기 때문에 현지에서 사용하는 경비도 넉넉하게 준비하지 않으면 여행 중 곤란을 겪을 수 있으니 꼼꼼히 준비하도록 하자.

항공권

항공권은 여행 경비에서 상당히 큰 부분을 차지하지만 동시에 어느 정도 절약이 가능한 항목이다. 즉, 항공권을 예약할 때 시간을 투자해 이곳저곳 알아보면 좀 더 저렴한 항공권을 구입할 수 있으며, 요일이나 시즌에 따라 항공 요금이 달라지기 때문에 자신의 일정을 조정할 수 있다면 저렴한 항공권을 구입할 수도 있다.

항공권 요금은 이코노미 클래스의 경우 초특가 80만 원 선에서부터 성수기에 국적기를 이용하면 200만 원까지 올라가 가격차가 매우 크기 때문에 그만큼 경비를 줄일 수 있는 요소가 되기도 한다. 예산을 잡을 때에는 대략 100만~180만 원(극성수기 제외) 정도로 해두자.

숙박

여행 일정이 길수록 여행 경비에서 큰 차이가 나는 부분이다. 특히 세계적인 관광 도시 런던은 숙박 요금의 편차가 매우 심한 편이다. 물가가 많이 오른 최근에는 호스텔 도미토리도 7~15만 원 정도의 예산을 잡아야 하는데 저렴한 곳은 편리한 시설을 기대하기 어렵거나 위치가 불편한 곳도 많다. 게다가 성수기에는 예약하기 힘들 수 있으니 미리 서두르는 것이 좋다. 중저가 호텔의 경우 2인실이 20~30만 원, 일반 호텔은 30~40만 원, 고급 호텔은 60~120만 원 정도로 예산을 잡아야 한다.

식사

식사 역시 가격 차이가 크게 나는 부분이다. 슈퍼마켓에서 파는 샌드위치 같은 식품의 물가는 그다지 비싸지 않으나 레스토랑에서 식사를 하게 되면 꽤 가격이 올라간다. 그만큼 경비가 늘어나기도 쉽고 줄이기도 쉬운 것이 식비다. 그렇다고 무조건 패스트푸드만 먹는다면 여행을 제대로 즐길 수 없으니 패스트푸드, 카페테리아, 레스토랑 등을 적절히 분배하는 것이 좋겠다. 보통 간단한 식사(푸드코트, 카페테리아, 패스트푸드)는 2~3만 원, 레스토랑을 이용하면 인당 6~7만 원 정도이니 두 끼를 사 먹는다고 하면 8~10만 원 정도 예산을 잡아야 한다. 가끔 고급 레스토랑을 이용한다면 한 번에 5만 원 이상 예상해야 한다.

관광

관광에 들어가는 비용, 즉, 입장료나 투어 등 구경을 하면서 쓰게 되는 비용도 만만치 않다. 그나마 런던에는 무료로 즐길 수 있는 박물관과 미술관이 많지만 각종 전망대나 입장료가 비싼 볼거리들이 있어서 한 곳당 4~8만 원 정도 예상해 두는 것이 좋다.

교통비

런던은 특히 교통비가 비싼 곳으로 지하철을 탈 때 1회 권을 사면 1만 원 정도 지불해야 한다. 따라서 반드시 교통카드인 오이스터 카드나 해외 사용이 가능한 컨택리스 카드를 사용해야 한다. 이 카드들을 이용할 때 지하철 1회 승차당 4,700원(1존 기준) 정도이며 1일 상한선이 있어 1~2존에서만 움직인다면 1일 요금이 1만 3,800원 정도다(교통비를 절약하는 방법은 P.147~151 참조). 따라서 일정을 짤 때 동선을 미리 생각해 효율적으로 다니는 것이 중요하다.

짐 꾸리기

여행을 많이 다녀본 사람이라면 여행가방을 싸는 데 나름의 노하우가 있을 것이다. 여행 초보자들은 왠지 불안한 마음에 이것저것 넣어 가방의 무게를 늘리지만 대부분의 물품은 런던에서 구입이 가능하니 너무 걱정하지 말고 간단히 챙겨 가도록 하자. 또한 여행 중에 추가로 생겨날 수 있는 짐들을 위해 가방을 너무 꽉 채우지 않도록 한다.

작은 가방

큰 여행가방 이외에도 날마다 들고 다닐 수 있는 작은 가방이 필요하다. 물병을 꽂을 수 있는 작은 배낭도 편리하고, 손가방인 경우에는 어깨에 크로스로 멜 수 있는 것이 안전하다. 가방에는 지갑, 여권, 휴대폰, 책, 지도, 수첩, 펜, 물, 카메라, 물티슈 등 간단한 것들을 넣어 가지고 다니면 된다.

세면도구

호텔에 따라 구비된 품목들이 다르다. 고급 호텔의 경우 비누와 수건은 물론 샴푸, 린스, 샤워젤, 보디로션, 드라이어, 면도기, 면봉, 화장솜, 샤워캡 등이 모두 준비되어 있다. 일반 호텔은 비누, 샴푸, 수건, 드라이어 정도를 갖추고 있다. 저렴한 호스텔은 대개 비누와 수건 외에는 별로 갖추고 있는 것이 없으며, 공동욕실의 유스호스텔에는 비누와 수건조차 없는 곳이 많으니 각자가 준비해 가야 한다. 고급 호텔이라 하더라도 치약과 칫솔은 없거나 따로 사야 하므로 준비해 가자.

전자제품

여행 갈 때 가져가는 전자제품은 휴대폰과 태블릿 또는 노트북, 그리고 카메라, 드라이어, 면도기 등이다. 이때 잊지 말아야 할 것은 충전기와 충전기를 연결하는 멀티플러그다.

멀티플러그

영국은 220v 전압을 사용하므로 우리나라에서 사용하는 전자제품을 사용할 수 있으나 플러그 모양이 다르니 반드시 멀티플러그를 준비해 가야 한다. 호텔에서 무료나 유료로 대여해주기도 한다.

스킨케어 제품

작은 용량으로 가져가는 것이 편리하고, 특히 기내 반입용 가방에 넣으려면 100mL가 안 되는 사이즈인지 확인하자. 클렌저, 토너, 로션이나 크림 등의 기초 제품과 메이크업 제품, 그리고 자외선 차단제도 챙겨 가자.

비상 약품

항생제 등의 특별한 약은 반드시 의사의 처방전이 있어야만 구입할 수 있으니 자주 복용하는 약이 있다면 미리 준비해 가는 것이 좋다. 일회용 밴드, 연고, 소독약 등의 구급약이나 진통제, 소화제, 감기약 등 일반적인 기초 상비약은 일반 약국에서 구입할 수 있지만 급한 상황에 대비해 조금 챙겨 가는 것이 좋다. 호텔이나 비행기 등에서는 구급약을 마련해 놓고 있으니 다급한 상황에는 도움을 요청하도록 하자.

카메라

여행 중에는 평소보다 사진을 많이 찍게 되고, 또 자주 백업을 해두기가 어려우므로, 여유 있는 메모리와 여분의 충전기를 준비해 가는 것이 좋다. 노트북, 외장형 하드나 USB 메모리 등도 유용하며, 클라우드를 이용하는 것도 한 방법이다.

선글라스

런던은 주로 날씨가 흐리고 비가 종종 오기는 하지만 봄철과 여름철에는 소나기가 지나간 뒤 햇빛이 강하므로 선글라스를 가져가면 좋다.

우산

런던은 비가 잦은 곳이니 작은 우산을 챙겨 가는 것이 좋다.

손톱깎이

일정이 길다면 손톱깎이도 가져가는 게 좋다.

옷

일단 비행기 안이 추우니까 여름이라도 긴바지와 긴소매 옷은 가지고 가는 것이 좋다. 그 외에는 계절에 따라 긴바지, 반바지, 셔츠, 점퍼, 카디건이나 후드티, 속옷, 양말 등을 적당히 준비한다. 여름에도 일교차가 있으니 긴팔 옷을 가져가는 것이 좋으며 비가 자주 오는 것을 대비해 계절에 맞는 방수점퍼도 가져가면 좋다.

신발

편한 신발은 하나쯤 꼭 가져가는 것이 좋고, 드레스 코드가 있는 고급 레스토랑을 이용할 때 신을 만한 구두도 가져가면 좋다. 고급 호텔에는 슬리퍼가 구비되어 있지만 보통은 그렇지 않으므로 호텔에서 신을 만한 슬리퍼가 있으면 편리하다.

반짇고리

중급 이상 호텔에는 방마다 구비되어 있거나 빌려주기도 하지만 비상용으로 가져가는 것도 괜찮다.

기내용 베개

기내에서 장시간 앉아 있어야 하므로 기내용 베개가 있으면 편하다.

TIP 잊지 말고 메모하자!!

여행 중에는 예기치 못한 일이 일어날 수 있으니 만약을 대비해 미리 수첩이나 휴대폰 등에 위급 시 필요한 주요 정보를 꼭 메모해 가지고 가자.

- 여권번호, 여권 발급지, 발급일, 유효기간
- 항공 예약번호
- 신용카드 번호, 유효기간, 한국의 24시간 서비스 센터 전화번호
- 여행자 보험증 번호, 보험사 전화번호
- 예약한 호텔 전화번호
- 지인이 있는 경우 연락처
- 영사관 연락처는 〈위급상황 대처〉편을 참조하자.

준비물 체크 리스트

- ☐ 여권
- ☐ 항공권 e티켓 번호
- ☐ 한국 돈/영국 돈
- ☐ 체크카드/크레디트카드
- ☐ 휴대폰/충전기/충전선
- ☐ 카메라(메모리카드/충전기/USB 케이블 등)
- ☐ 스킨케어 제품
- ☐ 자외선 차단제
- ☐ 샴푸/린스
- ☐ 샤워젤/보디로션
- ☐ 칫솔/치약
- ☐ 면도기/드라이어
- ☐ 빗/브러시
- ☐ 손톱깎이
- ☐ 물티슈
- ☐ 위생용품
- ☐ 비상약
- ☐ 속옷
- ☐ 양말
- ☐ 셔츠
- ☐ 바지
- ☐ 점퍼/재킷
- ☐ 카디건/후디
- ☐ 트레이닝복/잠옷
- ☐ 슬리퍼
- ☐ 모자
- ☐ 선글라스
- ☐ 우산

수하물 규정

비행기에 짐을 실을 때는 항공사와 공항의 규정을 따라야 하기 때문에 짐을 쌀 때 주의해야 한다. 수하물은 위탁 수하물과 휴대 수하물로 나뉜다. 위탁 수하물은 짐칸에 실어 부치는 짐이고, 휴대 수하물은 비행기에 직접 들고 타는 짐이다.

위탁 수하물

짐을 부칠 때는 무게와 크기, 개수에 제한이 있다. 항공사마다 규정이 다르지만 보통 이코노미 클래스는 20kg, 비즈니스 이상 클래스는 30kg까지 가능하다. 사이즈나 무게를 초과하면 추가 요금을 내야 한다. 깨지는 물건이나 카메라, 노트북, 귀중품, 현금 등은 넣지 않도록 하고, 특히 보조 배터리를 넣을 수 없다는 것에 주의하자.

똑같은 모양의 가방들이 의외로 많으므로 자신의 가방을 구별하기 위해 이름표나 스티커 등의 표시를 해두는 것이 좋으며, 분실을 대비해 이름표에는 영문 이름, 집 주소, 전화번호, 이메일 주소를 적어 놓자. 짐 부칠 때 받는 영수증(Baggage Tag)은 잘 보관해 둔다.

휴대 수하물

기내로 반입하는 휴대 수하물은 규정이 더 까다롭다. 안전상의 이유도 있지만 공간 자체가 부족하다. 그리고 위탁 수하물처럼 추가 요금을 내면 되는 것이 아니라 아예 가지고 들어갈 수 없으니 더욱 주의해야 한다. 이코노미 클래스는 여행가방 1개에 작은 가방이나 쇼핑백 등 추가로 1개까지 기내 반입이 가능하다. 무게는 항공사마다 다른데 보통 8~12kg 정도이며, 가방 3면의 합(가로+세로+높이)이 115cm 이하여야 한다.

기내 반입 금지 품목

모든 공항과 항공사에서는 테러나 하이재킹 등의 사고에 대비해 기내 반입 수하물을 철저히 검색하고 있다. 우선, 무기가 될 수 있는 날카롭거나 뾰족한 물건은 모두 안 된다. 예를 들어 부엌칼이나 맥가이버 칼은 물론, 문구용 커터칼도 금지되어 있으며 송곳, 면도칼, 뾰족한 우산 등은 모두 위탁 수하물로 부쳐야 한다. 또한 폭발 가능한 물건, 즉 라이터, 건전지, 스프레이 등도 안 된다. 액체 폭탄이 될 수 있는 모든 액체나 젤, 크림 종류는 1개당 100mL, 모두 합해 1,000mL를 넘어서는 안 되며, 가로x세로 20cmx20cm의 투명한 비닐백에 담아야 한다. 큰 용량의 액체류를 위탁 수하물에 넣을 때는 용량에 상관없다.

여행자 보험

여행 중 예기치 않은 사고가 발생할 수 있으니 만약을 위해 가입하고 가는 것이 좋다. 조건별, 기간별로 보험료가 다르지만 큰 비용이 들지는 않는다.

가입 방법

출국 전에 가입해야 하며 공항보다는 보험사 홈페이지에서 직접 하는 것이 저렴하다.

- KB손해보험 https://direct.kbinsure.co.kr
- DB손해보험 https://www.directdb.co.kr
- 삼성화재 https://direct.samsungfire.com
- 현대해상 https://direct.hi.co.kr

선택 요령

보상 종류와 한도에 따라 보험료가 달라지는데, 휴대품 도난은 보험료 대비 보상비가 적으니 현지에서의 치료비 보상 조건을 따져보는 것이 중요하다. 실손보험이 있다면 국내 치료비는 선택할 필요가 없다.

출국하기

모든 것을 준비했는데 비행기를 타지 못했다고 상상해 보자. 황당하지만 가끔 일어나는 일들이다. 모처럼의 휴가를 망치지 않도록 공항까지 가는 교통편도 미리 알아두고 가급적 공항에 일찍 가서 여유롭게 여행을 시작해 보자.

인천공항

인천공항에는 두 개의 터미널이 있으니 도착 전에 목적지를 확인하자. 두 터미널 간에는 무료 셔틀버스가 운행하고 있다. 출국장에 도착하면 자신이 이용할 항공사 카운터로 간다. 병무신고를 해야 하는 만 25세 이상 병역 미필자는 병무신고를 한 후 체크인 카운터로 간다. 카운터 위치는 공항 내 표지판에 나와 있다. 휴가철에는 출국하려는 사람이 많아 체크인, 보안 검색, 출국 수속 등이 오래 걸리므로 출국 3시간 전에는 공항에 도착하자.

인천공항 홈페이지 www.airport.or.kr

터미널별 항공사

- 제1터미널: 아시아나항공, 루프트한자, 에미리트항공 등 기타 외국 항공사
- 제2터미널: 대한항공, 에어프랑스, KLM 네덜란드항공 등 스카이팀 항공사

체크인

항공사 카운터에 여권을 제출하고 위탁 수하물로 부칠 짐을 올린다. 이때 짐의 무게가 항공사 규정을 초과하면 추가 요금을 내야 한다. 짐을 부치고 나면 탑승권(Boarding Pass)과 수하물 영수증(Baggage Tag)을 준다. 수하물 영수증은 짐을 찾을 때까지 잘 보관해 두고, 여권과 탑승권을 들고 출국 게이트로 향한다.

공항 내 편의시설

인천공항은 출국장으로 들어가기 전에도 다양한 상점과 식당이 있고 로밍센터와 은행, 여행자 보험 카운터도 있다. 출국 심사대를 통과하면 면세점과 라운지, 약국 등이 있다.

탑승 수속

탑승권에는 탑승 시간(Bording Time)이 적혀 있는데, 이 시간에 맞춰 탑승권에 적힌 탑승구(Gate)로 찾아간다. 그리고 항공사 직원의 안내에 따라 여권과 탑승권을 제시하고 탑승한다.

입국하기

영국에 도착하면 먼저 입국 심사대를 통과해야 한다. 다행히 대한민국 국적의 여행자들은 2019년부터 인터뷰 없이 자동 입국이 가능해졌다. 18세 이상 또는 성인을 동반한 12~17세의 전자여권 소지자라면 누구나 별도의 서류 작성이나 사전 등록 없이 간단히 입국할 수 있다.

자동 입국 심사대에서 자신이 직접 여권을 스캐너에 대고, 얼굴을 카메라에 비추고 나면 자동으로 입국 심사가 완료된다. 마스크나 모자 등은 벗어야 한다.

위급상황 대처

평소에 침착하고 물건을 잘 챙기는 사람이라도 여행 중에는 생각지 못한 일들이 일어날 수 있으며, 아는 사람 하나 없는 낯선 곳에서 위급한 상황이 생기면 누구나 당황하기 마련이다. 분실이나 도난 사고에 대비해 다음 사항들을 출발 전에 미리 알아두고 침착히 대처하도록 하자.

여권 분실

외국에서 여권을 분실하면 자신의 신분을 증명할 길이 없어 매우 불편하다. 자칫하면 불법 체류자로 간주되어 추방당할 수도 있으므로 주의해야 한다. 여권을 분실한 경우에는 먼저 가까운 경찰서에 가서 분실신고확인서(경찰증명서 Police Report)를 작성한다. 여권을 분실 또는 도난당하게 된 경위, 시각 등을 기입하고 경찰서의 확인 도장을 받은 뒤 바로 영사관에 가서 여권이나 여행증명서를 발급받아야 한다. 여권을 분실하면 바로 신고하는 게 좋은데 가까운 곳에 경찰서가 없다면 우선 외교부 영사 민원 24 홈페이지에서 분실 신고를 해 두는 것이 좋다.

여권 재발급

경찰서에서 발급받은 분실신고확인서를 가지고 런던에 위치한 대한민국 영사관에 가서 재발급 신청을 한다. 이때 여권 사진과 신분증, 수수료(£45)가 필요하며 일반여권과 긴급여권을 신청할 수 있다. 일반여권은 한국에서 발급받은 일반여권과 동일하지만 국제 특급 배송 서비스를 이용하더라도 시간이 일주일 정도는 걸린다. 출국 날짜가 여유가 없다면 당일 발급되는 긴급여권을 신청해야 하는데 일반여권과 비용은 같지만(친족 사망 등 인도적 사유 있으면 £17), 단수여권이고 비전자여권이기 때문에 자동 출입국 대상이 안 된다.

주 영국 대한민국 대사관

주소 60 Buckingham Gate, London SW1E 6AJ

전화 [대표] (+44)020-7227-5500

[업무시간 외 긴급 연락처] (+44)078-7650-6895

근무시간

월~금 영사 민원실 09:00~12:00, 14:00~16:00

홈페이지 https://overseas.mofa.go.kr/gb-ko/index.do

카드 분실

현금카드나 체크카드의 경우에는 비밀번호를 입력해야 하기 때문에 도용이 어렵지만 신용카드를 잃어버렸을 경우에는 다른 사람이 도용하지 못하도록 한국의 카드사에 전화해 분실/도난신고를 해두자.

카드 회사 긴급 전화

신한카드 +82-2-3420-7000

국민카드 +82-2-6300-7300

비씨카드 +82-2-950-8600

삼성카드 +82-2-2000-8100

롯데카드 +82-2-2280-2400

하나카드 +82-2-1599-1133

현대카드 +82-2-3015-9200

우리카드 +82-2-6958-9000

소지품 분실

공공장소에서 소지품을 분실한 경우 먼저 근처에 분실물 센터가 있는지 확인해 본다. 그리고 분실의 경우는 할 수 없지만, 도난의 경우라면 여행자보험의 보상을 받기 위해 도난 증명서(경찰 증명서)를 발급받아야 한다. 가까운 경찰서로 가서 범인의 인상착의, 발생 장소, 시간, 도난 경위, 도난 물품명세 등을 자세히 기입하고 경찰서의 확인 도장을 받는다. 옷이나 신발 등의 물품은 거의 보상받지 못하며, 카메라 등의 고가품만 일부 보상받을 수 있다. 이때 분실(Lost)이 아닌 도난(Theft)임이 분명해야 한다.

응급상황 발생

응급상황이 발생하면 당황하지 말고 침착하게 999로 전화를 걸어 구조를 요청한다. 휴대폰보다는 유선전화가 가까운 응급센터로 직통 연결되어 더욱 신속히 대처할 수 있다. 공중전화를 통해서도 무료로

웨스턴 유니언 송금 서비스

웨스턴 유니언 Western Union은 송금 전문 서비스회사로, 여행 중 현금이 급하게 필요할 때 편리하게 이용할 수 있다. 전 세계 36만여 곳에서 돈을 주고받을 수 있는 편리한 서비스를 제공하며 빠른 서비스가 최대 강점이다.

한국에서는 국민은행, 기업은행, 농협, 카카오뱅크등 웨스턴 유니언 송금 서비스를 취급하는 곳에서 이용할 수 있다. 이러한 은행에 있는 웨스턴 유니언 담당 창구나 온라인으로 돈 받을 장소를 지정하고 입금하면 10자리 숫자의 송금번호(MTCN)가 나온다. 이 번호와 보내는 사람의 영문 이름, 금액 등을 받을 사람에게 정확히 알려주면 송금 후 불과 몇 분 만에 외국에서 현지 화폐로 찾을 수 있다. 런던에는 시내 곳곳에 웨스턴 유니언 지점이 있다. 수수료는 금액에 따라 다르다($5~). 지점의 위치나 자세한 수수료 등은 홈페이지를 참조하자.

www.westernunion.com

신속히 이용할 수 있다.

병원에 갔을 때에는 병원비가 많지 않은 금액일 경우 본인의 카드로 계산한 뒤 진단서와 진료비 계산서를 따로 챙겨 두었다가 귀국 후 여행자보험 회사에서 보상받을 수 있고, 만약 자신이 지불하기 어려운 고액이거나 입원 치료를 요하는 중한 상황일 때는 가입한 보험사에 연락해 지사나 협력사를 통해 현지에서 직접 보상받도록 하자.

외교통상부 해외여행안전정보

외교통상부 해외안전여행

외교통상부에서는 인터넷을 통해 안전한 해외여행을 위한 유의사항 및 관련 정보들을 제공하고 있으며 위기 상황 시 대처요령과 함께 현지에서 연락 가능한 무료 영사 콜센터를 운영하고 있다. '영사 콜센터 무료 전화' 앱을 다운받으면 통화료 없이 상담전화를 이용할 수 있다(와이파이 아닌 경우 데이터 요금 부과).

홈페이지 www.0404.go.kr

영사콜센터

영국에서 긴급한 일이 발생했을 경우 24시간 운영되는 영사콜센터에 전화를 걸어 도움을 요청하도록 하자. '영사 콜센터 무료 전화' 앱을 다운받으면 통화료 없이 상담전화를 이용할 수 있다(와이파이 아닌 경우 데이터 요금 부과).

무료 연결 00-800-2100-0404(로밍폰으로 연결 시 데이터 요금 부과)

유료 연결 00-822-3210-0404

신속 해외송금 지원

영국에서 도난, 분실 등으로 긴급경비가 필요한 경우 재외공관을 통해 송금받을 수 있다. 송금은 국내의 지인에게 부탁해야 하며 외교부 영사콜센터와 재외공관은 우리은행, 농협, 수협 등 외교부 협력은행과의 중간 과정을 도와주는 역할을 하는 것이다. 이때 송금 한도는 미화 기준 3,000달러까지다. 이 역시 먼저 영사콜센터에 전화해서 송금절차 안내를 받는 것으로 시작한다.

Index

프렌즈 시리즈 20

프렌즈 런던

발행일 | 초판 1쇄 2016년 7월 1일
개정 8판 1쇄 2024년 6월 7일
개정 8판 2쇄 2024년 8월 30일

지은이 | 이주은, 한세라, 이정복

발행인 | 박장희
대표이사·제작총괄 | 정철근
본부장 | 이정아
파트장 | 문주미
책임편집 | 허진

기획위원 | 박정호

마케팅 | 김주희, 이현지, 한륜아
디자인 | 변바희, 김미연, 양재연

발행처 | 중앙일보에스(주)
주소 | (03909) 서울특별시 마포구 상암산로 48-6
등록 | 2008년 1월 25일 제2014-000178호
문의 | jbooks@joongang.co.kr
홈페이지 | jbooks.joins.com
네이버 포스트 | post.naver.com/joongangbooks
인스타그램 | @j__books

ISBN 978-89-278-8044-8 14980
ISBN 978-89-278-8003-5(세트)

중앙books는 중앙일보에스(주)의 단행본 출판 브랜드입니다.